大贱年

1943年卫河流域战争灾难口述史

冠县卷

王　选◎主编

中国文史出版社

图书在版编目（CIP）数据

大贱年：1943年卫河流域战争灾难口述史．冠县卷 / 王选主编．—北京：中国文史出版社，2015.12

ISBN 978-7-5034-7207-7

Ⅰ．①大… Ⅱ．①王… Ⅲ．①灾害－史料－冠县－1943 Ⅳ．①X4-092

中国版本图书馆CIP数据核字（2015）第297954号

丛书策划编辑：王文运
本卷责任编辑：赵姣娇
装 帧 设 计：王 琳 瀚海传媒

出版发行：中国文史出版社
社　　址：北京市西城区太平桥大街23号　　邮编：100811
电　　话：010－66173572　66168268　66192736（发行部）
传　　真：010－66192703
印　　装：北京中科印刷有限公司
经　　销：全国新华书店
开　　本：787mm×1092mm　1/16
印　　张：28.25
字　　数：405千字
版　　次：2017年9月北京第1版
印　　次：2017年9月第1次印刷
定　　价：860.00元（全12册）

《大贱年——1943年卫河流域战争灾难口述史》编委会

目　录

北馆陶镇

店子乡

定远寨乡

东古城镇

范 寨 乡

甘官屯乡

冠 城 镇

贾 镇

兰 沃 乡

梁 堂 乡

柳 林 镇

清 水 镇

桑 阿 镇

北馆陶镇

北丁庄

采访时间： 2006年10月4日

采访地点： 冠县北馆陶镇北丁庄

采 访 人： 刁英月　黄永美　姚一村

被采访人： 眭景安（男　70岁　属牛）

民国32年，先旱后淹还有蝗虫。一直逃荒。过了麦，闹蚂蚱。秋天后发大水，水可能是从北边的尖庄、孟口往东流。灾荒年有饿死的，有卖人的。

日本人来了，叫大人干活，给小孩吃的玩的。北馆陶粮食局是日本人的红部（日语“本部”），即住的地方。见过鬼子的飞机，黑飞机，飞得有些矮，矮的时候，看着像萝卜。

北宗庄

采访时间： 2006年10月4日

采访地点： 冠县北馆陶镇北宗庄

采 访 人： 刁英月　黄永美　姚一村

被采访人： 高文喜（男　70岁　属牛）

高文喜

我一直在这村。民国32年，六月下旬，发大水。当街一米来深，庄上都没有高地。都没谁，是乔马庄开的口，卫河拐弯处开的口。日本鬼子炸的，要淹共产党，共产党在河西，鬼子在北陶。大堤一人来高，1963年加厚。李园是个大地主的园。

淹了后，没有听说霍乱抽筋，水不大，下去了就耩麦子。鬼子来了也喝井水，从这儿过，也没有过滤。

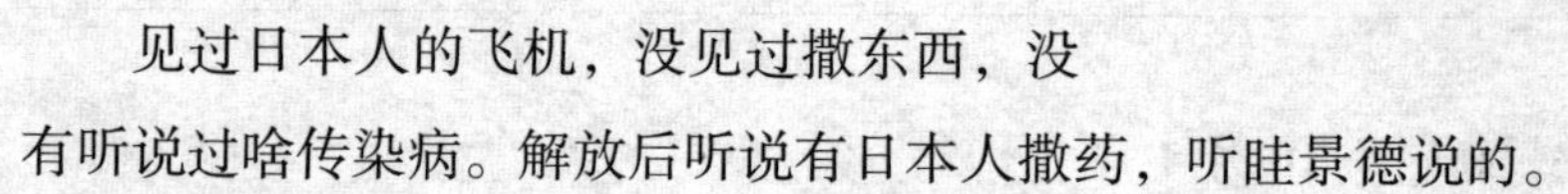

见过日本人的飞机，没见过撒东西，没有听说过啥传染病。解放后听说有日本人撒药，听眭景德说的。

采访时间： 2006年10月3日

采访地点： 冠县北馆陶镇北宗庄

采 访 人： 刁英月　黄永美　姚一村

被采访人： 孙淑莲（女　88岁　属羊）

孙淑莲

娘家孟庄的，娘家人都饿死了，光剩一兄弟媳妇。17岁来的，19岁又上水，又挨饿。我父亲吃花种，棉花籽，吃死的，净吐血，吃了一热天。

全家五口人，五六亩地，地少，自个儿的地，种啥啥不长。不浇，麦子就这么（50公分）高。有好过的，成百亩，千亩，玩银子糙米（意思是“提留”）。有的好几顷地。上人家那拾点儿粮也骂，不叫拾。地主的地雇人种，有做活的，短工、长工，没佃户。

东柴庄

采访时间： 2006 年 10 月 4 日

采访地点： 冠县北馆陶镇东柴庄

采 访 人： 李　健　李建方　张　敏

被采访人： 张绍颜（男　74 岁　属鸡）

东柴庄一直属北馆陶，以前是北馆陶县。

一亩地收 100 斤麦子，1941 年、1942 年那时候，100 斤，120 斤，还种玉米，种两季。

种棒子收 80 到 100 斤。我家有六口人，那时候是 30 亩地，不够吃，也凑合着，吃糠咽菜。那时候，地都是自己家的，交公粮，交 30 斤 50 斤，他来村里挨家敛，敛多少算多少。

成天日本鬼子扫荡，来了就藏苇子荡里。有伪军，都是咱这人投日本人吃饭，一般都三四十口，日本人稀少，也就五六个。抢东西的还是自己人，日本人不抢。戴着呼嗒帽，挑着红月亮旗。皇协军戴绿帽子，衣服也是绿的。抢，没杀过人。

有八路军，不正面跟他打，偷袭。后来有游击队了，国民党军队没有，二十九军退却，在这住了一夜就走了，住在这一个小学里。土匪有，日本人来之前就有。他那光抢，绑人，绑了要钱。

民国 32 年，那年咱这大荒旱，一年没下雨，麦子也没种上，头一年种的麦子基本没收。阳谷一块好点，这里都捋草籽回来吃。

那时候有搐筋的，叫霍乱，主要是饿得发烧搐筋死的，没医生治。那时候光兴中医，扎旱针放血。轻的有好的，重的治不好，没有一家都得的。那时候知道叫霍乱，听上岁数的人说的，不知道传染不传染。死了就埋，埋到坟上，没埋一块儿。喝水就是砖井。

日本人没检查身体。日本的都戴口罩，不吃咱的东西，也不喝咱的水。

采访时间： 2006年10月4日

采访地点： 冠县北馆陶镇东柴庄

采 访 人： 李　健　李建方　张　敏

被采访人： 张自臣（男　77岁　属马）

东柴庄一直叫东柴庄，以前属北馆陶县。老馆陶县劈开了，河东一半河西一半，御河为界，以西属于河北，还叫馆陶县，以东属于冠县。

日本人来的时候我8岁。日本鬼子之前10来口人，一个人管三四亩地。一亩地最好的120斤，4斗麦子，棒子是一袋子。种棒子、谷子、高粱多。高粱出面，出粉，主要吃高粱，掺黄豆，能吃饱，95%的能吃饱。也有没地的，少数。有地主，280亩地，雇人，种地的光种地，按劳分酬，打100斤粮给他80斤，自己留20斤。麦二八，秋三七（高粱、棉花）。

放粮食，还不上的下个月还，再还不上的就加一半，三个四个月还不上的，就驴打滚了。借钱利钱二八利。

民国32年，有天灾，大旱，饿死不少人，也没吃的，买粮食，逃荒，去东北，大部分去东北、唐山，天津北。我没去，棒子没出粒，谷子见粒，豆子见粒，荞麦大丰收，见得多。死人没别的病，主要是饿。

民国26年，日本人来，过了两三年有霍乱病，叫搐筋。小针扎不出血，用钉子扎了挤，挤出点黑血。主要是许庄，一天死了10来口。咱这不厉害。死了就埋自己地里，那都传染。西北邱县死了很多人。俺妈俺哥都得了，知道得了病也和他一块儿吃饭，得了病找老中医，黑血放出来就好了，又治好了。那都喝井水。

老蒋的兵退却。日本人穿黄衣服，有戴口罩的，有不戴的。没见日本兵杀过人。自个来的，头一趟是自个来的，后来就有皇协军跟着，日本人就不大来了。日本来第二年来了老缺，抢人，抢东西，把村里给烧了。

皇协军一来就100多个。要东西，要粮食的时候来得多，平时来得少。来了要东西，一亩地要10来斤，不给就打。这一块没土匪。

八路军黑夜来黑夜走，不在这住。一来四五个，五六个，有时候十来个。那时候硬打不行。

东窝头

采访时间： 2006 年 10 月 4 日
采访地点： 冠县北馆陶镇东窝头
采 访 人： 吴肖肖　王　凯　徐　波
被采访人： 郭风雨（男　87 岁　属猴）

上过好几年学，都忘了。十三四（岁）开始上，在窝头上的。一起叫窝头，有仨窝头来，东窝头，西窝头，还有个小窝头，老大个乡咪，国民党时兴区，馆陶一区。上学的年不少，上了七八年咪。

小时候，家里六七口人，俺姐姐，俩妹妹，有个哥哥，有个嫂嫂，七口人。种地，十来亩，沙地，卖馒头，白面蒸馍馍，剩下的麸子自己吃。有地主，有一家，他四五顷地咪。富农有四五家，多的有两顷来地，少的几十亩。种高粱，都长高粱，冬麦子，耩季高粱，耩季麦子。过了年割麦子，割了麦子种棒子，好户吃棒子面，一般的吃高粱，高粱还得掺糠。

给地主干活，吃得也不好。给钱，一年有 10 来块的，有 20 块的，现大洋。干得多的给得多。一亩地收百十斤粮食，八毛钱才 30 斤，一斗，一块现大洋买 40 多斤麦子。交税，文银子糙米，交粮食也得交 10 来斤，交县里。交钱，一亩地几厘钱的事，有放高利贷的。地主盼旱，农民置地，他都收了。高利贷，一个月都，有多的有少的，借一斗麦子，一个月多还二升。穷人没法过。

民国 26 年，淹了，涨大水，河里有水，开大堤。呆（在）纸房开的，挖的，淹日本鬼子。日本鬼子来了以后淹的。

土匪遍地都有。大杆儿吃小杆儿，人多的吃掉人少的。王来贤，土匪头子，后来叫日本人收了，刚起来时，有好几千人。就王来贤搁（在）这一块，抢东西，要东西。要500斤粮食，大伙儿摊。净杀共产党、穷八路，逮了共产党，找麻袋扎了，扔河里。他有人的时候，隔不远就一座炮楼，跟共产党是死对头，闹了有一年吧。

民国32年，冀北遭皇军，穷苦的老百姓遭磨难。大旱，咱这坎收点黑豆，粮食不收。咱这村搁（在）水套子那咪，后来搬过来的，都上黄河南逃荒，咱村有好几家儿女都卖黄河南，给两个窝头就走了。靠天吃饭，天好就收，天不好就没了。

灾荒年以后淹过，又开口子了。河西死人多，咱这坎死的少。那时有七八十户人家，过了灾荒年也还有300多人，都上那边拉船，买点粮食吃。

我20岁结的婚。我20多岁，日本人还没来哩，遭过一回（霍乱），也死了不少（人）。夏天，地里种豆子、高粱，没记得淹。有医生，先得的，扎扎，就好了，看见黑筋就扎，出黑血，出血就好。传染，街坊也有得这病的。街上就有，怎没见过？死的时候脸黑，搐筋，上吐下泻，也有治好的。有三四个大夫，老中医，知道扎，知道是霍乱，扎扎就好了。末了就都治好了，有经验了。在早以前没听过这病，咱这坎没有一家死光的。

日本人从临清过来的，没搁这坎驻过，也没抢过东西。皇协军抢，聚在城里粮库里咪，上河北省扫荡咪，待这里过，去找八路军，河北的八路军多。城里日本人没几个，皇协军多，县里也就一排日本人，去打仗都调人来，他人没几个。城里的日本人光拿八路军，什么都不干，八路军有密探。河西北元堡，有正式的八路军过来，日本人都逮鸡，把枪堆一块儿，各院里炸开了，日本人死不少（北陶）。

飞机来北陶来了一回，侵占了就不来了。进馆陶县的时候来过，看下面老多人，老百姓赶集的，就扔了个炸弹，炸死两个人。抓过丁，弄他国（日本）去了。搁这个村也抓过，多大年纪的都抓，有钱的出钱买人替他去，穷人没办法。抓了六七个人，快穿棉袄的时候，耩完麦子以后抓的，他们抓的。劳工哪村里都抓，街上有人就抓，老少都抓，都是皇协军下来抓，皇协军孬。他们日本战败，都送回来了。张炳章、张浩 ×、郭头书，抓去一年多就回来了，抓去的时候有三四十岁。他们说搁那咪，光挨揍，吃豆饼，一人一个窝窝，吃饱吃不饱就那些，开山挖石头，光挨揍。

咱这坎离城里近，八路军也不来。日本人送过化肥，随你拉，没人上他的化肥。只要不祸害他，就中。你要祸害他了，他非整你不行。他属马蜂的。

何 庄

采访时间： 2006 年 10 月 4 日

采访地点： 冠县北馆陶镇何庄

采 访 人： 刘化重　穆　静　刘朝勇

被采访人： 何玉清

家里七口人，家里的几口人住在炕上，生活很艰苦。家中有十四五亩地，种小麦、玉米，产量达 100 多斤，高粱达三四百斤。村的土地质量很好，当时主要以高粱、大豆为主食。小麦的产量很低，只在过年过节时食用。年轻时做过买卖，卖过碗、花生等。生活很拮据，粮食不够吃。民国 32 年，吃糠、花生皮等粗粮。

村中有一个地主，拥有 150 亩地，雇长工干活。只给钱不给粮食，对农民挺好，穷人借钱，不收利息，但不借给不务正业的人。其他的村里有放高利贷的人，但数量不多。

有土匪持枪抢劫，老缺不是很多。几个人凑起来抢东西，绑架有钱人。总体上，土匪的数量不是很多。

民国 26 年，卫河发大水，同年日本人进攻中国。农历 1937 年六月二十七日，卫河决堤，只淹了东岸，持续一个多月。河水决堤前有大降雨。部分房屋塌陷，玉米没有收成，高粱收了，扎着木筏去收高粱。当年粮食减产，部分村民需要买粮食充饥。二十九军宋哲元与日军在卢沟桥交战，奉命撤退，从此地经过。

民国26年十月，日本人第一次进驻当地。民国27年，日本人第二次进驻当地。民国27年春节，日本人进驻本村，约30余人。国民党撤退后，老缺死灰复燃，村里成立红枪会，抵抗土匪抢东西。范筑先收编土匪吴作修、王来贤、王金家部1000多人。北馆陶原是县城，王来贤、王金家占据此地。听说王来贤把守县城，日军进攻时从北门逃跑，后投降日本人。范专员战死聊城。

我得过霍乱，上吐下泻，疼得打滚，青筋暴出。该村有医生给扎了四针，四针扎肚皮，挤出紫血，很快就好了。附近村都没有人死。当时村中有200多口人，10多口人患病，都被治好，何路静，医生。闯关东时听说有后纸房的人死亡，不清楚有多少人，当时我才十二三岁。得病后，口吐黄水。何医生说是霍乱，抽筋，肚子疼。霍乱，除自己外，家人没有传染。村里有一口井，全村人使用，日本人没有放过药。村中得霍乱时，几家人靠大街住，现在不在人世了。当时我仅10来岁，记不清具体的年代了。

民国28年，第二次发大水，瞿分德（？）扒河淹日本人。民国28年，扒开卫河，日本人在城里，未能淹到日本人，对百姓危害很大，粮食减产严重，百姓吃树叶充饥。民国31年，第三次发大水，河涨水。也听说后纸房被扒开，淹日本人，百姓损失严重。

民国28年和31年的大水灾后，没有发生传染病。民国32年干旱，有很多的蝗虫。蝗虫不吃豆子。灾荒时百姓不够吃的，其他的很多人逃荒，但该村200多人口中没有几家逃荒，这里不是很严重。民国32年没有听说霍乱发生。

日本人吃自己带的东西，不抢东西，皇协抢百姓的东西。不打仗时，日本人不杀邻村的人。日军扫荡时，挑杀八路军和百姓。没有见过穿白衣服的日本人。曾给日本人轮班干杂活，挑水、扫院子、扫厕所、送砖等杂活，干不好挨训。曾跟日本人、皇协军推车子抢麦子。

10来岁时，见过日本的飞机，扔炸弹，炸伤两个人，坑五六米深。过一会儿来七架。日本飞机带红月亮的标志，炸过县城。炸后没有发生传染病。

王来贤，汉奸头目，有1000多人，对百姓很孬。听说过八路军，但附近没有见过八路军。八路军穿便衣，很秘密，一般人都不知道。听说过赵建民，据称某年十月二十七号，八路以赶会的名义秘密进城，打过一仗，未能打跑日本人。

也听说日本人在附近抓过苦力去日本国挖煤，有的死在日本。抗战胜利后，又返回中国。记不清当时的人名，现在都不在人世。

1945年，日本人战败，国民党没来，共产党进驻该地。

采访时间：2006年10月3日
采访地点：冠县北馆陶镇何庄
采 访 人：王 伟 王燕杰 李玉杰
被采访人：王允山（男 80岁 属兔）

村子从前就是叫穆庄，从前属于堂邑县一区穆庄。共产党来了以后编的冠县，小时候靠种地。自家有地，很少，碱地。咱庄上就是一般人，中农、上中农，我是新生中农，生活过得比旁人强。

民国26年，上大水以后，过的大兵，蒋介石二十九军从察哈尔向南退。后来日本鬼子就过来了，相差半个多月，记不很清。二十九军向南退时，把监狱罪人、土匪什么的罪人都放了，当官的也都跑了。那时完粮、完米，税倒不重，蒋介石有一个缺点，他不管庄稼人的死活，不抗日，蒋介石一走，监狱的人都随便当土匪。

鬼子来了以后，在家不能种地的，当亡国奴。抓劳力是多，起初没有抓俺村上的人。修建筑、干活，说打就打，没见过杀人。日本人要我去干过活，要粮去的，饿死了，死了都没人埋，饿死的不少，有死绝的。鬼子一来就跑，后来鬼子在这安家，就听他摆布了。鬼子来这找粮食，树叶都吃光了。

最苦的是民国32年，连个窝窝都吃不上。我这中心到定寨12里，向西到贾镇12里，到堂邑12里，方圆40里都是无人区，只剩下一家，不是好人，地主也受日本人压迫，剩下的一家是土匪，叫王仰孟，后来让农会斗了。

民国32年，旱，二三年没下雨。民国32年，没下雨，没发过大水，饿死的哪家都有。房子让人烧了，有粮食土匪就抢，土匪也是被逼的，年轻人饿的，不是真的孬人，饿死在炕上没人埋的，叫刘明仁的，过了灾荒，二三年后才埋的。

当时有瘟疫，人都是饿死的，原因不知道。民国32年，我出去逃荒了，过了二三年才回的。腊月二十五逃的荒，一共有两大家，有七八个人，家里留着人看家，往阳谷去，90里地走了三天。阳谷那儿也支持不住，又跑到河南，共产党平定了，才回来。那时八路军很少，也来，搁俺这儿没打过仗，打过赵庄、吕铺。后来农民跟日本鬼子打过，土匪投靠鬼子，打赵庄，八区是鬼子的囤积地，西北角的地区。

听说过霍乱，当时就听说过，咱村里没有。上呕下泻。俺爷爷当中医，三天三夜没有合眼，给人看病。上大水时得病，抽筋，记不清是什么时候了，大灾荒之前，日本鬼子已经过去了。一般扎针，出黑血，一出黑血就行了，治好的挺多，80%以上能治好。他那会儿的看病跟现在不一样，看病的挺穷，不给钱，从爷爷那里听说的霍乱，邻村的也来看病。日本人过了一趟，得的就多了。

没听说过细菌战。日本人来之前村里有200来户，大灾荒后户也少了，人也少了，30多岁的男劳力就剩30多个。当时村里吃水靠井，咸水，村前村后的地都是白的。

看见过日本飞机，也有直接飞过去的，也有转圈的，没听说过日军挖卫河。日本人听到一声枪响，就来庄上杀人，范筑先专员是国民党最好的人，守聊城，将杂牌军、土匪收到了聊城，对聊城有贡献。土匪司令，栾司令，有三四百人，过了土改以后才抓住的。

后纸房村

采访时间： 2006 年 10 月 4 日

采访地点： 冠县北馆陶镇后纸房村（西距卫河约 1500 米）

采 访 人： 刘化重　穆　静　刘朝勇

被采访人： 许玉德（男　79 岁　属龙）

何桂荣（女　70 岁　属虎）

（说明：许玉德老人家是军属家庭。老人 1948 年时 19 岁，瞒着家庭入党，曾为儿童团员，入党后不久便为干部，掌管一方党组织，当了 17 年的书记，解放后还兼任民兵队长，掌管周围 10 个村庄的民兵团员。两位哥哥，大哥 21 岁时抗击日军时战死，二哥许兵德 17 岁时在抗战中被烧死在张寨炮楼。其妻何桂荣曾为妇女主任。但现在一家人生活很贫困，育有一儿，精神有些不正常。老人现在还保存着许多以前受表彰的奖状和证件，以及光荣军属证。微薄的抚慰费近些年年年遭拖欠，老人为此很伤心气愤，很想讨个说法。现有些耳背。）

小时家庭贫困，是贫农家庭，耕地不到十亩，连地瓜干都吃不上，经常挨饿。有四个姐姐、两个哥哥。当时本村并无地主，家中也无人到外地去给地主干活。

10 岁左右时，西面距此 1000 米的大堤两次决口，大雨连绵，周围一片汪洋。村里人纷纷打土堰子，疏导河沟，扎木筏，到水中捞取粮食。但那时年龄小，记忆不太详细准确，也不知道发大水的原因。大水后不久，大哥便参军抗战。那时人们被饿成皮包骨头，很多人被饿死，也有很多人去逃荒。

10多岁时，村民有人患“搐筋”病，不少人得此病症，上吐下泻，一会儿就死亡。那时村中并无医生，病症来势汹汹，况且传染很快，总死亡人数约有四五口。患此病的后人已都不在此地了。并不知道那病是否为霍乱，家里并没有得此病的。

见过日本人。日军当时驻扎在老馆陶县城，曾突然闯进村来扫荡，针对八路军和共产党员。日军并不哄抢百姓的东西，反而是日本人的汉奸走狗抢掠财物。

见过日军飞机，也见过日军投掷炸弹，炸死过老百姓。没有看见过穿防护服的日本人。

注：随后我们来到卫河河畔，河堤不高，距河道约有500米，中间已为整齐的耕地。本段河水自南向北方向流动，为河北山东两省界河，河西为河北省。河道水面约为10米宽，河水呈灰黑色，散发着强烈刺鼻的气味，河滩淤泥为黑色，似已被严重污染。

冀 庄

采访时间：2006年10月4日

采访地点：冠县北馆陶镇冀庄

采 访 人：吴肖肖　王　凯　徐　波

被采访人：张富海（男　78岁　属马）

一直叫冀庄，叫冀庄，净是姓张的，我老爷爷搬过来的，原来是东窝头人，穷，这边靠着东码头，做点小买卖。那还是清朝末年，我从小在这咪。

日本人来之前，是馆陶一区。没上过学，贫农，大老粗，有地，靠地吃饭。我哥四个，没有姐妹，六口人，地少了，十来亩地，粮食不够吃的，一亩好的收百来十斤麦。再是好地，上了回河水，就成了沙地。

1937年腊月二十七，集挪到南东庄，头回日本飞机来了，国民党二十九军搁这咪，日本人扔炸弹，炸死了一个人，河西颜窝头的，叫王金成。地上人都慌了。那一年也发大水，开始合垅了。

纸房开口，日本人领着合的垅门，我哥12岁，跟着合的，老少给三毛金票一天，半劳力给两毛金票，我记到一毛钱买八斤地瓜。

民国32年，灾荒年病死的，得霍乱擒筋，最严重。人都吃套子（棉花）。搁拈成蛋蛋，嚼不动，咽不下去。得病死的人不少，主要是邱县，死的人老多，这村没有，得擒筋，得霍乱。下老长时间的雨，潮湿，没吃的，死得挺快。32年下雨下了七天七夜，前半年旱咪，下半年开始下的，粮食还没收，还有虫害来，蝗虫。民国往前点儿，开的口子冲着北陶西门，开口以前堤是弯的，开口以后，成了直的了。

郎 庄

采访时间： 2006年10月4日

采访地点： 冠县北馆陶镇郎庄

采 访 人： 刘化重　穆　静　刘朝勇

被采访人： 郎秀才（男　71岁　属鼠）

郎秀才，1953年入党，1958年担任本村支书20多年。年轻时喜欢和村里老人们聊天，由此得到很多信息。

年少时，家里约有五亩耕地，四口人。那时收成普遍不好，麦子亩产120斤是最好的土地，也种植高粱、豆子、谷子等。本村那时约有100口人，是个小村庄，没有地主，也无富农，最高为中农，也无土匪。邻村何村有地主。

七八岁时，约是1937年，本地发大水，那时刚过秋收，大水有一腰深，大人们扎筏子去捞被水淹的粮食。水被土堰阻挡在村外，没给生活造成沉重影响。那时去东北、河南逃荒的人已经不少。

听说民国33年霍乱流行此地，有一天村里死亡数人，共因此死去10余口。患者上吐下泻，需要放紫血。亲眼见过霍乱的患者，死得很快，当天得病当天死亡，没有被治愈的。那时没发大水，也不知霍乱怎么流行的。村里得病的有无后代都不知道。

民国32年逃荒东北，在那待了六年，先到黑龙江，后到吉林，去东北后一年多，日本就投降了。东北收成好，在那也见过日军。东北也有患此病的，死了很多人，也是上吐下泻，没得看医生，也没有听说治愈的。死后各家把死者埋到各家地里。

还在家时，日本人来到村里巡查，曾经抢过鸡，但不抢别的东西。日本人不打小孩，还发糖。日军穿着黄军装，戴铜盔，但没有穿防护服的日军。日军还在此强奸过妇女。

见过日军飞机，在北馆陶镇投过炸弹，还炸死数人。因此集市被迫挪到南宗庄，后日军又在南宗庄投掷炸弹。还有汉奸皇协常到村里惹是生非，掠抢东西。日军曾抓村民为他们修建城墙，干完活就放回来，干慢的要挨打。本村没有被抓到日本做劳工的人。

也记不清楚哪年蝗灾严重，飞来时铺天盖地，飞过庄稼几无剩余。蝗虫有飞的，有蹦的，田野满满一层。蝗灾大约持续了两三天。人们火烧土埋，驱逐蝗虫。

李　园

采访时间： 2006年10月3日

采访地点： 冠县北馆陶镇李园

采 访 人： 刁英月　黄永美　姚一村

被采访人： 白凤双（女　83岁　属鼠）

白凤双

娘家是清水汤村。挺小就定亲，没20岁。隔一年多二年来的。嫁到这时17（岁）。那时反正不挨饿，有地（因为有地），没嫁妆，兴送（嫁妆）。吃不上饭的没大些。没做过买卖，地都是自家的，交皇粮。都有吃的，不借粮食。

灾荒年记得。东西啥也没了，灾荒年上河水，上好几回哩，记不得？20来岁灾荒年，来这没几年。饿得卖啥的也有，能吃上就行，桌子、板凳都卖。上馆陶，那有集，上那卖，离这五里地。是淹啊旱啊，不记得。有得病死的，这村死俩，水臌，肚子鼓老大。有气臌。这没抽筋的。别地方有是有，病，灾。

采访时间：2006年10月4日

采访地点：冠县北馆陶镇李园

采 访 人：刁英月　黄永美　姚一村

被采访人：李树栋（男　79岁　属龙）

李树栋

我小时候三口人：我、我的父亲、母亲。种60亩地，属于富农。村里还有种23顷地的，是个大地主，地主雇干活的，没地的种地主的地。100斤粮食交六七斤地租，一斤是16两。自己能吃饱。那时种高粱、谷子、豆子、棉花，地不多，没有井不浇地，最好的麦子也是百余斤，棉花也是百十斤。吃水自己打井，地下挣个木头盘，用砖一圈圈的垒，垒得老高，上面用竹坯缚住。收的粮食不够吃的，花种用石头磨磨了，棉花也能吃。年景好能接上。

虎年，日本进中国。鬼子在北陶住，有城墙。见过日本人，去城里赶集，城门那里有站岗的，都是日本人，给日本人敬礼。皇协军经常下村，又吃又喝。鬼子不大下村，都在镇上，皇协军下来啥都拖，皇协军就咱这人。

10岁时，十月里耩完麦子，遭到土匪，割麦子的时候，土匪都弄完了。村里没土匪，都是外面来的。来村里的土匪头，拉一伙的人住到村里，要粮食要钱。

给日本人办事的都是皇协军和汉奸。交公粮，交给日本人一份，日本人回回来村里要，皇协军下来给日本人要粮食。老百姓也给共产党，共产党来的趟少，那时没有国民党。

修北陶城时，出夫，跟村里要十个、八个人出夫。村大了要的人多，挖壕、修炮楼，怕共产党打。日本皇军白天来，共产党后晌来。抓走，跟村长要，村长派，村长是大伙儿选好的。十三四岁跟日本人出夫，小粪筐，自己背，拿着铁铲，背土。背不满都挨打，日本人照头打，打死你白打。自己拿着干粮，天黑回来，叫几点钟到那报名，哪里，几个人，晚了就挨打。日本人上汤村，带着皇协军扫荡，要笨车，大轱辘，大车，看村里有没有共产党，皇协军啥都拾人家的。

民国32年，灾荒年挨饿。大旱，蚂蚱很多，大蚂蚱飞起来看不到天，地下的小蚂蚱撵沟里埋。这里热天的庄稼吃得都没叶了，不长籽了。就那一年旱，啥也没收，都饿死了啊。

我记事上了四五次水。民国32年，有逃荒的，咱村里逃荒的少。

闹蚂蚱是民国32年之前，大娘嫁这儿17岁，现83岁，大娘嫁这儿之前是闹蚂蚱。

咱这里只要卫河开口，一点也剩不下，到汤庄，只淹村不淹地。卫河开口了，纸房，乔马庄、薛圈常开。

李树景

采访时间： 2006 年 10 月 4 日

采访地点： 冠县北馆陶镇李园

采 访 人： 刁英月　黄永美　姚一村

被采访人： 李树景（男　73 岁　属狗）

小时候家里五口人，十来亩地，半年糠菜半年粮。种小麦，产量很低，靠天吃饭，完全靠大自然。没有井，没法浇水，等着下雨，没有肥料。一般说，一亩地产二斗麦子，一斗 30 斤麦子。麦子收了，种点棒子。剩的部分种高粱、谷子。整天吃窝窝头。喝水，一个村一个砖井，大的两丈深，六七米，井口有苔，下雨不淌水就行，比地面高一点，提水有木筲，使用井绳。井绳大部分是树根制作的，老树根，砸散搓绳子，粗的井绳也能当牛套，麻绳少。

交皇粮国税天经地义，抗日时期，国民党退了，日本鬼子来了。早的时候交给国民党，要的并不少。要民工，出工干活，在农村要人。日本鬼子时，不光是鬼子，皇协军也有。一般说，富户推荐一个，穷人当村长的少，国民党时期也是这样。村长是地方划小乡，乡长下面是地方，是村子。日本鬼子时候也是这样，乡长是皇协军任命的，可以是有权有势有威望的人，很撑劲的人。

小时，除了种地，也做点小买卖，不多，主要是打工。村靠河，人工拉船，挣点钱。给地主富农扛活，有长工、短工、锄地、割麦，给点钱，也有的给粮。国家修路，担土也能挣点钱。农民吃盐，没钱吃大盐，吃小盐。碱地碱墙剥点土，在池子里淋，水搁锅里熬，就出盐。喂鸡，三五个，下了蛋，人不舍得吃，用鸡蛋换盐，换葱、韭菜、青菜，拿钱的人很少。鸡是小收入，家庭花销。地里收的粮食，基本上不够吃的。

咱村里有地主，大地主，李恩坡，大约有五六百亩地。地完全是捎地的，扛活的，包多少亩，连种带收，归仓，归仓是分红，价格是三七利，

100斤交70斤，棉花也是，牛马驴骡，绳索，犁，劳力出力。别的捎地的少，别的都是雇扛活的，管吃，一年给多少钱，有管家代替东家管理。地主基本上是大资本家，在济南天津城里有工厂，在济南与韩复榘换帖子，把子兄弟。老百姓张开嘴借，他也给。他放债，比如春天借100斤高粱，过了麦还100多斤小麦。别的地主放粮食都这样，规定时间还不起，又该一年，就驴打滚、利滚利，还不起用地抵。

小土匪遍地都是，大土匪拉杆，一个杆有几十人的，有几百人的。王来贤，拉杆后叫土匪司令，家在河西，这边是吴作修，还有齐子修。王来贤、吴作修霸占县城，都有几百人。发展到日本进中国，首先投了降，成了翻译官、皇协军，摇身一变变成了县长，保日本。成了皇协军，厉害了，有了几千人。架人是明的，抓走，扎炮楼里，拿钱换人。小土匪架户，皇协军抓人是明的。皇协军有组织，乡长、村长，皇协军派的，大部分是地主恶霸。皇协军要的粮食比国民党还多，没有定价，愿意要多少，就得给多少，要皇粮国税。小花销的也要，要劈柴，村里有多少要多少，不给抓人。

大部分的皇协军吸海洛因，也贩私，国民党禁止，日本人也禁止。也有李恩坡从济南弄来，销卖，他自己不沾这个。他在济南的买卖，一是办海货，一是办盒子枪。济南兵工厂的枪他来卖，卖给农村的，地主富农买枪看家，也卖给小土匪。

皇协军组织民团，民团实际上是皇协军的兵力，是地方兵。民团也打土匪，对付小土匪，民团的兵是村里的农民。黄沙会就是民团，也是皇协军组织的。我们村有一个人被抓去，进了黄沙会，实际是皇协会。

这是敌占区，离王来贤近，离县城五华里，八路军不多。八路军也要点粮食吃饭，要的少，光吃饭，不是发财。当兵一个月30来斤米、20斤小米。

民国32年，咱这没井没水，大旱年，没下雨，数那年厉害，没种上地。皇协会要点，没啦。大灾荒，那年我9岁，我也逃荒要饭了，要到济宁州。年轻人出去要饭，拿破衣烂裳的东西换点粮食，以换为主。民国

32年春天出去要饭，我和父亲推着小木头车，带点烂被子、破衣裳，再富农拾点高利贷，拾他100块大洋，回来带粮食、吃的东西回来。春天，过了麦回来，在好的村要点。回来后，单干，谁也不管谁，有本事的，吃好的喝好的。

回来后下点雨，种点庄稼，没收了，卫河决口，又淹了。淹得不太厉害，人员是没什么伤亡，庄稼都毁了。淹了两米多点，农户的宅基高，淹不了，地都淹了。村都是高庄子，低的都淹了。北馆陶正西，西关，河离北馆陶冀庄北边开的口，以前的北馆陶西边，亲眼看到的。开口的原因，众说纷纭，有人说作战的原因，也有人说没人管理，有人说皇军淹八路军，也有人说八路军要淹日本鬼子。

卫河以前是害河，不断地开口子，民国32年前两三年也开过。

霍乱抽筋这个病有，民国32年以前都有霍乱抽筋。我见过这个村里得过，得病的人是个青壮年，发高烧，烧得不行，熬点汤药，烧下不来，愿意喝凉水。土医生用凉水烧，喝一大罐子凉水，喝凉水喝好了。病中绝食，吃不下饭，哆嗦，热得不行，光发烧，烧降不下来。那时候没名医，尽是土医生。得这种病的人多，不传染。

南宗庄

采访时间： 2006年10月4日

采访地点： 冠县北馆陶镇南宗庄

采 访 人： 王　伟　王燕杰　李玉杰

被采访人： 宗怀旺（男　83岁　属鼠）

村子没改过名，一直叫南宗庄，属于馆陶县。我小时在家种地。

我16岁的时候，日本人来的，来到这里，要啥给啥，要人干活。我给日本人就干过活，卸木柴、挖壕沟、修炮楼。要人要多少给多少，在咱们村没有杀过人。

给日本当亡国奴汉奸的经常来，要东西，要啥给啥。当时土匪多了，后来土匪都成了亡国奴了。八路军在乡里，没在这打过仗，那会儿两边都要东西。最难过的是挨饿的那一年，灾荒，庄稼没收，没啥吃的，饿死的人不少。都逃荒，往河南，卖自己家的东西，桌椅板凳，换粮食吃。

不太记得有没有霍乱抽筋，不记得生病死了多少人，饿死的很多，一片一片的，俺这里没死多少人。

吃水靠旱井，村里两口井，一个有水，一个没水。村里没有医生。什么时候下雨？那年过了就下了点雨，具体的记不清楚。

日本人来的那一年上过大水，河堤开了两个大口。那时日本人来的，要人干活，每天给三毛钱，给的是界票，日本人的钱，能花，咱这里的钱不能花了，使他日本人的钱，老中央票不能花了。

经常见飞机，日本人来前就先来飞机轰炸过，炸死两个，光飞机来，人没来。日本人在村里没杀过人。日本人一走，土匪当家。日本人一来，土匪就成了亡国奴了，后来日本投降后，亡国奴的队长都被枪毙了，中队长以上的都被毙了。

孙家庄

采访时间： 2006年10月4日

采访地点： 冠县北馆陶镇孙家庄

采 访 人： 吴肖肖　王　凯　徐　波

被采访人： 郭培元（男　71岁　属鼠）

这个庄一直叫孙庄，从小住在这，我老家叫南关。原来要说，很早以前，历史就存在孙县，1964年搬到这边，这是冠县县城旧城，冠县分八个区。制高点早完了，大约在一九五几年。

初小没毕业，三俩字识两个，上过两年初小，上学时，十五六（岁）了吧，不像现在。建国后，在本村上的学。家里四口人，父母，有个姐姐。

灾荒年我记得，民国32年，1943年是吧？日本人过来时，我刚记事，好像日本人从这边路过，有这个印象。灾荒年时，地多得很，一家有十来八亩地吧。小麦一亩地打100斤就不孬，几十斤。从这往西都是沙土，黄河故道，种红薯，加高粱。这是老黄河址，栽红薯，能吃饱啊！沙地里种黑豆，住的土房北屋三间，一起风，沙土都积在屋前边。风一停，都踩着沙土上房。这边是淤泥平原，往那都像大沙漠，吃北瓜。我记得那一年，上集，都买个棒子锅饼，买了就叫人欻走了，就没钱买了。买了得赶紧吃，那都是饿的。

灾荒年大旱，不收。日本人来的时候，扒过卫河大堤。北陶是日本人驻地，在纸房那边，日本人扒过，他为了淹死人啊！这是实事，人都知道，哪一年不记得。不记得那年有没有淹过。东街粮所驻着一个日本中队，扒了河，就是淹的这边啊！那时候人死了也不知怎死的，那时这个村子里得死几十口，那时俩村才100多户人。要说霍乱，这村死的也不少。是不是日本人放的毒气体不知道。听说，得病不几天，发高烧，没几天就死。

日本人转着村子挖好十几米的沟，好几个炮楼，为了防御共产党，沟沿上都摆着枣树枝子，防御人来攻。日本人总的来说，第一是杀，烧杀抢光，搁这个村来，倒没杀过。皇协军没一个孬人，都是为了混口饭吃，为了不饿死，他并不孬。这村有好几个，都干过。洋枪洋炮，三八式，跟着日本人。三八式拉杆，一刮风，刮进沙子去了，就拉不动了。

土匪，河北吴作修，早枪毙了，叫司令。王来贤，都是土匪头子，一九五几年枪毙的，跟邯郸属于一个地区，公安局一块儿逮的。从南关那边枪毙的，都是河北人。那时，血高兴血高兴的。当时，韩复榘要收编，他们没收编。

采访时间：2006年10月4日

采访地点：冠县北馆陶镇孙家庄

采 访 人：吴肖肖　王　凯　徐　波

被采访人：路增福（男　85岁　属狗）

我没念过书，从小受罪，穷人。一直住在这个村，叫孙庄。以前属于馆陶县，现在属于冠县。是1958年、1959年的时候，民国时属于馆陶。这是老县址。

民国家里没人，一个我，一个母亲，一个姐姐。最穷最穷了，经常要饭吃。没地，一点儿地没有。从小，从会跑就没点么。母亲给人织布，过生活，一个老姐姐给要饭吃。没扛过活。十二三（岁）的时候，就背个篓，捡大粪，到城里换五六个铜子。我有一个兄弟，在北京航天部二院物资部。

1937年的时候，我16岁。1939年，我没分到地，跑南边去了，跟着范司令，在十支队医科里，给人送信。1937年上大水，1939年上大水。卫河里的水。那时候，城里有日本人了，1937年来的，一过桥，走了。到1939年又回来了。日本人1937年过，城里就没人了，县政府的人都跑了。1937年下大雨，把河里都淹了。我的奶奶是1937年十月里死的，老了。见过日本人，1937年没搁村里住，过去了，1939年才来的。王来贤，王麻子，杀人不眨眼，都枪毙了，净土匪头子。有共产党了，这里就没有土匪了。这里是敌占区，范司令死之前土匪都收住了，他一死又都拉出来了。

1939年在冠县南，跟着范司令，1941年，编新八旅，我就回来了。新八旅后来是范的十支队，编成八路军了，在莘县那一带，给日本人打，得一下那一下。有一个赵建民，营长，跟日本人打得可狠了。十支队的一营，最强的一个营。阴历十来月十一月穿棉衣的时候。

灾荒年，这里收了一点粮，比那边强点，那边饿死的多。没下雨，有蝗灾，蚂蚱搁地西，满地爬。到1944年的时候，河开了回口子，又开了一回，搁正西这坎开的，人挖的，搁冀庄，闹不准谁挖的。阴历八月二十三上水，豆子都熟了。1943 年还是 1944 年唻，这坎有个跟我同岁的，就是民国 32 年死的，不知道怎么死的，红高粱还高，正长的时候。

听说过搐筋，我小的时候多得很，这个小村死了不少人，天天往外抬。徐庄十几个霍乱的，一会儿就死，一会儿就死。我几岁的时候，民国 32 年没有这个病。

灾荒年，我搁家，没地种，拾点粪。后来当了区兵，馆陶四区，区长叫孙明远，一个月 21 块钱，摊了伙食，还剩 10 来块钱，就是一分地也没有，到哪能混碗饭吃，就上哪去，混生活。我啥都没当过，连个班长都没当，一直是小兵，不干什么，不打仗，到时催催东西，送给区长。住在馆陶城里西街上，一个班 12 个人，有枪，只要出去催啥去就给枪，催完再收回去。杂枪，啥也有。当了一年多，不够两年。1941 年当的，到夏天了，找个人说说，就去当了。总而言之，就是为了个生活。到 1943 年七八月就不干了。干什么都挨饿，后来都不给什么了，发不下钱。回来也没人找，人家不找了。

1943 年上河水，七八月的时候回来的。城里日本人不多，30 来个，住现在那个粮库那坎，有个小队长。将进城的时候，1939 年年下初三进的城，还到这来抓鸡吃，后来就不来了。他们自个儿带东西吃。1945 年六月初三就解放了。这里没打过仗。搁河这坎，打过一回，反是给共产党济南队打了他一回，日本人去找，小队长被打了，还没死。日本人出来不带区兵，带着中国人，带县大队，一个中队，一个中队的。有个年轻人搁小刘庄给日本人干活，收拾东西，吸鸦片吸得高兴，搁日本人那里，找纸画开地图了，叫日本人找刺刀给挑了。这个敌占区来没有屠杀，有游击队，没有多少枪，有个别的很少的枪，没有上百的那些的人，南边有。

日本人各村里要人修城墙，没听说抓苦力。1944 年的时候，要了一回人，运日本国去了，不知哪村，徐庄有一个，几十个人，都是花钱雇的，吸毒品的人，真正年轻力壮的没有，都吸鸦片的没办法的人去，给他点钱，花钱雇，有几十个人。有跑回来的，胆大的敢跑就跑回来了。日本投降，解放以后，都放回来了，死了不少，回来的很少。北边有抓的，咱这边儿没有。

1937年、1939年、1943年，也许是1944年，1937年，纸房开的口子，1939年薛圈开的，1943年冀庄开的，1943年是自己开的，有一回是挖的，为了淹日本人，水不大。听人家说的。没听说过日本人挖口子，日本人不出去。

西柴村

采访时间： 2006年10月4日

采访地点： 冠县北馆陶镇西柴村

采 访 人： 李 健 李建方 张 敏

被采访人： 李东淮（男 76岁 属羊）

日本鬼子来以前，各干各哩，俺家里那时候五口人，20来亩地，回回旱，回回淹哩，不够吃哩，好地才收七八十斤，布的布袋，还装不一布袋子哩。一布袋四斗，一斗30来斤。种玉米、谷子、豆子、高粱，主要哩是麦子、高粱。

吃好哩吃棒子，地主净吃米、净面哩。一般哩吃高粱，再差哩吃糠，吃棉花种，花种。

俺家里不够吃哩，俺10来岁就下东北来，没啥吃哩。民国32年那年旱，日本到村子里抢，没法混。跟你要啥，不给就揍。搁俺庄上没杀过人，搁外边杀过，搁唐村跟八路军打仗，用石磙压死了好多人，要不用狗咬死。

民国32年旱哩谷子一点就着，一年都没收粮食。东柴、西柴两个村走了好几十家，都上东北来，1950年才回来，日本都败了。

东柴庄有一家地主，有两顷来地，200来亩地，雇长工种地，也没准儿给多少东西。借粮食得有保人，有中间人，借一斗麦子得还一斗半，借钱也长利，一分五厘利，借钱利少，那时候借粮食利多。

见过日本人，穿哩黄衣裳，黄呢子，戴帽子，帽子前边有个罩。开始是日本人自己来哩，后来有皇协军。皇协军更孬，他们也抢，按地亩来给要粮食。没准儿，有多少跟你要多少。皇协军也穿黄衣裳，戴帽子。皇协军有老些，饿哩当了皇协军，二流子、懒汉，他孬。

民国32年，抽筋，一会儿就死，到庄东北、西北，一家一家哩死，血黑，瘟疫，传染。俺这里没有，不好治，没钱治，得了病等死，没人管，谁顾谁咪。

日本人没来检查过身体，他也怕死。

那时候有八路军，八路军光跑，游击战争，他要能打他两个就打他两个。民国32年八路军也有，也没送过药，也没检查过身体。那时候他们藏在树林子里。

西　街

采访时间： 2006年10月4日

采访地点： 冠县北馆陶镇西街

采 访 人： 王　伟　王燕杰　李玉杰

被采访人： 郭金铭（男　82岁　属牛）

我从小一直住这里，原来属于河北省馆陶县。旧社会就上了小学，1945年开始教学，教本村的小孩，领着小孩喊口号："打倒地主，领谷子。"一直教书，1950年到1981年一直当老师。

日本人打邱县，死了不少，日本人死了也不少。鬼子在这里时，盖炮楼，西边是根据地，鬼子北边修城墙。向墙上背篓子，背得慢的被打死的得有三个，东南角抓的人，用脚踢，用狗咬，干得慢的，不对劲儿的人，狗咬死。干了两个月，带着吃的喝的来干，鬼子啥也不管，鬼子出来扫荡。

老缺的团长姓蒋，鬼子想过尖庄，扫荡，打到河里。在临清下的汽车，把尖庄围住，村里有个沟，村民沿沟里向西跑，鬼子机枪扫射，有死的有没死的，没死的挑死。把尖庄的房子都烧了，死了2000多人，这是鬼子刚进中国的时候。往阎店五里地扔炸弹，人不来，飞机来轰炸，炸王庄等三四个村。

民国32年有得病的，都那时下了七天七夜的雨，有病，便水。我的父亲就是得霍乱转筋死的。扎针喝药不管用，不到一年就泻死了，都是便水，大便跟小便一样。扎针放血不管事，配药也不管用。那时村里死人没人埋，500多口，死的人都没人埋，后来人死得一人合一顷地，原来每人合二三亩地。

大灾荒到河南逃荒，路上尽是山东的，路上死的人多，路上躺着孩子他娘，孩子也死在旁边，都死了。有人到河南逃荒，饿死了。爹、娘、老婆、孩子推着独轮车逃荒，没个回来的。我的表侄，他奶奶带着他逃荒，把孩子给人家了。

听说过是霍乱，是日本人撒的细菌，山区没有得的，都说是日本人放的，日本人来前没有这病。日本人来后下了七天七夜雨，才有的这病。

卫河开过口子，日本鬼子在时，没听说过卫河开口，日本人不利用卫河，利用的是黄河。村里吃水靠打井，水桶提水。日本人叫中国人，汉奸，在井里撒药得的霍乱转筋，汉奸图钱，用钱收买。日本人没有对村民进行过体检。日本人的飞机经常飞，扔炸弹，老些当汉奸的，汉奸汇报哪里有八路就往哪里扔炸弹。

民国32年时，旱了三四年。鬼子在村里抓了老些人回去，抓到日本去了，被抓走的劳力在日本经常挨打。死那里的可不少，有放回来的，日本投降那一年，现在也死了。

小王庄

采访时间：2006 年 10 月 4 日

采访地点：冠县北馆陶镇小王庄

采 访 人：吴肖肖　王　凯　徐　波

被采访人：郭岚峰（男　73 岁　属狗）

郭岚峰，73 岁，虚岁，属狗。

王庄一直叫这个名字，没改过名字。上过一年学，上学时十四五岁了，上了一年学，在村里当会计。民国 32 年下大雨，下了七天七夜的雨，几月份记不清了，应该是秋季，下半年七八月份的，差不多就是八月十五这个时间。就在这儿，日本人在这儿呢，决过口子，差不多长 100 米，说是八路军挖的，淹日本人哩。

日本人住了馆陶，城墙四面围着好着哩，日本人把城门一关，麻袋一堵，淹不着他。黑天挖的，不知道是谁挖的，都猜是八路军挖的。民国 32 年，鲁西北大荒旱，就是那年下了雨挖的口子，在这之前还有一次决堤呢，在南边纸房。

这两个村没有地主，窝头有个地主，这一片地都是人家的。日本人见了小孩还给梨糕、给饼干的，后来日本人实行“三光”政策就不好了。他搁咱这邻近的村子不过来，咱这边没大打仗，咱这边日本人修的“坝挡”，高五六十米，练习打仗，子弹筒子，迫击炮，练兵哎。他不在咱这里抢，主要在北园堡一块儿，都烧光了。他搁那呵，一进村八路军没管，一进村口八路军袋一扎，出不来了，打得可厉害了。他吃了亏，吃了败仗。

像这边收点黑豆，只能种黑豆。搐筋咱这片儿少，主要是西北那边，那边村村都死光了，主要是梁二庄死得多。是霍乱，扎扎针，放点血就死不了，晚治一会儿就完。这儿没有，最严重的在西北，西北那边死了人，没人埋。

我们村子里没有得病的，有一次我到这边来拾柴火，还见着一个人头呢，我一拨撩看见一个女人头，吓跑了。没有逃荒出去的，有到我们村来的，俺家还住过一个呢。那时候人少，我当会计，村里就有70多口人，10来户人家。灾荒年时剩不到60口人，俺村没有饿死的人。民国32年之前也有出去的，有两户走了。

也发生过蝗虫灾，发了蝗灾用扫帚枯叉子一撵进沟子里，不严重。我小时候俺三口人，我叔、俺爹还有我。我5岁时没了母亲，有五六岁，没的。交税交稀松，向县里面交。放高利贷那得有，知不道咋放法，那时候小。听大人讲过，高利贷是驴打滚的利，这个月的利算到下个月里去。那时候净借粮食，春天里借一斗，秋天里得还两斗，借不起。

张　庄

采访时间： 2006年10月4日

采访地点： 冠县北馆陶镇张庄

采 访 人： 吴肖肖　王　凯　徐　波

被采访人： 张玉山（男　78岁　属蛇）

这个村叫张庄，跟刘庄、张庄、崔拐叫四合村，以前是四个村，从1960年又分开的，分成两个单位，张庄跟崔拐一个单位，小村，有二十六七户人。解放以前，发球马头乡，划为河北了，馆陶县。

上过两年学，十一二（岁）吧，民国32年以前，居世界前列，那年我16（岁），在北陶县上的。民国26年，我9岁，日本人来的，就开了一回河口，11岁开了一回，15岁开了一回，六七年淹了三次，河水涨。最后那回是扒的，淹日本人，都这么说。从冀庄扒开的，听说过。开河口，前两次纸房，第三次冀庄。水不大，也遍地都是水，不知谁扒的，建国后也处理了。前两次，河水大，挡不住了。头一年开了，坨门没堵好，后年又开了，日本人找老百姓，把大堤堵住的。

俺家俩，我13（岁）没俺爹了，没兄弟姐妹，就俺娘跟我。家里有八亩地吧，沙地，种的麦子、棒子、豆子。第二年就不行了，喷沙，关上门都得进那些。

日本人头一回来时没占住，到这里就走了，跟着一拨又来的，这回没走。国民党跟一年走了，就有土匪了，当官的当兵的都窜了，河西的都拉杆子成土匪了。王来贤，土匪头子，河西的，离这儿不远，他那伙是土匪，还有吴作修，俩头。日本人一走，城里就有便衣队了，没大些人。南边村都是小红门，自己编的队伍保护村庄，红缨枪，没有枪。小红门一散，土匪把徐庄都烧了，烧了一部分。头年日本人来的，头年二十三，走了，土匪是六月里十支队来了，把他收了，到了冬季，日本人又来了，他们就走了。

民国32年有霍乱搐筋，水淹了以后就发现了，村里有，邻居那几天死了，什么症状说不上，反就是搐筋，就死了。八月里，八九月里，到十月，闹得，这边死了仨，崔拐死了一个不是俩，死的时候60来岁，有一个50多岁，不到60岁，还有一个岁数大的，70多（岁）。以前一点事没有，扒口子以后得的。不知道看没看医生，没当回事，这病很紧张，不是那现在，当时都知道是霍乱搐筋，以前没听过这个病。死者家里人没有得病。村里吃的水都是挖的井，淹了，全村都吃，没发现有问题。

民国32年之后，没听说有得霍乱的。民国32年有钱的，活得好好的，活不下去就要饭，逃荒。民国32年一开始还有点收成，花点地，卖了，做点儿买卖。有放粮的，我吃你的豆子，过年给你半斗麦子，给高利贷。这坎二斗豆子换一斗麦子，二斤换一斤。交税交到县里。王来贤投降日本了，当县长，交他那去，到时候他叫交。

日本人出来打野外，练习，从村后边过，不抢东西。八九岁，我到崔拐玩去，冬天，碰到他们打野外，地上结冰，滑，他们穿着靴子，底上钉钉子，上崖，没踩住，滑下去了，气得哇哇的。刚开始还打野外，后来就不出来了。这个村离城太近，没有共产党，打过一回仗，民国31年左右，阴历十一月二十七。第二回是北陶城里，黑夜打的，河里都上冻了，都能过人，游击队从河西过来的，搁西边儿上城里打的，逮走一个日本人。时间不长，来了一个多钟头，没俩钟头，就回去了。

日本人待见小孩，给块糖块儿吃，有时候，他不大出来。杀过人，这边儿没有。河北邱县打死不少人，日本人杀不少人。庄上人有走的，不知抓的还是咋的，没有弄日本去的。

八路军都待南边儿，搁南馆陶给皇协军打一回，皇协军叫打得不轻，撵回来了。

宗　屯

采访时间：2006年10月4日

采访地点：冠县北馆陶镇宗屯

采 访 人：王　伟　王燕杰　李玉杰

被采访人：宗进修（男　86岁　属鸡）

自家有几亩地，有时候能够吃的，赶不上好年头就不够吃的。十几岁就扛活，打木工，没给地主家干过活，种自家地，交公粮，开荒的地，没好地。我父亲开的荒，每年一季，要种好几次，种稔䅟（带壳子的红高粱）。家里有九口人，母亲、姐姐、妹妹。

日本人在这里待了八年。民国26年来的，1944年日本人在这里，日本人一走，1951年我就参加工作，参加棉厂，干机器修理单干，各人是各人的。

俺村在北馆陶范围内五里地内，日本人有在县城五里内不抢不杀的政策。那时三天两头跑，鬼子来了经常跑，后来听说这个政策，就不再跑了。八路打鬼子时送信，村民再跑。五里内的人都有通行证，有证才让进城，鬼子要搜身。我领着侦察员进城，跟着侦察员干了四年。

鬼子来前有土匪，王来贤、牛月广、山根子、王金发，都是土匪头。王来贤后来当了汉奸，其他的都慢慢消灭了。大土匪吃小土匪，俺这里没有国民党的军，二十九军退去了，赶着马车往南退，黑夜走。二十九军一退，就有便衣队了。黑夜白天地跑，鬼子一来，便衣队就成汉奸了。

日本人来的那一年，没一年好过，大灾荒，那年逃荒了，往黄河南去了，有不少逃荒的，村里老多人饿死的，有往八路军根据地去的。灾荒那年地不收，没法浇，年年旱，种不上粮，亲眼见的饿死的10多个。有个村子，院里长的草一人多高，一碗谷子换五亩地都没人换，犁地的犁子都换过粮。红薯秧子、棉籽、花生皮都吃过。瘟疫不瘟疫的，听说过霍乱得的不少。有吃地瓜秧憋死的。霍乱日本人来前就有，日本人来后每年都不一样。

给日本人干过活，修馆陶城墙，趁监工不注意，背空篓子。一家一家地轮流去做工，都不好好干，城墙一冬天都修不完。村里没有医生，上别的村看病，扎针，抽筋时放血，日本人来前就有。

西边的卫河不是鬼子放的水，八路军淹鬼子，水小，没淹着，淹了村上的地。三天两头地开口子，院里一人多深的水。1955年的水最大。那时单干，各管各的，得了病也没人管。

见过日本的飞机，不断在这里转悠，不断来，没有停留。我亲眼见飞机上的机枪扫射，都往庙里跑，跑的人满地都是，没打着人。日本人活埋八路两个人，不知道是侦察员还是八路的兵。村里的人跑了以后，有点火烧房子的。

采访时间： 2006年10月4日

采访地点： 冠县北馆陶镇宗屯

采 访 人： 王　伟　王燕杰　李玉杰

被采访人： 宗进章（男　80岁　属兔）

俺村一直没有改过名字，属于馆陶县，原来属于河北。小时候家里做生意，轧花，生活还行，自己有地，村里不是租地，没有租地的。当时要交公粮，日本鬼子要的，完粮。鬼子来之前也完粮，重倒不是很重。

民国32年，鬼子待这里哪。民国26年鬼子来的，鬼子来之前，吃棒子面就是好的，有吃好的，有吃孬的。那一年先生土匪，再来鬼子。老缺（土匪）经常来抢东西，谁好过，就架谁，拿钱赎回，不赎就得死，割头。

鬼子在俺这集上没杀人。抓劳力，抓工，修馆陶县城墙，背土，用篓子背土修墙。俺背空篓子上去，不干活。给村里派公差，30个人，有逮的，有抓的。鬼子不在村上住，鬼子经常过来，找八路通信员，暗线。鬼子来时有翻译，也有汉奸，多哪，汉奸也听指使，劫道，吃点喝点拿点。俺村里没有汉奸，有一个还为八路反过来办事。八路晚上来打几天就跑，游击战，和百姓的关系很好。村里有地下工作者，俺也不知道他是谁。

民国32年，一年庄稼没种上，旱，求雨。那时候没有井，一年啥也没收，下一点雨，就是湿地皮雨，饿死老多人，逃荒的不少。村里多少人口也说不清，没数。人吃野菜，饿得倒在路边就死了。民国32年没出去，一直在家轧花，卖饼。树叶子都吃，有啥吃啥。

村里吃砖井，旱井。村里一共有两口水井，挑水吃。生病的也没断过，抽筋霍乱，抽筋不会说话，霍乱上吐下泻，有看好的，有钱就看，扎旱针，吃中药。扎针有出黑血的，扎穴道，扎哪里也不知道。霍乱经常有，从早就有。

起我记事起，发了四次大水，日本人来的前后发了一次大水，从北边过来。八路军挖过坝，想淹城里鬼子，结果把村子给淹了。据说卫河日本人翻了一船金子，日本人想挖堤放水，找金子，中国人不让。

店 子 乡

大进村东

采访时间： 2006 年 10 月 5 日

采访地点： 冠县店子乡大进村东

采 访 人： 王苗苗　马子雷　田崇新

被采访人： 任玉奎（男　84 岁　属猪）

家里有弟兄四个，种地，贫农，土改，斗争，几亩地，靠天吃。都种棒子、高粱、麦子，地多就种点棉花。穷人没吃的，见稀松，好麦子见上几百斤，一亩地七八十斤是多数。那时候连棒子也不过 200 斤，要交粮食，没定多少。

日本人在的时候，他要东西，就给挑到冠县上。整游击的时候，八路军问乡里要，存起来。日本人啥东西也要，远，不给他送。那时候扫荡，抢东西，人都跑，一弄就挑起，黑日谁敢脱衣裳睡觉啊！八路军好！打游击！八路军都来乡下住，总是打鬼子。皇协军、日本人一块儿来，光皇协军不敢来，怕八路军打，要不都跑了！年轻的都跑了，老头、老嬷嬷都在家。

小时候，遍地都是老缺。最后都叫范专员收编了，没吃的，都当老缺，混口饭吃。抢好户，抢地主。那时候鬼子还没来，范专员来了，收编以后有的还是回家了，当庄稼人，收编的人跟鬼子干。

民国26年事变，鬼子来咱中国。鬼子来这儿，起东边来，九辆汽车从东向西了，光鬼子，没进村，叫村里一个人给他领路。周围没有鬼子住，都住在冠县城里。鬼子都退了，从济南来一架飞机到冠县，扔了两个炸弹，飞得挺矮。俺村里住两个彩号，济南的鬼子还没走，那时候是夏天，高粱红。那时候人小胆唻，跑到高粱地里藏起来了。

民国31年、30年大旱，都下河南逃荒，死多少人。东边，那边老剃，当老缺。八路军来了跟他打，八路军在咱这儿住一天，住两天，没数。冠县有鬼子，也沾了八路军的光，东边老剃住那边，房子烧得，老些人都死了一家子，没人埋。南边孔村叫鬼子打死了20多个，八路军在那边，赵建民在那儿领导，给鬼子顶着干，真有种！

民国31年，种上麦子，民国32年没收。天旱，老长时间没下雨。那时候就种点谷子，死的穷人，老头子、老嬷嬷。年轻人到河南去逃荒，有要饭的，有打工的，有做买卖的，有带点衣裳换点粮食的，我也去唻。家里的衣裳带去，也换麦子，也换豆子，一件衣裳换几斤麦子。家里有织布的，换点粮食。

日本人不在的时候，咱们就交给当官的。皇协军有时候要有时候不给，咱这儿远，城边的人也是不好过。他给咱们送个信，咱给他干去，自己带干粮，连水也不给，皇协军真孬，村子里不给干，他就揍咱，不去不行。

日本人在里当铺（音）跟八路军打了一仗，起北边来，皇协军没打。八路军不光靠一个地方住，这么大个地面，咱都掩护他。

民国26年，俺这个村被水淹过，没种上麦子，一遭都是水，也有下的，也有两边御河来的水，不知在哪儿开的口子，那一年连雨水带河水，那时鬼子还没来。民国32年，慢慢的好了。

民国31年、32年，老些得病死了，发烧，治不了。那时候跟现在一样，发烧不出汗，肚里没有东西。发烧，天又热，一弄就死了。有治过来的，有治不过来的。村里有扎针的，中医，有会扎两针，有扎旱针的。咱村里没有会扎的，也不是很多。一般上那儿去，家里没有。

那时候知道霍乱，死得快的都说是霍乱症。有的死得快，有的死得慢，多数得病的都会死。村里有得病的，八路军有医生，背着药箱子，知道了就自己过来，不知道的就去叫去。

听老人说啦！俺这村里几天死了九口，有岁数大的说的。不知道得病的原因，反正有得的，老先生给扎两针，头疼脑热，哪儿也扎。头疼扎头，肚子疼扎肚子。

大近村西

采访时间： 2006 年 10 月 5 日

采访地点： 冠县店子乡大近村西

采 访 人： 王苗苗　马子雷　田崇新

被采访人： 马培同（男　83 岁　属鼠）

日本人来以前那时候，家里有 20 多口人，在一堆儿住，种地，有 60 多亩地。地里种麦子、棒子、长果，就你们说的花生。棉花、高粱，收成没有现在好，一亩地收百十来斤。那时候的一斤 16 两，跟现在的 10 两一样重。生活也没现在好，吃粗粮，过年过节吃麦子。上面要粮食，交给国民党政府粮食。民国 26 年后，他（国民党）投降了，归日本了，不给他（日军）报实数，二亩报一亩，国民党的时候是一亩报一亩。八路军不要粮食，不在这村里住，八路军不敢来。八路不来，日本也不来。

日本来咱村抓八路，看人不大顺眼就逮起来。有汉奸有时候来百十个，有时几个，有皇协军跟着。一个中队百十个人。他上俺村来不敢动，俺村有民团，不敢动。那时候没有发生过瘟疫洪水。日本往这一来，八路军往这来两趟。日本往这村来扫荡，八路一来，不让人出去，光能进不能出，怕去报信。八路有探子，明儿个日本来扫荡，日本一来，八路就走了。八路军唱歌，日本以为向西了，实际上是向东了。皇协军拉牛，啥都拉，鬼子不要。鬼子打人，他把俺爷爷打死了，俺爷爷叫马元普，叫日本人挑死了。日本人叫他站住，他听不懂日本话，往前跑，日本人打了一枪，没有打死，又用刺刀挑死了。那天日本人来了不少，100来人，北边来了一股，西边来了一股。我在西南地里从地里来，赶到过道口。院里面有个婶子，她有一把手枪，她说："给你吧！"我带了枪就往东跑，子弹掉了，我又回来找。在东门捡起来，往西南走，鬼子从西边进来了，往东边了，东边有鬼子，我向南走了，走到南边去找俺村民团，我把枪扔到了井里，有人问我，还向井里扔？我说，我走了。村南有两条路，那时候有20多岁，我佝偻着腰，打死了一个鬼子，日本人都炸了，我一会儿到孔村，鬼子打了两小炮，把我轰下来了，这是民国31年，孔村人都认识我，日本人撵我，他没有多少人，有十几个，皇协军好几百。孔村驻着八路军四旅的人，我怕跟他们打起来，我向东走到义村去了。后面红军从俺们村出来了，我向东从野庄去义村了，往东南庄，从东南庄跑北边去，北边有齐子修的人，我怕他追我，我没有往那个东北去，我走到东大近村，人家说：日本人把你爷爷打死了。这一回就闹到这儿。

民国32年，农历三月十三，日本打孔村，13个县的日本鬼子来俺这儿"抄共"，围攻这儿。这儿的区长叫梁文焕，他在俺村住着。清早起来，日本人就来了，西南地里都围好，围俺村一圈。我对区长说："咱往西南吧，力量薄，一打就出去了。"日本人三个人一挺机关枪，分一伙一伙的，打一个村。梁文焕胆小，他说："咱往北跑。"跑到东大近村后地里，北边小近村过来两杆大旗，都过来了，赵建民从曲村过来，从柳林撵过来的，早没跟着，一个团长跟着，占野庄砖窑。我说："这圆遭（方言：四周）一围就跑不了，俺上孔村，跟俺走吧。"走到孔村，一个连冲出去了，从野庄向东走了，鬼子从野庄，从堂邑过来。跑到孔村，八路军的基干团进，人不让进，民团不让他进。他不认人，我跟基干团很熟，我说："这是基干团。"民团团长在俺村，这时候自卫，也跟日本干，都进去了，一黑天，躺在大街上，基干团就几杆枪，在东北角上，都让日本打毁了。我们这一伙儿跟着梁文焕都在孔村住下了。听信说，这个西北角调来两门炮，从西孔村调到东孔村。我上那个孔村西头一个庙里打了两枪，炮过来，“咔咔咔”的三炮，树叶“哗——”，把一个娘们打死了，打塌一座房。见到梁文焕，我对他说：“机关炮打塌一座房。”东北角一杆机枪挺不住，俺七八个人都带手枪，都打出去了。日本把他们都打跑了，回来了找饭吃，有一架锅里蒸的馒头，他家是地主，是白面馒头。他们跑没人了，还没吃完饭日本人从东北角就来了，一个馒头没吃上就进来了。皇协军都是咱自己的人，送赵建民出去了，剩了基干团的一个排十五六个人没跑出去，他的炮一个劲地轰，放毒瓦斯，光流泪，流鼻子，用手巾捂住鼻子。南门关着两扇，用木头顶着，用机枪支在东南街北面朝南门，南门没开，开一扇，两炮把他们都打死了，这炮一住（方言：停），我就出了南门，枪不响了，光打炮，冒烟都看不见人了。南头一个古路沟，从赵村到野庄，一条斜路，南边有一个一间房大的小坑，我在小坑里趴着，趴了一会儿，一个炮弹轰到小坑里，没有响，响了我就没命了。大部队往外跑，我在头里，人少不打，向东南跑了。机关枪飞来一个子弹打我头了，从头边上穿过去了。大部队都跑，冠县到聊城有条大沟，大沟通到聊城。人过沟的时候，刚过沟，南边一半，北边一半，皇协军就过来了，韩春河领导的，王村的人。三月十五，又退回来了，向东退了，从王村过渡，从王村到成村，成村有回民支队。那时候回民有五千部队，没敢出发，没敢打，他问我挂彩了，去医院看看。光抹了点红水，没上膏药，成村一个姓许的科长看我挂彩了，给我找了一个小驴，驮上我。卫生员把我的伤口揭开，我疼死过去了。把我抬到担架上去，他说：“同志，别动。你疼过去了，给你看看吧。”后来回来了，碰上了大曲村的“三教练”张进山，他叫机枪打嗓子眼了。我背他走了一里多地，他说：“你撒手吧。”后来，走到成村他死了。打这儿回来，回到成村，碰到我一个舅爷叫张红鲁。跟他回来了，他说：“你往东北，我往西北。”他抗日，我跟他上了张家柳邵。天黑了，做中饭了（做好饭了），吃了一个鸡，喝了一碗饭，又挖了一碗饭，张红太来了，穿了一个裘衣，他说：“来了多大会儿了？住下吧。”又说：“嗐，好好听，打来了。齐子修打张家柳邵。”我说：“真的假的？”他说："打这儿，你住下来。"我到墙角上，拉上栓，说："我得走了。"老齐把张家柳邵围住了，吃了饭，他们要送我。我说："不要送，我自己走。"俺村七八个人来接我，一直走到家西。我一看来了齐子修的一个连，我趴一个小坟上，我打了一下子，扑通一下子，他把粮食扔了，我以为打死了一个人，后来一看原来是个夹袄，粮食扛了吧，家里没吃的了，有一布袋豆子，一布袋高粱，来到俺村，狗叫，我看看街上有坏人吗？走到东大近村西头，西边来了一个人，他问："你是干什么的？"我说："你干什么的？"原来，八旅旅长张文汉在村西头等着，他上俺村来，请家来。他说："从哪来的？你辛苦了！"我说："你辛苦了！"我给他一瓶酒，带走了，又从西边人家找了几个鸡蛋。喝了点酒，我跟他说："张司令，张红鲁给写了一封信，赶快找基干团，他们跟齐子修打上了。"他说："行，枪响了，就去。"晚上，我对张司令说："张司令起来吧，打起来了。"他问咋回事，说："得等到天明，不知道人家有多少部队。"二团地里不少，三团在董当铺，天不明，东南做饭了，推着供给粮就过来了。跟着饭，部队就走了，跟到南门，我被包围在里面了，一个连都退下来了，我没有退下来，三哥上去把我救了下来。齐子修的部队老些人，范专员范筑先收编老齐，共三个支队，他也不干好事，跟张司令张文汉作对，张司令的媳妇儿是范专员的闺女，老齐跟他过不去。他们走了，医生叫白贤臣，给我丢下了，给我把伤治好。那时候，我给八路买子弹就买了好几万发，从八区，六区，三十旅，从敌占区买子弹。那这一段就到这儿了。

民国32年，人都饿死了，有病么？也有。

民国26年，发水了，也就是这时候，当街的水淹了两个月，御河（卫河）开口子了，从班庄开的口子。

日本抓劳工，叫人给他修炮楼，自个儿带吃的。你不咋子他，他不杀人。皇协军来村里抢东西，连卖带扔，他从店子牵了10头牛，没走到冠县就卖了，皇协军光打人不杀人，皇协军是本地人，游手好闲的人，不听他的话就打人。

靖当铺

采访时间： 2006 年 10 月 5 日

采访地点： 冠县店子乡靖当铺

采 访 人： 王苗苗　马子雷　田崇新

被采访人： 陈连山（男　85 岁　属狗）

小时候，家有 13 口人。民国 32 年，闹灾荒。种地是靠天，种麦子、高粱、棒子、棉花，种不少，卖两个钱。240 步一亩地，几百斤是好的。五六十斤麦子，棒子见百斤。一步是五尺，600 米是一亩，16 两是一斤，跟现在不大一样。一个人五亩地。

那时候 200 来口子人，现在 1000 来个人，当时没东西吃，吃榆叶，枣叶不吃，喂羊。那时候闹老缺，河西土匪把王当铺的一个妇女带走了。没见过老缺，一吧老缺老些，二吧逮不住啦，向关外去了。冠县的人把老缺逮住了，枪毙了。那时候就十三四岁吧，还没 20 岁呢。日本中队来过，咱村来过皇协军和日本鬼子，兵衣裳，黄的，也戴着帽子。

村里派的我去修工地，派年轻的去干，在赵固，修炮楼。咱村去几个，有别的村的。我去的时候修得不大离，用棍子敲我的头来，用木棍。带干粮，给点水，傍黑回来。该你的时候就得去，轮班，乡长管来。弟兄们八个，日本人问：有八路吗？“有”，挑死一个。在家又打死一个，锄地的，带个烟袋锅。他心里以为是枪来，一枪打死了。农民都跑了，知道是农民，不打死。

那时候属于店子，乡长叫靖吉广。我有牛有车，唐牛，轱辘车。20 多岁，我上聊城，住了七天，拉的子弹，从冠县拉了一车来，打聊城的时候。我去聊城，没少受了罪，住了六七天，管吃，挺冷。手榴弹从冠县造的，俺这个村里还造了两车手榴弹，雇人造的。毛主席又叫造了一个大风箱，用骡子拉着。好几辆车，一起去拉。光俺村里就去了仨人一辆车，天净（方言：特别）冷，腊月十五才回来。争了簸箕，人没盖，都给牛，走了一天不到。头晌走到黄黎子，再咱上车。送手榴弹是民国32年以后的事了。

民国32年人都饿死了，民国32年一年没收，第二年又没收，老天爷光晴天不下雨，二年没下雨。人都出去了，有向河南走的，有向关外的。咱家没走，都饿坏了，吃薯皮、榆叶，都饿死了。东当死了六个，高粱红点的时候，一喝粮食都撑死了。过了两年，立了秋，种的绿豆没收，啥也没收。民国32年没下雨，饿死了32个，我家死了一个侄女，饿死的，吃不了饭，吃不了粮食。走的人两年有回来的，有搁那儿住的。

民国32年有霍乱，那个病厉害，南边村子，小翁村，有几个，抽筋，有先生给看，看不了。有清明过来的，抽筋的，光听说，抽筋不好看。

有传染病，得病，我有20多岁，不是很多，这人吃不好的原因。二三月得的，慢慢地过去了。日本鬼子来之前，闹过病。记不大清，老些饿死的，躺在那儿不动弹了，家人都不管他。谁知道埋在哪儿？没有棺材，没人用席子卷，用土就埋了。有个景丙深，他没吃的。他上那儿弄一点树叶，慢慢地饿死了，他跑到前街，有白杨叶，他住后街两头。

日本人的飞机在冠县炸了，孔村一个女人，给炸死了。在孔村打仗，炸得两条腿瘸了，成了两截子了，给日本皇协军炸的。

南边离这儿30来里地，有个大将，他叫赵建民，跟着农民混出来了，是好的。咱这都住过八路军，给挑水，给扫院子，很好很好。

飞机飞过，飞得不矮。看着不是很大，有说扔的，扔饼干，光听说，没见过。冠县八路军穿便衣，日本人向东门外逛，便衣掏出枪打死一个日本人，他跟着赶集的人跑了，日本人出来了，他也跑了。闹不清几年，那时候没30岁，日本人落这儿，北边阎村。俺二爷是八路，在阎村被日本鬼子给挑死了。皇协军打赵固的时候，听见炮响！皇协军小队长不拿枪，里面有咱的人，给咱家这八路打死了，喝汤以后，开始打的。那时候还不冷，也不热，光听炮响。八路在咱家住五六个。

日本人来逮一个鸡，皇协军也要，皇协军也有好的。八里庄一个住炮楼上，他照顾八里庄的人。他一个也不咋咱，传个信咧，自己带饭，去了，问咱喝不喝水。

北边的御河淹过，那是建国以后的。那病死得快，光抽筋，也是被挨饿的，挨饿的时候也有给粮食的，毛主席给的，一级一级地领，一家给20多斤，饿得很的给。

李张固

采访时间：2006年10月5日

采访地点：冠县店子乡李张固

采 访 人：刘化重　穆　静　刘朝勇

被采访人：李丙顶（男　81岁　属虎）

我小时候家境贫困，家里仅有三亩地，和母亲相依为命。后来毕业于武训学堂，当过小学的教员，以及村长。当小学教员时，每月给38斤的小米作为一个月的工资报酬，仅够一个人维持生活。后来到莘县工作10年，在莘县一中任教，并在此地结婚。莘县划分后回到冠县，在烟店中学教初中，后来到北馆陶教高中，并做副校长。

小时候，村子属于汉奸管八区，日本人占据。在日本人来之前，国民党统治，常有土匪活动，大部分是穷人，因为生计集结而成。当时村里有六七个地主，最大的有八九十亩地，雇人干活，一年给30个大洋（一个大洋等于八吊铜钱，即250个铜子）。

当时村里有一个叫李清泽的地主，属于村里的恶霸，喜欢圈地，欺压百姓。他有一个侄子，也是一个小地主，因吸毒没钱，把地卖给了他。后来因为遭到村里的人批斗，投靠日本人当汉奸，回村报复，焚烧民房100多间。土匪有齐子修部，齐子修原是国民党的一个军官，卢沟桥事变后，二十九路军战败被迫南撤，沿途经过聊城，齐子修收编了大量的游兵散将，成为当地称霸一方的土匪。对于土匪的活动，村子里自动组织红枪会进行自卫。齐部后来被国民党的军官范筑先收编，死守聊城，与城共存亡。

在日本人来华之前，村里曾发大水，当时有大的降雨，也可能是河水决堤。该村地势较高，没有被淹着，但从冠县到聊城需要坐船。发大水前，村里有人做过小买卖。

在五六岁时，距今约七十五六年，得搐筋（病）的人挺多。当时我还很小，没见过病人，不知道有什么特别的反应，但村东头死的人很多。当时持续的时间不是很短，死的人都各自埋在自己家里的墓地里。当时光是知道叫搐筋，没有听说过霍乱，村里有中医，但不知道是否就医。该村有一老中医的传人，先住在城里，名字叫齐春梃。得搐筋的人住在村里，不是路边。得搐筋的人都死光了，后代已绝。

我当村长时，年仅16岁。村里有蝗灾，蝗虫多时飞起来遮天蔽日，黑压压的一片。蝗灾前有大旱，没有井水浇地，庄稼大量减产，好多人因饥饿逃荒到关外。下关东的人很多，下河南的人也不少，我小时曾推着小车去河南的阳谷、寿昌等地用衣服等东西换取粮食。村里当时死了很多的人，说不清是饿死还是病死的，多数是老年人，年轻人多逃荒到外。从兰沃往东是无人区。大旱的时候，有土匪经常拦路抢劫逃荒在外，去外面买粮食的村民。

日本人来华后，不抢百姓的东西，只喜欢抓鸡。皇协军图东西，去当汉奸，经常抢东西。日本人曾在本村扫荡过，有一人敲锣掩护村民逃跑时被日本人发现，给挑死，有三个人被扔到井里。百姓一般不会招惹日本人，否则会招来报复。

日军曾从本村到孔村进行过合围大扫荡，与二十二团发生过激战。

见过日本人的飞机，进攻冠县时丢炸弹，没有听说丢过毒气弹，也没有见过穿白大褂的日本人。该村共同使用一口井，日本人未在井中投毒。

没有听说日本人曾扒开过河堤。日本人曾到村里抓过苦力到日本人挖煤，在途中时，日本人投降，就被放了回来。此人叫张凤雨，现已不在人世。没有听说日本人大规模的屠杀的情况。

1945年当教员时，日本人投降。赵建民、马景汉解放汉八区。赵建民现住在北京，尚在。

采访时间：2006年10月5日

采访地点：冠县店子乡李张固

采 访 人：刘化重　穆　静　刘朝勇

被采访人：李丙尧（男　87岁　属猴）

李秀珍（女　81岁　属虎）

小时候家里有一个姐姐，一个妹妹，和母亲四口人。家里有地五六十亩，雇了一个长工干农活，后被划为地主。抗战前上高小，当过30年的民办教师。李秀珍18岁嫁过来，我当时24岁。抗战前家里不乱，社会秩序较好，往东有老齐活动，比较乱。当时主要吃棒子、高粱、谷子面，只有年龄很大的老人才能吃上黑馍馍。过年几天吃过几天白面，过了初五又开始吃窝窝头。地里种棉花、长果（落花生）卖钱，小麦种得很少。家里有了钱就积蓄起来，舍不得花，有了钱就买点地。

民国31年、32年大旱，当时村里有二三百人，饿死很多的人。当时我刚结婚，家里地很多，但饿得也很厉害，常吃长果皮。那时第一年饥荒饿死了很多的人，后一年下了雨，粮食收了，发生了吃一顿饱饭撑死很多人的惨剧。灾荒那年有很多逃荒的人住在王二村，她的一个姑姑到河南逃荒，等过得好的时候又回来了。灾荒时候出现蝗灾，蝗虫多时，地里的庄稼片叶不存。村民为了对付蝗虫，常在前面挖沟，在后面用木杆敲打，把虫子赶到沟里埋掉。

日本人来华后，在王二庄四周安了四个钉子，日军驻扎此处站岗，平时鬼子不出门。皇协军经常出来活动，吴连杰、牛岳广是汉奸头子，经常抢村里的衣服、粮食以及其他的东西。日本人平时不孬，不吃老百姓的东西，不伤害老百姓。但是，一旦遇上扫荡，见人就杀，老百姓遭殃。

日本人常抓村民给他们修炮楼，也有人被抓到日本国去干苦力，未到日本国被放了出来。见过穿绿衣服，戴着铁帽子的鬼子，百姓不敢出门，没有见过穿白衣服的日本兵。结婚那年，八路军曾在某夜去王二庄打钉子，打的时间很短，钉子被打开，鬼子逃跑，八路军把钉子夷为平地。死的日本人被用火烧掉，然后把骨灰带走。日本人走后，钉子被百姓填平。

采访时间：2006 年 10 月 5 日
采访地点：冠县店子乡李张固
采 访 人：刘化重　穆　静　刘朝勇
被采访人：张玉敏（女　86 岁　属鸡）

娘家西华村，小时候家里有三四个姐妹，没有兄弟，老人在家最小。娘家里有五六十亩地，雇人干活，家里过得很好。

灾荒年，娘家向外放粮食，放一斗（10 升）还一斗半（15 升）。灾荒那年，娘家的条件挺好，家里没有人逃荒，但是天旱收成不好，讨饭的人非常多，附近村上每天饿死几人。当时家里属于中农，划成分是划掉东西，也没有得到东西。家里平时吃高粱、棒子面、豆子，过年时，高粱面掺榆树皮面，包包子。没有吃过馍馍，家里有三四顷地的人才能吃馍馍。地里没有井浇地，小麦的产量很低，一亩 100 多斤。

18 岁嫁到李张固，男的当时仅 12 岁，坐轿子过来的。嫁的时候是用轿子抬回来的，没有彩礼。出嫁之前先通过媒人介绍，家里打听，出嫁前没有见过面。出嫁不向娘家索要彩礼，有钱的就多陪送，没钱的就少陪送。结婚时，席上每个人也仅仅是几个馍馍。平时家里种各种各样的菜，如萝卜、山药、菜籽等，还种瓜果。小时候村里不乱，嫁过来时村里才乱。见过老齐的兵，没有见过八路军。

在出嫁前，记得发生过大水，是从河里流出来的。这里地势很高，没有淹着，娘家是洼地，被淹。水很深，水快到高粱穗。听说水是从黄河、白河流过来的，不记得有无卫河。

1943 年的时候，看到日本人到村里来过一次。看到日本人进村，老人跳墙逃跑，日本人丢炸弹，在距离五六尺远的地方爆炸，幸免于难。也就这一次看到日本人，因为在当时女人是不出门的，不可能目睹窗外的实事，在小院里，也只能透过天空看到日本人的飞机飞过，日军飞机丢东西，是否有穿白衣服的日本人，更是闻所未闻。只是听说日本人不对百姓怎么样，也听说一个很憨的人被日本人推到井里，给淹死了。

大约 20 多岁时，村里发生了抽筋的事，死了不少人。听说村里有人得病，有的人用旱针扎好了，有的没有扎好。没有家人和邻居得这种病。村里有会扎针叫庆房的先生，已经去世。听说用旱针扎，但没有见过病人，不知道扎哪里。听说这病叫霍乱，死得很快，但弄不清有多少人死亡，也不清楚娘家是否也有人死亡。以后，再也没有听说霍乱病。

王当铺

采访时间：2006 年 10 月 5 日

采访地点：冠县店子乡王当铺

采 访 人：王苗苗　马子雷　田崇新

被采访人：南向臣（男　80 岁　属兔）

闹大灾荒那一年得霍乱，那筋抽得啊！那时候扎 3000 针，全身扎，那针像锥子一样，扎这筋，扎黑血，放出黑血，有扎过来的有扎不过来的，说死就死。死得快咧！春天得的多，除扎旱针就没法。我哥南向朝得了霍乱死了。有中医治这个病。老一辈就有这个病，这个病传染。人死了用斗子埋，使不起斗子的用粮闷子闷。数赵当多，东当铺也有，咱村也有，少。东当铺那一年死了百十口子，那时候十三四岁，今年 80 多岁。

日本人可没少杀过人！在这儿挑死一个，后边长林，叫王连，给挑死了，他庄稼人，长林他爹被扔到西边坑里，日本人，两人，拉胳膊，一个人蹲了。他们死了人，来报仇来了。八路军与日本人死了好几个人。一打仗，人就红了。

采访时间：2006年10月5日
采访地点：冠县店子乡王当铺
采 访 人：王苗苗　马子雷　田崇新
被采访人：王学生（男　86岁　属鸡）

小时候我不愿上学，还挨打。那时候也不干活，谁有翅膀谁就硬。那时候，我、俺娘三口人，种地。那时候咱四五亩地，麦子、棒子、高粱，那产不多，饿得都没魂了。这树叶一个都没有了，那是1965年以前吧！数那一年狠！天气不下雨，有两年不下雨，那人都饿死老些，咱这也挨饿了，有五六个，东当铺有20来个，也有走的，都向北边。日本人来之前，那没饿死那么多人，旱也旱得轻。

民国32年，有一个半个的霍乱抽筋！穷人看不起，穷死。听先生说，是霍乱抽筋。

贱年的时候没要饭，平时要。这么也要，那么也要，两三下子要，皇协军来咱这儿，也要。下谷子、下糠，都埋了，把谷子埋了，撒上麦糠，也不带走。跟哪儿收，埋哪儿。都是咱当兵的，八路军，埋了粮食。城里可带一点，唱着歌分着吃，一人一斤都吃不上，八路军也挨饿，他们真没地方住，以后都没有这一年狠。

日本鬼子打过仗，哪儿不打，回回都到咱街上来，在松树林那边打死了几个，咱的人来这村里，咱村住八路，野马庄、店子住八路军。日本人打北边，咱准备截住他，他们往赵固，赵固有炮楼，收花生的时候打的。我一大爷，碰上日本鬼子，不让动，没杀他。

1943年九月里，那可不是祸害啊！看你的手，看你的岁数，来找八路来！赵固有个炮楼，那一黑日给炸走了！他打的，向城里跑了！

鬼子站那岗，那枪一点都不动，那纪律，离这儿有五六里地。当时皇协军跟鬼子一起来，皇协军在头里，鬼子在后面。步行的时候多，骑马的时候少。一看有10来匹马，说赶紧，他们打架，红军往这打，他摁我脖子，叫我趴下。这儿有坟，都平了。

见过飞机跟这儿飞。飞得很矮，也不伤人，也响。响一下子就走了，没掉啥东西。"咣"一下子，挺震人，地下没死过人。美国的飞机也向这儿来过。

上了一年大水，西边上大水的时候水老高，一个劲地往上鼓，淹死不少人，从这儿20多里地。那时鼓了，人跟不及，都死了，能上树，死不了。往上填土，西边那个河，大沙河水大，打那边连下雨带鼓水，不是灾荒年。

赵固村

采访时间： 2006年10月6日

采访地点： 冠县县城人民医院

采 访 人： 刘化重　穆　静　刘朝勇

被采访人： 齐椿梃（男　82岁　属牛）

我82岁了，属牛，原先属于店子乡赵固村人，人民医院老中医，现已经退休。18岁入党，后退党，21岁当小学教员，27岁进卫生系统，29岁进县医院。

小时候家里条件挺好，家里是富农，爷爷是老中医，受传统儒家教育，从小读四书五经，爷爷崇拜满清，一直盼望子女能够考取秀才科举，一直到18岁时发现无望才停下来。

民国26年，我12岁时，七七事变发生，开始读医书，但没有行医。小时候家里都有枪，地主、富农，常把枪租给土匪，合伙抢劫分赃。小时候念书很听话，管理得很严格，上学常挨打。一怒之下，在十二三岁时逃学，与一同伙想去齐子修那里当兵，在路上碰到一个老人，劝说不让当兵，到马庄时，两个人回心转意，避免被人活埋。

日本人来后，正在私塾念书，发了一次大水。到街上取柴，看到满大街都是水。还有一次在场里看东西，鞋被水冲跑。水达一米多深，有很多的雨。

民国32年闹饥荒，连续两年时间。爷爷碰到日本人搜索八路军，脾气很倔强，被日本人打伤，躺了40多天，然后逃到河南。那年的饥荒让人整天吃不饱，食物很差，很多人是饿死的。霍乱，也叫转筋，手和脚都抽筋，上吐下泻，是由杆菌病毒引起的，这是被西医定性的，现在叫脱水，电解质紊乱，由蚊子苍蝇传染。当时我18岁了，只有一些医学的理论知识，没有行医的实践。当时霍乱流行，正值饥荒，得霍乱的人都说是饿死的，至于多大比例是饿死还是病死，很难确定。村里得霍乱死得人很少，听说扎手指的穴位来治疗，但没有试过。听说日本人在东北发现有霍乱病的村子，围起来用火烧掉，这里没有听说此类事情。当时发生霍乱时记不清是否发生洪水，也许霍乱的爆发与洪水有关系。

日本人到来后，主要驻扎在县城，村里人被杀害的主要是在日军扫荡时被杀的。当时村里有两个小伙子被日本人抓走，一个被挑死剥皮，一个逃跑，幸免于难。日本人看着谁不顺眼就杀谁，没有什么人权。日本人曾办小学，搞奴化教育，但没有搞成。日本汉奸抢东西，家里搬到围子外面住。当时村里有打更的，发现日本人进村后，就召唤村里人逃跑。有一个日本人翻译官，在路上见到一个奄奄一息的老人，回去拿了一份米饭给老人吃，并嘱咐不要一次吃完，但老人没有听，一次吃完给撑死了，不是药死的。

没有见过穿白衣服的日本人，不清楚是不是日本人扒开的卫河。

定远寨乡

黑周家村

采访时间：2006年10月3日

采访地点：冠县定远寨乡黑周家村

采 访 人：李　健　李建方　张　敏

被采访人：周令宇（男　78岁　属蛇）

日本人来以前，家里有四口人，父母、姐姐和我。家里20来亩地，一亩地收百十斤，种麦子、高粱、玉米，收得稀松，日本鬼子来以前，咱这地方困难。

咱自己的地，这里没地主，也没几个富农，西边有一个富农。租地主的地，讲究三七分，好比打了100斤粮食，七成给他，没粮食就借，有了再给他。政府不要粮食，要钱，他是按地数，一亩地交一块来钱大洋，大斗30斤，小斗15斤，一大斗能卖半块大洋五毛钱。那个时候一斤是16两，亩跟现在一样，那时候论步，五尺算一步，240步算一亩，宽着是一步。

有的够吃，有的不够吃，吃得不平衡。过得好哩，地多哩，吃点棒子面，穷哩，吃点高粱面，高粱面有哩够吃哩，有哩不够吃哩。不够吃了就借唉。关系好哩，借多少还多少，借富农哩，就有点儿利息。有哩借富农、地主的高粱面、棒子面，还他麦子面。一斗棒子、一斗高粱和麦子价钱也差不多。平常哩平衡，新陈不接哩时候，他能赚30%。借钱，根据情况来，有代价，得拿利息，10%的，30%哩都有，最高30%，一般都10%。那时候又没银行，银行里又不放款。很穷很穷哩，年纪大的不贷给你。

那时候兴早婚，16（岁）结哩婚，也得有介绍人。那时候不兴聘礼，也不要给戒指，结婚时亲家对对头。那时候女方不要钱，啥也不给，女方来了，两头对对头就行。那时候不兴登记，结婚哩时候要是结大婚，得要粘帖，写上公元几几年，你叫什么，她叫什么，一方拿一个，中人写，那时候文化人少。

日本鬼子来以后见人就杀、见房子就烧，咱这庄子烧了100多间房。来了以后就发展汉奸，咱这村上没有汉奸，白周、谢家、官庙、闫营有汉奸，那时候叫皇协军，是日本人哩走狗。1937年咱这遭了大荒旱，仨月没下雨。那时候啥也没有，干等着下雨，都成无人区了。皇协军上来，开始有，他给咱要，后来没有了，他就抢。很多人都逃荒去了，上南上北的都有，八路军来了才回来了。我也逃荒去了，俺一家人都上东北了。

日本人来中国哩时候，村上的人都被赶跑了，学校也被赶跑了。日本人来哩时候，我9岁，1937年就到咱这里来了。秋天刚来，就打仗，国民党哩军队跑了，向南撤。刚进中国哩时候，日本人很多，后来很少，1941年、1942年哩时候，就很少来。日本人穿黄衣裳、皮鞋，皇协军穿不上皮鞋。日本人也抢东西，也杀人，听说过，没看见过。一听日本人来了，就跑，你不跑就打死。他们不大吃咱中国人哩东西。

那时候有炮楼，日本人叫人给他修炮楼，给村子里要人，个人带吃哩，带铁锨。要是逃跑哩就打，不住那里，早上去，黑了来，中午在那里吃饭。在围子里住哩日本人少，六个，最多来，后来都撤走了。后来皇协军多。

日本鬼子一进中国，开始还不注意咱八路军，想打蒋介石。后来百团大战、腊子口战役，才注意八路军。八路军净住民房，住民村，今天住这里，明天住那里，那时候作风很好。那时候分工，净在地下打游击，八路军分地块，你上哪个省，他上哪个省。

日本人很少，净汉奸，住在围子里，那个时候八路军也少。见过八路，八路军在这住过，打游击，小孩儿当通信员，我那时候当小鬼。

民国32年，我逃荒了。一个是那年特别旱，一个是咱这闹得住不下去了。皇协（军）闹哩厉害，奸淫烧杀，是明着哩土匪。一上来要，给他点，他就走了，不给就抢，那时候还没民兵，土匪没头。

民国32年过了麦，开始旱，半年没下雨，下两点儿也不管用，当年没下雨，第二年才下。春天哩春季也种上了，夏季也种上了，生长期没下雨，没收什么东西。民国32年都挨饿，树叶都吃，没有收成，也不种地，不能种，没有资本，中国人都走了。吃糠咽菜哩，得点小病就死。俺这村有一户，全家都饿死咪。那时候又没医院，又没仪器，又没先生，那时候就是老中医，喝汤吃药，扎针，吃中药。民国32年以前，种牛痘，脸上有水泡，生疮子，种牛痘的也有得的。1943年有瘟疫，发烧、头晕，也抽筋，有的病死哩，咱这村没有，我见过。民国32年以后，这里就成无人区了。民国32年博平、堂邑县是重灾区，皇协军闹哩最紊乱哩。到了阳谷、寿张只交一份，杂牌军少，咱这里杂牌军多，闹哩厉害。

日本人在咱这村打死两个，打伤了两个，净使枪打哩。在冶（音）庄，日本鬼子扫荡，打死了不少，把咱这人围到一个院子里，打死了不少。得瘟时，他们没来检查过身体，他们不管那个。

见过日本人哩飞机，那时候腊八，民国30年，日本鬼子扫荡，有日本哩汽车，日本哩一个飞机扔炸弹，炸人。八路军跟他打仗，打不过就跑，八路军在头哩，在这路过。日本飞机没扔别哩东西。

侯家村

采访时间：2006 年 10 月 3 日

采访地点：冠县定远寨乡侯家村

采 访 人：李 健 李建方 张 敏

被采访人：李桂兰（女 76 岁 属羊）

没念过书。侯家村以前一直叫侯家，属定远寨，以前也是。家里有妈妈，一个奶奶，不记得有多少地。种麦子，种棒子，棒子地里有绿豆，也种高粱。吃高粱面，掺榆叶。不知道村里有没有地主。父亲是庄稼人，也扛活。

民国 32 年，那年乱。日本鬼子进庄打人，抢东西。旱，地里不收，逃荒上关外了，上沈阳了，离这 2000 来里，回来的时候 17（岁）了。没有过传染病，都没埋，让狗吃了，都饿死了，谁有劲埋。

18（岁）结婚，娘家是定寨，那时候都兴十七八（岁结婚）。有闺女怕人抢走了，赶紧寻婆家，结婚不要陪嫁。裹过脚，后来放了。俺庄上裹脚的就剩一个了。挺大脚那时候没人要，下轿先看脚，后看脸。结婚女的抬家来，两个人抬。没聘礼，啥也不给。那会儿结婚没见过面，老人包办。瞎子也得过，瘸子也得过，打死也得过。

日本人抢这抢那，打人。在关外见过杀人。日本人吃大米，不吃麦子。

采访时间：2006 年 10 月 3 日

采访地点：冠县定远寨乡侯家村

采 访 人：李 健 李建方 张 敏

被采访人：周贵荣（男 83 岁 属鼠）

那时候家里四口人，老两口儿小两口儿，24亩地，收不好。一亩地麦子二三斗，好麦子管一布袋。论斤一斗30斤，一亩地百十斤。也不是都种麦子，种这种那的。谷子、高粱、瓜、豆子。吃窝窝，棒子面窝窝。不舍得吃麦子，没有。地主地多，也舍不得吃。

日本人不跟这住，说来就来，好人他给吃头，给饼干。跟着皇协军一堆来。皇协军也穿黄衣服，有戴铁帽子的，也有不戴的。抢了不少东西，没东西给他抢，拿东西不让拿，就打。能跑的都跑了，顺着沟呼隆呼隆就跑。日本人抓过劳力，给他送东西，送粮食，送抢的东西。皇协军也抓人。有八路军。八路军住两黑夜就走。也打日本人，少了也不敢打。

民国32年，饿死老些，净吃菜。有东西也给抢了。地里没东西，没下雨，没收。都逃荒，老些下河南的。饿死老些，饿得不行了，躺那没劲了，肚子和西瓜似的，隔着肚子能看见里面，净菜。小孩都埋在那里，露着头。

不知道卫河。

栾傅桂村

采访时间： 2006年10月3日

采访地点： 冠县定远寨乡栾傅桂村

采 访 人： 刁英月　黄永美　姚一村

被采访人： 付恩忠（男　83岁　属鼠）

付恩忠

上过小学。8岁上的小学，没毕业。小学二年，日本就侵华打起仗了。那时乡下是初级小学，县里才有高级小学。学校在本村，东桂村（张桂村）跟这是一个学校。学的跟现在差不离，不学四书五经、洋书，学的是三民主义的书，恭敬孙中山。老师也是县里发工资，也考，分甲乙丙丁，每年春天里考一回，工资不一样。有操场，也做游戏。早起光阅读，晌午毛笔字要紧。没学那数理，有国语、常识、算术。有校长，也是国民党的。国民党的学校，蒋介石掌权。

生活不好，都吃糠吃菜，高粱糠、谷糠，都吃了。跟母亲两个，没有地了，叫父亲卖了，他下满洲国，逃荒了，上煤矿了，日本开的。可是挺苦，就是当苦力当奴隶。吃不饱，不好的饭也不叫吃饱，活也定量，干不完不行哩。1949年共产党掌权了回来的。

8岁当鼓乐手，吹喇叭，婚丧嫁娶都用。当时地位低，给钱。不会吹，拍咣叉。全村数我家穷。村里人生活都不好，比我强，父亲走时我4岁，15年没信儿。那时妇女不行，别说识字啦，裹着脚，走不动。每年我母亲跟姥娘要点粮，剩下要饭，秋麦时不要，拾点麦子，每年都要。18岁我也上满洲国，给鬼子当奴隶了，也是煤矿上，18岁领着母亲找父亲了，上的煤矿。

别家平均一个人五六亩地吧，地孬，碱地，地里出盐，叫小盐。一半儿碱地，不长庄稼。吃盐就吃那小盐，搿盐檩子上，沥水，晒出盐。有卖小盐的，贱，都会沥。树老些都碱死。村里没有多大的地主，有的几十亩地，多少富点儿。地多少都是个人的，不是地主的。交税，税不少，交给国民党政府。一亩地一季才收六七十斤，得交20斤，得三分之一。一斤是16两，亩跟现在一样，统一的。大商业没有，种棉花卖皮棉，一亩地里五六十斤，七八十斤的挺好。

东村算有一家地主，400多亩地，有种地的，有干活的。地有租出去的，收一石粮食，地主要八斗，种地的二斗。一斗是30斤，都这个价。向地主借粮也有好的有孬的，孬的不借给。有的借八斗还一石，借八斤还十斤，长利儿，定日子，定期还，还不上不能拉倒，一家一个办法还。

日本鬼子最早来的民国26年，这儿过了，也烧，没杀人，烧房子。到那时就难过了，土匪还是没有，齐子修、栾小秃那是大土匪，栾省三，栾小秃，丁寨街丁寨乡丁寨村，他是司令，有2000人。有皇协军，离这三里地是王朝莹，有齐子修的兵。齐子修的队伍不打日本，日本也不打他。齐倒跟八路作对，抢百姓。齐子修有好几个旅人，有万把人，在桑阿打了围子，上别村抢。我在地里看瓜哩，齐子修的人来了，我就跑了。他们祸害瓜，后来我以为他们走了，回来了，他们还没走，把我抓住了。跟我要钱，要 3000 块钱，不给要活埋我哩。我跟他讲理，他也回去调查调查，看是真穷，说不跟你要钱了，你当兵吧。我说你这是土匪，打家劫舍的，我不能当这。他说：你要当兵也不跟你要钱了，你说这话是找死哩。我没法，跟他当兵了。有回叫我站岗，还怕我跑了。叫我在城门上站岗，我站岗哩，在城门上站岗，我出溜下来，俩便衣问我干啥去，我说买菜，伺候当官的，从菜市场跑了。

回家跟母亲一块儿跑了。过了五天他又来了，把村长抓了，要把我东西卖了，卖了也没 3000 块，就给村里敛。有父亲一封信，上东北找父亲，没路费，在河北省要两个月的饭，等父亲寄路费。父亲也没大些钱，等着发工资，再借点。

民国 31 年去的，听说这儿灾荒年。祖母饿死了，伯母饿死了，撂炕上多少天没人埋。在东北住六年哩。我好好干，卖力气，不好好干，要挨打呀。别人挨打我还讲过情哩。吃的高粱米，住的小草房。干活的多了，一个人管 300 工人。管事儿的是日本人。有修桥的，垫路的，有木匠，有瓦匠。净这山东去的多，山东的、河北的，山关以里的多。有累死的、有冻死的、有病死的、有逃跑时电网电死的。大部分回来了，有工钱，很少，随便给。听说过抓到日本国的，没眼见。

31 岁结的婚，穷，没房子，不提倡晚婚也得晚。早先年景不好，没陪送，不讲究排场。小女孩都裹脚。

皇协军有，四五里地，阎营那。他不来催粮，要小米、绿豆。也是害怕得不得了，怕碰上共产党、八路军。皇协军要得多，还偷运个人家，他也不容易，偷点送，知道了就枪毙。皇协军要的比国民党的税多得多。俺村去俩当皇协军，偷粮食，把他们活埋了一个，炸了一个。

八路不断地住，我和娘一个屋，八路的妇女住得多，妇女做宣传，住我家。向全体群众宣传，群众听得多。八路打游击，黑间来，黑间走，住哪村不让人出入，怕走漏风声。这住的，净做地方工作的，不是作战的，枪也孬。

北边吴连杰，也好几千人，二皮脸也是土匪。韩春和，韩司令，在西边，冠县东北角里，华村那里。这不是皇协军，他不打日本，日本也不打他，皇协军给日本人服务。八路打土匪，力量小，不够用的。南边有个村叫双庙，成立个会叫皇杀会，杀土匪。为啥叫皇杀会？是打着朝廷的旗号，是皇上叫我来杀你哩。外村的劳力，青壮年，都当皇杀会了。栾小秃找皇杀会了，皇杀会头叫范严德。栾小秃带俩兵给他道喜了，给他立碑，祝贺他，喝一晚上酒。范严德说："咱是朋友，不要紧。咱下边也都是朋友。"一出门，叫栾小秃打死了，这会就解散了。皇杀会还唱的戏，立的碑，咱一般都给他钱，让他保护着。一家一红缨枪。民团跟皇杀会不大离儿，也是打土匪，民团保护村里，也有枪，都叫买枪，政府不禁止枪支买卖，50亩买一大枪，100亩地得要一盒子枪。东边一个，小名儿叫狗儿，打土匪去了，攻人家村里了，三四个人，跳墙进去了，人家在那等着把他抓住了，跑了几个，烧死一个。民团能保护村里。

民国26年，上大水，当街路上都净水，咱村高，淹了一半地。霍乱病是石薛王朝营死的多，这儿也没有。离这三里地，死了报丧去俩人，怕一个半路死了。秋天里得这病，立了秋，水来了以后，将来没大些天。没好大夫，就扎针，不管事，没药。以前、以后都没听说有，就那一波有，搁半月就没了。

1951年加入共产党，在村担任基层干部。

采访时间： 2006年10月3日

采访地点： 冠县定远寨乡栾傅桂村

采 访 人： 刁英月　黄永美　姚一村

被采访人： 栾文林（男　78岁　属蛇）

民国32年大旱，旱了二三年，民国31年就大旱，麦子没种上，棒子没收上。民国32年都逃荒了，这是无人区。日本人占一下哩，齐子修这样的杂牌军占一下哩，共产党没地位，到处跑。

栾文林

民国32年到后来下雨了，春天四月里下一场雨，没人种地了。秋天也下雨了，但没发水，也没种上。发水是1937年。

霍乱这村没有，西北角王朝营有，出去送信都不敢一个人。这村有一个、两个病的，日本刚进来，1938年吧。逃荒两年，民国33年回来的。民国32年没听说这病。

任 洼

采访时间：2006年10月3日

采访地点：冠县定远寨乡任洼

采 访 人：刘振华　张东东　孙　丽

被采访人：刘桂兰（女　77岁　属马）

18岁，五月，从沈阳迁到任洼，我走到清河县就没有火车了，走过来的。那时候是共产党了。在东北的时候是工人，公司叫羊毛公司，是大厂子，也有织布的，也有纺线的，那会儿日本人当家，多的有好几千人，是日本人开的，出班净是日本人，老毛子烦俺。我是看机器接头，净站着，七天白班，七天夜班。一个月30块钱，七天不歇工，奖给两块钱，不管吃。下班后吃高粱米，有饭盒，带着搁暖气上。机器可是大，晚上困了就睡地上，都是地槽子。14（岁）进的厂子，18（岁）就回家了，不干了，现在那厂子还有，当官的干部都是日本人。管我的小头头儿是中国人，一个房间管一个房间的，房子大，不能随便地走。站岗的是中国人，挎着大枪，谁也进不去，都有小岗楼，咱不懂他们的话，米西米西是吃饭。各地管各地，不开会，上厂子的时候有一个大牌子，去了把你的牌子翻过来。

那时候有三兄弟，爹娘，一个姐姐。俺爹在家编柳条筐，那会儿吃饭困难，吃不着米，吃煎饼，30块钱够啥的。厂里的工人都是中国人，去晚了就进不去了。12点吃饭，到黑才回去，冬天5点多就走了。在厂子里干了二三年，见过成批的布，都是白布、花布，下班见老嬷嬷纺羊毛。

那不能跟厂子借钱，不敢借，不到上班，人家不叫你进去。没有出过火灾，有碰手指头的，给看，厂子里头有医院，有澡堂，工人洗澡不要钱。哪屋里都有日本人，不干活，有女的也有男的，机器毁了给修。没有日本人欺负咱的情况。在街上没有见过日本军队。我来时那时是国民党，事变后，是苏联人先进的。苏联人在沈阳不好，净上人家抢，强奸人，七个月不敢出门，有出去的，剃光头出去，苏联人挎着枪，转盘枪，不要东西就抢妇女，也不敢看他，见了就跑，老毛子很多。

我18岁来这里的，跟着来的，沈阳有大日本火车站，站上净妇女，有年龄大的也有小的，随便领去，管饭吃去，有病的留下，来的时候咱这没有日本人了，解放了。他在火车站上给日本人卸煤，按日发钱，都是三四十块钱。他家弟兄两个，他上那去的，临清还有鬼子。我来时还有地主，还斗着，咱这穷，没有地主，那时候一人二亩来地，有200来口子人。他那会儿有三亩地，弟兄两个，有他娘，他哥不在了。

我娘家是丁寨，才9岁，俺娘家他爹去沈阳打工了。有老缺的时候，老缺净抢人家东西，抢粮食。见过老缺，老远一大趟去人家庄里抢，有枪，有骑马的。那会儿庄稼长好了一亩地也就收两斗三斗的，一斗30斤。那会儿有鬼子，上地就把脸上抹上灰。

1947年入的党，是北乡石河友介绍的，开会上包谷地去开，不让公开，1948年才公开的。咱这没有地主，没斗，斗的时候去丁寨。斗就喊，分他田地，分东西，咱这都是贫农中农。

三　庙

采访时间： 2006 年 10 月 3 日

采访地点： 冠县定远寨乡三庙

采 访 人： 刘振华　张东东　孙　丽

被采访人： 徐洪祥（男　80 岁　属龙）

我没读过书，很穷。

民国 26 年上大水，在这儿好大的水。咱归国民党管，有国民党军队，咱这！农民也下操，二三十来岁的，50 亩地买一杆枪，打土匪，地多好户，我不是党员，地主有地，穷人也有多有少的，你有钱就买，穷了就卖。那时是贫农，我起小就给人家干活，锄地喂牛，咱种地，给好户种地。打 100 斤给人家 80 斤，咱留 20 斤，要没人还捞不到种来。种麦子、谷子，一亩地能打百十斤。咱说不好听的，伺候人家，给他干，不干，人家就不用你了。有干一个月的，有干几天的，干一年的。正忙了干一天多少钱，过秋了，干一月多少钱。我那时候小，都给票。说一年给多少粮食，不说给钱，钱不准头，离粮食不行，咱离不了粮食。

我那时姊妹六个，我是老二，俩妹妹，俩弟弟，还有一个哥。那会儿人多，没地，一家人 10 来亩地，反正好年能够吃的，靠天，天旱了就不够吃的，那时还得盖房、成家。

我娶亲快 30（岁）了。大哥他没结婚，他有毛病，出羊羔子疯，没结成，死了二三十年了，掉坑了，死了。俺那结婚，两块布，人家还不要，那会儿没旁的布，老棉布，嫁妆三件，柜橱、抽抽桌、柜子，她家行。老些没有什么，一个包袱、两床被子就好了。大地主家陪送多了，好户比这会儿还多了，不送粮食，兴钱。地主家订婚一分也不花，都是女方买。那会儿穷得怕死家里人，好户家死了又娶上，没死了这个又来了，离婚了又娶一个，娶一个没小孩，再娶一个，都娶好几个。我干活的是南村的。

国民党那会儿都在县城。那会儿当土匪的满庄子，都跑一堆去了，又抢又砸，穷人没吃的就抢。民国26年上大水，民国27年鬼子来了。民国26年前土匪多，到好户家去，不杀人，为了东西，杀人也不能花，比方有钱，要你的钱，共产党来了就没有了。民国31年，共产党才来。民国26年这水大，水到这地里都齐腰。俺这村周围还高。马颊河那边一人多深，七八月发大水，不是下雨发水，是黑岩山的水，不是卫河决口。水多得装不了，都说黑岩山的水，谁知道哪的水。冬天就退下去了，那没么吃的，没人管。上水没饿死人，那时上水高粱也能吃了，有病谁看医生去，发水前很穷。

民国31年闹饥荒，那时280户人都去逃荒，没人了，就剩几家都要饭去了，剩10来户。饿死人多，三弟弟就饿死了，二妹妹要饭去了没回来。家家饿死的都不少，吃树叶，要饭，吃梨叶，上人家地里拾老白菜帮子。民国31年后，没耩上麦子，棒子半截高，一点雨也没下。俺父亲在村里还管事唻，给皇协军送粮，吕铺一天送100斤馍馍，上赵庄一天240斤，干粮也行，湿粮也行。一天俺父亲送去没送够，留下了，连俺父亲扣了一个多月，快俩月了，俺父亲叫徐庆柱，后来偷跑回来了。一个县才几个鬼子，都是皇协军。

家里快十一月了，俺父亲说走吧，推了小车，要饭去吧。下河南了，到了底年收起了。俺父亲上家看看能种地不。在杨铺以后，三四月都去河南了，能拾点麦子。

民国32年，咱这没发大水，有雨了，没有发生传染病的。那会抽筋就像大脑炎，俺家三弟去看过，没大传染病。病了有医生，这村那村都有看病的。

民国31年、32年，逃荒回来了，闹蝗虫，八月份，我家西楼坟上，俺七亩，俺大娘三亩，谷子都一米多高了，跟俺哥、俺父亲干活，从西南跟刮黄风一样，地里都铺满了，俺父亲说走，上家走，一会儿谷地里干干净净的，吃谷叶子，上头高粱吃不了叶，剩点，打点。地里蚂蚱下的籽满满的，到以后蚂蚱籽出来了，上地里掳蚂蚱去。

鬼子不抓壮丁，鬼子来了进咱村，没有住咱庄的，从前路上西沟，有一回在马路上吃饭咻，也管得严着咻，有好几个看他吃饭，可是人多。有一回拉着大炮从街里过来，有人抓去领路去。打这过时，成天来找共产党，那时哪有共产党咱也不知道，老人也不知道。徐运北，现在北京来，90多（岁）了，人家念书入的党，他那会儿也不算好户，他姥娘有钱供他念书。

鬼子没在咱村杀过人，皇协军抢东西抢他走，鬼子么也不要。二鬼子咱村有，哪村也断不了，抢东西吃，杀人没用，不杀。上咱村东砰砰两枪，吓得都跑了，谁敢不让他抢，谁敢挡。共产党来了成天给他打，鬼子到了民国32年可能才来，那时在吕铺还有皇协军来，一里多路，那时修炮楼都在前路上，鬼子亡了，炮楼都拆了。我那时小，反正打吕铺成天叮当叮当。

鬼子没啥训话，鬼子飞机不断的，一看飞机，说上屋来，有飞机哦，不断地过，没看过撒东西。

阎　营

采访时间： 2006年10月3日

采访地点： 冠县定远寨乡阎营

采 访 人： 王　伟　王燕杰　李玉杰

被采访人： 尚子伶（男　71岁　属鼠）

俺村一直叫阎营，从前属于堂邑县，1956年属于冠县。

上过小学，小学刚毕业，8岁我就要饭，上梁山、河南、阳谷，推着小平车一块儿去。那会儿有我父亲、母亲、哥、姐，五个人，都要饭。

民国32年，鬼子来了，可能再早一年，村里都叫挖了好几道壕，修大炮楼，过了灾荒，解放后，这些壕、炮楼都没有了。俺家现在的院，就是后来的战壕，住着鬼子，但不多。鬼子没怎么杀人，抓小孩，抓到围子里，对小孩也不怎么着。我的老伴儿的亲大娘是个日本人，后来回日本了。

八路过来打过村里的炮楼。民国32年，逃荒两年回来以后，炮楼就被打了。回来以后种地苦呀！我有个姨，给她送了碗小米饭，带着糠的，给她喝，她不喝，说吃了不好死，饿得在地上蹬了个坑，生生饿死了。当时饿死的不少，我的大爷就是饿死的。没逃荒时村里有百八十户人，现在有1000多人了。那会儿为了换干粮，两口都给卖了。

当时不懂得霍乱病，没有那抽筋的。民国32年，旱也不算旱，就是穷，草就跟房差不多高。当时村里吃西北的旱井，一直吃那口井的水。那会儿有病，也不知道是不是瘟疫，也没有看病的，也看不起。没钱的等死拉倒。我8岁上关外逃荒，人家一早起来给包子汤水饺汤喝，走不多远就要解手。有的就是不给，要饭也不好要。要饭上关外，火车都上不去。往河南、东北地方逃荒。民国32年，下了七天雨，逃荒回来下的雨，没造成什么水灾。

日本那时有汉奸、皇协军。不逃走的当时都有点。解放后，汉奸被处理得很多。汉奸有的把村民一家都给治死了。抢东西，小牛什么的。共产党处理的汉奸都是那些杀人的。

日本人有的真孬，有的不孬。那时村里也是个集市，在集市西头抓着一个人，差点摔死。鬼子来之前，到处是土匪，咱也认不清是什么人，出来就抢东西，也不伤人，有的也真伤人。我的父亲和他的爷爷推着小车下关外，卖东西，被土匪劫了，抢了以后，撵也撵不上。土匪到处都有，也不全是打家劫舍的土匪，日本人来了以后，土匪就不多见了。

我小时候逃荒回来看天上飞的飞机，吓得不行。听说老蒋的兵撤了，日本的兵过来。

义和庄

采访时间： 2006年10月3日

采访地点： 冠县定远寨乡义和庄

采 访 人： 刘振华　张东东　孙　丽

被采访人： 黄福元（男　75岁　属猴）

没读过书。从前是东三庙，现在改成义和庄了，共产党来了以后改的。

民国26年，水灾不记得了。民国26年淹了，有国民党兵，村里坐船出去。水淹了，现在这个时候已经上水了，坐船去收棉花。

民国32年闹灾荒，当时还有鬼子，东西有岗楼。皇协军来了一看见你这里冒烟，就来抢，一个岗楼12人，七八里路一个岗楼。日本人少，一个县也就十个八个的，都是皇协军为他们服务。我见过鬼子，个头矮粗大，都有枪，大枪，也有骑马的。看着小孩给东西吃，戴铁帽子。汽车很少，都带着刺刀。日本鬼子在这里没大杀过人，主要是皇协军坏，抢东西。他们那会儿在堂邑县住着，抢了就走。

咱这几个村没有地主，富农算最好的啦。那会儿穷，有时候能吃上，有时候吃不上，最好的一亩地能打百来斤粮食。有一个人10来亩地，也有一亩的，也有没有的。我家有30来亩地，有下农、中下农、富农之分。那会儿家里六七口人，两个妹妹，父亲母亲，爷爷奶奶，叔叔婶子都下关外了。

咱这有土匪，就咱庄稼人，老缺，咱丁寨的，招了100多口子人，向北有老吴、老齐，老栾在吕铺住着，杀了很多人，还活埋了。他们想占任家村，打了两次还没占了，第三次进去了，30岁以下20岁以上的都铡了。老缺什么都要，铺的被子都要。咱村没有土匪，后来土匪叫共产党枪毙了，身上用刀子剐了。

民国31年，11（岁）了，逃荒。母亲姐姐去了，爷爷奶奶老了，走不动在家，俺父亲下关外了，俺娘仨去逃荒。那会儿村子有500口子人，剩下不到100口子了，我上河南去了，饿死的人多了，逃了一年多回来的，民国33年才回来。逃荒主要是旱，加上皇协军，老缺闹腾，皇协军，老缺都要粮食，哪个来了都把粮食敛走。民国32年，咱这没有上水，没有听说哪儿有瘟疫，有病就自己顾自己，也没有医院，有私先生，哪个村子都有，号脉、扎针，不吃西药，拔罐子。

见过鬼子的飞机，有一年一直往南飞。过了民国31年，飞机有时候往下扔吃的东西。

给鬼子干仗，民国32年就干上了，用手榴弹打，真正的打没有。高粱铺那个炮楼，八路军打了。他白天修，八路军晚上扒，看修不起来他也扒。八路军把四面都包围起来了，皇协军让庄稼人在后面，他在前面跑，八路军也没有撵上。那时候，八路军不敢露头，都住咱们庄。

有一回闹蝗虫，飞起来铺天盖地的，在地里挖小壕，把蚂蚱赶到壕里面却死（方言：杀死）它们，净蚂蚱子。庄稼都吃光了也有吃蚂蚱的，掌点油炒了吃。没给地主家干过活，那时候咱这没有地主，西山有两家，共产党来了他就穷了。

张桂村

采访时间：2006年10月3日

采访地点：冠县定远寨乡张桂村

采 访 人：刁英月　黄永美　姚一村

被采访人：张广印（男　74岁　属鸡）

一直住张桂村。

民国32年鲁西北遭蝗旱，旱了三年，收点粮都叫皇协军抢走了。北

张广印

边阎营是鬼子的围子，墙老高，丈把厚，里边住着兵，叫围子，土墙，两丈多高。庄上牵牛架户，叫老缺。你藏起来就打你。栾傅桂大，就有老缺。越好户家越架。大闺女，小媳妇，都给你抢走。土匪有组织，这有个土匪头栾小秃，喂牛槽，小孩搿里头睡觉，都攮死了。围子那里富，没大些老缺。咱这要抢穷了，他给围子那要粮，那不给，他就跟人家打，打了好几天，他也死人那，围子里头也有咱庄稼人，好人。打进去了，年轻的都跑了，净小孩。连老头也都给你打死，是喘气的东西都打死了。枪前头挂着小刀。年号记不得了，也就是10来岁，是灾荒年以前，八路是以后才有的。那鬼子还没到哩，又二三年来的。

灾荒年一直旱，死人不少，就我这年纪的就该饿死了。年轻的，人吃人，狗吃狗，有一家黑间捡来死人吃。路死路埋，街死街埋，狗肚里是棺材。逃活命，媳妇都卖，换点干粮。俺这大闺女都扔河南了。俺这结婚都男的大，闺女都扔河南了。没法儿。穷人家都上集上要饭去。要饭要不饱，在馆子里夺人家的，夺来咽嘴里就跑。皇协军闹得不能过了，推小车逃难。小孩、老人都饿死了，死一多半子。光剩青年，他要饭跑动喽。得啥病都有，有抽筋死的。啥杂病没有？这病抽筋以前是有，很少。以前没好先生，净下草药，扎针的有，瞎扎，没技术。

日本飞机见过，灾荒年一个半个的，赶集，在天上飞着，一下来咣咣打一排枪，上去又走了，没见过撒东西。鬼子没开过诊所，查身体。围子日本就三个两个的，杂兵多。

赵桂村

采访时间：2006 年 10 月 3 日
采访地点：冠县定远寨乡张桂村
采 访 人：刁英月　黄永美　姚一村
被采访人：侯秀莲（女　72 岁　属猪）

侯秀莲

一说鬼子来了，掀锅就跑，那会儿七八岁。娘家在前庄赵桂村，14（岁）来的，腊月二十九娶的。地里净出的野谷苗，糊绿豆，顺气丸似的，吃那个。家连个屋也没有，在庙屋里住，过贱年要饭。有吃的谁嫁这么早。送啥东西，不兴，人过来就行，寻着狗，跟着走；寻了鸡，跟着飞。大人说了算。我比你大爷（老伴儿）小 13 岁，他 85（岁）了。啥样儿的你也得愿意。送什么东西呀，啥也没有。

家一个妹妹，两个兄弟，大兄弟当兵去，剩一小兄弟，也有爹也有娘。谁知道种多少地耶？没多少地。那会儿小，不兴富农、贫农、中农。中农不上外拿，也不能要地。富农、地主的地都分了，那是嫁后。粮食接不下来，高粱头儿，到地牵俩高粱头，到家里秃噜秃噜，磨磨，人推，蒸窝窝头。没吃的也得生法耶，吃不好吃孬。

借地主粮食？光听大人说。木头斗，一斗 30 斤，秫秸趟平。一斤 16 两，半斤是 8 两。不还行啊？也用斗还。有能没能就是不一样，听大爷（老伴儿）说，咱不知道，没跟咱拉。那会儿菜笨，知道啥？不会做买卖，跟俺似的，河南要饭回来，政府发农具，不知道啥政府，那会儿人憨。

种子上级给我，要不借借取取的。嫁来住两年，归队了。

没见过鬼子。那会儿小孩也憨，光说鬼子来了，就扛被子跑，定不准跑哪，葫芦沟里。土匪咱不记得，汉奸不记得。不出大门，出去大人吵你，老封建老迷信呢。

民国32年死老些人，过贱年过了得三年，饿死的人很多。

东古城镇

北刘庄

采访时间： 2006 年 10 月 4 日

采访地点： 冠县东古城镇北刘庄

采 访 人： 薛鹤婵　姜卫东　崔海伟

被采访人： 李秀香（女　75 岁　属猴）

我叫李秀香，今年 75 岁，属猴的。不认识字。娘家是李圈的。那时候家里有两个姐姐，一个妹妹，一个哥哥，父母都在。地不多，有三四十亩地，光种豆子，种高粱，地挺孬。地是自己的，不交粮食，用豆子换粮食吃。

五六岁时候见过日本人，晒高粱米的时候，六月份见过日本人，从北边过来往南走。没有住过，都是走着，没有骑马的。门上插上他们的旗，就是跟他们了。给你东西吃，吃罐头，鱼罐头，没有给别的。他们先吃再给吃。没有见过大炮，没有见过机枪、铁皮车。见过飞机，老些个飞机。没有抄东西，在李圈进村，不抢东西，不杀人，没有人被杀过，检查手上有没有茧子。那时候没有土匪，没有八路军，以后才有的八路军。

民国 32 年下了大雨，下了七天七夜，得病得霍乱，民国 32 年九月，老婆婆得病，九月十三死的，妯娌几个都是那几天死的。霍乱抽筋，一会儿就死了。那时候没有医生。扎针扎在胳膊上，出黑血，会扎针的扎扎就好了，有治好的。扎早的出了血就好了。自已院的哥会扎针。这病传染。

哪个村子都有死人的，李圈死了72口子，死了好多人。俺家在村子的西北角，靠卫河，都是霍乱，没有人跑，三四个月就没了。死的人埋到自己家的地里，各人埋各人家。老婆婆种地，在自己家里得的病。我小，不知道了，吃不了好的，弄树叶子吃，吃河水。

日本鬼子没有住下。出来就是扫荡，看有没有八路，从北馆陶出来，看不顺眼的就弄死你。得霍乱后，日本人来过，来村子找八路军，上公粮，飞机没有来，没有给什么，来抢粮食，铺的、盖的撕了，没有留下什么东西。日本人穿黄衣服，没有给看过病。

日本鬼子见了妇女就祸害，看你不顺眼就挑了你。在日本人快败了的那年，抓过劳工，李圈抓过一个，去了日本国，掉大茅子淹死了，叫李西坡。

八路军不敢露头，没有国民党，八路军到黑夜来村子，八路军好着呢，进村子打狗，没有救过得霍乱的人，再以后就没有得过这病。

采访时间：2006年10月4日

采访地点：冠县东古城镇北刘庄

采 访 人：薛鹤婵　姜卫东　崔海伟

被采访人：武玉山（女　77岁　属马）

我叫武玉山，今年77岁，属马的，是刘庄的，老辈子就是住在这个村子的。那时属于北馆陶县，属于山东的，当时没有冠县。在家里上过三天学，后来在部队上的学，跟着首长时候没事学的。旧社会上不起。

家里有七口人，父亲、母亲、妹妹、弟弟、两个哥哥。父亲叫武学中，母亲叫武王氏，家里有五亩地，地是自个的，交东西给国民党。交给村子，村子再往上交，村子交给村长，一亩地交三斗，大斗30斤，小斗15斤，一亩地交三小斗，地里种杂七杂八的。麦子、棒子、高粱，看天下雨就种高粱，没有下雨就种棒子。看天的情况，地是论步的，240步算一亩，地里收成不行，最好的麦子，一亩地一布袋最好，几十斤最差。

日本鬼子，十几岁时候见过，北馆陶住过，南馆陶河西住过，总部设在北馆陶，都是百十个，从北向南一趟，说不上哪一会儿就走了。南馆陶叫红部（日语：本部）。在马道上看，日本鬼子踹了一脚，说是你挡路了，他们说什么我不懂，我骂他们也不懂。他们不敢下路，八路军在东头沙河，穿着便衣，装成割草的，见到一个就掳走，逮一个就弄走一个。

日本鬼子都带枪，没有马队，没有炮，从南到北有四个炮楼，在马道边上，他们逮啥抢啥。东古城一个，西南马道西边一个，西沟塞一个，县城边上一个。城门那个，来村子抢东西，牛、线、布什么都要，人跑，逮不住。地里干活的人看见日本人出来，就喊下炮楼了，人就跑，一次30多人。说不清楚炮楼里是什么人，日本人、中国人都有。日本人来一会儿就走，日本大队一个多月过来一趟，从北馆陶去南馆陶，镇压八路军。日本鬼子来村子里检查手，看看手上有没有茧子，庄稼人手上有茧子，八路军没有。八路军在树林里藏着，八路军当中没有这个村子的，不知道八路军有多少人。

土匪，老缺那时候很多，老缺把家砸穷了，老缺头是俺村的，死在东北，一个叫刘知任，一个叫刘金付。后晌来，不在本村住，把人逮住，不知道弄到哪去，找人来赎人。老缺四五十人，都是远不了的。那时候村子里有站岗的，见来了就喊，那天没有站岗，老缺就来了，祸害你。老缺和日本人不打仗，谁也不管谁。11（岁）的时候还没有八路军，十二三（岁）的时候才有八路军，那时候没有老缺了。民国31年有土匪，到民国32年就没有了。

民国32年，全年庄稼没有收成，春天没有下雨，庄稼没有种上，我是民国32年六七月走的，走到东北，是七口人，走到沈阳，下了火车，我们是从邯郸上的车，大哥让日本人抓劳工抓走了，是在沈阳车站，那时候他22（岁），爹去撵，也没有回来，让日本人揍死了。二哥也被抓走了，也是在那天，母亲抱着兄弟去撵了，母亲也没有回来，就剩下了我自己和一个妹妹，那时候妹妹会跑了，我13（岁），给了别人了，在沈阳三孔桥，桥东头那家。来了一个人，说给你背行李，把东西背跑了。我就在沈阳要饭，去日本人的地儿要饭，被打了几回。

回来去吉林参了军。

没有听说过霍乱。

北童庄

采访时间： 2006年10月4日

采访地点： 冠县东古城镇北童庄

采 访 人： 王苗苗　马子雷　田崇新

被采访人： 李观朝（男　91岁　属龙）

一直住这个村，四五六口子人。家里种地，七八亩地。地里那时候棒子少，谷子，耩谷子，春天耩高粱，棉花没大些，也种麦子，一亩地都是一百五六，好的地。别的三斗，百十来斤，一斗30斤，那时候的一斤16两。好过的9岁就定亲，一般的十五六（岁）。都是吃小盐，冬天吃萝卜，从地里刮土煮的盐，大盐是现在的盐。小盐苦，大盐好，小盐贱。一亩地使不了五六分，都给公家收了。

老缺？好过的当老缺，穷人当不起，穷人没枪。有一个吸白面吸穷了，当老缺。架户，问人家要钱，他不架穷人，老缺就是土匪，老缺来了，啥也没，抢点啥，都咱庄稼人，走一边，把人给存在一个地方，要钱来赎！也就四五十口，不拿枪怎么？

那时候咱村里人稀松，四五百口人，这会儿千数口。中央从道上过，马道离这儿一里来地，跟冯军打仗，吴佩孚。那时候我有十五六（岁），到北边打，就从这儿过，不打咱。那时候都是土的房，也是平房，那时候是小窗户，九尺来高，现在一丈多，屋里铺砖少，里面也是土。烧树叶，睡土炕，盘的，烧火到里面。

日本人来之前，闹过灾荒，庄稼不收，那时候20来岁。30来岁的时候，日本人就来了。民国32年，没啥吃，不下雨。头一年不收，第二年不收，三年不收。不太死人，日本鬼子来的时候死人多。民国32年的时候，日本人来了，就在北城北馆陶住着，见过，跟咱一样。跟这儿过，就一回。日本鬼子来抓人出劳工，向他那国去。从北边杨召抓几个人，谁知道几个呢？抓日本国去。把他打败了，回来了一个。那时候藏咱村里了，后来十月来的，春天又走了。

民国32年的时候，招虫子，蚂蚱，轰轰的，一条沟都轰轰的。人也有吃蚂蚱的，也有不吃的。人都吃花籽，棉花的籽，产的粮食也吃，绿豆、高粱、榆叶、杜梨叶都吃。五年闹两年灾，御河淹。日本人来之前，淹不死人，淹得不大。御河河边淹，这边不淹。没有人得病，没有水肿、转筋。

民国32年，灾荒严重了，死了好多人，吃新粮食，拉痢，死了10多口。那时候三四百口人，拉痢的都死了，反正是吃新粮食吃的。得霍乱抽筋，肚里难受，淌的，肠子都薄了。那都知道是霍乱抽筋，哪年也有，民国32年多，得到七八月吧！那时候新粮食刚下来，吃新粮食吃的。下大雨来，七八月下的，村里都有水，没多深，到脚脖。下雨下得有10来口得霍乱转筋，扎扎针，扎这个手肘，出血，出血就好了，扎了不痛，扎肚子，有的瘦得不能扎了，见过，反正皮包骨头，一得那病就死了，扎针的都活了。哪村都有，王庄严重，死得多了，那村里受灾害严重，得这个病，歇来歇去，一拉痢就死了，半月二十天，不传染，淌的肠子都没有了。

闹病的时候，河水涨了，平地没水。那西边挡，东边有水。上水早，也没大水，河水没开口子，河西开过，孙店，河北，离这儿40来里地，在馆陶北了，馆陶县的西北角。浇地的刨翻，浇地一刨就开了，日本鬼子来的那一年。十啦月来的。后来就没有霍乱抽筋。

日本人住一黑上就走了，住李圈。飞机没见过，天上飞过，没扔什么东西。日本鬼子来的时候没有八路，区里来过，跟村里住，浑躲，一天躲一个地方，没打过。那时候还有老缺，后来编了队，编成八路军，后来又变成皇协军，要粮要东西。日本人、皇协军，两茬，打这儿过，不骑马，不开车，步行。在河西挑死过人，点火，在这边没有。皇协军孬。

当时这儿属于山东省，属于馆陶县，现在属于冠县。当时馆陶县属于山东，当时的馆陶县城在北馆陶，日本没走几年，十啦年，归南馆陶，后来又归冠县。

东古城

采访时间： 2006 年 10 月 6 日

采访地点： 冠县东古城镇东古城

采 访 人： 刁英月　黄永美　姚一村

被采访人： 焦凤友（男　80 岁　属龙）

焦凤友

民国 32 年旱，饿死老些，先饿死，收谷子又撑死。

上水八月初三，上一次，九月初九上一次。漳河来的水，古城镇王铅子，正南二三十里，第二次王安堤。上两次水，开一次口子，九月初九开的口子。第一次水少。

发水以后得病，咱村死不少，埋不及。那会儿 500 来口，绝了 30 多家。饿死的多，也有那种病。民国 32 年以前没这病，以后慢慢没了。不知道传不传染，饿得。皇协军没得，有的吃，不得病。埋过病人，也抬不动。

伤寒也那年。伤寒扎舌头，出黑血。两种病死的人差不离。

东罗头村

采访时间： 2006年10月5日

采访地点： 冠县东古城镇东罗头村

采 访 人： 张培培　高　伟　张晓冉

被采访人： 宋士海（男　78岁　属蛇）

没上过学，上不起学。记事的时候，家里有五口人，种的有十几亩地，都种棒子、高粱、麦子。产量都不高，一亩地也就是打五六十斤，有点钱的，能给地里上点肥的，就打得多点，一亩地能有个100来斤，我们家里没有，也就是上点粪。那时候公粮要多了也没有，一年交一季，让交钱。有时候八路军黑家里来，晚上村里人一块儿给八路军点粮食，白天还得给日本人粮食。

麦子下来的时候，能吃上点，吃到过年，麦子就没了，平时就吃高粱、地瓜。不够的，都是秋吃不过麦来，麦吃不过秋来，也炒不起菜，一年吃一点油，都腌点生菜吃，一年也就吃上个三五斤油。大盐吃不起，吃点小盐，都是个人淋的，不好吃，有点发苦。那时候，十个鸡蛋才换一斤大盐。没粮食的时候，借别人的，一般是管自己的亲戚借，那时候，借一斗高粱得还一斗麦子。高粱没熟的时候，把高粱弄下来，晒好了，用拐子磨了吃，剩下的高粱就当柴火烧。

村上没有地主，好的户也少，富户也就是地多一点，有二三十亩地。邻村的远坊、王单有大户跟地主，不记得名了。穷人都受罪，不受罪的人少，有给地主扛活的，干长工，一年一年地干，帮着人家种地、喂牛、挑水，还管饭吃，给点钱跟粮食，也给不大些。地主也交公粮，有点啥事还是地主拿得多。

母亲死得早，我结婚也早，当时有十七八岁，女的比我大两三岁，没有啥彩礼，啥也不要，饿得什么都没有了。结婚前也没见过面，家长也不见面，两边都有说媒的。那时候啥也没有，买不起嫁妆，有带嫁妆的就是桌子、板凳、柜头。结婚当天兴抬轿，四个人抬的，轿是赁的，家里有的户就摆席，亲家跟抬轿的来了吃一顿就走，没有的就不摆。

土匪，那该不多啊，日本人来之前有老缺。好户也不容易，老缺给他们要钱，也不常住在一个地方，不敢有真地方，怕日本人，也怕八路军打，在村里抢完东西就走，也不抓人。俺村里的没听说当土匪的，都是外地的人，也说不清是哪里来的，跟咱说话一个口音。

日本人一来，蒋介石一看也打不过人家，就一枪不还地退到南边去了。他抗日也抗不过，顶不住，日本人的枪好，也有骑马的骑兵，老宽的壕都能跳过去。那时日本人没有车，见过小日本的飞机，飞得很低，飞机上有红月亮，不往下扔东西，打仗的时候飞机也打。

民国 32 年日本人来的，有咱这的人当日本人的兵，叫他们皇协军。日本人少，光占城市，就住在县城里，不住农村。日本人经常往村里来抢东西，搜查八路军。八路军白天不敢出来，到晚上才出来。咱这万善乡的后地里就有个炮楼，后来炮楼让庄稼人都拆了。贾村有一个，冠县地面上有 30 多个炮楼，隔 10 里就建一个，炮楼里没有日本人都是皇协军，一个炮楼有十几个皇协军。

日本人管村里要人给他们干活，挖沟、修炮楼，什么也不给，还管村里人要砖。皇协军是外边的头，也跟着抢东西，一般不打庄稼人，日本人也不打种地的庄稼人。在村里放过火，二葛他爹就是让日本人给杀的。日本人在段辛庄的时候，八路军打死了两个日本人。黑家里还不明的时候，日本人跟皇协军把段辛庄围起来了，人都往北馆陶跑了，日本人把村里房子都烧了，路过俺这里的时候，俺村里的人也跑了，剩下八个老头在路上摆上花生迎日本人，摆手让他们进来，日本人不管，用机关枪全打死了，还把村里房子点了老些。那八个老头有宋明勋、宋学延、宋学春、宋学先、薛大民，还有三个记不起名字了。

日本人来了两年，八路军就来了，当时有地下党，后来八路军有六分队，还有县大队，可以买枪。俺这儿有两个八路军的排长，有宋玉光、庞树彬担任八路军县大队的两个排的排长。八路军打日本，先打炮楼，先动员那些当皇协军人的父母，给他们送粮食，让父母跟他们说，日本鬼子长不了了，叫他们的儿子给八路军开门，会记他们的功，让他们把看门的狗都药死，八路军就进去了，打下炮楼。后来八路军把土匪也赶跑了，土匪都散伙了，有一大杆土匪，差不多有100多人，到河北的一个村，三面都有水，被八路军围起来了，全都消灭了，当地人都管他们叫“老杂”。

民国31年、32年、33年，连着三年都没下雨，大旱，种不上地，麦子就收一点点。人都饿跑了，有到黄河南边的，有下关外的，俺就下了关外，俺家的四口人全都走了，关外有粮食吃。那里有好多荒地，可以自己开地种粮食，到那也不用要饭。往黄河南边去的，连嫁妆什么的都卖了，换着粮食吃，还饿死了老些人。村上一共100来户，走得庄上都没有人了，再加上饿死了不少人，基本就没人了。以后咱这里下雨了，庄稼什么的有收成了，又有回来的。俺在关外待了两年回来的，有回来的，有混得好的就不回来了。

当时有发疟子，得霍乱症的，愣厉害。得了以后，抽筋、上吐下泻，扎针还出黑血，得霍乱症的差不多都死了。村上有会扎针的，宋长银会扎针，扎针都是扎胳膊，不要钱。得霍乱的，有扎好的，死得倒不多。知道霍乱能传染，死了就自家埋自家地里，找人帮忙。当时吃的是井水，俺村里有两口井，西头有一口，东头有一口。水好喝，有病不是水的事，也不知道怎么引起这个病的。民国32年后，也闹过霍乱病，哪个村都有，不记得是哪一年了，得病的人倒不多，有一个两个的。

打蚂蚱，在民国32年之前的五六月份，有会飞的，从别的地方飞过来的，也有在地上蹦的，都撵到沟里埋了。蚂蚱闹了有一年，没有虫子，蚂蚱吃谷子吃得狠，国民党当政也没人管。

日本人在北馆陶啥都没拿就走了，后来八路军占了北馆陶，不让庄里的人拿东西。

上大水也有好几回，民国26年，御河大堤让水给冲开了，加上下雨下得黄河水多，就开口子了。后来，一九五几年还上过好几回水。

采访时间：2006年10月4日

采访地点：冠县东古城镇东罗头村

采 访 人：张培培　高　伟　张晓冉

被采访人：吴成江（男　84岁　属猪）

小时候没上过学，家里穷没上。那时候家里有五六口人，种了20多亩地，不到30亩，种棒子、棉花、高粱、谷子，一亩地能打四斗。往北馆陶完粮糙米，一亩地管一吊钱，一季银子，一季糙米。麦子下来了，就吃麦子，差不多能吃半年，一个月吃40多斤。当时就吃棉油，一年管10斤油，有买的也有换的，从村上个人的油坊上换，六斤棉花籽换一斤油，三斤麻子换一斤油。盐跟油差不多，也是买着吃，五六个铜子一斤盐，也有时候吃小盐。没粮食可以往市场去买，也有放贷的，一块钱过一个月长一分，村里没有地主，都是贫农，就吴汝魁家里的地多一点。我没有结婚，家里没钱，谁跟咱啊。

村里的人没有当土匪的，有土匪到这里来。有一次土匪到我屋里来，把我按在门头柜上捆起来，然后要钱，也有把人抓起来，得托人把钱交过来。土匪说不准从哪里过来，日本鬼子一来就没有土匪了。

不记得什么时候了，国民党的二十九军在日本人一来就往南边跑了。日本人走着过来的，飞机不断有，不打枪，不扔炸弹。日本人来了，有当皇协军的，城里日本人多。皇协军来修炮楼，管日本人要兵，几里地就建一个，辛庄、王庄、东古城都有炮楼。日本人刚来的时候，没有中国人跟着，也没在农村里住，日本人把饼干、罐头给小孩吃，让大人喂小孩吃。日本人在这没有杀过人，皇协军打过人，很孬。炮楼里没有日本鬼子，只有皇协军，有一个班的人左右。

民国32年，八路军过来了，把皇协军打走了，八路军都穿了灰色的军装，在这里八路军和日本人没打过仗。

民国32年，灾荒年，什么粮食都没收，我逃到北边的固城逃荒去了。村里有百十户人，有上关外的，有上固城的，也有上东北的。家里有五口人都跟着，有两个兄弟、一个妹妹，还有俺母亲，住在十里铺的一间小炭屋里。要饭能吃饱，那边的人都善良。在那边住了不到半年，就打皇协军。吴汝魁也往东北了，往东北去的有回来的，也有没回来的。

民国32年，还闹过霍乱。基本上每个村里都有得病的，俺们村就死了30多个，得了霍乱就抽筋，扎针后出黑血。当时村里也有会扎针的，吴汝魁的爷爷就会，有扎好的，也有没扎好的。扎针都是不要钱的，往胳膊上扎，老多人找他扎针，愣忙。那时候知道这是霍乱，人家都这么叫，传染不传染不知道。得病死的人没有集中埋，都是自家埋自家地里的，村里也没有跑到外边去的。当时吃的水就是大街上的井水，不知道为啥得病，井水一直都没有问题，得霍乱病的人的碗筷别人都不用。

六月份的时候发水没很大，打南边的漳河过来的，下雨下得大，把河堤给冲开了，淹了不少庄稼，没听说有淹死人的，发水的时候，我还在河开口的地方抓过鱼呢。

闹蚂蚱，不知道是哪一年了。在民国32年的前面，差不多七八月份，当时在地里挖沟，撵着蚂蚱进去埋起来，庄稼收成很少，下过大雨之后地里生的蚂蚱，也有从别的地方飞过来的。闹蚂蚱的时候，棒子都吐红缨了，村里的人都用个小盆和点泥糊到棒子上，蚂蚱就吃不着了，村里的都这么弄。灾荒年以后，还闹过虫子，主要是豆子上的，豆子上的虫子是绿色的，吃豆叶，别的都没有，吃了豆叶后豆子都不长了。

采访时间： 2006年10月4日
采访地点： 冠县东古城镇东罗头村
采 访 人： 张培培　高　伟　张晓冉
被采访人： 吴汝魁（男　84岁　属猪）

俺从小就在这个村里住，村名没有变过，一直叫这个名。小时候家里有三口人，有10亩地，一般种棒子、谷子、豆子、高粱跟麦子，种的高粱多。那时候一亩地也就是能打两斗粮食，一斗是30斤。当时也交税，一年两季，要钱也要粮食。那时这里种不上麦子，都是沙窝地，也很少吃麦子。

有下乡卖油的，各个村上也都有油坊，用花籽、麻籽换油吃。吃油也很稀松，几毛钱一斤，有花生油、麻油、豆油。当时吃盐都吃小盐，捞不着吃大盐。从碱地里刮土淋的盐，就叫小盐。那时候猪肉一块钱能买七八斤，牛肉一毛钱三斤，吃得也少。借粮食得管大户借，借一斗还一斗半，过了麦就得还。当时村里还有一个放高利贷的，就他一个人，舍不得吃，忘了名了，放高利贷，也有借的。村上没有地主，有大户也就是有四五十亩地，还是贫农多。

结婚的时候，我18岁，她比我大，有二十五六（岁）了。当时有人介绍，两个人按好就结婚，就是脾气合得来。父母说了算，两边都不见面，男方也不兴给女方送彩礼，嫁妆有的就带，没有的也不带。结婚当天，兴抬轿，四个人抬的，上边有玻璃啥的。南边的轿和这边的不一样，是用竹劈编的。抬轿还有一个压轿的，也有六人抬的、八人抬的，是从宋庄买的轿，家里有的户摆几桌酒席，亲戚还有关系好的都过来，没有的就不摆。

日本人一进来，政府的人都跑了。有好多土匪，你弄一伙，我弄一伙的，找人抢劫，村里的人都死净了。

闹不清日本人啥时候来的，当时我有七八岁，国民党往南边去了，撤得很快。连冠县的县长都往南边跑了。日本人到村里时，都戴着铁帽子走着来的。当时农村里都有八路军了。日本人带着伪军来的，伪军是让南阎寺的老番把一伙、一伙的人收起来的。日本人还有飞机，没有往下扔东西。他们都住在县城里，在杨召、徐村还有炮楼，隔上五六里地就建一个，炮楼里没有日本人，都是皇协军，一个炮楼里有一个排的皇协军，就是30多人。日本人也抓人，一来咱们就跑，抓了人为了要粮食，还抢东西，日本人扫荡的时候点房子放火，城市都是日本人占着，八路军都在农村，一打仗，逮到年轻的就说是八路，就杀了。

日本人也抓人修炮楼，每户要砖，抓人去垒，还在四周挖沟，管村里要人去，去晚了还挨揍，自己带着吃的。炮楼是圆圆的，有两层，10多米高，有垛口、机枪口，在王庄、姚庄都有。后来日本人一走，八路军的白三带人把它炸了。

我是17岁参的军，在县大队独立营里，连长是王西林，营长王云龙。参加八路军，慢慢拉人，没有大些，后来参军的多了。开始的时候在河西干，后来民国32年，带着孩子往东北了，又参加了八路军，在东北的石河子待着，一直到1952年才回来。在河西的时候，在县城跟日本人打过仗，在古城、河西都打过。当时是一个独立营，下边是三个连，团长是何团长，都是拿步枪，啥手榴弹武器都没有。一个人发10来颗子弹，日本人一扫荡，会打几枪，当排长的发15颗子弹，让村上的人抬担架。后来，我还去打过天津、北京、长春，解放石家庄，打到过广西。

民国32年，是八月份上的大水，从漳河过来的水，淤胶泥，下雨下得特别大，白天跟晚上就两大缸水。水闸没弄好就冲开了，平地上有一米多深，庄稼高粱有熟的，全都淹了。当时有下关外，上东北的，到察哈尔、河南的。那年是先旱后淹，村里的人都逃得差不多了，有的回来了，也有的没回来，粮食什么的全都没有了。我们村从低岭里搬出来的，搬了三里地。后来1972年，又集体搬迁了一次，是政府让搬的。

民国32、33年闹过蚂蚱，是黄蚂蚱，下完大雨后生的，都挖沟埋蚂蚱。开始县里收蚂蚱，后来不收了，蚂蚱过去谷子什么的全都没有了，棒子只剩下半截。饿得人就吃杨叶、椿叶，吃的都胀脸，还有的吃萝卜秧子，村里饿死的人不少，西北更多。

得霍乱症死得都没人埋了，得病的人抽筋，当时就扎针，扎血管，一扎出黑血，特别臭，一旱再一淹，就出了霍乱症，也不知道传染不传染。得了霍乱，上吐下泻，也有血涌的，走着走着，半路就吐血死了。一家有死两三口的，有扎好的，也有扎不好的，死了就自家埋自家地里，靠庄乡帮忙。

当时吃水就吃井水，井有三丈二深，水好喝，甜的，一直这么好，水是没有问题的。

郭安堤

采访时间： 2006 年 10 月 4 日

采访地点： 冠县东古城镇郭安堤

采 访 人： 徐 畅 冯会华 蔺小强

被采访人： 刘书堂（男 82 岁 属牛）

刘书方（男 72 岁 属猪）

我民国 13 年（1924 年）出生，一直住在这个村，村在堤下，家里有爷爷奶奶父母 10 来口人，家里是农民。种地，有七八十亩地，是在堤外的平地。种棒子、麦子。一亩地一步宽，240 步长，麦子一亩地好的 200 来斤，高粱 200 来斤，一斤 16 两的。用辘轳浇，一人五六亩地。旱了、淹了吃不好。春天青黄不接会借粮，找家里有的借，借粗粮，谷子熟了的时候还，借亲戚家不还。借一斗还二斗，夏粮下来了，不值钱。借钱有五分利、三分利，五分是高利，一般是三分利。

家里没种别人的地，别人也不种我们的。如果种地主的地，100 斤交 30 斤的租子。吃盐吃大盐、小盐。大盐就是现在的这种，小盐就是地上的，啥盐都吃，一般吃小盐。吃油，吃花生油、棉油，一年吃肉稀松，过年过节能吃上。一大家子人一口锅吃饭。

我没拉过船，村里有人拉过，往上往下都拉，拉到天津、新乡，船啥货都装，装黑货，就是煤，按站给钱，一站地多少钱。收税不多，日本人之前，完粮完银，村里有村长地方。西边是徐万仓，是卫河和漳河汇合的地方，拐了一个很大的弯。民国 26 年，樊楼开口子，现在的南边，咱这边开的，那时堤小。但没有 1963 年水大，这也没淹，水归沙河了，黄河故道，水一开就往东去。

馆陶、营镇都有日本人，离这六七里地，鬼子来过。我 14 岁，日本进南馆陶，从南边过来的，在大堤上。保安队，本安的，算是民团，把民团的枪收起来，成了保安队，抗匪抗日，大约1937年、1938年。

鬼子一来就跑了，躲到村里庄稼地里。日本在村里杀了一个人。日本在村头站了一大群人，渴了让妇女烧水喝，添了一大锅水，往锅里舀水。嫌锅里的水脏了，说下毒了，一刀把这女的砍了。抢鸡吃、牵牛、烧房子。

炮楼在北幺庄，李才驻有皇协军，基本上是本地人，跟鬼子一起来，带路的都是皇协军，皇协军抢东西、抢钱。皇协听日本人调遣，叫他干啥就干啥，叫杀人也杀人，当他的兵。

日本人抓劳工，谁该出工了，上南陶、营镇打泥墙，按地出工10亩地、100亩地一个工。不管吃，排好队，种10亩地也得干一个工，挖沟，在驻地周围，修公路也干过，从冠县往北修，也修炮楼，没有被抓去日本的。

共产党不敢在东边，八路军跟老百姓好啊，对小孩好，跟小孩说话。八路军他自己带吃的，后来要点粮，要得不多，一亩地要个三斤五斤的。当时有土匪，没有土匪头，老蒋退去的那年多。二十九军也来咱村里住，没问老百姓要东西，在村里抓人，拉船送他，拉完后放回来。

1942年、1943年年成不好，旱，庄稼都旱死了，一整年没怎么下雨。民国32年春天旱，种不上地，庄稼苗都旱死了，没点粮食，吃粗糠吃树叶，榆树皮磨面。村里460来口人，有下东北逃荒的，走了几十口子，往黑龙江尚志县种地，那会儿开了荒，给人家种地。有上河南的，下河南的不多。伏天下的雨，淹了，雨水淹不了地。民国32年没开口子，下雨时穿单褂，房子漏。下雨时日本人没来过，也没看见过飞机。

雨下过后，有霍乱抽筋的，秋里死的人不少，跑肚，咱这人不多。有扎针的，扎胳膊弯，钢条弄上尖，往胳膊弯放血，黑紫色的血，扎得早的就救过来了，晚的就救不过来了。持续了一秋天，到冬天就没事了。以前没听说过，以后没有。生活有问题，吃树叶啥东西中的毒。得这个病的不是很多，有治好的，爷爷是扎旱针的，治好的比死的多。

焦　圈

采访时间： 2006 年 10 月 4 日

采访地点： 冠县东古城镇焦圈

采 访 人： 刘振华　张东东　孙　丽

被采访人： 焦麦鹤（男　88 岁　属羊）

亲弟兄六个，我是老大。我家 16 口人，四亩地，给地主种了 20 亩地。一亩地打 100 来斤粮食，玉米棒子也能收 100 来斤，好的时候收 140—150 斤，不好的时候收 80 来斤，100 斤，给地主家 30 斤，自己吃 70 来斤。24（岁）结婚，弟兄多，没有吃的没有喝的，酒肉的朋友，柴米的夫妻，没有吃的没有喝的。结婚的时候送了四个戒指，四套衣裳。

那会儿鬼子还没有来，张宗昌坐济南，鬼子一下就失编，咱们共产党从西冒过来了。民心都变了，都成土匪了，抢吃抢喝的。八路军从西边苏栾过来了，张宗昌也归老蒋管，他俩联合起来管吧。咱庄周围没有国民党军队，北馆陶有，馆陶七区，八区没失编。咱这也不叫土匪进，民团驻这了。鬼子来咱们村，打死两个人，闹不住了，打死的是咱们村子的，机枪没有点地响。打死两个，堤上的八路军死了四个，有俺村的一个，牛指挥来过咱村子，鬼子打死一个。

记得闹水灾，二十九军打日本，水都跟大堤平了，70 多年了。民国 32 年记得，咱这也没有淹，水没有过来，堤的边房子都淹了，都在房子的顶上做饭，没有得传染病的。树叶都吃了，柳树杨树叶子都吃。

有发疟子，那时候我 18 岁，一个村子有三个两个的，发疟子的时候先冷，冷得浑身抖擞，发冷，盖盖被一会儿就热了，汗呼呼地流，不传染，发疟子还没有死的。

采访时间： 2006年10月4日

采访地点： 冠县东古城镇焦圈

采 访 人： 刘振华　张东东　孙　丽

被采访人： 焦麦田（男　74岁　属鸡）

我兄妹俩，一个妹妹。俺家没有吃的，弹棉花，出大力，人用脚蹬。民国32年，轧棉花籽吃，20口子人才四亩地，人穷要地要不起，轧棉花做点小买卖，也是饥荒。从集上买点粮食，回家来推磨。咱这有两个富农，没有大资本家，做买卖要了点地，是中农。

20（岁）就结婚了，没有婚姻法，十八九（岁）也有结婚的，条件好的早早就订婚了，她家条件也不好。那时候都是大人管，咱不问。那时候也不兴送彩礼，结婚以前，两个人一次也没有见过，都是有老的当家。带嫁妆来了，一个大桌子，两把椅子，带了一床被子，一个橱子，一个柜子。

范专员领着在河西打的，就围着咱村子，跟鬼子打的，那时候也就八九岁，灾荒以后了。

闹灾荒，土匪就是大鱼吃小鱼，偷点摸点。土匪就给你收拾走，土匪没有杀过人。本来就不多，谁家有东西就收拾走。

民国32年，一年没有下雨，过了一年才下的，小绿豆叶子小棵都吃，寻个野菜，有棵树，人家也不叫捋，捋了还长？那一年旱得很，河里有水，就是不会浇。一年没有下雨，麦子没有种上，啥都没有收，都逃荒上东北了。那时候咱们村子有100多口人，俺父亲下东北，过了几年就回来了。饿死的人多了，死的人都没有力气抬，有一家死了人，用三斤白面雇了三个人去抬了埋，人家才给抬的。

民国32年，有病，发烧，发烧发冷不知道是什么病，老些都发死了，差不多都得了这个病，咱村也死了10来口。那时候医生也不知道是啥病啊，都说是犯病，我也得了，扎胳膊，出点血，出黑血，一般就好了。后来都有药吃了，都合作了才有的。

鬼子有来过这里，说的什么咱也听不懂，有翻译官，不抢东西，都是中国人抢，有军饷吃不抢。第二年下雨，收成好了一点。他们就来抢，我给他们倒面，撒了一点，被踹了两脚。鬼子一般不打人，打死两个人，一个上岁数了。

过了灾荒年，民国32年以后，差不多都得了霍乱病，不说传染不传染，没有研究过来，也发烧，听老人说这个病叫做霍乱，过了灾荒年了鬼子来了以后才得的，得的多，死的倒是不多。有老医生，吃草药，熬了喝。得这病主要跟生活有关系，闹不准是谁先得的了，死了人，就找人帮着埋到他的坟地去。得这个病的时候，粮食刚刚能收点。

当时鬼子飞机在城关炸死好几个人，炸过馆陶一回，有目标地飞，不经常地飞。在馆陶打围囤，跟村子里要人，地多的出工多，咱村哪天也得出10多个，没有什么饭吃，干不好就打，跑着过去才行，那样打得轻。

我记事的时候，堤窄的时候，咱老辈子也冲开过，听老人说向东冲开过，那时候还没有鬼子。

李　草

采访时间： 2006年10月6日

采访地点： 冠县东古城镇李草

采 访 人： 刘振华　张东东　孙　丽

被采访人： 李孟攻（男　84岁　属猪）

三年闹饥荒，逃荒的人多，有下关外下三趟的。人都饿死了，饿死多了。俺村，抬一个人，谁也不知道谁，给人几斤谷子，就替抬了，埋了，死一百二三，抬到屋里埋了，可怜的了。叫三井，一个腿，一个胳膊，一个眼，带着气埋了。

民国32年，下了七天七夜雨，麦没耩上。谷子都发芽了，都粘成米吃，发芽的谷子外边一层壳，里边一层泥，吃了得病，都得霍乱，霍乱抽筋，谁也不见谁，得了就等着，扛不过就死了。吃了就跑肚。我也得了，每人都得上了，叫霍乱水痘、霍乱痢疾，得了跑不动，起不来，那时哪里知道发烧。死了老些人，死了谁也不知道。跑肚跑得不能动弹，一百二三十口子都是那会儿死的。

每户都这样。外号叫霍乱，那时哪有医生？哪有医生？当八路军都撵的，谁来给你看？有啥吃的就好了，人家都说叫霍乱。损干了，又饿，过三两个月就死了。有吃的好点的，都是这，没法，俺一家人都死了。谁给你看？差不多都这样，每户都这样。我姊妹们饿死的。谁地里还埋在谁地里，一个村里谁都不见谁。鬼子不管这事，不给看病，送两花鼓鼓车的谷子到南馆陶。第二年才耩上谷子。

咱吃井里水，下雨了从堤上担水吃，吃坑里水，淹了，村里都是水。

北馆陶有日本（人），南馆陶没有。打日本（人），我二十三四岁，得病有十六七岁。卫河水没开过。咱保安队扒开过，淹日本（人）。在乜村扒开的，淹北馆陶，流走了。

鬼子来过，皇协军多，一个县就二三十个鬼子，都是中国人。王司令、吴司令是皇协军司令，住北馆陶县城。日本不给咱这人说话，不训话。打过咱这一个人，刺在手上。

飞机天天过。我给八路军送盐，那会儿八路军都硬了，是蒋介石的飞机，炸，不让咱人送。日本的飞机炸兵营，炸军队，炸城市，没炸过庄。打聊城时日本人都走了，给皇协军送馍馍，想让他挡中央军，给他馍馍，叫他吃。

采访时间：2006 年 10 月 6 日

采访地点：冠县东古城镇李草

采 访 人：刘振华　张东东　孙　丽

被采访人：李修杰（男　87 岁　属猴）

民国32年灾荒，日本鬼子进中国。数俺村死的人多，死了80口子，八路军都不在俺这村住。一天死两个都是少的。一天都死三四个，不是因为病，都是灾荒饿的，没啥吃。旱灾，又没机井，不能耩地，麦子没种上。八月里才下雨，下雨下得不小，俺母亲死的时候，房子都漏，那房是土房，不漏啊？不是传染病死的，都是饿死的，我家人都下关外了，就我自个在家。

霍乱见过，那会儿霍乱说死就死。有拉肚子的，有不拉肚子的。我没得过这病。得这病死人记不清了。饿死病死的没人抬，村里有坏人抬，抢点东西有啥吃，埋一个人得雇人。抬出去就埋了。

卫河河里都有水。那时年轻人都在河里，光用船运东西。堤冲开了，向东沙河过了，淹死的人不少。咱这地方水没到，咱有大堤，从那边向沙河了。

鬼子不上村里来，大扫荡搁这路过，那杀人不跟逮只鸡的样，一个老太太给他烧水，不懂他的话，一刀把头砍锅里了。不大上村里来，皇协军多，皇协军孬，有啥吃的就给你治走。

李　圈

采访时间： 2006年10月4日

采访地点： 冠县东古城镇李圈

采 访 人： 王苗苗　马子雷　田崇新

被采访人： 李汝丰（男　85岁　属狗）

念六七年书，9岁念到16（岁），开始念的时候读新古文，念了几个月都不念了。后来念新时代，变成新课程，一直念到鬼子进中国。学校在童庄，一个学校就一个老师。有算术、国语、三民主义、常识各个科目。日本人来了都散了。

我小时候跟大爷过，14口子人，种地，一个人一亩多地，那时候谷子、高粱、豆子都有，就棉花少。麦子、棒子，一亩就100多斤，那时候就16两一斤的秤。丰收的时候能吃饱，一般的时候都要饭。要公粮，一个是挖银子、糙米，都是要钱，有草的时候都是要草，喂马。

没日本的时候，闹土匪，土匪不多，土匪头叫刘黑旗，那个土匪最厉害。抢有东西的，不祸害穷人。人不多，有枪，那时候是土枪，有砂子火药，能射100步，一步五尺。军阀的时候我刚记事，跟这儿打。北边是直奉战争，后来都是南军北军。南军是蒋介石，北军是袁世凯他们这一伙人。

我那时候没多大，七八岁，我一个伯父，领我去北馆陶，领我去开会，谈南军过来了，又重新组了会。东西河，一拐向西向北到了这河南边靠一只船，船上是北军，河边跑来两匹马，说，把船划过来，过来几个当兵的，过来了，跪下了。啪啪地打死了，又对剩下的说，愿意的跟我们走，不愿意的回去。打死的可能是头儿。

民国26年，我16（岁）了。日本鬼子进中国，他没来咱这儿的时候，八路军就来了，发动当兵抗战，暗地里就说，你们在会不？也不烧香也不拜佛，就介绍入党。发展我在会，我不知道在会啥意思。

日本人来了，闹便衣队。富农有枪，他们都组织起来了，他们拿枪都参加老缺的组织，老些穷人没法，也都跟着干的。在南馆陶有个张镇长，张兴五成了一个民团，他叫保安团。他出来打土匪，他有部分好枪。南陶有个督军府，督军住南陶，有个督军叫王七，都称王专员，是袁世凯的人，督军死了以后，可能给了张镇长一个信。督军府有八挺德国式的拉链的枪，成箱的子弹。张镇长得了这些武器，把土匪平了。就民国26年，到民国27年，出了个范专员，他到这儿把残匪都收编。后来日本人来了，把督军府给占了。八路军要收编张兴武，他在西南馆区开了个会，俺这馆陶县的县长，牛连文，召集他开了会。张兴武一进会场就叫牛县长打死了，才把这伙子人收下了，县城也不知道谁占着。

日本人来之前，不断有灾荒，没这么严重。到民国32年，饿死的人多了。解放几年后，俺村里才四五百口子人。我向河西赶集，这儿瘸一个，那儿躺一个，也没有人埋。

得霍乱的谁给谁治，谁也顾不了谁，会治病的都藏起来了。咱这儿得病的人不多，得病的血臭，扎这儿放血，扎得快的就好了，放不了的就死了。血臭，紫黑色，可能传染，要不净得那病？秋季得的那病，天气不好，下雨，一连七八天不住雨，房子可是漏，河水涨了跟大堤平，河西开了，在河西蔺村开大堤，咱这边有水，搁南边开的，可能是班庄那儿开的，离南馆陶有10多里地，流沙河里。沙河是黄河故道，就在下雨的时候闹霍乱，开口子以后，河西闹霍乱，蹚着水去赶集，河水跟河堤平，堤比平地高一人深。

闹病的期间，日本鬼子也来过，把这房子都给点了。日本人领着皇协军来，皇协军是抢，日本人光杀烧，这附近都烧。

1943年，去河南逃荒，回来到1944年。北边有个田坡，有个亲戚，我一个内兄在八路军当兵，叫武安详，他这边，馆陶是划八个区，他在六区，在六分队当兵，咱这儿属于一区。一区区长叫翟左魁，他领的人多了。他们这一伙子，枪都缺子弹，武安详在六分队当兵，田坡有个李东先，李东先是叔伯表兄弟，翟左魁让李东先去北陶，让他参加公安局，收买子弹，当暗号。咱这边放过的人，收到七九火的、六五火的。我开着菜园，去北陶卖菜，内兄让我去找李东先，口袋里装子弹，让我把子弹交给六分队，让我岔蛮地，怕遇到日本鬼子。还让后晌去，送了几趟，这都翟左魁这伙子人缺子弹，跟北陶要。我又把手枪子弹带回来，又交到刘金承手里。里面有臭子弹，又让我把臭子弹送回去，内兄不让我送，让日本人发现怎么办？他们再要子弹，别弄了！

那以后没去北陶，可能有人通风报信，把我逮起来了，他拿着刺刀，让我坐下，用刀挑了，我爱人（已去世），跑来趴在我身上哭，日本人拔了刺刀走了。1944年，过麦的时候，日本人，多说有三四十个人，皇协军有五六十口人。“你的，枪的有？”“你的，八路的有？”我说：“苦力的有。”日本人说啥咱不知道，日本人把我拉到一边，刺了一刀，刚不透气。

头上都是刺刀印。知道的人都不在了。

日本人扫荡，一到傍黑了，没有人敢在家，都跑到河旁去了。日本人不敢去。飞机飞过，飞得不高，飞机下面有红月亮，他从窗户上露头，下边的人都能看到。

我那天去河西赶集，住到市庄，跟人说着话，叫耿青莲，跟我不错，他叔叔说，还在做买卖来。屋子里撂倒40多口子没有人埋，两人抬一个人，一个拿着铁锨，挖个坑就埋了。这边还有人埋，闹这病有多半年，医生都藏了，否则连饭都吃不及。这个村死得不少，那时候就知道是霍乱，肚里疼，干哕，上吐下泻，赶紧放血，一放血就好了，放晚了就放不出来了。村里的医生都是中医，没有药咪！俺村里有个先生，叫李汝兰，是我一个叔伯哥，给咱扎过针。咱家也有得的，他一兄弟就是得这病死的。家里说得这病得多了，治不接了，配了一味药，叫雷公救济丸，管事咪！给这个人扎了，没事了，好了！他是自个钻研，一般的医生跟不上他，他活到64岁，死了。那会儿上学，读的四书，没上完就不上了，穷，没钱，跟药铺干活，自己钻研。

河西有把一些人集中起来埋，埋在河西寿山寺镇，那个地方向阳，我去河西赶集，俺几个人推几个轱辘车，一个死人的膊啦盖（方言：膝盖）把车的轮子给弄歪了，后来知道是个死人坑，扔一个人就盖一层土，估计现在掀开，骨头也轱辘轱辘的，可死得多咪！那时候，没啥吃的，树皮都吃了，河西的几棵大树树皮都摸不着了，树都死了。

以后就没有闹过霍乱，当时一个是天气不好，人生活不行，人得病死得可快了！多数超不过三天，有的一天。

闹病的时候，正闹蝗虫，牲口没有，都死了。咱这边，北馆陶那边放过水，日本人都在北馆陶，南馆陶也有，经常活动。咱淹了他了，八路放的水！

日本人抓劳工，谁知道干啥？西边这家李西魁已经不在了，日本人弄到天津，从车上跑下来，跑回来。抓的人不多，其他的有回来的，有回不来的。闹霍乱，八路没治，他也摸不着药，国民党没上来过。后来十军团，八路军来了，他也没法。八路军有没有得过，咱说不准，以后再也没有了。

栾　庄

采访时间： 2006 年 10 月 4 日

采访地点： 冠县东古城镇栾庄

采 访 人： 刘振华　张东东　孙　丽

被采访人： 佚　名（男　78 岁　属蛇）

一直住在这里，就我自己，那时候有母亲、父亲，还有我。那会儿很穷有地，有 10 来亩地，日本一进中国就没有了。那会儿没有水浇，光旱，一亩地也就打百多斤粮食吧，平时吃不饱。

那会儿上过大水，我那会儿有 10 来岁，街里净水，冬季上的水，天都冷了，水也耗不下去，都到暖和了水才下去，退了挖道，都放到河里去了，为了放水才挖开的，是公家组织的吧！

民国 32 年，大旱天不下雨，没有井不能浇，人都饿死了。南风都吹得地一个窝一个窝的，逃荒的多，逃荒的有好几十口子，都下东北去了。有回来的也有没有回来的，14 岁下东北了，待了四五年，脚都肿了，水土不服，成年人没事情，不成年的受不了。

民国 32 年，有得病的，霍乱抽筋，没有什么吃的，吃上点凉东西就在地上抽筋。吃树叶子，吃的都是井里水，发水的时候，水都平井口了，没有人吃河里的水。这个病传染，医生没有，也闹不准是啥病，咱村有得病死的，那会儿村子也就 100 多人，每天都抬两三个，听老辈的人说叫做霍乱抽筋。那会儿没有中医，得病就自己扛着，扛过来就扛过来，扛不过来也就死了。那会儿日本鬼子来了，没有日本鬼子医生给看病的情况，也没有医生看病。

二十九军撤退的时候，从咱这里住了，土匪也有，咱这一片没大有。鬼子在南馆陶住着，拿的枪比咱们中国的强，都有刺刀，有骑马的，开车的少，一来人都跑，没有人了也没有杀，都是皇协军坏，中国人打中国人，日本人就弄这一手，那会儿皇协军经常抢你东西，啥也抢，小米、衣裳、粮食都给你拿走，不杀人揍人，揍你一顿，咱们村子没有当皇协军的。

鬼子来了，那会儿有八路军，日本走了，他就活动，打不过日本鬼子，在东边李才打过仗。就是牛县长领导的，鬼子往南馆陶去，被牛县长截住了，鬼子和皇协军都在大堤南边，就是打的那一仗，河北的没有接队，一接队就把鬼子打毁了！八路军也有死人的，范专员死守聊城。

鬼子从咱们村抓人干活，没有人，要人，我也去了。我10来岁，去背土，在河西边打围子，人很多。外村的哪个村子都有，皇协军给他看着，背得慢了就甩你两棍子。管饭？根本就不管饭，有的就拿个糠蛋子，没有的就算了。鬼子飞机从咱这飞过，飞机的翅膀上有红月亮，扔过炸弹，小村他不炸，别的啥东西也没有扔过。河里有水、有船他就炸，那会儿日子不好过啊，日本鬼子也有孬的，听说有让刺刀挑的。

南 李

采访时间： 2006年10月4日

采访地点： 冠县东古城镇南李

采 访 人： 薛鹤婵 姜卫东 崔海伟

被采访人： 李金元（男 81岁 属虎）

我叫李金元，今年81岁，属虎的。那时候这个村子叫李庄，归北馆陶县，当时归山东省，以河为界。

我上了四年的小学，两年私塾，学了《论语》、孔孟，还上了一年高小，共上了七年。15 岁时候，我上学，王占元是南馆陶的，自己投资，不用学费，书是自己买。

家里有四五口人，父亲、母亲、一个姐姐。结婚是事变那年，12 岁结的婚，家里有六七十亩地，中上等家庭，以种麦子为主，还有谷子、豆、棒子。一亩地产麦子 100 斤，大约是四大斗，属于中上游，好地，地是自己的，不用交公粮。地是 240 步是一亩，两脚一步五尺，跟现在一样多。

第一次见日本人，是在大约民国 26 年事变，北馆陶县城 14 岁时候被占，大约一年左右，我十五六岁时候日本人下乡，沿着公路。李庄毁了，当时村子里有枪，赶快埋枪。日本人围起来，把枪找出来，把 20 多人打得半死，枪是自卫队的枪。那时共产党过来的很少，知名人士带着枪自卫，防老缺的。14 岁后半年也就是 15（岁），日本人占了南馆陶，本村有当八路的。民国 32 年，因为挨饿，当了八路，有李金书、李士尊、李连成，都死了。

老缺在这片经常活动，没有俺村的人，俺村当时有 300 多口人，没有一个外姓。老缺头儿是北馆陶的王来贤，第一个最大的，其他名字说不出来。要粮食，啥都要，当时什么也拿不出来，交不上去，只能应付。老缺中有许多人投了日本，当时皇协军有四五百人，南面大约二里地左右有炮楼住着皇协军，北面也有，来维持公路治安。灾荒年，部分投了共产党。八路军打伏击战，打老缺，挖地壕，把皇协军搞得蒙头转向。

日本人不大上乡里来，不吃中国的粮食，绝大部分是皇协军闹。八路跟日本人打过，八路军有枪，是汉口造，没有很大的战争。1944 年、1945 年东南角打仗，村子里有人被俘牺牲的。

日本人来抓人修路，来了一个通知，去挖壕，修炮楼，我也去过，我那时候正当年。

民国 32 年，灾荒，不是民国 32 年是民国 31 年，大约是歉收，歉收 60%。民国 32 年春天，开始逃荒，庄稼没有种上。民国 33 年就行了，没有听说过霍乱病。下雨，下了十天十黑，雨下得不大，时间长，没有一个钟头不下的，水围到堤坝。

民国26年的大水把大堤决口了，大堤底不超过10米，上不超过4米。西北有大雨，民国28年又一年，韩复榘派人到馆陶去维护大堤，周围村子送来锦旗。民国32年大堤没事，在薛圈决堤，100到200米，没有什么受害。

那时是吃井水，井在路南，没有流行的灾祸。俺村有一个人死了，传染了一个，亲弟兄俩，早得的治好了，是在秋天，和这时候差不远，哥哥去看场，半明半亮天，上吐下泻，疼受不了，扎一扎，一个人扎针出血，三棱的针，内外加工就轻了，请了北面李圈的一个先生过来，开了一副药，吃了就好了。这个人是中医，扎针扎出来的是黑血，两个钟头就好了，要吃饭了，肚子疼得受不了，也似乎抽筋。第二天，弟弟病了，又把那人请来了，又是开药，没有等到第二副药吃，就死了。他本身身体素质不行，那时候又没有什么仪器，受凉，吃凉水。其他人没有传染过，就他们兄弟俩，其他村子也没有大量的传染，弟弟死了埋在自家的地里。

平　村

采访时间： 2006年10月4日

采访地点： 冠县东古城镇平村

采 访 人： 徐　畅　冯会华　蔺小强

被采访人： 孙春茂（男　81岁　属虎）

一直住在这个村。小时候家里有两个姐姐，母亲、父亲是庄稼人，种地。家里有12亩地，240步一亩。种玉米、高粱、谷子，产量稀松，好的两布袋，不好的一布袋，一布袋七小斗，一斗15斤，差不多够吃，年年得买点，父亲做点小买卖，卖点洋油、洋火。那谁给借？作难，吃糠吃菜，啥树叶都吃过，吃小盐，小盐贱点，自个弄，也有吃大盐的时候。借粮给点利，给多少记不清了。

民国31年、32年年成不好，咱这最厉害。民国32年，那时候大贱年，那时没井，没下雨，一季没耩上麦子。耩上还不够吃，更何况还没耩上呢，那时受了大罪了，俺这村跟东苏、徐庄、黎草村死人多，都是饿死的。那时这村有800多口人，好多人逃荒了，往东北去了，哈尔滨、吉林一带，大部分往那去，出关了。死人最多的时候秋天，死的人多，下雨下得晚，秋粮一下来，人猛一吃新粮食，就像有毒似的，人也饿得厉害，反正有撑死的，有饿死的，到后来又有霍乱抽筋的。

是下雨以后，得的人多，老些人，一抽筋，难受，死的人不少，看见过抽筋的。我母亲抽筋，在家里得的病，没人给扎针，得有十来八天的好了，也没有吃药。这个病没一个月两个月过去了，鬼子没来。

这个病是民国32年，有好的有死的，不光是病还有饿来，从前没听说过有这个病，后来没有。

采访时间： 2006年10月4日

采访地点： 冠县东古城镇平村

采 访 人： 徐　畅　冯会华　蔺小强

被采访人： 孙会印（男　82岁　属牛）

周秀云（女　75岁　属猴）

孙会印：一直住在这，种庄稼的。家里有父母、两个兄弟、一个妹妹，六口人，10来亩地，每人一亩六七，种麦子、棒子、豆子、谷子。麦子一亩100多斤，200斤是好的。是老秤，16两的。

雨顺当够吃的，年景不好不够吃，吃糠吃菜。吃秋麦，是指借粮。有的有粮食，咱没吃的。吃一斗粗粮还一斗小麦。没种别人的地，那时没有租地的，直接雇做活的。咱小，没干过那活。借钱的不多，都有地，没有干过什么副业。吃盐吃小盐，都沥小盐。吃小盐多，刮墙上的土，熬熬，把土去了。吃油，吃花生油、豆油，自己打的，不怎么买油。吃肉除了过节去割点，过年割二斤肉，掺萝卜，包包子，肉当葱花。

鬼子住在馆陶城关，到村里来过。我十四五岁时来过，他来扫荡。看见不大多，鬼子没到村里来，过了一过没进村，那是皇协军抢东西。在俺村这没干过大事，没抓劳工。八路跟老百姓关系好，喊老大爷老大娘，给扫院子挑水。我民国32年参加八路军，之前在区里当兵，以后不在区里，上新四旅，在丘县下堡寺活动，属于河北。

民国32年不好，没雨，没耩上庄稼，寸草不生，没吃的，掺糠掺菜，逃荒的逃荒。有下关外的，有上河南、山西的。

周秀云：那时我12岁，村里那时有300来人。秋天下雨了，下得大了，长了谷子，一吃新粮食，死了很多人。霍乱抽筋呗，秋头上得的，死了老些人。

我娘家哥得了，奶奶给他把胳膊绑住，扎筋，出黑血，后来扎好了。哪个村也有，周庄离这有20里地，那也有，平村也有，不知道多不多。我哥是黑下里得的，把八奶奶叫去给扎的针，说是霍乱抽筋。以前没那个病，病来得很快，扎晚了就死了，扎得早就救过来了，找不到大夫，扎晚了，这人就憋死了。

日本人上村里去也不打人，搁场里开会，那人不上家里去，人说得不对，给你打死。我有个大爷卖黄瓜，走到大堤，日本人跟他说话，他耳聋听不懂，就毁人。

宋　庄

采访时间：2006年10月6日

采访地点：冠县县城火车站广场

采 访 人：刘振华　张东东　孙　丽

被采访人：马金盘（男　72岁　属猪）

家里就我自个，那时在农村，离这40华里，桑阿镇宋庄村。

穷，也有地，七口人，10来亩地。麦子、棒子、高粱、地瓜。打100斤就算好的了，100斤棒子就是好庄稼。再加上齐子修，都逃荒了。

有租地的，给人干活去，打100斤能给分多少，地主分给你多少。从那会儿归日本。土匪齐子修，以前是二十九军的一个连长，把这个连带出来了，发展起来了，孬，谁家冒烟就完了。有炮楼，从楼上看你冒烟，就去抢。我下东北沈阳了，没法过了。杀人倒没有。那时日本来了，占不了那么大地方，他扫荡。我见过日本，跟电视上一样，还是皇协军多，冠县就一个小队鬼子，100来个人。扫荡时他杀人，俺村里杀死1个，乜庄杀了11个。牵牛放火又杀人，他是报复，因为八路打死他人了，杀的是老百姓。

日本不抢，皇协军抢。那次俺家刚买了一个小黄牛，还没给卖家钱，就给他牵走了。

天也旱，也闹天旱，也闹兵灾。没法种地了，去沈阳了。天旱没种上地，村里多少人不知道，十之八九都逃荒了，多数东北，也有去河南的。绝大多数逃荒的都回来了，混好的不回了。

饿死了很多。桑阿镇以北称无人区。一年半才回来。齐子修被打跑了，日本把他收了。齐子修跑了，跑时家属都没带，日本收编了他。

鬼子来了有瘟疫，喊瘟疫是1943年，挺快，三天就死。三天死不了，就没事了。传染，俺村不少得的。哪里有医生？土先生是中医，治不好，白搭。从俺这再往北12里地，死的没人埋。饿得没劲，死好几个，一个人没法埋。没有日本医生给看病。

那时花鲁西纸币，国民党造的，中央的票。我那时小，完粮糙米，那时各村统一收，有办公的人统一送去。

采访时间：2006年10月4日

采访地点：冠县东古城镇宋庄

采 访 人： 张培培　高　伟　张晓冉

被采访人： 宋文泰（男　81岁　属虎）

小时上过学，上了二三年级学，学校就乱了，日本进了中国。那时上学有算术、国语。一直都在这长大的，这个庄名也一直没改过。

家里那时有七八口人，种了10多亩地，有高粱、麦子、谷子、豆子，棉花种得很少。那时一亩地能打百十来斤粮食，但不交税，也不交公粮，只交粮钱，一亩地要上交几块钱。地里收的不够吃的，一年吃到五六月份就没有麦子了，其余的吃高粱面。吃的油是私人榨的，可以买，也可以换，买一斤用不了一块钱。那时吃的是小盐，在地里刮下来淋，大盐比较贵，比较好的户一个人管七八亩地，一般也雇人干活，长活干一年，但是一年的钱少，还有短工，农忙的时候雇，能在好户家里吃饭，干上几天就走，长工自己吃饭，带到他家吃。一般长工的钱少，短工支的钱多。地主也要交公粮，地多的多拿，地少的少拿。

结婚时我十七八岁，她那时也是十七八岁，有人介绍，那时不兴见面，都是父母做主，也不兴下彩礼，嫁妆有就带，没有就不带。结婚的时候都用轿，四个人抬的，都是自己赁的。一回给人几毛钱，有专门赁轿的，也就是摆几桌酒席，地多的就多花两个，地少的就少花点。

日本人一进中国就有老缺了，一帮一帮的，村上有的户才抢，没有的户就不抢。土匪当时也不多，都是小伙，有十个八个的，住在东南边，也有十几个、二十几个人一伙的，从东北、西北过来的，土匪人数都不一样多，经常把人带走让人拿钱来换。日本人打土匪，不记得哪一年来的了，这里的很少，都住在冠县、北馆陶，像临清、济南就特别多，到村里来的时候最多也就是二三十个人。当时皇协军不多，后来慢慢变多了，咱村没有。

日本人来之前是国民党管的，日本人一来国民党都往南跑了。咱这有炮楼，在杨召那边，北馆陶也有，炮楼里没有鬼子，尽是皇协军，皇协军管村里要吃要喝。炮楼都是当地人盖的，咱这是小炮楼，皇协军要人修炮楼，抓走的人有回来的，也有没回来的。

民国32年，从春天开始就一直没下雨，靠天吃饭，到过麦立秋才下了点雨，种了点棒子。第二年有半年没有下雨，当时吃棒子、高粱，收得多的户就有吃的，收得少的就没有吃的。没粮食的就下河南了，有的还去东北了。民国32年，先闹蚂蚱，后来有虫子，蚂蚱有飞来的，从南边过来的，也有从这儿生的，有大有小，都用棍子轰蚂蚱，闹了一季。后来尽是虫子，在六七月份的时候，都是花虫子，有五厘米长，吃庄稼。当时是有庄稼的时候，人都吃不好，人也往外边跑，往河南做买卖的多，到别的地方住的人少。

听说过霍乱这个病，人都叫霍乱抽筋，忘了是哪一年了，得病的抽筋，几天就死了。村上有不少人得病，人们说的，都知道这个病传染，有人得病了，不上那儿去，不跟他说话，他用的东西也没有人用，都说他传染。村里没有医生，有会扎针的，扎旱针，开点草药，轻的能治好。不知道扎针往哪儿扎，草药不知道是什么。得病死的大家帮着埋，埋到自家地里，这个病过了一两年就没有了。当时吃水都是吃的井水，砖井里的，不知道有啥变化。得病的时候，忘了日本人走没走，政府也没有办法，当时也没有国民党、共产党派人来治病。

我是1948年入的党，入党时得有介绍人，办过好事的，给共产党出过力的，都推荐入党。八路军和日本人没在咱村打过仗，见过日本人的飞机，没往下扔东西，进北馆陶的时候，打了几梭子枪，一般日本人过来十几个人，走的时候也没留下什么东西。

采访时间：2006年10月4日

采访地点：冠县东古城镇宋庄

采 访 人：张培培　高　伟　张晓冉

被采访人：武学梅（男　84岁　属猪）

从小家里穷，没喝过墨水，不识字，一直都在庄上住。当时家里有八九口人，有一二亩地，种点麦子、棒子，还有高粱。那时家里穷，顾不上生活，靠要饭才行。经常给地主卖工，地主管饭吃，有的人给地主干一年，一年给的钱刚够家里吃的。

咱村里没有大户，王菜庄在南边，离这有好几十里，有个大地主，有上百亩地，村里的地全是他一个人的，别人租他的地都要交租子，交完剩下的才是自己的粮食。

当时主要吃高粱，过年过节弄个二三十斤麦子，几十口子人吃。要是不够吃的借粮食得找保人才行，让保人找找关系，就找家里好点，有的户，借粮食还要长利钱，俺家里没借过钱，借钱也长利钱。村里有好的户放高利贷，要是跟人关系好的话，可以不拿利钱，借不到关系好的，就只能借别人的，得拿利钱。

那时家里一年也吃不了一二斤油，吃的盐净自个儿买，都是从北边过来的，有天津那边的，有的户也吃小盐，自个儿刮点墙土淋的。那时交税，地主也要交，一年交两次，都是交钱，按地交，地多的就交得多，地少的交得就少，地主要多交，就是有一二亩地也要交。好的户才能吃上面，其他的户就吃不上，一家子过得好，老人就吃个棒子面。好的户也雇人干活，帮着割麦子、收棒子什么的。

我结婚的时候有十七八岁，她比我大两岁，当时有介绍人说的，结婚前也没有见过，都是父母说了算，当时也不兴彩礼，也没有彩礼。结婚那天是赁的轿子，四个人抬的，近了就四个人，远了人就多了。她也没带嫁妆，她家穷咱家也穷。那天也摆酒席，娘家人、叔伯兄弟辈的都过来，邻居不来，也没有喜钱红包什么的。结婚前双方父母也不见面，后来才走亲戚。

日本鬼子来之前有土匪，不知道在哪里，咱们村没有。经常到村里来抢东西，有一次土匪来到屋里，用铁棍把地捅破，看看有没有藏东西。都是白天来的，有十几个人，土匪一来，人都吓跑了，是从北馆陶过来的，都是跑着来的，拿着步枪、手枪、冲锋枪，都是管有的户要的枪。他们也去抢地主的东西，抓走有的户的人，让拿钱去赎，多少你都得拿。

日本鬼子来的时候，我十五六岁，不知道有多少人。日本人一来，国民党北馆陶的兵都跑了，往南边跑了。日本人从北边来的，住在北馆陶，他们在村里不抢东西，不打人，见到兵才抓，看到八路就抓，不打村里的人，也没听说过日本人在村里杀人，就是走到哪里烧到哪里。不一定多长时间来一次，有一次二三十个人到宋庄就来了一回。还有皇协军也跟着日本人，都是咱的人。

从这到东北全都是土匪，日本人一来把土匪都收了，有一个日本人就有好几百个咱这里的人。在杨召附近就有炮楼，一般都在公路边上，建炮楼用的砖都是管咱们要的，还管村里要人去，炮楼里管事的尽是咱这的人，没有日本人，村里再找人过去修，当时他们要啥就给啥。没听说日本人杀很多人，现在炮楼都没了。

日本人来了之后，八路军就过来了，没跟这儿活动过，一黑夜不定挪几个地，在这也没打过仗。有一回打杨召炮楼，是刚合黑开始的，当时北馆陶皇协军的头白三带着皇协军从北陶到杨召，八路军就绕到他们后面打，把炮楼炸了，包围了他们，全灭了。后来日本人走着来的，还有飞机呜呜地飞了好几圈，日本鬼子端着枪在飞机上往屋子里打枪。

民国32年是大灾荒，从民国30年到民国32年，连着三年没见粮食，头一年上大水，第二年闹蚂蚱，第三年是虫子，当时村里有六七百人，咱们村死的人少。民国30年的时候上的大水，俺记得是六月份。从南边漳河过来的，水太多了，固不住了，把堤冲开了口子，庄稼全都淹了，地上的水有六七尺深，那时村里就有小庙街高一点，没淹死人。家里有的户就待在家，没有的户就要往东北，三天就能走一车斗子人，隔了几天走了30多口人，有的一两年就回来了。俺全家是民国32年走的，往东北去了。

过了大水后，民国31年的六七月份，是从地上出来的蚂蚱，有的人说是鱼籽变的，人都打蚂蚱去了，用麻袋装着，见天用车送到北馆陶去，管那里要点东西救济。到了第三年，蚂蚱都没有了，尽是虫子，黑的，把庄稼都吃光了。当时也没有药，不能打，也没办法，看着它们吃。

我们去东北那年就是民国32年，我、两个兄弟跟两个妹妹和俺母亲一块儿走的，走的时候是腊月，上了茅山，割臭蒿子捆成捆，或是捡点柴火，再往集上去卖，靠这个买点粮食吃，在那边待了两年后回来了。俺母亲死在那里了，回来时只有种孬地，就两三亩地，回来时村前边都盖上房子了。

我们走的那年是民国32年，村里有得霍乱的，还不少，死了几十口子人。不记得几月份开始的，在俺往东北去之前。那会儿也没医生，农村也就有人会扎针，没有扎好的，从得病到死也得几天，死后邻居帮着埋到自家坟地里。当时也不知道传染不传染，症状也不清楚什么样的。村上吃水，吃街上井里的水，全村人都吃那口井的水，那水好喝，当时也没觉得有什么变化。这个病过了一年多才没有的。

王安堤

采访时间： 2006年10月4日

采访地点： 冠县东古城镇王安堤

采 访 人： 徐　畅　冯会华　蔺小强

被采访人： 王秉超（男　85岁　属狗）

一直住在这个村，小时候家里有奶奶、父母、一个兄弟、一个妹妹、两个姐姐。我从15岁开始做小买卖，之前上小学，上了二年，没钱不上了。有个奶奶，吃临工，跟大爷家轮着吃。这边半个月，那边半个月。

家里有三亩地，种菜园，种茄子、黄瓜、白菜，种了卖，买粮食，不够凑合吃，买高粱、棒子。不种别人的地。种棒子、麦子，棒子100多斤，小麦好的时候200斤，孬的100多斤。我母亲纺花织布，一个布赚几斗粮食，姐姐也纺花。我15岁开始炸馃子（油条），搁街里炸，街里卖，炸10斤，赚点麸子，推磨，剩下的皮自己吃。炸馃子时候，还叫抓去拉船。民国26年，我在河里逮鱼，是二十九军往南走，抓人，小孩也叫拉，拉到营镇。有个当兵的说，你叫小孩干啥。说：没人拉了。我当时还没吃食，有个当兵的拿了两个馍馍，叫我走了。

我从16岁当兵去了，鬼子那会儿才过来，有个范专员，在冠县设了个侦察班，我托了亲戚到那去给人当小鬼。当了一年多，范司令死了，我就回来了。回来还是去当兵，去十支队，张维韩在这冠县馆陶这一带当司令，是游击队。过了两年多，我19岁，兄弟也上这当兵了，家里光剩一个奶奶、父母。在北馆陶、冠县、大明有个新专员，曲周、河东、河西、卫河日本来就打个游击，在这九个县搁着。

21岁编成一个新八旅，一堆十几岁的小孩，一二十人，叫我领导这些小孩，在卧儿庄（大明的一个村庄），离家近了。我从卧儿庄来家的，有个街坊上那去，骑着马，也是当兵的，见了我，说你奶奶光想你了，回家看看。我回家后就没回去了，政治部主任就问我兄弟："王启超，你哥怎么不来了。"那时共产党的组织已经成立了，坐村的干部叫梁德胜，说我不能搁家，让上小区去带一名叫郭清连的公安员，也不是明的，都是暗的。

我1944年三月二十八入党，在家开会，在菜园小屋里开会。村里有地主，跟国民党队伍联系，几个党员守着地主，一吓唬二威胁，地主没敢动。有个叫王孟福，他搁清水湾是个书记，他家是这的，在屋里桌子底下挖个洞，日本来了跑不及，就藏到洞里。

日本人来村里，哪年记不清了，日本人一来年轻人都跑了，地主说欢迎日本人进来，打着旗子，抬着迎风竹子接日本人，人家有文化，二是跟皇协军有联系。日本人不理他，把老头儿围了一堆，中间点了火，谁也不让动，有的把胡子都灼了。日本人走了之后，地主也不敢了，也害怕。净是皇协军抢东西，上这个村有三四趟，八路军区大队在大堤上打了一仗，他就跑到这个村，第二回三回还打死了一个八路军当兵的，区队上的。皇协军再坏还有了，抢你的东西，抢你的穗子，抢你的布。

前边有个地主，一斗争他，找出二车清钱，五个元宝，是个破落地主。把东西上邯郸卖了，银子卖给银行，卖回的钱能买30头大牛，这叫填坑补齐，没地的给地，没房的给房，没钱的分一分钱。

民国32年，我搁小区上，那年年景不好，连淹带旱，三年没收成。民国31年旱，啥都没长，民国32年东西也没长成，耩麦子时下了点雨，三亩地种了二亩棒子，收了一点点长的小棒子，没东西吃，吃树叶子都吃光了，人家的树还不让你吃。我家三亩地划了，一亩地划二石麦子，一石150斤，划了300斤，那是好地。当时村里300来口人，跑了，都饿死了，有一家子饿死了七口子。爷爷奶奶、爹娘、兄弟，就剩了一个当兵去了。有下关外的，小区不管饭，上级有啥事办事，不给钱。划的地是活地，三年的期，后来赎回来了。

霍乱抽筋的有，东边邻居上地里去，不行了，趴到地里，叫人用针扎，一放血就好了，是黑血。有多少人得病不知道，人死得不少，饿死的病死的，那会儿谁还管谁的事，持续多长时间也不知道，从前以后都没这种病。

民国26年上水，民国28年又上了一回，民国26年那回水从南边大堤来，黄河、漳河的水归了这边，都没开口子，堤那边淹了。

采访时间： 2006年10月4日

采访地点： 冠县东古城镇王安堤

采 访 人： 徐 畅 冯会华 蔺小强

被采访人： 王观要（男 75岁 属猴）

一直住在这个村，河堤一直在这，村在堤下，村名就是按这个堤起的。小时候家里有两个哥，一个姐，加上父母，共六口人，有十来亩地。每人二亩七八，堤的两边都有地。种棒子、谷子、高粱、豆子、麦子，浇地浇水使辘轳。一亩长240步，宽一步（方步），一步五尺。产量都是一亩地百十斤，是16两。收的粮只够吃半年，不够吃的，吃树叶子，借粮。春天借，啥便宜借啥，高粱、谷子借一斗还一斗半，大斗30斤，小斗15斤。借钱一般不借给你，亲家会借，也得借10块还15。原先俺父亲开杂货铺，补贴生活，人家到店里起东西，也是不给钱，到年下再给。要是年终不给，就得长利。小时候那会儿有土匪，把笤帚用红布包着吓唬人。

城关、营镇、冠县、馆陶都驻有鬼子，我11岁时，村里进过鬼子，老百姓都给往外跑。跑到堤下边，靠河的地里面。看到鬼子从南到北围起来了，带到村里，让妇女给擀面条，男的锄草，看见20来岁的给看手，有茧子的说是苦力，没茧子的说是八路。有茧子的让给干活，没茧子的就打，用刺刀照着脑袋，用枪托往身上顿。

日本人很少，大多数是皇协军，基本上是本地人，为了发财，抢东西，抢粮食、好衣裳。把村里人分了两组，没茧子的带走了。鬼子在村里待了一天一夜，第二天清晨走了。鬼子对小孩好，打盒子里拿出东西（罐头）给你吃，拉着你玩。日本人来了会逮鸡，烧了，把毛拔了就吃，皇协军就抢咱老百姓。

日本人没来时土匪多，会截路。二十九军打这过，是老蒋的队伍，打北边跑来的，也不咋地，在村里住满了，抓人拉船。鬼子来了，土匪有当皇协的，有的不敢露头。八路军夜里招兵，让人参军去，我十四五（岁）。鬼子走了，八路军黑下打这过，一句话：老大爷，老大娘。给扫院子，挑水，斜挎着布袋，自己带吃的，不要东西，要的话老百姓也愿意给，老百姓给东西，他会给钱，老百姓不要。

民国31年、32年年景孬，民国31年老天爷不下雨，地里烟火一点就着，秋天麦子耩不上。第二年春天还是旱，旱得不轻，麦子耩上也没用。没啥吃的，吃榆叶、杨叶，好多种野菜。吃牛套，牛拉地皮的套，泡好，软乎乎的煮，吃花籽，棉花籽。

有地的划地，要地的当家，我说了不算，说多少就多少。我家划了11亩，划了稀松，一亩地给50斤谷子，有的把地划完了，就下关外了。那会儿村里400来口人，下关外占了三分之二，上河南不去，上哈尔滨、九寨、一漫坡，在那也是劳动。我两个哥哥都在外边，参加了八路军，二哥当兵，大哥也搁区上。走的人好年景就回来了。

民国32年下雨了，秋季收了，反正耩上大秋了。阴历五六月下的雨。那一年没少死了人，谷子收了囤里了，人的肠子都饿细了，一吃新粮食，吃撑了撑死了。也有霍乱抽筋的，一天栽倒五六个，地里净是灵幡子，晚上到地里看谷子，不敢去，拿了盖的去地里，只敢坐着不敢睡。

看过抽筋，都抽到一块去了，筋短了，两个人蹬都蹬不开，听老人说是霍乱抽筋。下雨后得的抽筋，下雨后村里没积水。村里有扎旱针的，扎手扎筋，流黑血。持续了一个多月就没有了。得病的五六个人，没好，死了。这个病从前有没有不知道，以后没有。

得病的时候鬼子来过，还是和原来一样的衣服。鬼子的飞机，不知道。

王　草

采访时间： 2006年10月6日

采访地点： 冠县东古城镇王草

采 访 人： 刘振华　张东东　孙　丽

被采访人： 王昌有（男　80岁　属龙）

打小就搁这。民国32年我就去济南了，调去的，上面要人来修路，施政公司的，光盖路面的，修历城。

不打粮食，没水。一开始旱，到后来又下雨了。老些水的，我蹚水过去的，没这个路的，淹，下雨下的，下淹了，今个下，明个下。闹饥荒，各家没吃的，吃南瓜菜水。逃荒的才多来，我逃了一二年才回来的。饿死老些了，俺爷爷就饿死的。前面那坑见天埋人，死了就埋那，埋个人人家不给埋，给人家几个钱，埋不深，哪有劲挖呢？找个坑就埋了。

霍乱抽筋，没医生，都死了，挖个山坑就埋了。拉肚子，吃不好，吃点南瓜汤，吃不好，挨饿，榆树皮都刮了吃了。灾荒年得的，死了多了，李草村那天也死，喝汤得的。有吃的了，才慢慢下去了。老医生治不了，扎扎针就完了。有扎好的，有扎不好的。厉害就死了，轻的就好了。吃的净井水，没吃过河水。

闹灾荒鬼子都来了，一来八路军就打他，不大敢进。那年我走了，俺爷爷死了。谁知道得啥病死的？那村一共100多口，都逃荒走了。这埋一个，那埋一个，都埋他地了。我只管修路，不知道谁家先得的，光死。

温马园

采访时间： 2006年10月6日

采访地点： 冠县东古城镇温马园

采 访 人： 刘振华　张东东　孙　丽

被采访人： 胡明周（男　87岁　属猴）

上了五年，上过学，会写字。当过支书，1988年不干了。

1940年去当兵去了，就在咱本县的游击大队，当过五年兵，精兵简政，有毛病的就叫走，复员了。属河北馆陶县，河北馆陶那时包括这里，1949年卫河以东都属于山东了。扛了三年活。

那会儿部队住俺村，俺叔是侦察员，叫我当兵去，对我说："走吧"，我就参军了，那会儿才20来岁，1945年回来的。去的头一年还没灾荒，那会儿灾荒刚挨着边，1941年就开始收不了东西了。俺这没啥东西，俺弟兄三，我哥在陕西参的刘邓大军。

灾荒以后剩了160口子人，死了四十五六口子。旱灾，不下雨，种的高粱都旱死了，一季不收就挨饿。秋季开始下雨了，下了七天雨，黑白地下，住也没地方住，净是水。从俺这到东古城镇赶集，买卖粮食，从大堤上转道陈集才能去，现301国道，净水，高粱秆一插这么深，人都没法种谷子。到第二年就不要紧了，到过了年才倒倒长果（方言：花生）。

灾荒年那会儿，老些人得霍乱症，饿的，北街上都治不及，咋看法，都是土先生扎扎，也没钱治，扎扎人家就走了。好不好，人家当先生的不问那，不在这吃饭，也不要钱。这村里没路，一看，这躺一个，那躺一个。啥法，天也不多冷，死了都埋，也没人拾尸的，拾不及。往后就少了，人吃粮食了。

那会儿都吃井里水，旱井。那会儿水离地都半截深，水都漫过井。

当时有日本鬼子。县城里才有鬼子，下边没有，都在北馆陶住，这后来才来的。鬼子不管那，不来看，农村人还不敢上城里去，那还是国民党占着。鬼子没杀过人，村里小，没人上这村来，俺村里没人当皇协军的，也没有当土匪的，这边当八路军的有几个。

俺这片没决口，北边北馆陶卫运河决过口，是保安队掘开的，保安队是国民党的军队。几十里地水，跟大堤都平了。为了放水，他们才掘的，离俺这40里地。

镇长把枪都收到一块了，保安队1000多人，有枪，迫击炮也有，打八路军，不打日本。

鬼子的飞机见过，大的小的多得很，你这村里一住八路他就扔炸弹。皇军的探子找庄稼人问，小村他不来。

杨　庄

采访时间： 2006年10月4日

采访地点： 冠县东古城镇杨庄

采 访 人： 刘振华　张东东　孙　丽

被采访人： 杨丙海（男　77岁　属马）

一直住这个地方，西边就是卫运河。民国26年的事情不记得了，还很小。日本鬼子是1937年来的，我当时七八岁，鬼子来过咱们村，见过鬼子。民国32年，大灾荒，东北归日本鬼子占领。我才10岁，上东北长春去了，日本投降后，到了建国那年才回来。

在咱这村子前，八路军还和鬼子打过一仗，我那时候吓得跑了，鬼子还在咱这住了一宿。当时不是1937年就是1938年，有百八十个鬼子，大部分都是大杆枪，也有机枪，都是骑马的，没有汽车。那时候还没有闹饥荒，那会儿县城在北馆陶，县城就有了。没有抢东西，村子里的人都跑了，剩下的都是老年人。焦庄死了两个人，叫日本人打死的。

鬼子占了南馆陶后，大部分都是皇协军抢东西，老百姓穷啊，哪有东西抢啊。当时八路军有，但是那时候还打不过日本，东古城镇修了个炮楼，里面大约是一个排，有30多个人，里面还不是日本人，大部分是皇协军。南馆陶里面有鬼子的司令部，见过鬼子，就是听不懂说话，都在河西。鬼子有巡逻的时候，都出来扫荡，也不断地来咱村，鬼子在咱村子没有杀过人，都是皇协军，都挨家挨户地搜，吃的穿的，有啥要啥，啥都拿走，有小鸡也给你抓走。

当时的皇协军都是中国人，咱村子也有，就是为了混饭吃。咱村的那个皇协军他不在了，是个秃子，姓王，也叫八路军枪毙了，打仗的时候抓住的，其实说来不多么坏，在村西边枪毙的，死尸拉回来了。那会儿当皇协军的哪个村子都有。

鬼子没有来的时候，土匪太多了，土匪也都是庄稼人，饿得没有办法才去抢的，大多叫范司令给收走了。把守聊城的范司令是国民党的官，他是抗日的，死守聊城叫日本打死的。解放后的灵位被运到邯郸了，灵位是放在第二位的，第一位是左权将军，很有功劳呀。范司令人把不少土匪都收了，咱们村土匪也不少，都不出名，有的也归共产党了。

那会儿咱们村子里有百十口子人，穷得很，没地主，各人都有各人的地，咱这连个富农都没有，多的有10亩20亩地，贫农有三五亩地，种高粱、玉米、棉花、大豆、地瓜，麦子一亩地有五六十斤的收成，一斗30

斤。当时属于国民党管，种完粮食下来收租，直接上县里去交，每家每户都去交，上面有花名单，按亩交。

我姊们五个，两个哥哥、两个姐姐，有七八亩地。河里有水，下雨就收，不下雨就不收了，河里有水但是没有提水的工具，种不上。河离咱们这里很近，现在还用那的水。

奶奶也是许庄的人。我25（岁）的时候结婚的，那会儿结婚的时候彩礼很少，买两套衣服结婚的时候穿，她那会儿也是穷人家没有什么嫁妆。

有飞机从咱这飞过，没有扔过东西，打仗的时候还没有用飞机了，那会儿打仗的时候都死了，八路军死了七八个，人是不少，但是家伙不行，打着打着就撤退了，火力不行。

没有发生过其他病，得病是不断地得，传染病也得过，那会儿我五六岁，爷爷奶奶都死了，我刚记事，是传染病，死了几个人，100人多死了6个，大多数都得这个病，年轻的有抵抗力的就挺过来了。有医生也看不起，老的都死了，一代传一代的都说这叫霍乱抽筋。我回来后没有得，死了人都埋在各家的坟地里，都有坟地。那会儿鬼子没有来，连饿带病就死了，吃得也不好，肚子都疼死了。

采访时间：2006年10月4日
采访地点：冠县东古城镇杨庄
采 访 人：刘振华　张东东　孙　丽
被采访人：杨丙靖（男　83岁　属鼠）

我一直住在这里，从大堤西边搬过来的，1972年搬过来的，这里一直叫杨庄。民国32年饥荒年，那会儿鬼子来了，灾荒的时候，皇协军来抢鸡。

我十几岁，那会儿在北馆陶，牛县长带的几个大队，在咱这堤上打过一仗，我没有参加过县大队，一个大队就百十口子人。那会八路军有好几百人，鬼子的子弹车在那地窝里，说去抢。那时候当兵的胆子小，不敢去，咱在这大堤上挖战壕，咱八路军去了一个排，鬼子来了都窜了，咱这也死了七八个人，鬼子恐怕死的多，拉到馆陶那的大市上，开了个会，弄了个火，都埋了。

民国 32 年天不落雨，一年都没有下雨，到了秋了可能下点，下的也不大，那会儿靠天吃饭啊。种了一亩谷子，长了一人高，把谷穗都弄来吃，蒸锅里，熟了就开花，不成个。家里没有人了，剩下几十口子。那时俺家里有四五口人，老爹，一个哥哥，我排行老二，下面两个，俺家都没有去逃荒，哥哥去了东北，去了有四五年。

饥荒年能吃的尽量吃，吃点菜，吃南瓜，有饿死的，没有听说得病死的。小的时候有得病的，抽筋死了好几个。北馆陶见天有外抬的，除了扎针管用，别的不管用，咱家没有得的。那会儿鬼子还没有来，咱这也死一部分，哪有医生啊，也有看的，有会扎的就扎针，没有见过人家扎的。咱们村杨丙来（音）会扎针，都是会扎针就扎些，有好的也有拔罐的，没有多大用处。

那时候俺家没有啥地，有五亩地，咱村最多的就十亩地，这就算多的了。穷的也就一亩地，三亩的，富的十来亩地一亩地弄 100 斤，那时候种麦子、棒子、谷子，愿意种啥就种啥。那时候有借钱的，咱没有借过。那时候有地方有区，有乡长，种地完粮，养马当差。向政府交钱按年交，记不清交多少了。

鬼子来村的时候见过，猛一见不多，20 来口子。正皇军，杀人没有杀过，抢东西都是皇协军抢，到我家选瓜，好就吃了，孬的就扔了。皇协军也没有杀过人，没有抓过苦力。要人往村子里要人，有村长。有一次俺村子要三四个人，打围墩，去保护日本鬼子，皇协军拿着棍子看着，不好好地干，就给一棍子，大清早上去，天黑了回去，晚了就打。

张　查

采访时间： 2006 年 10 月 6 日

采访地点： 冠县东古城镇张查

采 访 人： 吴肖肖　王　凯　徐　波

被采访人： 孙庚申（男　74 岁　属鸡）

一直住这儿，一直叫张查，以前是一个村，分了四个，有 10 来年，原来是东古乡。1951 年高小毕业，16 岁开始上，在村里上的。

灾荒年是民国 32 年，一天能死八个人。民国 31 年大旱，没收麦子，种蒜苗，也有饿死的，也有撑死的。后来下了点雨，种点瓜，吃瓜，高粱什么的都收点，夏天里下的雨，下点儿。

采访时间： 2006 年 10 月 6 日

采访地点： 冠县东古城镇张查

采 访 人： 吴肖肖　王　凯　徐　波

被采访人： 孙金川（男　91 岁　属蛇）

灾荒年缺雨，都没耩上麦子，收不好，不多，没收粮食，一斗 18 斤，收了五斗，还是好麦子。有几亩地，不到十亩。

不识字，不记得村里有多少人，没几户好过的，净穷人，饿死的人很多。

有那病，霍乱搐筋，有治好的，扎针，有大夫，死的多。灾荒年以前也有得的，那也短不了。这个村也有死的，见过得病的，胳膊弯儿放血，放的血挺稠，那谁知道咋得的？扎这个病的，是咱村里，就他爷俩儿，都没了。有一家都死的，家里人少没人侍候，得病没人管，传染，死了也得埋哎，埋不及的也有。邻近村里也有，也不少。闹的时间不长，有一年。发病的时候还没穿棉袄，说不了什么时间。灾荒年到六月里才下雨，记不清有病是下雨之前还是之后。

卫河上过大水，不是那一年上的。

现在这村（指张查四个村）里有5000多人，原来民国32年那时有2000人左右。

采访时间：2006年10月6日
采访地点：冠县东古城镇张查
采 访 人：吴肖肖　王　凯　徐　波
被采访人：孙章然（男　91岁　属蛇）

我叫孙章然，91岁，属小龙。上了学四五年才摸毛笔。九岁跟着明马园的胡先生念书，上了有五六年。

灾荒年民国32年，民国33年离这没多少年头，60来年，那时候大孩子3岁，他姥娘带着他赶集，买了个烧饼，让人一戳就戳走了。八路军来之前，国民党部队带着打北馆陶，有老杂。有地主，有老多地，有五顷地，500亩地还种地哩。那说是地主，小的时候有一亩地，还是沙土岗子，沙土岗子啥也不长。

灾荒年头一年还好点，有点雨，秋里收高粱、棒子、豆子、芝麻。没下雨，没耩上麦子，饿死瓜地里的都有，六七十岁了，到瓜地里看着去了，那时候棒子都能煮着吃了，他不舍得吃，饿死了。那时候吃点糠吃点菜的，吃树叶子。谷子一下来，净谷子、高粱，他这一春天肠子都损薄了，又一吃粮食撑死的。

霍乱搐筋，说吃新粮食好得霍乱搐筋。搐筋有里搐、外搐，里搐扎不过来，外搐扎过来了。有个医生，扎腿肚子，出黑血，紫血。呵！那厉害着的，那时候大孩子都过三生了，厉害得很。不是七月几的，八九月的，新粮食下来了，过八月十五了，那时候谁过得起八月十五了，还跟以前吃一样，就俺爹买了二斤月饼，给俺爷爷送去了。

我母亲就那年老的，属马那年老的，就灾荒年。上哪儿请医生，俺孩子他娘也得的这个病。是孙元领、孙耀武，俺村里会扎针的爷俩治好的。他俩在孙金泰家，我叫他爷爷哩，他家里金泰奶奶得的这个病，没扎过来。没扎过来的多得呢。这一家，一个老婆婆、一个媳妇儿都没扎过来，两口人都死了，孙宝训的媳妇跟娘都死啦。

那时候大夫都不在家，忙不过来，挨家扎，碰着谁家吃饭就吃几个锅饼。俺母亲黑家吃饭啦，就病啦，明了，到十二里铺请回先生，老中医，号了号脉，他说是霍乱搐筋，上呕下泻，没扎针，开了个方子，抓药吃了，不见轻。那时候孩子他娘先得的，俺娘后得的，俺娘领着大孩子到他姥娘家找他娘去，就在张查西头，孩子他娘得了病回娘家了，还是从那里扎的针，她扎过来了。就请的孙元领，我请的，扎的腿肚子上边，趴了炕上。当时就扎过来了，很快，冒的紫血，没大些血。俺娘回来后，就是当天黑家得的病。

那时候村里有几百户人家，人少，这会儿有四个大队，少不了四五千人。那年死的人得霍乱的多，老多人家都得这病，那年没有发大水。死的人都埋了地里老坟了，有有寿器的，有没寿器的，死了瓜地的，就埋了瓜地了。

日本鬼子来了两次，头两年来了，又撤回去了，隔一年又来了。见过日本的飞机，四个翅膀。前也俩，后也俩，见扔过炸弹，往北馆陶扔，人多。飞得挺矮，挂树枝。日本人骑着马，小汽车载着兵，从公路进来。

听说日本抓劳工，没经历。西边张庄叫张怀忠，叫到日本国，在日本待了三年。在日本国当劳力，日本人拿马鞭子，干得不卖力。从解放后回来。

范　寨　乡

范寨村

采访时间：2006 年 10 月 3 日

采访地点：冠县范寨乡范寨村

采 访 人：薛鹤婵　姜卫东　崔海伟

被采访人：段玉兰（女　84 岁　属猪）

我叫段玉兰，今年 84 岁，属猪。娘家是西纸坊头，这村以前属于堂邑县，辛集区。没有上过学，不识字。娘家俺奶奶、俺爷爷、俺爹，俺娘，姊妹六个。俺父亲叫段清风，母亲叫段王氏。家里穷，七八亩地，是老辈子传下的，地里种棒子、高粱、麦子、棉花、绿豆，运钱、运糙米到堂邑，一亩地交多少不知道，那时小，不让出大门。

我见过日本人，冷的时候，知道是抱着棉衣跑，哪一年记不清了。日本人穿黄绿的衣裳，背着枪，骑着马，后面拉着大枪。见过飞机，回回过，听说过。有短路（方言：拦路抢劫）的，抢东西，见么抢么。听说过日本人在胡李庄杀过人，杀了九个。

17 岁时，俺老婆婆得了霍乱这病，八月十五死的，俺家里有三个，婶子、哥、婆婆娘，长明家一个，何福家一个，怀清家一个，瞎老嬷嬷死了，一共死了七个。听说得病后泻黄水，大伯哥是八月十四先得的，老婆婆是十五得的。不知道村子里有没有看病的，那时候就知道叫霍乱，不知道别的村子有没有得的。人死了就埋了。有人说传染，都害怕，有出去住的，不敢回来。霍乱是从八月十五到九月，得了个把个月，不知道死了多少人，个人死了埋个人地里。得病前，家里人纺布做衣裳，外边人种地。

吃井水，不止一口井。

灾荒年不下雨，旱得，多长时间不下雨不知道，高粱快旱死了。没有发过大水。那年地里有棒子，也有高粱，就是没有收好。杂牌军抢粮食，过麦时候有，之后也有，有的是蚂蚱。雨下了七天七黑夜，没停，也是过完麦了。然后就出去要饭了，出去一年多。后来八路军来了。日本人在俺村没有杀过人，没有听说抓过苦力。

采访时间：2006年10月5日

采访地点：冠县柳林镇前和寨

采 访 人：吴肖肖　王　凯　徐　波

被采访人：范瑞环（女　70岁　属牛）

范瑞环，70岁，属牛的，娘家范寨，22岁嫁到这个村。听人说这个村有霍乱，灾荒年第二年流行霍乱，死了一半子，村里一共一二百人，饿死、得霍乱死了一半子。得了霍乱搐筋，越搐越哆嗦，越哆嗦越搐，越搐越紧，越搐越小。

娘家范寨家里有六口，搐筋死了四口，俺奶奶，爷爷，亲叔爷爷奶奶都死了。死的人多去了。有个人专门扎霍乱的，扎针，扎旱针，搬罐子的一行，扎穴道，浑身净针。这个病传染，你有这个病吧，我去救你去，你传我我传你，要不全家都死了。

跑鬼子那年也就七八岁。

范庄村

采访时间： 2006年10月5日

采访地点： 冠县孙疃乡敬老院

采 访 人： 王 伟 王燕杰 李玉杰

被采访人： 徐商乔（男 77岁 属马）

原是东边范庄人，离冠县挺近。小时候家里种地，庄稼地。当时10多亩地，四口人。有一户地主，不是很富，向外租地，80来亩地，三口人。全租出去，不放高利贷，不干活。

我13（岁）那一年，日本来的，来之前情况也不是很好，二十九军过去，遍地是土匪。土匪了一年，范专员一收，鬼子又来了。范专员死守聊城，死在聊城。

鬼子去过俺村，但没杀人，逮鸡，杀鸡吃。抓劳力了，汉奸来抓人。抢东西，打人呀，不给就打。干活赶不上了，鬼子不咋打人，他们打，真打。马县一个汉奸，鬼子打败了，也跟走了，不知死到哪里去了。不走，也活不了。汉奸逮去八路军模范班的两个，都在冠县被砍头了。他有人命，自己跑了。留下来的，自生自灭了。八路军宽大政策，改了就行，混饭吃的多。

土匪头目有个叫韩金河的，还有个武连杰，这一片的，方圆一片。大灾荒这一年都差不多。活下来的混碗饭吃的，都是跟鬼子的汉奸，他也没办法。给人家干，有饭吃。

民国32年，没饭吃的多，主要是旱。旱了两季，一个麦季算一年，旱了一年。下雨都晚了，下了一点，补种。过来第一年，收谷子。人都缓过劲了。鬼子来之前，村里大概有800多口人，饿死的和上东北的等加起来，最后还剩不到400口人。那一年灾荒，只要家里有米面，鬼子进了门，一倒就走了。那时很多逃荒的，我没离开，那一年我14（岁）。

绿头蝇它在你身上繁蛆，饿得走不动了，差点死了。要不沾亲戚光，就死了。唉，霍乱，民国32年。总死的人不少。抽死的不少，当时也没医生，得病就死，没办法。上吐下泻的又，就是抽。发病没见过，发病到死大概三个钟头。要是会针的，一出血就好。听他们说那是霍乱，谁谁死了，咋死的，霍乱。

吃水靠井水，拿俺村人说，六口井。井水吃得没事。

没发过大水，上方地皮比较高。跟聊城鼓楼一般高。这里就是不怕淹。下过大雨，我15岁那一年，下大雨了，雨大得很。那时候飞机多了，一个接一个地运，向西北运。卫河开过口。日本在时开过没有，就不记得了。

温　庄

采访时间： 2006年10月3日

采访地点： 冠县范寨乡温庄

采 访 人： 薛鹤婵　姜卫东　崔海伟

被采访人： 肖际周（男　82岁　属牛）

我叫肖际周，今年82岁，属牛，8岁上小学，上了七八年。从小就是住在这个村子上。原先这个村子也叫温庄，和现在一个名。原先属于堂邑县，辛集区。

那时家里有五六十口人，老爷爷最大，老爷爷叫肖成明，家里有90亩地，地属于自己的。没有地主，不给旁人交东西，自己种自己，种谷子、棒子、高粱、麦子，麦子收得很少，一亩地就收100来斤。一亩地跟现在一样大。父亲叫肖华亭，母亲叫肖李氏，有三个姐姐、两个弟弟，一个叫肖际德，一个叫肖际兴。

我见过日本鬼子，他们从北边来，是热天来的，人不多，都是来的马队，没有见过坦克车，见过飞机飞过。那会儿见日本人也得 20 岁。日本人跟皇协军一起来的，没有住过，过的天不多，人也不多，穿黄军装，布帽子。在赵李庄见过日本人，没有带狗，没有见过日本人杀中国人。日本人在河寨住过，总共住过九个人。日本人没有在这里抓过苦力。

我 13 岁就开始站岗放哨，站了好几年了，没有见过打仗。老齐来的时候热天了，是在日本人开过之后。我那时在局子站岗，村长让我开南门，齐子修来了，没有见过他，见了他手下。后来没法就开了。齐子修打日本人不敢打，都是范筑先的部队。那会儿八路军不敢露头，李白华，康庄镇的司法助理。

民国 32 年开始灾荒，那时地不值钱，灾荒是吴连杰（吴海子）闹的，要不，一辈子也没有那事。老吴在吴海子打围子，在辛集抢粮店。

民国 32 年没有耩上麦子。过了灾荒年，郭长清带人来，种上了麦子。灾荒年没有吃的，就去了黄河南，先把俺爹、娘送过去，后来爷爷、奶奶也去了，去了饶上庄，推小平车去了。在那里住的天不多，用衣裳换了三担米，15 斤的小斗，一担 10 斗。天暖和的时候回来的，几月份不知道了。村子里没有啥人了，饿死了 70 来口子人，都是饿死的，没有听说病死的。没有见过八路军和日本人打仗。郭长清这人真好。

知道赵李庄有一个人得霍乱的，扎针，救没救过来不知道。村子里西南角、东南角有井。那时肖建九的兵，第四旅，在这住过，我给他们挑水，是杂牌，也算抗日。他们是灾荒年之后来的，我不知道什么时候走的。

听说过卫河，没有发过水。灾荒年下的雨不多，那时候蚂蚱多的没法治。灾荒年之后，种了八亩的西瓜。

张 坊

采访时间：2006年10月3日

采访地点：冠县范寨乡张坊

采 访 人：薛鹤婵 姜卫东 崔海伟

被采访人：李书祥（女 86岁 属鸡）

我叫李书祥，今年86岁，属鸡的。16岁过来的，16岁前在夫仁寨。家里有六口人，有父亲、奶奶、哥、嫂子还有三个侄子，8岁时没有母亲了。那时家里六七亩地，不够吃的，地里种棒子、棉花、高粱，是自己的地，没有地主，种粮食都是自己个吃，家里没人做买卖。说不清一个村多少人，那时村长叫麻宝德。

嫁过来时坐轿子来，六个人来的，没有嫁妆，穿红衣裳，有盖头，有簪子。在这庄上见过日本鬼子，那年18岁，都害怕都跑。日本鬼子从北边过来，老些人，向南，过了一晚上，有走着的、骑着马的、坐小车的，过了多半黑夜。十月底十一月初来的，从大洋庄来的。在大洋庄杀了几十口子。皇协军跟日本人一堆来的。日本人不拿东西，皇协军拿衣服，不拿别的东西。说不清抢过大户吗？日本人来了，跑到邢庄，走了再回来。咱村没有叫日本鬼子杀的，没有在这住过。之后再没见过日本人，皇协军一会儿走了。

没有土匪，没有听说过村里有人被杀的，没听说过有血水井。

灾荒年，上关外去了。走的头一年麦子没耩上，要么没么。正月去的，八月回来的。自咱这上临清，拉到德州。从咱这到德州坐破大车，到关外公长岭。去了五口，俺闺女，俺丈夫，俺丈夫的弟弟和弟媳妇。去了之后下煤洞子。黑了时候去，早晨下班。净死人。去铁公山公长岭，净吃糠，吃菜，好像是日本开的，见过日本鬼子。在那里要饭，不够吃。你三姑奶奶给俺打了50块钱，在奉天坐车，坐到德州。坐了一天从禹城下车。

没钱当了衣服，步行到临清，从临清又上咱这来了。回来了也没么吃，净薅菜，在孝庄。（孝庄没了，成陈楼了）刨尖薅菜吃，吃糠，是菜就吃过。回来时地里有谷子，回来两年地里一层蚂蚱。饿死老些人。

俺闺女得寒温疫，吃野菜得的。咱庄上吃了，好几个得这病死的，孟河的小四。过了个把月死了，没钱治，没钱看。胡里庄有个医生叫学成。没听说过有抽筋的。没听说霍乱这种病。以前吃两个井，南边一个，北边一个。

回来以后见过八路军，二十三四的时候，穿着便衣，也有有枪的，也有没枪的。咱村有，没见过八路军与日本鬼子、皇协军打过仗。

从黑崖山来的水，头灾荒年以前四五年。发水以后鬼子来的。回来后没上过水。听说西边一条河，不知道日本鬼子挖河。

村里没有叫日本人抓去做工的。

甘官屯乡

后王二寨

采访时间：2006 年 10 月 3 日

采访地点：冠县甘官屯乡后王二寨

采 访 人：刁英月　黄永美　姚一村

被采访人：张忠玲（女　80 岁　属兔）

张忠玲

娘家在南野庄（离六里地）。姊妹四个，俩哥哥，一兄弟，有父亲。种点地，不知道多少。那会儿论斗，一亩地收三四斗。种长果（花生），啥都有。多少种点麦子。吃不饱，过年吃顿饱的。吃不上，饿得撑不住就死哎。榆叶在锅里熬熬，喝那。那没什么买卖，也有，稀松，很少。有地主，地有多的有少的。咱不问那个。土匪不知道。

民国 32 年，记得挨饿哎，17（岁）嫁来的，就那年灾荒年。嫁妆么也没有哎，轿也雇不起。这边送的戒指，银的。这边也穷，戒指是传下来的，老婆婆的。一天天慢慢熬哎。

该不旱，也没井，不浇地。秋后耩上庄稼，不下雨，记不清，庄稼出来了吧。民国 32 年前后旱不旱记不清。吃皮子，轧那面子，弄成圆圆蛋子吃。吃菜叶子，擦点小瓜。

民国32年闹过蚂蚱，兴许就这时候。轰蚂蚱，别让它吃庄稼，跟风样，轰的一下子飞起来。不撵，它吃了了。撵它，它就跑，不吃哎。都会飞了，没法撵沟里，抓不着。撵来撵去就没了，不知跑哪去了。

民国32年没淹过，高，淹不着。

得病的该不有啊，有的长霍乱死了，有的吐血死了。抽筋那该不有啊，光听说有，没见过，都听说，“霍乱啦”，光听人传。那会儿病都不知道啥病，没医生，有个扎针的，土医生。扎针的，拔罐的，咱不懂得，扎扎就好了呢。那会儿年轻的不叫出门，有老婆婆管，回娘家都要报告。吃两样饭，老的吃好的，媳妇吃孬的。受屈打，受气多着哩。想打就打你，不行就要休你，不要你了。

连寨前村

采访时间：2006年10月5日

采访地点：冠县甘屯乡连寨前村

采 访 人：李 健 李建方 张 敏

被采访人：范寿先（男 91岁 属蛇）

鬼子来以前家里有七口人，有20亩地，种棉花、高粱、谷子。收棉花百十斤，庄稼有百十斤，见200来斤粮食是好哩，一般哩也就百十斤。那时候有地主、富农，有两顷、一顷、三顷地哩，自己种不了，找人种。

我那时候就给一家扛活，一年20来块钱，一块钱就是一个银圆。一个铜子给一捧花生，五个铜子一个花，十个花算一吊，十吊算一个银圆。没使过纸钱。地主有好哩，有孬哩，有奸哩，不给吃。地主也放钱，4分5分厘利，还不起就抽地，利滚利。不够吃哩，地主也有接济哩。伙计过节时，包顿菜馍馍。借粮食不收利息。政府不要公粮，完银子，一年两次。

那时候乱，分好几派。老缺也有枪有炮，来村子里抢，不抢穷家抢有家。

二十九军退却哩时候，日本鬼子进中国。他不抢东西，光争地面，抢东西哩净皇协军。日本人进了村，看见年轻哩就抓了，我们都跑了漫地里睡。日本人扒开手，一看挺光滑，就杀了，以为是八路军。日本人也不经常来，有时来扫荡。

我叫日本人逮了去，差点死了两次。用刀背砍了我一次，叫我找枪去，又用棍子打死过去了，也不知道啥，后来就跟一个给八路军腌咸菜哩关一块去了。日本人把腌咸菜哩给砍死了。砍哩脖子，砍到骨头上了，把刀硌坏了。这时又来了一个日本兵，人高马大哩，那个日本兵跟他借刀砍我，他没借给他，我死里逃生。后来多亏了一个皇协军，叫我跟着他们一块儿去抢粮食，跑了出来。

八路军也不少，从这住过，这时以后。八路军净偷着打，打一枪就跑，日本人找不着他，那时候还不明着，这是地下党。日本人不叫抢东西，皇协军归他们管，也不敢随便抢东西。日本人不吃咱这东西，在乡下不喝水，到城里喝。日本人净穿绿哩发黑哩衣裳，皇协军穿黄衣裳，日本人戴帽子，戴铁帽子，皇协军不戴铁帽子，日本人净穿大皮鞋，皇协军也有穿哩，也有不穿哩。日本人来哩时候戴口罩。

没见过日本哩飞机，见过大炮。人家那大炮跟咱中国哩不一样，响哩又脆生，又好听。

过了两回贱年，不记哩啥时候了。光知道大旱，都逃荒去了。俺弟兄五个走了三个。咱这里死了老些人，都是饿死哩。也有得病哩，那时候没钱，也没医生，也不知道得哩啥病。那时候有抽筋哩，抽筋就搐死啦，死哩挺快，没有看好哩。

连寨中村

采访时间： 2006 年 10 月 5 日

采访地点： 冠县甘屯乡连寨中村

采 访 人： 李　健　李建方　张　敏

被采访人： 王凤兰（女　81 岁　属虎）

9 岁就没俺父亲了。日本鬼子来以前家里有四口人，八亩地，棉花最多一亩地收 100 多斤，粮食收多少记不大清白了。地里种棉花、麦子、高粱，啥面都吃，吃不饱。那时庄上没地主，多哩就是 20 亩地。

日本人来了，我们都跑了，到别的庄上避难去。见过日本鬼子，穿着黄衣裳、绿衣裳。家里有人的都得拿着旗，迎接他，要不迎接就得打。那时候日本兵有挺多，皇协军也挺多。皇协军和土匪抢人，抢人要钱。

民国 32 年是贱年，大旱，都跑了河南逃荒去，饿死了不少人。卖儿卖女。

八路军进县城哩时候，七月里，下大雨，出霍乱。俺那个庄上没得哩。临清边上的大三里得霍乱哩多。

嫁人时 22 岁，坐轿子。不下聘礼，不领证，给两个戒指。结婚前两人见过面。还裹脚，裹过脚，后来又放开了。裹脚布很长，晚上不敢睡觉，在外面坐着，冻着不饿。一般来说，女孩十三四岁就嫁人了。

前王二寨

采访时间： 2006 年 10 月 5 日

采访地点： 冠县甘官屯乡前王二寨

采 访 人： 刁英月　黄永美　姚一村

被采访人： 张景顺（男　72 岁　属猪）

那时记事儿也晚，上学也晚，社会接触也少。

民国32年大旱。旱是旱，也不是绝产，反是减收。主要那年是乱腾，军阀、兵痞，生产秩序打乱了。一是旱，二是兵荒马乱，生活真不行，乞讨的有上南的，有上北的，上河南的，有上东北的。有点粮食都叫军阀要走了，这没法过。

这那会儿是模范村，有地洞，区干部都这儿住，地方武装比较强。一说鬼子来了，把书埋起来，发现了不得了，净抗日书。皇协军多，影庄，距离10里地，是鬼子、皇协军据点。早先这是敌占区，咱这没八路，后来咱这是八路地下力量的根据地，保密的，党员家人都不知道。打过仗，杀敌立功，叫模范村。这村一个大家，我俩和张景文是弟兄，差一天，不是亲兄弟。

麦子没收好。有蝗虫，哪一年忘了，挺严重。

霍乱大概没形成面儿，不是高发区，反正有这病。

采访时间： 2006年10月5日

采访地点： 冠县甘官屯乡前王二寨

采 访 人： 刁英月　黄永美　姚一村

被采访人： 张景文（男　72岁　属猪）

张景文

民国32年兵荒马乱，吴连杰的兵，那年还收了哩，过贱年那年倒收了，第二年才正式挨饿。收的秋季的。杂牌兵好几起，在咱村住。在地里干活，把你牛牵走，有了东西，上地里收拾，都叫杂牌兵抢走了。靠天吃饭，庄稼不好种。秋天不敢收，都抢了。闹蝗虫时也不大，忘了哪年了。

发大水还早，都记不准了。热天才长霍乱。民国32年以前也有这病。

民国32年没啥吃，死也不光这病死的，主要是饿死。这病年年有，扎个针放个血就过来，病了赶紧放血。扎肘内侧，扎静脉。我就扎针，能扎好，血稠，黑色的，暗色。不是医生，多少懂点儿。咱村上有病让俺扎扎。以前是旱针，有一寸的，五寸的，三寸的，有银针、金针。现在都不锈钢。光扎这就行（肘内侧）。喝点儿红糖水。一病迷糊，眼也睁不开，浑身没劲，撂那不愿动弹。抽筋倒不抽，也拉。有干霍乱，急性的快，也有慢性的，晚一天不要紧。干霍乱得赶紧看，给他开单，叫他抓药。我不看病不开药，光扎扎，咱不是专家。我一九七几年以后才扎针。

干霍乱也这样，就是厉害，死亡率不高。跟鼻瘊、鼻窦炎似的，能治好。先拉，闹肚子，然后乏力，瘟疫，是流行性的传染。以前还是伤寒的多，厉害。还有发疟子。霍乱不是很厉害的，可治。有湿霍乱，三天两天没事。霍乱有的也抽筋，轻微的。病人也上药铺。那时就区里有药铺，甘屯，柳林。

霍乱小时候也一直有，历史上一直没断过，不大传染。过贱年死的人还没第二年死的多哩。这病得过还可能得，没免疫力。

冠 城 镇

多 庄

采访时间： 2006 年 10 月 5 日

采访地点： 冠县冠城镇多庄

采 访 人： 王　伟　王燕杰　李玉杰

被采访人： 张须然（男　81 岁　属虎）

那时闹日本，日本一来就没学上。后来上初小、高小。日本进中国，闹土匪，每天死得抬 42 口，最少的 26 口。

那个时代呀吃啥？树皮吃干，树叶都吃光。后来粮食下来，又死了一批人，逃生死，撑死的。在往东 12 里，人都死干了。经过毛主席治化，将蒋介石、日本鬼子打跑，中国人从来没统一过，那个时候统一了。外国占咱们的地，都争来了。现在，人民又到了一个好时代。

小时候吃高粱穗、地瓜、玉米，掺着吃。穷人吃啥，一年计划吃多少粮食，掺着糠，吃野菜。自己家有地，家里 10 来口人吧，18 亩地，吃点地瓜，糊弄饱。总的来说，人得干活，地主，一家只有一家之主才吃麦子，其他的人全吃不上麦子。一般普通人过年才能吃一顿白面。

借一斗高粱，第二年多还两升，也有三升的，那都比较少。租一亩地，一年给一斗、一斗半，最多两斗。还不起，把地的文书给地主，那个不多。俺村没大地主，都是小地主，有百十来亩地，雇两个干活的。大地主不干活，咱给人家扛活。

明土匪，集起来，多少人拉起杆来，都是饿的人民组成的一伙，越纠集越多。日本来了消灭不了土匪，只有毛主席能消灭，是共产党的游击战争。那时当八路军一天四两小米，看见土匪就抓，土匪头子打死，把枪收了，改了就算了。土匪当汉奸，那多了去了，叫皇协军。日本很少呀，一个冠县只有五六十人。他就是把他国家的人全都集中起来，也杀不完中国人。是中国人害中国人，不止到村里一次。日本想杀八路军，他不杀老百姓。手上有茧子，苦力苦力的干活，就放了，手上没茧子，八路的干活，啪一枪就杀了。俺村里枪死了好几个。埋的八路军在我家地里就有十几个，农民两个。老头子老妈子他不杀你。

鬼子抓人干活儿了，我也被抓过，修墙、挑水，我被抓了 10 多天。两个小孩抬水，抬半桶和泥。像我这样的小孩不打，成年人愣揍，也有被鬼子杀的。贾镇，离这里 10 里地，我被抓到那里去干活了。

鬼子飞机经常飞，我亲眼见扔炸弹炸县城。

这都是大荒灾，我都经过了，受过罪了。有瘟疫，霍乱，又没医生，又没医院，只能死了。民国 32 年，得的是霍乱，挨饿以后吃新粮食，就得霍乱，都是感冒引起的。有的霍乱、有的抽筋，都是饿的，那病多了，谁管，霍乱有一年左右。我当了 40 来年医生，不开药铺，不卖药。

那一年旱得吃水都困难，一人一勺，等（水）放清了再吃。庄稼那是寸草不生，庄稼那时早旱死了，吃水困难。水是旱井，那水挺好的。

上过水，1956 年上大水，1956 年以前没发过。御河，那可开得厉害了。那一年上大水，光水，到处都是水。过了灾荒之后，我还去筑堤，都解放了。

胡　庄

采访时间：2006年10月6日

采访地点：冠县冠城镇胡庄

采 访 人：李　健　李建方　张　敏

被采访人：胡心宝（男　84岁　属猪）

民国32年大灾荒，饿死了不少人，逃荒了不少人。大旱两年，民国32年、33年，不收东西。

饿死的多，饿得走也走不动，老堂邑那里无人区，牲口什么哩都卖了，街上也不见一个小孩儿，都饿哩。

得霍乱哩有，不多。当时就知道是霍乱，抽筋，症状就是抽筋，抽筋两三天，一两天就死了。用针扎哩，扎旱针，放血，放出来哩净黑血。早哩也有治好哩，治好哩很少。那时候也有家里一两个人得哩，也有全家人得哩。知道是传染病，一个人得了这病，别人就不接触他了。得霍乱的死了就埋了，就埋了自己地里。霍乱病兴了不足一年，以后就没有了。

民国32年新谷子下来，还死了不少人，胃都饿坏了，再吃点东西就撑死了。

日本人没来这里检查过身体，日本人来过，来抢东西。不吃这里的东西，也没东西，叫他吃，他也不吃，也不喝水。见过日本人哩飞机，没见过他们撒东西。

靖　庄

采访时间： 2006 年 10 月 6 日

采访地点： 冠县冠城镇靖庄

采 访 人： 李　健　李建方　张　敏

被采访人： 杨路清（男　属鸡）

民国 32 年阴历五月十四才下雨，地里没收什么庄稼。从民国 29 年都没下大雨，民国 31 年才下了一点，都饿死了，一家一家的都饿死了，逃的逃，逃不走的都饿死了。才可怜哩，一家一家哩都饿死。

咋上来不大得病，后来一有新谷子，一出新谷子又都得病了。赵庄都快死完了。在树下边躺着。当时也不知道得的什么病，咋上来死的有人埋，后来没人抬了，死了就放在屋里。

咋上来净得水肿病，两个腿跟布袋似的，也没钱治，沙庄和赵庄死的人最多。这里没有霍乱。

日本人经常来抢东西，也没东西让他吃，也没喝过咱哩水。那时候吃井水，不用井水浇地，光吃井水。

见过日本哩飞机，扔炸弹，除炸死人没什么反应。

八路军城里有人（打入内部的人），平顶山的，现在也没了。要是鬼子添了人，或者上哪里扫荡，我就给他送信去，一般都是黑了送去，日本人黑了一般不出来。听说日本人在城里杀人，有的用狗咬死。

李　芦

采访时间： 2006年10月5日

采访地点： 冠县冠城镇李芦

采 访 人： 王　伟　王燕杰　李玉杰

被采访人： 郭爱荣（男　84岁　属鼠）

小时候以种地为生，自己家的地，地很少，能吃饱。10来岁时，鬼子来了。杀人，抢东西。没逮住，就跑了，鬼子杀人不多，抢东西抢得厉害。鬼子一来，我们就跑了。土匪不了解。经常见飞机在上面飞。

八路见过，后来八路军都过了。孙子在石家庄当兵。

上大水，记得。都上船了，都在船上，都在河边。在馆陶时吃河水，在这里吃井水，河是御河，水很清。饿死的有，一上水就没啥吃了，也是10多岁。人都跑了，都逃荒，都跑到乡里。那该不逃荒呀，那也逃荒。

马　寨

采访时间： 2006年10月5日

采访地点： 冠县冠城镇马寨

采 访 人： 薛鹤婵　姜卫东　崔海伟

被采访人： 般春割（男　84岁　属猪）

我叫般春割，今年84岁，属猪的。是残废军人。没学过文化。

从小就住在这个村，那时叫马庄，属冠县，斜店公社管。那会儿家里有父亲，在赵三营里，父亲叫般华南，母亲般张升，家里一亩地没有，6岁要饭要到16岁。16岁当兵去了。姊妹五个：一个哥哥、二个妹妹和一个弟弟。6岁把姐姐卖到山西涉县，一亩地叫杨树坑，不长庄稼。一下雨，庄稼就给淹死。种高粱，旁的什么也不长。不等熟就吃，熟了收100多斤，到周围去要饭。乜村、刘村也有穷的。

1943年见过日本人，我被编到二十四团后，把我编到后方医院，在西四庄、东四庄、杨夏庄和田路庄伺候伤号，给他送饭去，一个人一天12两小米。大扫荡，各县各省都出现，跑不出去，跑地道去。日本人用柴火往里边焐。俺三个被日本人用刺刀挑了二个，一个叫吴某某，小名叫三倪，一个叫四月，山西人，我差点儿被逮住，后来被拿大刀和盒子枪的人给救了，跑地洞了。

灾荒年的头年没下雨，庄稼没收。麦子没收，刮风刮得麦子都蹲住了，长不高，八亩地打了一柴筐，打不了30斤。部队从河南运过来的粮食、豆子、高粱和谷子。民国32年七月下大雨，谷子都霉了都烂了，房子都下漏了，平地都是水。

没听说过得病的，都是饿死的。上吐下泻、抽筋、霍乱，俺村死了不少，家里没人得这种病。民国32年六月听说的，在后方医院知道的，不长时间就没有了。有治好的，一个叫张某某，在后方医院治不好，没药。在大粪车里运点药，不是从日本国，就是从蒋介石那里弄来的。一个叫张凤度的，会扎几针，他扎针就扎好了，扎大筋、上腕、下腕、中腕和舌头，出黑血。东边郭庄、辛庄、斜店也有叫他扎针的。

在医院，病人吃苦，阿司匹林、托林斯，给群众看病不要钱。是饿的得的霍乱抽筋，不是传染。饿死的人不用说，庙里都挤着睡，满路都是人的小孩。有个小孩刚会爬，两天里我给送饭，第三天就没了。我三儿的丈人家里五口人，就剩一口了，都是饿死的。

在医院里，医生都是中国人，有西医也有中医。三个来月就没有了霍乱抽筋。

吃旱水井，有三个井，一个苦井，不喝河水。

灾荒年那年，老百姓有地没种子，八路军把谷子给老百姓吃，一亩地给七两谷种，吃二两。小时候，村里不到200口子人，灾荒年七八十口子人。逃荒的上黄河以南，到山西、石家庄逃荒。孩子有饿死的，掖庄那个村一个吃人的，要钱没有，后来晚上去了，把偷出来的放锅里煮了，皇协军来了，见有肉就吃了。后来，在他家床底下，有脚丫子、肠、肚什么的。

民国32年也吃野草。民国32年有蚂蚱，人都吃蚂蚱，用干锅焙焙吃了。

五里地一个炮楼，日本人很少，县城里有十几个日本人，皇协军多。日本人杀老百姓。你伤人了，逮着老百姓、八路军就杀。有地主。

冠县北边孔村是钉子。韩春和，韩庄的，没吃没喝，也抢，欺负老百姓。齐子修、吴连杰、周志忠也抢，也夺。1942年来抢，跟八路军打。齐子修是蒋介石的人，吃枣不吃面。1943年土匪都被打走了，有往南边走的。八路军来村，一晚上挨好几个地儿，自个儿带吃的。带啥吃啥，跟老百姓团结得紧。赵建民说："咱是鱼，老百姓是水，咱离了群众不行。"

见过日本飞机。皇协军抓人，叫拿钱赎人。

日本人抓人去修河，有个人被抓到日本去了，是斜店的，1942年或1943年抓去的。我被绑到车上，从馆陶到临清，跑出来了，他被抓到日本干活儿修这修那，日本亡国了回来的。

灾荒年后卫河发过洪水，灾荒年那年没有。

采访时间： 2006年10月5日

采访地点： 冠县冠城镇马寨

采 访 人： 薛鹤婵　姜卫东　崔海伟

被采访人： 杜书桥（男　72岁　属猪）

我叫杜书桥，今年72岁，属猪的。当时这个村叫杜刘村，属孙疃乡，归冠县管。家里爹、娘、三个哥哥、三个姐姐。

八亩地都是沙窝地，地里种棒子、高粱、谷子。地是自己的，纳公粮，国民党收，干部收。七八月收，一亩地 30 斤粮食，粮食不够吃，出去要饭，爹在家饿死了。一个四兄弟，4 岁时饿死了，都是民国 32 年的事。四月份麦子都黄了，去阳谷寿城去了。过了土改的时候才回来，出去了七八年。那时俺姨夫在南边跑生意，在那边没亲戚。八路军放粮给几十斤粮食，在麦地里拾点麦子、高粱，让房东给轧轧，不够再轧。

灾荒年哪年记不清了，地里老些水，不知道村里死了多少人。俺娘告诉我，霍乱抽筋。听说上哕下泻，快的四五天就死了，慢的七八天，让人扎针，俺家没有得霍乱的，俺爹得水肿病死的，全身胀的，肚子也胀腿也胀，用针一扎，水就呼呼的。那会儿没听说过医生。治好的少。记不准有人得霍乱抽筋，都没吃的，一多半逃荒，说不定去哪逃荒。

吃井水，有几个井，在杜刘庄附近。

铺庄朵庄有炮楼，日本人出来扫荡，用磨堰轧小孩的手。一说日本人来了，光着脚丫子就跑，跑到沙堆了、漫地里，小孩都不敢哭。

前旺庄

采访时间：2006 年 10 月 5 日

采访地点：冠县冠城镇前旺庄

采 访 人：王 伟 王燕杰 李玉杰

被采访人：王同学（男 82 岁 属牛）

我 16 岁的时候鬼子来的，记不准了。鬼子进冠县，是一九四几的时候，鬼子不干好事，见东西就烧。日本人不打仗不死人还好一点，一死人，就对村里的孬了。来的时候有翻译，汉奸也跟着。鬼子挑了咱们村的一个人，喉咙挑了一个大窟窿，胸口挨了一枪。他不懂日本话，日本人让他到后街找乡长，他跟鬼子夺枪，没夺过来。后来又来了几个鬼子，他就跑，被鬼子枪打倒了，挑死了。还有一个打的腿，别的也没怎么杀人。

咱见不到鬼子抢东西，汉奸抢东西的多。也没怎么抓劳力，外边的有做苦工。

日本人来前，遍地土匪，范专员把土匪收了，改编成八路，土匪有去当汉奸伪军的多了。

八路军也来过，人少枪少，正式的八路军没有，都是游击队，区大队、县大队，正规军还没起来哪，力量小没有武器，我那时当兵，1941年就有三颗子弹，没有军装。县大队没有子弹，枪又孬，咋打仗？枪也没准头。

民国32年，一斤麦子没收成，鬼子要粮，八路要，土匪抢，死了很多人，下关外的多。当兵回来以后，我也下关外了。县大队也顾不了当兵的家，就是有个名，没枪没实力。我1943年上的东北。小时候家里种地，不到二亩地，不上东北，俺也饿死了。

民国32年没下雨，大灾荒主要是旱，饿死很多人。有瘟疫霍乱，俺几家人家死了二三家，十几口，有的都死绝了。过了灾荒期那一年，收了点谷子，一吃新粮食，死的不少。霍乱转筋活不了，没有医生看病，也看不起，没见过死的人。我那时在东北了。

1949年回来的，在东北又当兵了，跟蒋介石打过仗，属于三十八军，军长姓李，归林彪管。战争很多，没闲着，光打。那时候弹药多，枪也是好枪。50多万中央军，东北解放完。

采访时间：2006年10月5日

采访地点：冠县冠城镇前旺庄

采 访 人：王　伟　王燕杰　李玉杰

被采访人：许俊友（男　82岁　属牛）

赵爱荣（男　74岁　属鸡）

赵爱荣：村子一直没有改过名字，一直属于冠县。我们那时靠种地生活，地少，一个人划不了几亩地。两个弟弟、一个哥哥、一个妹妹，爹娘，七口人挺穷，没做过小生意。那时交公粮，不记得交多少了。

许俊友：10来岁的时候鬼子来的，记不太清了。鬼子没到咱们村住，来过。鬼子来前生活也不好，鬼子来了更孬，抢粮食，杀了东头的一个人。

赵爱荣：我那时都记事了，俺娘扯着我，那个人看到鬼子就跑，被杀了。鬼子给村民开会，叫小孩子吃西瓜、大米，俺不敢吃。

许俊友：没大抓劳力，都跑了，抓不着。鬼子在冠县县城，七八里地远，经常来村里，抢粮食，逮人，老百姓也抓。扫荡过一回，不是扫荡村里。

鬼子从来到走，大概有10年。鬼子在的时候，民国32年最难过，饿死的人多了。抽筋死的也不少。那会儿就知道霍乱，上吐下泻，得那病的大多都死了，没有医生，身边的人死了，用席子一卷就埋了。那年头苦着哪。是听老人家说的霍乱抽筋。村里人多说有四五百口，灾荒后还剩多少就不清楚了。

俺去当兵了，灾荒时走的，报名参加的八路，离我们这里三里的村里报的名，村长开的保证条，当的兵。河南、湖北、江西、长沙、朝鲜都去过，1955年回来的。鬼子投降之前，一直在冠县周围和鬼子打仗，打临清记得最清楚，咱这儿回民支队，马支队伤亡了，俺这团里伤亡了一半，有日本的电网，电死了很多。

赵爱荣：大灾荒时在家，很多逃荒的，下河南的，上关外的。有点粮食就想给八路留着。村里鸡一咯咯，就知道鬼子要来了。得霍乱的，连病带死也就10多天，得病后就不能吃东西了，村里也没医生，等死，医生也治不了。灾荒饿的，种的谷子萝卜，吃谷子面，喝萝卜菜，大多数人得病不少。

日本人没给村民发过吃的，没有体检。吃水靠井水，挑水，就路南一口井，井水一直没有变化。人死了就随便乱埋，各人埋个人地里。大灾荒那年天旱，麦子没收成，春天的庄稼没种上，没井，靠天。灾荒年秋天谷子收了，萝卜菜喝了，得病的就多了。过年的时候，冷的时候得病的就不多了。下雨的事情不记得了。

许俊友：鬼子来前有土匪，抢东西，砸户。土匪叫八路军收了一部分，打散了一部分，处理了，也有土匪投靠日本的。土匪大晚上抢东西，没钱没东西就吊起来打，没伤多少人。那时有歌谣“日本鬼子进村庄，男女都心慌，拿了好被子，又拿好衣裳，临走又把你的大牛绑。”

岳家庄

采访时间： 2006年10月5日

采访地点： 冠县冠城镇岳家庄

采 访 人： 刁英月　黄永美　姚一村

被采访人： 张玉贵（男　84岁　属猪）

张玉贵

从小在这住。小时家里哥儿五个，八口人，五亩老坟地，也种。做买卖，种棉花，轧棉花。能挣够吃的。村里轧棉花的有20多家。没工业，除上地里干点儿活。不雇人轧，轧了上临清卖。这里70%的种棉花。日本人都上临清收棉花。没水浇，棉花搁旱。种高粱，种棒子的都很少。就谷子，高粱，棉花这几样。咱这一湾儿都种棉花，兰沃、店子都种棉花。没别的买卖。过贱年时村三四百人。有地多的，80来亩，也算地主。

齐子修归共产党了，抗日。老肖，二十九军撇下来的，吴连杰也二十九军撇下的，吴连杰占这儿，老肖占茌平，高唐那儿，老齐占辛集以南。老肖投共产党了，老吴投日本鬼子了，共产党起来后把他解决了。

北野庄是日本的钉子。咱村没参加皇协军的。前王寨有地主，斗他，他把鬼子领来了，那有抗联的人，打鬼子了，那有地洞，藏洞里了。地主知道洞口从哪里，鬼子叫地主先下去，地主给打死了。鬼子拿辣椒撂洞口，都熏半死不活，挖出来了，用刺刀挑死了。赵建民就是老齐的人。齐子修跟范专员守聊城，都被打死了。这湾儿党员都赵建民发展起来的。

卖了地逃荒走了。民国31年我给日本上安东修铁道了，招去的。管饭就行，从德州去的，民国31年腊月三十回来的。也是不叫回来，给他打官司。去了一年，吃不好，吃高粱米、棒子楂子、土豆，吃不好。修铁道，劈山、钻炮、打眼儿，铺火车道，原来有一道，再铺双道。待了有10来多个月。吃不饱，连被套都卖了。住的就竹竿搭的棚子。去了有90多人，死了50人。也有病死的，有水土不服。我去时20来岁，四五十（岁）的毁那了。一年弄了18块钱，还是日本票子。咱这儿都花日本票，日本占这就花日本票。稀松，到现在也就顶10块钱。跟招工头打官司，有日本人也有中国人。日本哪有说理的地方，叫宪兵队，我不会说日本话，人家那有翻译。俺这棚人还好点儿哩，那一棚在吉林那，80个人死了了。我那跟大连近，跟朝鲜近。

过了正月十五，又上天津扛活去了。在家不得饿死？上庄稼地，给地主扛活。八个月，我跟兄弟俩，挣30斤棒子，管饭。那会儿人家工厂不雇人。从天津待二年，（见年去地主家扛活，）又打零工，又打三年零工。上北边去的好点，上河南的不行。饿死那老些。有八路，这藏那藏，不敢露面，流动的。天津没听说霍乱，发疟子的多。回来也没听说。也不懂这病那病。天津上过大水。是我去的那几年，叫浑河。

直隶村

采访时间： 2006年10月3日

采访地点： 冠县烟庄乡梁辛庄

采 访 人： 徐　畅　冯会华　蔺小强

被采访人： 高淑英（女　82岁　属牛）

直隶村的，家里有两个哥，两个嫂子，娘，刚够吃，那时候都是棒子窝窝。我不下地干活，哥嫂也没干别的，就是种地。

那时候也是闹灾荒，我17岁时，旱，不收，民国32年，旱得很，啥也没有，菜也没有，都吃光了。家里做点买卖，帮人家弹花，赚点工钱，买点吃头，旱了三年。

那村里也听说有几个，也是病，也是饿。哕泻，说是霍乱病，死得快，抽筋。得这病的好年景少，孬年景多。

也有逃荒的，都是下河南。那时女的不大出门，说不清。

朱王庐

采访时间：2006年10月5日

采访地点：冠县冠城镇朱王庐

采 访 人：王 伟 王燕杰 李玉杰

被采访人：朱凤文（男 80岁 属兔）

小时候当农民，庄稼人，17岁当八路，干了10多年。民国32年当兵，那时寸草不生，饿死的人可不少。

鬼子来前，先闹土匪，后闹伪军，来得非常快，那时八路军顶不住，都是山东人欺负山东人，来村里抢。他倒没杀人，日本人枪一指，中国的黄皮子就抢东西。他求着日本人来，中国人都吓跑了。谁家有东西，他就抢，他一来，村里就没人了，他就拿东西。

吃糠咽菜，那时啥罪都受了。八路军顶不住，只有河南范县一点根据地。二十九军那时都退向南去，向南，去哪里就不知道了。那时也没听说祸害人，走得愣快的。在冠城里说没有就没有了。那时退得还悄悄秘密的，还没看到动作呢，一听说皇军要来了，就嗖一下跑了。

那个年头，人饿死得不少，最难过的是民国32年，有的还有点气的都埋了。一到上午都躲在屋里，不敢出来，怕晒。都种不上庄稼了，三年没种上庄稼，饿死的可不少了。过了三四年，地里能见一把粮食。

得的那个病，水肿病，连着吃不饱，一顿吃不饱，一天吃不饱，就完了。霍乱病有一个阶段，上呕下泻，一天到晚不见粮食气，时间长了，吃点糠，地瓜秧子面，花籽野菜，都旱得不长，树皮也吃，柳树树叶子都吃。逃荒的不少，上河南，都走不动了。没得吃，跟现在面黑了，面白了，都对不起来。那时饿得都没一点劲儿了，吃榆叶，没粮食气了。日本人来之前，村里有一百十口人，那时连病带饿只有一半人了，那时没生养，光死人，那一年一个村里就添了两个孩子，生了也活不了。

难过的日子我都过了，小时候，那家里贫，我老弟兄四个人，那日子难过，难过得别提。小时候地少人多，借粗粮还细粮。年年不够吃。交公粮不多，借粗粮，借一斗还两斗，能借半年。借钱的话，拿现在的话说，借 10 块，半年还 20 块，还不起，你有地，就把地的文书拿过来，没地的还不起，我家那小牛还磨着面，都被拉走了。我过的好过，你给我干活管你饭，不干了不管饭。

那时候吃井水，俺这村有两口井，过了民国 32 年没了。以前打三丈深能打出水的，现在打五丈打不出来水。

日本鬼子没杀人。那时村里门上有块红布，谁家生孩子了，不去。但那些黄皮子去，他不管，黄皮子坏得很。那时八路军很少，黑夜里给这藏，给那里藏的。

1963 年发过大水，馆陶西边的卫河，我还打过堤呢。那时公安局有个摩托，现在到处都是。

贾　镇

丁庄村

采访时间：2006 年 10 月 3 日

采访地点：冠县贾镇后二十里铺

采 访 人：张培培　高　伟　张晓冉

被采访人：郭凤兰（女　80 岁　属兔）

小的时候在丁庄，不兴上学，一天也没有上过。家里有五口人，俺两个兄弟，不记得有多少地了，地里根本就不打粮食，靠天吃饭，一亩地就打几十斤、百十斤的，也没有井。下雨的时候收一点，不下雨就收不了。闹不清那时候交不交公粮，就是苦。过年过节置点棒子面，掺上点麦子蒸馍馍。那时候有的户也不敢借给穷人粮食，也吃不起油，吃盐就吃小盐，就是打地里刮点碱土，倒盆里，再滴答点水，就淋出来小盐了。

我结婚的时候 20 岁，他那时候 30 岁了。当时结婚不兴见面，也不兴相，他比我大 10 岁。父母说了算，就是包办婚姻，得有媒人说才行。那时候，妇女大门不出二门不迈，整天待到家里。结婚也不兴彩礼，家里有东西就带点，没有的就不带，男方给个戒箍或者镯子。结婚那天，请娘家人吃顿饭，带着三件嫁妆：一个柜头、一张桌子、一个橱子。

黑家里经常那个有老缺来咣咣地踹门，抢东西，没有就打人。也听说过“老齐”，住在桑阿镇，到丁庄逮了三四十个人，要钱，没钱的就回不去，饿死到那里。

日本人来的时候，我还没有嫁过去，见过日本鬼子，不多高，戴着铁帽子。到村里来抢过东西，还抢了俺娘织的布，在村里没杀过人，也没听说在别的村杀过人，那时候都不出门。丁庄那时候也没有见过炮楼，前二十里铺有炮楼，韩春和在炮楼住，后来做了日本鬼子头头儿。

民国32年，灾荒年，饿死了不少人，这儿死一个，那儿死一个，也不下雨，人都往南边去，好多去河南的，女的也卖到那边换点钱，俺们村的刘传他娘就是被卖到河南，又领着她的小宝回来的。

那时候抽筋死的人也不少，也有生疹子，生花死的，就是没见过。得抽筋死得特别快，当时也不知是咋回事，听人说抽筋是传染的，后来才知道这病是霍乱。那时候，村上有小医生看不了，就会扎针、吃中药，没听说有扎好的，得病的人说死就死。死了都自家埋到自家坟地里，俺村里得病的比较少，日本人也没有到村里来过，国民党也不管，时间持续得不长。

当时吃的水，就是当街打的圆井，水好喝。不知道这个病跟水有没有关系，好些年，村里都一直喝这里的水。家里经常织点布，在南边换点粮食吃，换得也特别少，就几斤。然后碾碾压压，跟柳叶和着蒸着吃。八路军也不给粮食，国民党也没给过，都是自己种自己吃。当时没见过日本人给人东西吃，他们也不抓人，只要吃头儿。没见过日本人的飞机。

这里上过大水，记不清哪一年了，淹了好多庄稼，那时下雨也下得特别大，地里的水都放不出去。

后来遭了一年的蚂蚱，都是从北边飞过来的，嗡的一声就飞走了，跟风一样。村里的人都去逮蚂蚱，挖坑埋蚂蚱，眼看着谷子都给吃完了。

东　庄

采访时间： 2006年10月3日

采访地点： 冠县贾镇东庄

采 访 人： 王苗苗　马子雷　田崇新

被采访人： 韩建枝（女）

宫登屿（男　86岁　属鸡）

韩建枝：在娘家人多了，两兄弟、两妹妹、爹娘。种地，10来亩地，种棒子、高粱，那时候没河水，没井，下雨就多收点，不下雨就少收点。

民国26年，17（岁），正月嫁过来的。原来是辛集公社的，俺爹教学，在当镇教过。那时候老伴儿13（岁），坐轿嫁过来，六件嫁妆就是多的，八仙桌、两把椅子、外三件、内三件：一个柜、一个橱、一个抽屉桌子。有送轿的，用牛车拉来的嫁妆，有四个喇叭吹着。

种地有衙役羔子，衙役都在城里，粮食都交到城里，收得少交得少，收得多交得多。我是民国26年嫁过来的，那一年日本鬼子来过，汉奸帮日本。日本人来的时候都跑了，村里就10来口子人。日本人打人拿东西，汉奸也要，穿得跟庄稼人一样，老缺都不敢来了。日本人来之前，有土匪，老缺，抢吃的喝的。

民国26年，上大水。西边卫河上大水，咱村里都淹了。家里没么了，都去要饭去了。去河南寿张，在港庙住着，在那儿过了个年回来了。

宫登屿：民国31年、32年，连续两年没有下雨，下得也挺小，庄稼也不长。民国33年，夏天的时候才下雨，才好过了。

民国31年都闹肚子，吃不好，穿不好，都闹肚子。

日本人来都要粮食，不给就打。皇协军也来要东西，不给就抢。日本人没来抓过人，赵建民领着人炸了七八个人，在陈贯庄，那时候得有30多岁了。

飞机见过，飞得没多高，扔炸弹。安民，来抢东西。

后来就没涨过水，当时吃井水。河水淹进井里，吃水还凑合着吃。东南边就有一口井，吃了后没得什么病。上水的时候是七月，日本人是十月后来的，卫河在斜店乡班庄开的口子，城里没淹，有那个墙。

葛新村

采访时间： 2006 年 10 月 3 日

采访地点： 冠县贾镇西庄

采 访 人： 王苗苗　马子雷　田崇新

被采访人： 葛志荣（女　80 岁　属兔）

原来是葛新村的，18 岁出嫁。整个大家子 25 口子人。

一个人问我的一个老奶奶，那时候 73 岁，问儿子干啥的？儿子是磨磨的，孙子干啥的？跟你一样，当兵的。你穿绿衣裳，他穿灰衣裳。老三家种 70 亩地，种高粱、谷子、棒子。那时候十亩地不如现在一亩地打粮食多，一亩地管 100 多斤，200 多斤。

18 岁的时候，那一年张柳邵死了百十口子人，就那孬人杀的。扛几个秫秸的老奶奶，俺娘都被烧死了，那些孬人有枪。

民国 32 年，闹大灾荒。地里不见么，那时候靠天吃，天不下雨，旱了三年，那时候的人都饿着呢！一提，我就哆嗦！那时候人都逃荒了。逃荒的时候两年没进家，嫁到这儿五六年没回贾镇，回来后都没人过去了。

父亲刚开始教书，在当铺教了几年书，在东南庄又教了五六年，后来当兵，刚开始要枪杆，后来造手榴弹，自愿去的。那时候家里难过，当兵人家管饭，离咱这儿 60 多里地是根据地，王村。当兵的时候四十二三岁，当了 10 来年，又分到堂邑银行，在银行算账。这是日本人走了以后的事。

后二十里铺

采访时间： 2006年10月3日

采访地点： 冠县贾镇后二十里铺

采 访 人： 张培培　高　伟　张晓冉

被采访人： 齐玉真（女　72岁　属猪）

我是1934年生人，家在贾镇徐家新村，记事的时候家里有四口人，我有一个哥哥，家里有三四亩地。我父亲31岁的时候就饿死了，我哥是灾荒那年死的，当时也就是十二三岁。后来我就跟着我娘下了河南，要了三年的饭，上人家门上要点，给什么就吃点什么，有给的，也有不给的。

过麦的时候，就到地里拾点麦穗自己搓着吃，那时候，河南那边比这里过得好，我跟俺娘找了个磨面的小磨灶里住，地方又黑又小，跟个羊圈一样，就用棉油灯照亮。待地里拾的麦子就碾了吃，俺娘后来也没改嫁。俺娘还把家里的衣服卖到河南，换了几块钱，那时穿的都不怎么样，一路上，边要饭边走，才到了河南。等俺们回来的时候，奶奶把房子都给卖了，没有地方住了，俺娘才带着我改嫁。

后来我就出嫁了，当时我22岁，他都39岁了，比我大17岁，我嫌他年纪大，俺娘还不愿意，我也没办法。结婚的时候，家里给了三件嫁妆，有橱子、桌子、柜头。男的家里也是土墙，他家里兄弟三个，还一个闺女。我男人当医生，他死过一个前房，我是续的，反正他也没打过我，也没吵过骂过，对我还好。

不记得地里打过粮食，一亩地就十几斤，父亲就饿死了，下河南的时候，俺娘把坟地都卖了。俺娘死了以后，我又把俺娘要来，埋在了新村。当时就把棉种磨了后，做成窝窝吃，或者擂草籽吃，地里的草长得有半米多高，都是没毒的，草籽的时候，荒草根底下都有饿死的人。延庄就有活人吃死人的事，放到锅里炸。当时也没有吃精面的，很少有吃粮食的。当时谁家借钱啊，好户也不往外借，也没有高利贷。家里吃的盐都是小盐，自己刮碱土淋，淋了再晒，我们村都是沙地，还得买着吃。

老缺经常抓好点的户，抓了人让拿钱来换。我七八岁的时候，有两个日本鬼子在村上，俺家里刚卖坟地的钱被他们知道了，他们就到俺家里来了，找俺娘要钱，俺娘说没有，就把俺娘关在屋子里，还打俺娘，后来也没找着，俺娘吓得跑到了死人家里边，躺到人家的床上，他们不咋着我，不打小孩。村里有孬人当汉奸，也经常到这里抢东西。

我9岁的时候，八路军来了，八路和日本人打过仗。那一天我去新村赶集，日本鬼子到集上抢东西，抓了好几个人，还开枪了，在新村南边的沟子里死了好多人，集上也死了好多人。日本人没抓咱这的人给他们干活，他们主要也是抢东西，抢吃头。

记不清是哪一年了，就是有抽筋、生疮、生疹子这三样。闹不清有多少人得这些病，死的人也说不清是抽筋死的，还是饿死的。民国32年后，刚过了灾荒年，粮食下来了，就有撑死的，饿得穿心了，一吃多就撑死了。灾荒那一年，树皮树叶都勒得光光的，啥树叶子都吃，有柳叶、榆叶。

采访时间：2006年10月3日

采访地点：冠县贾镇后二十里铺

采 访 人：张培培　高　伟　张晓冉

被采访人：赵立元（男　76岁　属羊）

小的时候家里有十几口人，上过一两年小学，家里有40多亩地，种一季棒子一季麦子，别的也种点，有高粱、谷子。过年过节时才吃麦子，平常都吃高粱杂面，那时油也没吃过，自己晒小盐，自己刮碱土再晒。那时交公粮，一年两季，春秋两季。有多有少，交粮食的时候多，一亩地十几斤麦子，收成不好的时候也减点。一年五亩地见不了100斤麦子，都是靠天吃饭，粮食都交到村里乡长的地方上。

那时候结婚，男方没有送彩礼的，就送了四种红线（有水红、水白、大红、二红，没有黄、绿）、四个戒箍，嫁妆给了柜头、两件衣裳。结婚的时候我23（岁），她19（岁），当时也不论年龄，没有大小的规定，有10来岁结婚的，也有7岁就结婚的，有说媒的就可以，说成了就行。结婚前都不让见面，包办婚姻。那时候兄弟五个，也有借粮食、借钱的，春季种麦子化地。找个保人借50斤粮食，过了麦就要还上。按天多少还利，多了就要多还，要长利的，10斤粮食过一个月得还12斤，一般是找关系不错的借。

那时有地主，邻近大村张榆头有地主，我们村穷人多，好过的少，没有地主。张庄有放高利贷的，都是有的户，咱也借不起，年头多了，不记得有给地主干活的，高利贷一般也不借他的。记事的时候我们村有40多户，就几百口子人。

光听说过土匪抢东西，但不跟人家共事，也不清楚什么情况。就知道老缺经常砸门叫户地抢东西，有个大土匪叫韩春和。

日本鬼子来的时候，我十二三岁，那时他们是走着来的，开车的人不多，没有公道，也没有汽车。见过日本人的飞机，见了就往屋里跑，怕它扔炸弹。日本人没有在村里住过，只是路过，都住在县城里。在冠县他们人也不多，有二三十个，日本人说话哩噜哩噜的，都不敢跟他们说话。日本人的枪炮子弹好，还有高丽人跟着当翻译，都戴着小铁帽，绑着腿，好放火，不抢东西。他们还在前二十里铺那建了炮楼，上面有小屋，还有烟墩。咱们的挨饿就当了皇协军，穿日本人给的衣裳，给他们扛枪，后来有的归了八路军。

俺父亲赵文礼，给八路军出过力，就是跟赵建民出过力，打聊城跟孔村都参加过。日本人一来国民党就跑了，赵建民领导人在孔村跟日本人打过仗。俺父亲做勾联，为八路军提供日本人的情报，做内应。日本人隔五里，就修一个炮楼，叫各庄乡带着干粮去修，强制去干活，不去就揍你。

我11岁那年，就是民国32年，咱也啥不会干，给炮楼上当过小跑，就是打杂、送信，为的就是要口饭吃。那时连着旱了三年，天不下雨，庄稼也不长，都旱死了，只能吃草籽。好多人都去河南要饭了，有的还把家里人卖给河南人。俺们村就有人家卖了两个媳妇。去外面的人到了好年景就回来了，在外面待了两三年。当时有流行的歌儿："民国32年，鲁西北大荒旱，贫困中的老百姓，个个遭了难。"

当时有霍乱，得了以后抽筋、上吐下泻，得这个病的人不多，村里有十几个得的，死得特别快。都起名叫霍乱，俺都不知道，知道是传染的，村里也没有医生，人死了，个人埋个人的，都是庄乡帮着，埋到自家坟地里。村里也没人往外跑，没地跑。得病的也有看好的，院里有人会扎针，叫赵立清，就会扎旱针。那时老人不在乎得病人的碗筷，都混着使。我记得就发生了这一回，没别的。

俺村里吃旱井里的水，用砖砌的那种井，井里的水也算好吃。

闹蚂蚱那年，是从西南边过来的，尽是黄蚂蚱，听人说蚂蚱都带着字儿，排成"人"字或是"一"字，庄稼都被吃成了光杆子，记不清是哪一年了。当时都挖坑，把蚂蚱埋到里边去，后来下了大雨后，从地里出来了好多小黑蚂蚱。

民国26年听别人说上过大水，我不记得了，那时才两三岁。当时下雨很大，说是来的水，不是下雨下的，是从卫运河上来的。光平地上的水就有一米多深，为了收粮食，大家都用檩条扎成筏，把庄稼从地里面收家来，就收了点高粱。

日本人走的时候没留什么东西，都推走了。

吕　田

采访时间： 2006年10月3日

采访地点： 冠县贯镇吕田

采 访 人： 吴肖肖　王　凯　徐　波

被采访人： 吕同勤（男　82岁　属牛）

民国26年，日本人进中国，这坎，平地里起水，平地行船，到了八月份，水下去了，地里进不去。民国26年，从山上淹的水，从东南，不知从哪儿通来的，一夜就涨起来了。

我那时候12岁上的学，短期小学，早上男生上，下午女生上。点点滴滴时，过不去，学校就散，水下去，日本人就来了。日本人来的时候，县长侯光禄，省主席韩复榘跑了。监狱没人管，出来拉开黑杆子了，他们自己叫义勇军，抢杀老百姓。土匪头子，冠县石家村石洪典，外号老山根子，有万儿八千人，有钱的他都指令性计划，来了先收枪。离这坎五里地东边一个村，荆楼，有个土匪头子荆文德，黑号“火车头”，各拉一部分，谁也不管谁个。这坎十八里地，有个丁寨，有个黑号“假鸡子”，也是土匪司令。

后来，土匪都成了杂牌队伍了，都叫范筑先收编了，编了36个支队。

从民国26年到32年，都灾荒。我是贫农，七八亩地，不是大碱地，没好地，粮食不够吃。这个村有几家大户，不算太大，有200多亩地的户，有180多亩的，有150亩的。日本人来了以后，也不行了，只剩七八十亩不到一百亩。

那时候，闹病的也没人管，有得伤寒的，有搐筋，说上吐下泻，得这病的都是上年纪的，年轻人没有。这个村是个小村，冠县文化馆出过一本书，有冠县的历史，有这方面的记载，出的时间长了。民国36年、37年那时候，我弟兄三个，我是老大，老二死了40多年了，我三弟前年死的。有个妹妹，小。这个村里，属我辈儿最大。

这里是无人区，人都跑了。日本人进中国那一年，黄河没了。黄河以南遭水灾，上黄水。“东平州，十年九不收”。灾荒年那时候死的人多了，都没人了，地都荒了。种地也种不起。逃荒出去，没饭吃，逃到郓城，要饭吃。村里原来200亩、180亩、150亩的户都去要饭去了。灾荒年第二年，回来收谷子，回来的人很少。地里下雨了，得种上谷子。饿死的人多。没听说过日本人下毒。

采访时间：2006年10月3日

采访地点：冠县贾镇吕田

采 访 人：吴肖肖　王　凯　徐　波

被采访人：吕仲义（男　77岁　属马）

小时候家里很贫穷，有一个哥哥，父母，四口人。16岁上的学，上了一年多小学。1945年秋后上的，上了高小二年，五六年级。小学分两级，一二三四是小学，五六年级是高小，又上了两年师范，柳陵师范，毕业后分配，1952年开始教书。

灾荒前家里有七亩地。灾荒年，旱，还乱，老齐、周自忠、吴连杰、皇协军，主要是乱。1943年春天，没下雨，麦子没熟，过了麦，就下雨了，家里有人的就种上了麦。1943年头麦里走的，秋后回来，又跑了。连粮食种都没有，庄稼人都逃荒，家里没人。村里60来户人家，死绝了11户。主要是饿，生生饿死，躺了好几个都没人管，村里都没人。饿的，有吃了毒的，有撑死的。离四里地石家寨，有吃孩子的，孙子死了，爸爸就把孙子煮了。

霍乱伤寒很早就有来，以前就有，灾荒年那一年有这个病，反不严重，比以往多点，有得这病死的，民间不知道传染不传染。都喝井里水，谁知道水有问题吗？没有河，就一个坑，没干净的水，全村就吃一口井里的水，一口盐药味。我记得大人跑，说日本人来了，有这个病，霍乱搐筋，记不清了，反正有。上吐下泻，霍乱伤寒。上吐下泻的，疼。不知道咋得的病。

灾荒年日本人的飞机很少，以后飞机也很少，很少见飞机。咱这坎没有大的战争。听说过放毒，咱这坎没有。没听说过搁冠县放毒，后来才听说的。日本人不进村，搁贾镇筑路，有钉子，几个日本人都不出来。皇协军来，来了就指令性计划。

共产党白天不出来，黑夜里才出来联系活动。这里是八路军十一区，下边儿30来个村，区委书记曾广成，李玉乡区长，区大队负责人王西民，跟皇协军打仗，皇协军要抢，碰上共产党，有被逮住的，有罪的就打死，黑里打死。经教育不改，老是与共产党为敌的，区里就有处死的权力。在1944年，有一回逮住打死的，很坏。俺村没有当皇协军的。我听俺爹说的。俺爹是地下党，当通信员，汇报。灾荒以后有组织民兵。农会长就相当于村支部书记。

灾荒年第二年，有蝗灾，蚂蚱，地里老些来，挖个沟，把蚂蚱往里赶，使铁锨铲死。吃蝗虫的也有，吃棉花套子的也有。搁地的很少，村里都没人了，种的谷子、绿豆，棒子都种不上，下雨下得晚。蝗灾的时候，地里庄稼种得还不少，谷子、棒子都有。中秋前后来的蝗灾，谷子快熟了，蝗虫从北边儿过来的。二三亩地都满了，一窝一窝的，栖一块儿地来，听见"刷刷"的响，吃叶子来。从一开始来到根除，得有20多天。蝗虫有三亩两亩的，有五六亩的，面积不一样。

民国26年上过大水，就是这坑里的水。棒子都熟了，到八月沉了，桥都淹了。

庞田村

采访时间：2006年10月2日

采访地点：冠县贾镇庞田村

采 访 人：徐　波　王　凯　吴肖肖

被采访人：徐贵林（男　75岁　属猴）

我一直住在这来，一直叫庞田村，没变过，这属于贾镇。我是师范毕业，柳陵师范，1956年毕业我在职学习，当过小学校长。日本鬼子来的时候才七八岁。

我2岁时分的家，四个兄弟都分了，还有一个姐姐，数我小，人家抱着我抓的阄。起小以农为主，到12岁的时候就逃荒要饭。可能是种了六亩来地，种玉米、小麦，地不少，可收成少，不够吃的。孬地，窑坑，光烧窑地就四五亩。那时候，有的打90来斤好麦子。那时候是16两一斤，跟现在一样，现在也是90来斤。没肥料，就上粪。玉米一百二三十斤。玉米麦子不够吃，吃野菜、树叶、榆树叶，都吃得没了，吃槐花、槐叶。一天吃三两小麦，配点儿野菜，那时生活艰苦唻。种玉米，吃玉米面，粗面，过年才吃点麦子，细粮。小不记得地主多少地，交税记不准，光吃完玩，这些事不了解。俺村里没地主，富农也不多，一两家，地都少，穷村，平均分一家五亩来地，一人才一亩多地。这村没地主没富农，没有人放高利贷。实在不行，活不住了，就到天津扛活，给人种地。咱没出过门，不知道挣多少钱。

民国32年，我12岁，那时候灾荒年。有土匪，有皇军。民国30年就开始旱了，旱了两年多，别说没下雨，雨倒是有，皇协军抢，你有二斤麦，他都抢走。没法了，没种子种，雨倒是够。

我到河南要饭，要了两年，民国33年回来地里草都恁高，都没人。我民国32年出去，有民国31年、民国30年就往外走的。能维持生活都不愿出去，到地里采野菜、茴叶籽、百菜子、野谷子、野绿豆，都采那吃。也有上北的，到天津卫，上南，上河南走。那时南边生活好，上南的多，往西没有。大部分上北上南。我春天走的，不是民国33年就是民国34年回来的，民国34年，在外边过了两个年。要饭哎，过年人吃的好，剩的给点儿，好人家把馍馍切成片，给口。

民国32年，村子里600来人，饿死了一半，有在家饿死的，有逃荒出去饿死的，多数是年龄大的。饿死了，尸体找席卷卷，扒个坑埋，或者使门当棺材，也有这样的。也有躺着死了，蛆都，就剩骨头。有三个小孩，十几岁，都扛上了，大的也就有15岁。人那时候得病的也不少，饿，没气力，就得病了。

民国26年，发大水。平地里都是水，从俺村到别村都得划船，水大，就是搐筋那年。放毒么的，就不太了解了。都逃出去了。那时候，有霍乱病，搐筋病比较厉害，一搐筋，浑身疼，一般七八天就死了。民国二十七八年吧！病，搐筋，霍乱的多。上吐下泻，我三哥那年就是搐筋死的。可能是民国26年，拿不准了。霍乱是上吐下泻，搐筋是身子收缩，搐筋有10多天就死的，看体格强弱。

夏天，不是下雨，下雨稀松，是外来的水，可能是黄河发水，可能是从东北来的水，不一定。这边雨也下，那一年搐筋死的也不是很多，比往年多。记不准我三哥得病是之前还是之后了。那年说是气候的事，天灾，水大，得搐筋，霍乱传染。有治的，找周围村的医生扎旱针，闹不清扎哪。有扎的也有扎好的。根据病情，扎多少次不一样，没听说过流黑血。闹不清死了多少，有饿死的，有霍乱，有搐筋，就那年多，第二年就少了。喝井水，使砖垒了一圈那样的井。

发大水时候，日本人还没来。水还没退，日本人就来了。小，玩哩，就看到日本鬼子挎刀就来了。河沟里有水，他过不来，叫俺找草给他垫，好叫他过来，俺听不懂他说什么，就跑了。在俺村里住了一宿，就上南了。

日本人对小孩，给糖，一小盒。我没吃，盖子封闭得很结实。我那时小，都给大孩子抢走了，我没吃上。日本人住老百姓家，自己做饭，不抢老百姓，也抓鸡、羊，也吃。皇协军抢得多，杂牌军，日本人不要的他们都要。日本人不打小孩，打小孩的都是些杂牌军。那天晚上我没跑，爹妈都跑了，我跟俺爷爷睡的。日本人刚来的那次，没有皇协军。日本人住在邻居几家，我家没住。稀罕，小孩都过去看。我看院子里都支着锅，使他们自己的米，做饭。

小日本刚来还行，后来就不行了，没少糟蹋妇女，也打人。后来才打人，刚来的时候就抢鸡啊，羊啊，糟蹋妇女。

21岁，我结的婚，结婚的时候教过学，那时候日本人都走了，都解放了。经人介绍，她19（岁）我21（岁），大两岁，也有聘礼，简单都是嫁妆，要钱稀松，三四百钱，那时钱实，抬轿，四人抬。

采访时间： 2006年10月2日

采访地点： 冠县贾镇庞田村

采 访 人： 徐　波　王　凯　吴肖肖

被采访人： 徐书勤（男　85岁　属鼠）

我念过一年书，那时小，好忘事，不念了，想不起啥时候。

日本人来时我在家。这个村一直叫庞田村，是贾镇的。日本来的时候，父母都在，我兄弟三个，我是老大，两个妹妹后来都出门儿了。

过灾荒的时候，家里有六七口人，逃荒跑外面去了，上河南、梁山，家里不能过了，闹乱子，有兵。土匪一伙一伙的，很多，嗨！土匪抢东西，净黑家（方言：夜里）。

那时候家里都有地，不知道多少，吃棒子面、高粱，地里够种的够吃的，地少的不够吃。送税，文银子糙米，往县里交，听人家拉的，俺们小，没见过，吃饱了就玩儿，不问那个。

大旱，老天爷不下雨，下雨收点儿，不下没得收。雨下得小，春天就逃了，不能种地，闹乱子。待外面住，没回来，想不起几年来了，在梁山北边儿住着，要饭，给人家干活，人家给饭吃。有20来岁，结婚了，逃荒以前就结婚了。我下边就一个儿，俩闺女，都出门了。逃荒，人家给个草屋住着。

这边淹过一年，水挺大，想不起来灾荒年前后了。死人，路上也躺着死人，饿死的，饿得没劲了还不死吗？

有啥病，谁知道是啥死的？我没记得搐筋，不知道，听有年纪的人说过搐筋，不记得啥时候。我记事以来，没有因为得搐筋死的。咱听说日本鬼子放毒咋的，咱不知道，没见过。见过飞机，成天过，还没见过？有冒烟的有不冒烟的，没见扔东西。

任二庄

采访时间： 2006年10月2日

采访地点： 冠县贾镇任二庄

采 访 人： 刘化重　穆　静　刘朝勇

被采访人： 马云路（男　73岁　属狗）

日本人来之前喂羊、喂牛，当时家里有七口人，那时村里很乱，有强盗。大旱三年很多人逃荒。有一个小妹妹被送人了，因为养不起。强盗抢牲畜、粮食，衣服也抢。当时吃黑高粱面，以后连饭也吃不上，吃高粱皮、谷糠、树叶树皮，吃糠咽菜。

民国26年发过大水，就这一次大水灾。民国26年以后，国民党被吓跑。日本人还没来，土匪于是特别多，几个人就能拉成一伙土匪。

大约是民国30年，或者是民国31年，日本人来村子里。只要伤了日本人，无论男女都用刺刀挑死。当时村里日本人少，日本人坐车逛街游行。汉奸、日本人都抢粮食，不给就烧房子。一般是皇协军在前头，日军在后头。见过日本飞机，没扔过炸弹。日本人头戴铜的钢盔，出门带着铁锨，以便挖战壕。

第二年又闹蝗灾，闹蝗灾时，蝗虫一会儿一块地就能给吃完，和下雨似的。蚂蚱飞起来的时候太阳都看不见，小蚂蚱底下都铺了一层。

民国32年大旱，大灾荒，那时候村里大约有200来人，有一半多人去河南，沛县、肖县、金台、玉台等地逃荒。有一家姓刘的，叫刘景州的，一家九口人饿死了八口，只有刘景州没饿死。大灾荒时，光饿死在家的就有十四五口人。

灾荒时没有在家，到河南肖县要饭，逃荒。去河南逃荒时，也没见过有得搐筋死的人。听说任二村有得病的人，得病后很快就死了。听说村里有搐筋死的，是民国32年以前，具体什么时间记不清楚了。听说过村里有生疮子死的，死了约有四个人，他们全身上下长麻子。不记得有搐筋死的。

村里有好几个井，吃水都吃那里的。日本人来之后没有霍乱发生。

日本人抓村民给盖炮楼，给日本人建炮楼时，干活慢的、看着不顺眼的，日本人都打。但村民没有被日本人害死的。日本人有时给小孩洋糖吃，我也吃过日本人的洋糖。日本人成天来村子里，也抢东西。日本人来时，村民一开始就跑，到后来就不跑了。日本人一般住在廿二里坡。日本人来任二村，有三四年时间，感觉日本人就是孬。没听说过有日本人挖卫河。

村里有共产党，当时势力还小。共产党要穿便衣，不敢穿军装，共产党当时不敢露身份，跟老百姓穿的一个样，以后力量才发展壮大起来。赵建民现在还活着，当时是营长，被称为赵三营，他主要是打日本鬼子，赵建民是冠县人，跟着赵建民打过仗。

日本人退走后，炮楼的砖、木头、豆角，村民抢了，公家没要。

日本人走之后日子比日本人来之前好多了，土匪没了，也能种地了，这一辈子忘不了毛主席。现在有四个孩子，一个儿子，三根宝儿。

采访时间：2006 年 10 月 2 日

采访地点：冠县贾镇任二庄

采 访 人：刘化重　穆　静　刘朝勇

被采访人：马云田（男　83 岁　属鼠）

得抽筋是被传染的，当时村里有得这病的。得病之后找先生，先生给开偏方，是用旱针扎指甲，手指甲脚指甲都扎，我得病时是十五六岁，日本鬼子还没有来的时候。当时抽筋，哆嗦，身体抽搐，发抖，不吐。这种病好得快，死得也快。我得这病有三天后，就找到一个先生，当时没有医院。先生给扎针以后两三天就好了，没吃药，只是扎针。扎着后，出紫色的血，扎完针后，病情减轻了，两三天以后就好了。

那时候叫那种病叫霍乱，知道传染，当时一块儿得搐筋的死了两个人，死的两个人是我的邻居，与我家离得不远，死的两个人是10来岁的孩子，是有三百亩地的地主家的儿子。那两小孩不知道咋得的病，家里人没人得这个病。

见过日本人，吸过日本的烟，吃过日本的糖。日本人撒糖、分烟。一开始日本人刚进村时在车上架着枪打过枪，后来日本人学精了，改撒糖分烟了。汉奸抢东西，日本人不抢。见过戴钢帽的日本鬼子，没见过穿白大褂的。日本人在二十里铺修了个炮楼，挖壕沟，壕沟边上放带刺的树杈子。后来日本人被八路军打败，逃到冠县。八路军赵三营来村里住过。赵三营是梁堂乡的人。

现在家里有两个闺女一个儿子，老伴儿已经死了。

石　家

采访时间： 2006年10月3日

采访地点： 冠县贾镇石家

采 访 人： 张培培　高　伟　张晓冉

被采访人： 石代军（男　75岁　属猴）

小时候家里有四个妹妹，两个弟弟，灾荒那年送给了别人一个小弟弟，就在北陶村，这个村以前叫曹场。当时家里有十六七亩地，主要就是种棒子、麦子，棉花种得少。种粮食产量特别低，一亩地最多打300来斤。一年交一季公粮，交完粮米，按亩数交，一亩地交10来斤米，不交钱，都交到村里乡长办公室里。

民国32年灾荒年，跟父亲逃荒到八岔路，后来到了北陶村，一路上都是要饭吃。村里多数都是贫下中农，没有地主。村里西北、东北都是盐碱地，只能种一季麦子，种棒子就不行了，地上起的都是白碱，根本就不长苗，打得麦不够吃的，棒子连心一起磨着吃，里面是黑高粱面，外面包着一层麦皮。

后来又逃到河南代老人村、城庄，找别人的房子住，小磨灶屋。待了一年又回到石堂村，刮咸土，吃小盐。

小日本在二十里铺垒炮楼，北边扎着小围子，我去给搬过砖。当时他们向村里要人，也不给吃的。日本人管着，有皇协军为了混口饭吃，他们住在炮楼里，皇协军也参加过日本对八路军的战斗，后来他们明着跟日本，实际上和他们作对。

11岁和俺娘去西北拾棉花，日本鬼子进来，整天扫荡，搜罗群众的东西，有好的，有孬的，抢东西，特别是牛。大多数人在鬼子来时就跑了，日本人抓苦力干活，炮楼里住二三十个人，大约十来里就有一个炮楼。日本人来时是走着来的，没见飞机，很小的小孩有的让给他们端水干吗的，他们给好吃的，没见到有汉奸。

当地的土匪有韩春和、齐子修、栾小秃，这的土匪不多，他们抢东西，王临头被老缺带走，让人拿钱，时间长了，割了一个耳朵，实在拿不起。他们专找好户的抓，那时土匪也不经常下来抢东西。

15岁时，八路军来了，赵建民在城官庄打鬼子，有个叫韩说的人，把赵建民藏在小庙屋里，盖了起来。那里的日本鬼子有三四十个，石家村的人把死伤的日本人抬到二十里铺的炮楼。后来，八路军驻在这，把炮楼给炸了，当时，百姓都不让出去，他们在地下掏地洞埋炸药，但没炸到，日本人都跑到了冠县县城里，后来鬼子就再也没有来。

当时这还有志愿军，黑上来的，在这住了三四个月。还有流传的歌儿："拔钉如拔葱，莘县城烟店镇一夜成功。"日本鬼子一来，国民党都跑了。我们这还有司令所，石洪点石司令，当时范专员收编土匪，石洪点留下来了，没有被收编。打蚂蚱那年，他还跟着一块儿打过呢，到黑上来被人抓走后，打死在村东南的地里。

民国32年灾荒年，姊妹四个，还把一个弟弟卖给别人，换了20斤高粱，跟一包糠和一下，蒸着吃。五六月份大旱，旱了有三四个月，八九月份就没见麦子。村里有二三百人，多数都往南边跑了，也有嫁到南边的，饿死的人也不少，在路上死的人都没人管，就是街上死的街上埋，路上死的路上埋。

在县上听说过霍乱，我也不大清楚，好上吐下泻，还有生疮、发疟子的，先冷后热，用不了多长时间就死了。村上没有医生，叫附近村的人来看，有会扎针的，让喝汤药。

打蚂蚱那年，我十四五岁，蝗虫在天上，黑压压地从南往北飞走后，又繁了好多籽，后来就挖坑，把小蚂蚱往坑里撵，用鞋底绑上棍打蚂蚱。那时候旱，又没下雨，蚂蚱哗哗地一会儿就吃完一块地。

记得上大水那年，我跟着爷爷上东南摸山药，街上都是水，还有桥。我不敢下去，当时我七八岁，说是水从西南来得，不是下雨下的。也不像黄河水，水特别清凉，有一米多深，粮食什么的都没收。

小的时候，吃的水都是砖井里的水，全村人喝一口井的水，老大一口井，往家里担水，水还好喝，像丁寨的水就不好喝。

结婚的时候，我们都24岁，那时结婚不兴彩礼，媒人说的，彼此都不认识，父母决定。结婚那天四人抬轿，租的，吹喇叭，敲锣打鼓，有三件嫁妆：桌子、椅子、一柜一橱。从小没上过学，自己学，村里后来有速成班，学了20多天，还教过别人。

采访时间：2006年10月3日
采访地点：冠县贯镇石家
采 访 人：张培培　高　伟　张晓冉
被采访人：石待森（男　87岁　属猴）

小时候家里四口人，20多亩地，一半春地种高粱，一半种麦子，一亩地产三斗麦子，一斗25斤，种一点棉花。交公粮，一亩地几割（音译）

（一割一升，十升一斗，十斗一石）交两季，一季银子一季米，公粮交给乡长。那时有地主，咱村没有，别的村不知道。那时吃高粱，油有钱就吃，没有钱拉倒，吃的盐要买，大部分淋盐水，吃小盐。

结婚分家时五六口人，过年吃一斤油，一斤油几毛钱。结婚时18岁，她19岁，那时啥也不兴，屋子是土做的，连一片砖也没有。结婚时她就带了一个小柜，荒乱时卖了，买了吃的，结婚那天是用四个人抬的轿接的新娘，轿子是赁的，都是父母决定。

老齐以后，各地都有土匪，俺村没有。二十里铺那里有炮楼，南乡有一个落户的给日本人当过皇协军，专门给日本人送信的，叫“老路”，后来他到山西找她的姐姐、妹妹去了。土匪经常到村里来抢东西，没抢过俺们家，俺家里穷。他们没有在这里住过，俺们村以前是“保险村”，八路军在这里住，老缺都不敢来。

民国26年，日本人一来，人们都吓跑了，没有到村里来抢东西，也没在村里住过，只从这儿路过。日本人在离这儿一二十里的地方有根据地，也不在这住。有一次日本人到村南边一二十里的地方去扫荡，从这都听到枪响跟炮响了，有皇协军陪着小日本，国民党也不敢跟日本人作对。在二十里铺修炮楼的时候，从村里抓人过去当义工，不给钱，也不给吃的，让他们轮流垒，建的炮楼顺着马路一道壕，五六里地就建一个，炮楼垒成没多少天，人就走了，也没打，炮楼也没了，日本人也越来越少。

不记得八路军什么时候过来的，就是路过，八路军不大过来住，也没跟日本人打过大仗，偶尔八路军偷袭日本人两下就跑。日本人来的时候，国民党就吓跑了，连县长侯广路也跑了。

民国32年，灾荒年，那时我们村有300多户人家，饿死了不少，好多都逃荒去了，逃到离这300多里的地方，多数都往南边去了，穷人都往河南要饭了，也有往北去的，东北有招华工的，去挖煤窑，管吃。

民国31年、32年、33年，连着三年大旱，旱的时候四五月份，到后来才下雨，雨下得不小，我们还没走到河南就听说下雨了。饿死的人，死在哪就埋在哪，到后才把坟起走。没听过有人吃人的事，河南那边也闹灾荒，周围二三百里的地方都荒了。有的人把孩子给人家换粮食吃，都用小白菜熬汤拌着高粱面吃。

民国33年闹过蚂蚱，是打西边飞来的，多得连太阳都看不见，都往庄稼上落，一个高粱叶上一串，把庄稼吃完就往东北飞了。后来，地里有好多小蚂蚱，一丁点，乌黑，都轰到坑里埋了才行。

当时，也见过日本人的飞机，有12架从头顶上过去，什么东西也没往下扔，就在冠县县城里和桑阿镇投过炸弹。我20多岁的时候，跟着八路军抬担架，头回在打临清的时候抬。后来，在清风县住过八天，换班抬，一班有八个人，轮着来。

民国26年上大水，是七月十五号下的大雨，然后卫河涨水，那年我18岁，到小滩北边打堤，打了有五尺厚，水多了把大堤也冲开了，平地上的水就有一米多深，当院里的水淌了100多天才慢慢干了。那时候，谷子、高粱都熟了，就掐了点高粱头，都用檩条弄成筏子撑着运庄稼，地上的水愣清凉，里边掉个针也看得见，捞高粱、谷子把脚都泡坏了。

当时，村上有霍乱病、发疟子、生疹子。村里有小医生，当时也不知道是什么病，人死了也不清楚，当时也不知道传不传染，在村里也没听说过有人得病，得了病也不敢叫人。那时候吃水，都是吃砖井里的水，不好吃，有时候里边也很脏。

田茉莉营

采访时间：2006年10月3日

采访地点：冠县贾镇田茉莉营

采 访 人：刘化重　穆　静　刘朝勇

被采访人：田振岭（男　88岁　属鸡）

现在有八个儿子两个闺女，第五个儿子给了别人了。当时出门在外不好过，在家也不好过。以前卖过馍馍、韭菜，做过很多小买卖，卖过豆腐，是在日本人来之前。老伴儿已经去世，去世八年了。

日本人来之前，我出去给人家扛活，给地主打工，地主给饭吃。18岁时结婚，老伴儿当时15（岁），老伴儿嫁过来时没带嫁妆，就一个人过来了。当时没有新屋子，在爹娘家住。我弟兄两个有20来亩地。

没过过一天好日子，乱！土匪来村里要钱，有枪有炸雷，都穷，几个人结成一伙。屋子叫笼子，银圆叫花边。给人家干活一年30块钱，扛活就是给人家干杂活，年底不分粮食，就给30块钱，这钱大部分都给，不拖欠。日本人来前后没听说过有放高利贷的。

当时村里人很少，只有十几口人呢，这些地方叫无人区，许多人饿得眼睛能看见星星。当时是盐碱地，白花花的一片，人都逃荒了，兔子很多。老缺要钱，不给就烧笼子（方言：房子）。

老齐的人天天来，哪个村里都有老齐的人，来村里抢东西吃。八路军穿着便衣，地下党也穿便衣，有胆量。土匪最后让八路军收了，范筑先收的。赵建民是梁堂乡的。

上大水那年是民国26年，大水以后，日本人没来时，别的村里有抽筋，听说传染，光叫进不让出。没听说过抽筋后有啥反应。发大水后有淹不了的高粱吃，那时没有逃荒，逃荒的都向南边逃荒。

逃荒时我20来岁，民国32年天旱，地里没点东西了，当时逃荒上河北南宫。灾荒有两三年时间，在河北待了一年多的时间。灾荒时有不少人把媳妇都卖了，换粮食，两人都不至于饿死。饥荒时吃灰菜（一种野菜），水排子草。在南宫附近见过日本人，扫荡，口音不对就问是哪里的人。

日本人没上这村来过。就三个日本人骑马来过一次，以后没来。日本人来村子里修过马道，皇协军没来过。给日本人烧过水，在贾镇西庄给日本人打围子，黑天给八路军挖沟。南县支队的八路军穿便衣，腰里别着盒子枪。当时我是自卫队队长，后来升为队长，接到任务就走。当时管了36个人，九伙台子，一伙四个人，台子是担架，谁得了病就抬走，一般是八路军。

没听说过日本人挖卫河，村里人把卫河挖开过，为了来水浇地。见过日本飞机，没见过日本人往下丢东西。没听说过日本人来村里抓过人。没听说过村民叫日本人抓走的，只听说过逃荒的一个人被日本人抓走，再也没有回来，此人姓田，现在家里有个孙子。

这边没得过传染病，听说石薛王朝营有过抽筋。当时喝旱井里的水。

灾荒后蚂蚱嗡嗡的，一脚踩死好几个，全村到处都是蚂蚱。

王　田

采访时间： 2006年10月3日

采访地点： 冠县贾镇王田

采 访 人： 徐　波　王　凯　吴肖肖

被采访人： 王玉东（男　86岁　属狗）

我没上过学。这个村一直叫王田村，属于贾镇。那时有学校，上的人不多，穷人念不起，富的人有念的。

种地，有多的有少的，我家里有50来亩吧！我懂事的时候就是民国10来年，家里七口人，老父亲老母亲，有两个兄弟，没姐姐妹妹。几十亩地的算中等，十几亩地就不行了，地不见庄稼，收成不行，一亩地百十来斤。种麦子、红粱、棒子，地多的多种点，地少的就不敢种别的。地多的户再种点花生、棉花，各种粮食，得50亩才敢种别的。花生一亩地三四十斤，棉花100来斤。

没现在虫灾多，着蜜虫子的多，没有知识也没有药，不兴药，不打，不逮，玉米也生虫子，没治虫子的法。有大虫灾，虫子那都有组织性，蝗虫，带翅的蚂蚱，从西北上东南去，遮了一溜儿，连太阳都遮了，有组织性的，要不落都不落，都跟队伍样，要落落一伙儿，吃光。是灾荒年以后过的蝗虫，日本人多数还没走。

上大水还在以前，还往以前说，上大水，那年上大水，大水灾。日本人来之前也有共产党，暗暗的不敢声明。上大水之前，三分之一的都粮食不够吃，三分之一的中等。有联合去扛货、打工的。俺能吃饱，七口人，不会节省过日子的也不行，得会节省会过的户才行。有那些地打不了那些粮食，好的吃玉米红粱，穷人吃红粱，掺豆子高粱一年一季，麦子棒子一年两季。一户 100 亩以上，才能吃上细粮。都舍不得吃，攒着钱再买地。中等的户过年能吃顿白的，下等的户还吃不上，过年时吃三斤麦子。绿豆面拌疙瘩，压面条，白面舍不得吃。

交粮交得也多，一亩地得交 30 多斤粮食的钱。国粮要钱，现大洋，地方上一亩地一块现大洋。粮食的物价不平衡，收得好就便宜，遭了灾就贵，麦子一斤得一吊到两吊铜子儿。八吊铜子儿换一块现大洋。一斤麦子没标准，论斗，一斗 30 来斤，平常一吊钱，贵的两吊。官斗是 30 斤，政府统一验的斗，再早是民斗，一斗 25 斤，十升一斗。交到县里，县里收银子粮米钱，皇粮国税。村里交到县里，县里再往上交，各人送到县里，不交不行，有负责人来要。要不交，直接带到县里去，押狱去。村里也有不交的，押几天交钱就出来，也兴多罚点儿，也兴少罚点儿，托托人，老百姓没钱，罚个十块八块就够呛。

没有地主没有多富的。俺这个村是个穷村，兴放高利贷，一块钱一个月涨三分（一块钱算 100 分），100 块一年得长 30 块，光利息 30 块。有给地主扛活，吃的比搁家里吃的强，扛活的家里很穷，没地才去扛活。村里有 300 来人，村小，有 50 户吧。

我是 24 岁结婚，民国 33 年、34 年。她那会儿来也得有多少岁，记不清了。我有三个儿子两个闺女儿。那会儿不兴下彩礼。很穷的人，好比我，我很穷，有个女儿，你年纪大了，有点钱，给我点儿钱，亲就成了。年纪大的就这样找个。抬轿，亲戚朋友吃顿饭。裹脚！我那时十三四岁的时候就不让绑脚了，国民党叫放了。日本搁这里住着，日本人不管结婚。

我搁家，见过日本人的部队来，日本在各地安了政府，区，县，他不懂中国话，又联系中国人，找翻译。日本人驻地里，不大进村。骑马，马兵、步兵、骑兵，车都是运人的。不知道多少人，没人敢看。大多数都不超过五千,三千两千人。日本人先不会抢，以后抢，抓鸡，吃鸡吃牛的。当时没有中国人跟着，后来用的官员，会日语的，日本话中国话翻。皇协军就是侍候皇军的，多少不一样，城市里找的多，有愿意去的，有不愿意去的。都是有财迷，吃得好点，穿得好点，才去，有不愿去的。咱村去的不多。

日本人来前，政府国军都走了，吓跑了。土匪多，有土匪，三十五十各一堆，小伙的有，大了，官就管了。土匪头子有个梁三，不敢明着，偷着干，兵抓。范专员把这些人都收去了。打过伏，没见过他们打仗。范专员是共产党，来过冠县。有回民支队，有枪，没汉人。

国民党走了以后，村子大的就组织起来，保护自己的村子，村子小的组织不起来，枪就叫土匪收走了。枪都各户的，以前护院的枪，日本人没烧过这个村子。日本人一来，人就呼呼地跑，有粮食的就拿着。日本人不抢粮食，不翻东西。皇协，有好衣裳好东西，他拾掇。咱这儿没下过地雷，没有地雷。

民国26年，日本人来的。年上大水，八月十四上大水，不是九月就是十月，日本鬼子就过去了。可能是十月。水可能是从西边儿过来的，山上有泉子，泉水过来了。带沟的，淹不了屋，不带着沟的就淹了。民国26年那会儿闹过瘟疫，瘟灾。上大水以后，人泡了。死人倒不多，村里地不平，水顺着洼地往下淌。没死多少人。

民国32年那阵儿，杂牌军搁这坎驻，不能种地，一年没下雨，到第二年也没下，下点雨也不行，一连两年把地弄毁了，人都往外跑，都走了，无人区。头两年往北边，没有杂牌军还好，这来都是杂牌兵，不行，后来都灾荒。没有水，吃都垒砖井。秋后，都没人了，庄稼遭虫害，高粱变红了，就都叫虫子吃了。没地的都走了，有地的不能靠天。村里行的还好，不行的都没人了，人谁都顾不了谁了。我跟我叔上临清搭伙扛活，干农活，人家叫干什么干什么，能吃饱。雇伙计的都是过得好的。扛了一年多二年，民国33年，八路军过来了，给你粮食，好叫你种地，就回来了。

回来后下过大雨，有雨。

灾荒年饿死了不少，有得病死的，有霍乱搐筋也知不道。我十二三（岁）的时候，有搐筋霍乱。霍乱很快，从家里到亲戚家，半道上就有得的。医生也少，去看医生，半道上病人就死了。几个村有一个医生，搁一个村来，有病去请。得病的不论年纪大小，传染，霍乱病身上难受，闹不多详细。

没听说过日本人放毒的事，没留下过吃的。见过飞机，没那多，黑不溜的，印的字儿，白旗红月亮。

西　庄

采访时间： 2006 年 10 月 3 日

采访地点： 冠县贾镇西庄

采 访 人： 王苗苗　马子雷　田崇新

被采访人： 王进修（男　96 岁　属猪）

日本人来之前，好日子，兄弟三个，三个姐姐，两个哥哥，家里种地，有四五百亩地。

咱念书脑子不行，念了《四书》《诗经》《书经》三部书。

那时候一亩地跟现在差不多，横是一步，长是 240 步，这是一亩，一步五尺。庄稼地里种棉花，一亩地 500 多斤，700 多斤。种粮时，一亩麦子就 100 多斤，棒子也就 100 多斤。让扛活的干，一年给些钱，给粮食就不给钱，管饭吃，给 300 斤麦子，一年。棉花都是卖，集上就是市场，搁家里也能卖。那时候一斤 16 两，比现在的一斤重半两。

13 岁结婚，她那时候 18（岁）啊，使轿，四个人抬！那样的花花样子的，圆糟是玻璃，红轿用大红布蒙住。定亲家，两个羯鼓，有的一对银镯，给媒人称上三斤肉，三斤肉就是一刀里，称上一包馃子，有的有过，穷的穷过。摆席，有丸子、藕夹子，订婚那时候小就定，两生儿就定了，七八岁娶媳妇的都有。选好日子，黄道日。我是腊月初六娶的媳妇，民国13年。

民国27年，日本鬼子来了，走了向南了。那时候是春天来，二三月。民国26年，我参加了民兵，我那时候跟范专员打鬼子，家里都不同意，给民兵带走了，就是这个村里的民兵。那时候范专员是国民党，后来又归了共产党了。

我老家是在老镇子，国民党来的时候，我那时候16（岁），那时候是冯玉祥、张学良，啥党派不党派咱不知道，我那时候小。今天换这个，明天换那个，咱也不知道。嗨！好的有大些呀？有的要东西，谁过得好跟谁借。跟你要，借了钱也不还，借了就不还了，借银圆，光管借不管还，老百姓谁敢问。

那时候，土匪多了去了！我父亲就叫老缺架走了，用一顷地赎回来的。第二年，土匪头儿叫一枪打死了，土匪头儿叫梁景银，俺这村里有几个人一起，一起打死的。

日本鬼子后来搁这儿住着，也有土匪，有三个炮楼，回门往西，有二三十口子人，咱村就有。皇协军有一个中队，一个中队有二三百个人，帮着日本打八路。八路军也不少，咱这边是根据地。八路军在村外打游击，八路军最大的是许孟祥，搁那城南坪村。是四川的省委书记，赵建民跟他是仁兄弟，王向武是湖南的省委书记。

土匪不干好事，跟你要这要那，连种子都要走了，齐子修闹得都没人了，馆陶是王来贤的人。老齐的人都抢，皇协军也抢，不准你来回逛，冠县到聊城是条大沟，防止八路军的人来回过，有一丈多深，宽有一丈三四，不让八路过。

唉！日本人搁这儿打死几个来！他的小炮弹打到贾镇上的围子里，打死了三四个人。围子是用土垛的，炮楼上的砖都是拆庄稼人的房。隔这房屋两重院，就是鬼子的钉子（炮楼）。庄稼人都吓跑了，人稀少，两三百口子人。飞机成天过，扔炮弹。咱这儿住着，日本搁这儿扔啊？炸自己啊？日本人吃自己打的井，现在没了，都平了。

河南有朋友，家里人都跑到河南去了，阳谷、寿张。民国32年、33年闹灾荒，那时候，推个小车，打咱这儿买点衣裳到河南去换点粮食。家庭完了，东西都烧了，被日本人烧了。我们打死的那个头儿的儿子当了皇协军，来报仇，来把我家的房子烧了，就剩一个东屋没烧，剩下的都烧了。

日本鬼子和皇协军来烧房的时候我10多岁，跟父亲去河南要饭去了。到了郓城病得啥都不记得了！回家后都迷糊了，啥也不知道了。医生扎得褂子都红了，没吃药，扎针，扎的旱针。头天上午昏过去了，第二天就能走了，饿得吃那个小青枣。庄稼老嬷嬷给扎的针，不要钱，血都发紫。

日本人来后都没人了，没有瘟灾。“无人区”，人都跑了，就没人了。东边高庄铺，有一家都死光了，我的老家在清水，离这儿30里地，西北角上，叫西汪村。我来这儿九辈了，我奶奶的娘家是这里。民国32年是灾荒年，也没闹什么瘟灾，都是饿死的。肚子里没饭，心慌。皇协军挖逃走的人的粮食，日本人吃大米，不知道从哪里弄来的。

汽车来，南边那是老马路，现在是土路，汽车从那儿来，就这个东西路。修这个马路的时候，我10岁，民国9年，是耶稣教的人修的，贾镇街上住耶稣教的人，现在没有了，成了学校了。

日本人抓人干活儿，给他打围子、挖壕、挖沟子，用刺刀挑人，不给钱。他们剩下东西就吃，剩不下就不吃。我也去干过活儿，给他的马铡草，马也有几十匹。他们有骑马的，也有的坐车。路北有个药铺，先生跑了，我在那儿守着。日本人来了，那时候20多岁，他们嘟嘟的什么也不知道，掂着刺刀。看见柜台上有酒瓶子，说：“你的，米西米西。”让我喝，咱不喝它怕有毒药。那家伙心眼儿不少！让我给他铡草，他自己喂。他还叫咱吃冰糕，给咱烟卷，那个司令官会说中国话，叫木村司令。

我是宣统三年生人，民国9年，那时候闹瘟灾，不让喝凉水的都死了，百十口子人死50口子。那时候是吴佩孚在的时候，都释汗了，汗瘟灾，啥也不知道。一堆一堆的迷糊，人都憨了，发烧烧的。我一大娘，上床等死了。她三个儿子，给她扎了针，吃了药，不让她喝凉水，娘说：还要娘不？儿子说：要。“要娘的就给我喝点凉水。”让孙子给打了一罐子凉水，一罐有四五碗水，这一会儿就喝完了，喝完水就哕了，哕出来黄的，到以后又说有娘了。从清早得病，到不了晌午就死了，没喝凉水的都死了，喝凉水的吃瓜的都过来了，吃西瓜。这都是六七月的事，瘟灾有一两个月。

日本人在这儿住了四五年，是自个走的。他上面输了，下边就走了。他们走了，炮楼八路军都拆了。

采访时间：2006年10月3日

采访地点：冠县贾镇西庄

采 访 人：王苗苗　马子雷　田崇新

被采访人：王刘氏（女　94岁　属虎）

小时候糠也没有吃啊！家里四五口子过，有地也不打粮食，18亩地，小麦都这高，麦穗都这大（8厘米），一亩地好的三斗，差的一斗（一斗30斤）。棒子、棉花、豆子，胡萝卜最多，光吃胡萝卜。过喜事，有的都给个柜子，没的啥也没有，就一个草包。那时候才难呢！定亲的那时候俩羯鼓，20岁，我比他大5岁，都兴这个！东西有数了，坐轿，四个抬的。

那时候没收，村里打的旱井吃水，水都拿着吃呢！种地的，那粮食就是银子，谁都等着抢水，村里有三口井，这么还有啥呢？都平了！地里不收，都没好过。薅灰灰菜、荠荠菜的时候一头栽在石头上，路上走的人都晃荡晃荡的。我女儿一生下来就饿死了，那时候俩孩子，小孩饿得都不会跑，都在地上躺着。

民国32年，难过的时候。没吃没穿，啥也没有。这树叶都吃了，老天都不下雨，又没喝又没井，地里都干死了，没有水浇。后来下点雨，下不大，地也没湿，啥也没有。没医生也没有药铺，贾镇上有医生，看不起。

日本来之前，有老缺，也来过这儿！穷的不害怕，有的害怕，都要俩钱来！那时候没枪，有刀，不杀人，抓有钱的户，没钱的不架。

日本鬼子来的时候，那时候有大小儿，今年71岁了。日本穿黄衣裳，戴铁帽，打个院子，不大出来。喝醉了带枪出来，不砸人，也不要东西，看啥不顺呢！挑死一个人，在家后。

有皇协军，老些来，过来过去。在这个街上，东南角，那时候也不大敢出去了。皇协军出发扫荡，去外面。日本人，没见过开车，打个小围子。

那时候有没有八路不知道，就打了一回，在当街。八路军打皇协军，日本鬼子跟这儿几年不知道了，传染病也记不清！

日本人走了以后，有得水肿病的。老辈子也有啊！我十四五岁的时候也有啊！我娘家一个大娘就得这个病，外面的咱不知道。到死的时候，人都淌水了，就埋了。近的都送殡，远的都看，就她自己得病，以后就没人得这病了！

日本人住了好几年，没见过飞机。

采访时间：2006年10月3日

采访地点：冠县贾镇西庄

采 访 人：王苗苗　马子雷　田崇新

被采访人：赵周氏（女　86岁　属鸡）

小时候家里俩哥俩姐，种地，不够吃的，吃糠咽菜，都割草，喂牲口。

17岁嫁到这里来，娘家是东南角的周庄，有的人出嫁时吹喇叭，下几块布，洋布，下几双袜子。定亲后年把成亲，我是七八月成的亲，嫁妆是羯鼓，看人，带个老柜子。这边弟兄四个，都分开了，还有个老公公、老婆婆。

日本人来之前，有土匪，不杀人，拾掇东西，祸害东西。

日本人来了，老百姓就跑了。日本人孬。都不敢跟他说，找老八路，老八路都不对脸。皇协军都穿绿衣裳，戴个黄帽子。那时候也有老缺，日本人老多，马队在村里闲逛，日本人住西庄，西庄有百多人。日本人不烧房子，拆房子，家里没有剩物。

日本人抓年轻的送上去，抓不住，都跑。好年景要交粮时，交给支书、队长，都上级收。老一辈的女的都裹脚，要不然人笑话，六岁开始裹。开始梳纂，后来戴簪子网。八路军好，不大来。八路军来了叫剪头发，老嬷嬷都不愿剪，那时候30岁，就剪了，不剪不行。

见过飞机，飞老高看不见。听人说扔传单，一来飞机就快跑，怕扔炸弹。

灾荒年都到河南逃荒，给人割麦子，管饭，人吃啥就吃啥。要饭不敢要，有大狗，几天就回来。吃糠咽菜，好多天，天旱，不下雨，不好过。

日本人来之前，饿死的多，都逃荒要饭去了。哪儿年景好，就去哪儿，不愿走的吃菜，得病的少，饿死的多，以前没听说过霍乱，只听说过抽筋。

许家村

采访时间：2006年10月2日

采访地点：冠县贾镇许家村

采 访 人：刘化重　穆　静　刘朝勇

被采访人：许金钟（男　85岁　属狗）

刘凤兰（女　属鸡）

日本人来之前，主要吃玉米、高粱、麦子。麦子平均每年每亩打三斗，一斗24斤，很好的时候能打四五斗。高粱每亩能打六斗，一斗23斤。棒子能打四斗，一斗24斤。也种纯谷子，每亩能打100来斤。

那时村里也很乱，有偷小孩的，他们把小孩抢走，让大人拿粮食换。想和谁要钱就得给，不按时给就烧房子。有个46岁的妇女怀着孩子，被人抓去了，让家里拿粮食换人。这个妇女被关在地窖里，活活被闷死了。

有土匪，他们有枪、短刀，来村里抢东西、牵牛没有数，那时村里没有敢管的。当时粮食不够吃，就吃野菜。民国26年，石红田（土匪）白天也抢百姓东西，并不敢打日本人，土匪又抢又偷。土匪后来让范筑先打退，他最后死在聊城。

日本人大约是1940年来的。日本人来之后，村民都逃跑了。日本人来之后并没多抢，主要是汉奸抢东西。两次跟日本人打过仗，也跟老齐（齐子修）打过仗，老齐是国民党的人。日本经常扫荡八路军，他们曾同赵建民打过一仗。日本人穿黄衣服，大皮靴，不常到村里来。有汉奸民探（当时叫皇协军）打听八路军，知道谁是八路军，就报告日本人，再进行扫荡。

炮台在贾店、二十里铺、五里屯都有，炮台是抓村里的壮丁建的。日本人没有抓苦力，建炮台时是皇协抓壮丁干活。

日本人在附近村待了有八年的时间，他们多是抢生鸡、吃鸡蛋。来二十里铺的日本人有10来个。日本人不吃村里的粮食，他们自己带着东西，他们主要吃村民的鸡。一般都是汉奸作恶，日本人见到小孩有时候会抱一下。日本人走了以后，汉奸给八路军递了悔过书后，就让他们回家了。

民国32年，父亲搐筋死亡，奶奶也是搐筋死亡。具体情况记不得了。那一年死的人不少，多是灾荒饿死的。当时八个月没下雨，麦粒都干在地里了。许家村那一年死了有20多个人，听说是饿死的，他们当中有没有搐筋死的不知道。当时许家村人数不到200口，有70多人逃荒，许多人死在外面。

卫河曾经发过大水，河水向北流了。当时村里许多人去打围。这些是民国26年的事，以后就没发过大水了。

民国32年，没听说过其他村子有得霍乱的情况。得霍乱后出现搐筋也是听人家说的，自己没有亲眼见过。

见过日本飞机，翅上有红月亮，没见过日本飞机投过东西。日本人进村都有汉奸跟着。村里人吃水都吃一口井里的，日本人也吃。关于挖河堤的事，没有听说过。

采访时间： 2006年10月3日

采访地点： 冠县贾镇西庄

采 访 人： 王苗苗　马子雷　田崇新

被采访人： 张凤英（女　70岁　属牛）

民国32年，俺三哥是被日本人打死的，在冠县万人坑，当时他没敢进过家，他放哨去咧！叫皇协军逮捕了。参加八路军，跟赵建民、胡雷时，给他县长级别，他不当。

他那时候上学，我记得是贾庄，比我大得多，现在活着80多岁了，他那个同学逃跑，把他的绳子加紧了！我爹一听说，放下饭碗就上马庄了。不知要多少钱，弄了钱来，钱交完了，又把人给了日本。将死，还说打倒日本帝国主义！我三哥叫张耀魁。

民国32年，姊妹两个，数我小，男女姊妹两个，二哥带俺走的，那时候乱得不行，都是挨饿，俺爹弄高粱壳子救了好多人。那时候有瘟疫，我也得了，叫霍乱。村里不多，恶心头痛。得那病的时候是春天，二哥走的时候水大得过不去河。那时候在许家村，俺二哥带俺去内蒙（古）找俺大哥，二哥出去做点生意，做买卖，开药铺。俺爹开药铺，俺娘背着我向仁儿庄，那病那时候严重。给我扎针，扎肚子、胸口，没记得喝药，没多少天就好了，医生说不厉害。俺爹找针，找个生锈的针从棉油灯烧烧，那有疙瘩扎哪儿。那筋抽成疙瘩，可能不传染，摸不着医生。没听说有死的，不知道啥原因，老些抽筋的来，都是过贱年。

西庄上有炮楼，日本人看见人就挑了。

杨马庄

采访时间： 2006 年 10 月 2 日

采访地点： 冠县贾镇杨马庄

采 访 人： 刘化重　穆　静　刘朝勇

被采访人： 邱保香（男　84 岁　属猪）

现在家中有两个儿子，一个闺女。现在没种地，小孩子种了点粮食，收棒子，种棉花，别的没种。有一个老伴儿，现在 77（岁）了。

我们有四个人一块儿入的党，其中有一个是八路军，有两个死了。那时入党的人现在健在的已经不多了。

小时候，日本人还没来之前，少吃无喝，共种了 12 亩地，种棒子、麦子、高粱。当时吃的没法跟现在比，粮食少，不舍得吃。因为吃高粱等粗粮比较省，所以有用麦子换粗粮的情况。

（有的）日本人是被强迫来的，从南北朝鲜，日本军队中也有朝鲜人和韩国人，都是被强迫来的。日本人来之后出现了偷牛、抢牛的情况，是汉奸偷的抢的。日本人一般不到村上来抢东西，主要是汉奸，又抢又要，不顺从的就烧房子。日本人没抢过老百姓的粮食等，他们主要逮鸡吃，抢鸡蛋吃。日本人来之后，村民拉着牛往庄稼地里逃跑，直到天黑也不敢回家。

日本人是灾荒前来的，来了之后安钉子、建炮楼，主要抓当地村民去干活。日本人来之后在二十里铺二十洼扎营。日本人不常到村里来，下村一般是扫荡八路军。当时来的日本人并不多，共有 10 多个人，汉奸多，汉奸主要是当地一些不务正业的人。日本人穿的是绿衣服，汉奸穿黄衣服。

赵建民曾与日军在杨马庄附近打过仗，当时赵建民带领军队打成庄，使日军撤离到东边的松树林。国民党一派的军头老齐打过日本人。日本人住了没多长时间，大概有一年多，来了建炮楼，走时把炮楼拆了。当时五里屯有一个炮楼，二十里铺有一个炮楼。炮楼不少，四五里就有一个。日本人是自退的，没带走村民，汉奸也没跟着走。日本人走后，村里人没有找汉奸的麻烦，汉奸们也都变老实了，在家待着。日本人走之后村里就肃静了。

民国32年大灾荒，持续了有一年多的时间，当时是天旱引起的灾荒，地都荒了。灾荒时粮食不够吃，吃过树皮、草根、木头渣滓也吃，棉花种子磨细了吃。那时村里有300多人，光饿死的我知道的有七八十人。

日本人来之前就有因为得霍乱死的，很多人，具体多少记不清楚了。民国32年主要是饿死的。没记得得过霍乱，也没听说过有发疟子的。灾荒之前出现过抽筋的情况，听说扎旱针可以治好，这只是听说，具体情况并不清楚。

民国26年大堤被冲垮了，发了大水，往东北方向流，没听说过当时有人因为水灾死了。

张货营村

采访时间： 2006年10月3日

采访地点： 冠县贾镇花果屯村

采 访 人： 刘化重　穆　静　刘朝勇

被采访人： 王淑莲（女　84岁　属猪）

王淑莲，女，84岁，属猪。未出嫁前，是张货营村人，28岁嫁到花果屯村，没有嫁妆。老伴儿比自已大12岁，住很破的房子。

十五六岁时发大水，平地看不见坟头，庄稼损失惨重。那时用木头扎成筏子，去地里捞被水泡的粮食。这水春时下雨下的，非河水。那时并没有听说有传染病。

张货营有地主，父亲就给地主打工，没见过地主放高利贷。家里当时有七口人，家里穷，种不到10亩的土地，但没租种过别人的地。

没有遇见过土匪，只是听说。土匪抢掠财物，危害百姓，破坏秩序。听说活埋了一个妇女和一个小孩。

民国32年，1943年，张货营有一人得病死亡，女性，姓王，先前在村边上住，种地为生，没做小买卖。天一早还好好的，半天就不治而亡。当时找不到先生，无法救治。其夫前两年前已就去世，孩子不大。没听说其他人因此而死，听说有个人得了“抽筋”治愈的。扎针出紫血，但不知扎哪。霍乱就是常去厕所，上吐下泻。

当时村子是个大村庄，有2000多人，当年大灾荒，村里几无人烟，饿死很多人。村民到河南讨饭，又饿死很多。老人也去逃荒，在外几个月。灾荒年间，吃树皮、树叶、谷糠、野菜，扫草籽。一年后，生活好转，吃饱撑死好几个，因“肠子饿细了”。该年没有水灾。

见过日本人，黄军装，戴铁帽子，蹬皮鞋。也见过皇协军汉奸，多是本地人。日本人不常到村里来，汉奸哄抢东西。没见过日本飞机和穿防护服的人，听过日本人喊叫，嗡嗡的像鬼一样。

赵店村

采访时间： 2006年10月3日

采访地点： 冠县贾镇赵店村

采 访 人： 刘化重　穆　静　刘朝勇

被采访人： 刘富才（男　84岁　属猪）

老伴儿去世已有20年。小时弟兄四个，三哥在范县抗击日本时战死，二哥饥荒时饿死。小时家中有20亩耕地，种高粱、玉米、谷子、麦子。好地好年景亩产麦子100多斤，200斤高粱，这已经够吃的了。当时碱地多，多种薄收。村里没有地主。

七八岁时，有一些人“抽筋”死的，当时日本人还没有来此地，大约是民国20年左右，村东于镇江母亲是抽筋死的。没见过，也没听说此病有什么具体反应。

1937年八月发过大水，水从西边老馆陶城的卫河来，说是河溃口子，当时连绵大雨，雨助水势，两三月不水下。发水时，百姓从水中捞庄稼，能收一点是一点。以后再没有发生大水灾。

1937年，卢沟桥事变，二十九军退却，有一些二十九军国民党军官来到此地，齐子修，人称“老齐”，范筑先，人称“范专员”河北人，后战死聊城。有些沦为土匪，也有些不良之人拉拥军，纠集同伙占山为王，危害百姓。大约两年后，土匪多被范筑先收编，抗击日军。老人见过范筑先，个子不高，尖下巴，胡子很长，很受百姓拥护爱戴。

大水过后的十一月份，日军垫泥泞之路来到此地。日本人到本地来，治安倒不算很混乱。日本兵平时对百姓并不粗鲁，不打人，高兴时，烟、饼干也分给百姓小孩。日本兵吃自己带来的大米、罐头，不抢村里东西，倒是汉奸皇协军抢掠。日本兵来过几次，但没在村中驻扎过。汉奸皇协常来掠抢东西，欺负百姓。日军曾有一次用刺刀挑杀一张姓男子，来扫荡过八路军，但没有抓捕到过。

日军当时住在西边几里地处，驻扎有八九年。日本人曾抓壮丁为他们打围子，修炮楼营房，修铺道路。八路军则与他们对着干，也组织人挖沟，隔断敌人交通线。当时白天被抓去为日本人做事，晚上则随八路军破坏日军交通线。

见过两个穿白大褂戴口罩的女日本医生，没有男的。也见过飞机，听说日军飞机在冠县城投掷炸弹，只炸死一头驴。

民国32年，本地灾荒，前一年地太干燥，没来及种上麦子，没的吃。

很多人逃荒，我 21 岁，也逃荒了，但没跑远。

民国 32 年四月初八下的雨，此后便干旱，一直到秋天才有所好转。第二年，蝗灾严重，蝗虫铺天盖地，所过之地，庄稼为之一空，尤其谷子几乎颗粒无收。那年，日本人还未从本地撤离，以日本供应粮食为生。也因为粮食不充足，很少饲养牲畜和做小买卖。

日本人在本地待了大约八九年，日本人走后，来的是中央军即国民党军，但没在此地与八路军打过仗。

兰　沃　乡

蔡　庄

采访时间： 2006 年 10 月 5 日

采访地点： 冠县兰沃乡大兰沃

采 访 人： 刘振华　张东东　孙　丽

被采访人： 高金英（女　76 岁　属羊）

17 岁嫁过来的，嫁来时日本人都走了，老头儿没给送彩礼。我也穷，啥也没有带来，就抬了一个轿子来了，穿着干净衣服。媒人介绍的，没见过面也没结婚证，是个瞎子也不知道。也拜天地。他爹娘都饿到河南去了，饿死了，他兄弟、嫂子都去了，老些人。

娘家是蔡庄，离这庄四里地。娘家姊妹四个，三个妹妹。

那年我 12（岁），八路军、日本、老齐，对头了，听枪，嘟嘟……日本先来，后来八路军，再后来老齐。老齐挺孬，也进各村翻东西，上你家清粮食。人都饿死老些。有老齐时，鬼子来了，八路军也来了。

家里穷，刚能吃上饭。八亩地，种棒子、棉花、长果。一年种一季麦子，咱这都种麦子。那时打粮食少，一亩最好的打不了 100 斤，七八十斤就算多了。买不起牛，养五六只鸡。

老头子家穷，从小扛活，给东家地主家扛活。那时我还没来，他比我大七八岁。俺娘家也不好过。我去割草喂小牛，拾柴火，俺爹喂个小牛。

还记得大水淹蔡庄，说水来了，打西北来的。听着汪汪的，一溜平地净水。棒子也得从水里捞。他们说龙王发怒了，一挺身，上这来了。老太太都说抬桌子供他。我记那天热，不阴天，打西北来的水，一马平川，地里都漫了。咱这地沙，都靠沙地。到冷的时候水就没了。

鬼子在我记事就来了，发水时就来了，走时我也见了，他们有骑马的，有步走的，向南去了。拿枪，有好的，有孬的。皇协军也抢，他也孬，也有好的。

俺老头子给地主干活，被关那里去了，饿了好几天，饿得不行了，偷跑出来的，鬼子打他，净打。他叫任炳深，80多岁了。

土匪一进门，看见大闺女就抢。逮老人吊梁上打，要东西，揍人打人，把人揍死。俺这人都不敢再看，在东街都起来，问你要这要那。土匪慢慢就没了，没吃的就没了。

鬼子没这么厉害的，他逼你，问你八路在哪儿。一个老太太是八路的老太太，俺姐说她是我妹妹，他们不信。抓住一个八路军的探子，他问："你是八路的探子吗？"他说不是，就用枪撩鼻子、嘴。没整死他。隔一堵墙就听嗷嗷叫。杀人没听说。

民国32年，我逃荒到离这500里，到包头要饭，一家人都去了。我11岁，当街这躺一个，那躺一个。俺叔就饿得快死了，眼看就死了，俺爹让俺锅里捞一碗菜送去。那时没有劲埋饿死的人。听说有人吃人，宰人吃。饿死老些人，都是蝇子，招蛆。吃野菜，吃树叶、花种皮、地瓜叶、长果叶。地里不打粮食了，净草，找草籽吃，拿笤帚扫起来吃，吃糠。夏天走的，天将要暖和走的。包头那边有吃的，那边不闹，这边见天的闹。要棒子、窝窝、卷子、包子吃，饿不死。

俺这家西，三样兵，打仗。把庄人赶到家西，什么都有掉的，都不要东西了。人都跑了，都跑一堆去了，也伤一个两个的，没死。我走的时候就打完了。

八路打陕西来的。对人好，背着包，向东过。八路晚上在村里住过，各村都有，也不抢东西，不打人，都穿黄军装，净年轻的小孩。问打哪来，打陕西来的。八路也要吃的，问有这么，有那么，不揍人。

闹过虫灾，它不说都吃，蚂蚱就吃这一块谷子，领头的一走，都走了。多，看不见天。要吃就吃这一块，不吃那家。

大兰沃

采访时间： 2006年10月5日

采访地点： 冠县兰沃乡大兰沃

采 访 人： 刘振华　张东东　孙　丽

被采访人： 鲁月明（男　92岁　属兔）

姊弟仨，两姐姐，我自个，不是很穷。我从16岁上冠县东街饭馆子当算账的，做了四年。我上过四年学，上了学以后，我不愿干庄稼活。有人开馆子，没先生，我去当的。我扛了三年活，当了一年掌柜的，就回家了。回来又在公安局当伙夫，做饭，没劲干活。公安局有36个人。冠县是总局，兰沃是分局，我又在分局当了三年伙夫。县长是侯广路。

到民国26年，北京南边卢沟桥事变，日本进中国。

小时家里有13亩地，三口人，是自个的地，自种自吃，有好的有歹的，地好的一亩打有百十斤，上得多的就打得多，我没种过地。人家一上见多少，就说百多斤，那会就觉着是好的了。上不好，100斤见不着了。那时候穷人挨饿的不少，那会儿正是庄稼人穷人，春天吃高粱，俺三口人，凑合着能吃上。

俺在饭馆子，头年20块，二年30块，三年36块，一块钱换铜子换八吊。铜圆一点，当当响。一吊铜子50个，一个铜子买不了一个鸡蛋，得五六个铜子，铜子不值钱，八吊换一块银圆。馆子管我吃饭，一开始跑堂、送饭，后来添了一个伙计，我就光当账房，拉拉火。那会韩复榘管着山东，这侯县长管事，在前街上，我见过，胖老头子，可能是北京人，老头子稳当，俺馆子在北街上。

民国26年7月7日，在北京卢沟桥开的火，九月份就来咱这，他要不说话，跟咱们一模一样，没跟他说过话，一说话你哩哇啦哇哩的，他穿灰军装，有枪，净是好枪。在家里见的，在街上过。没在俺村住过，在冠县，他人少，占不过来。在俺村没杀过人。俺是八区边上，一来八路军，日本集合起来了。

日本一占冠县，日本到村里净杀净抢，到俺村不敢，俺这是归清水八区管。日本一占中国，八区直接上冠县了。

东邻是马家，马西玲被日本人强奸了，自杀了。

胡瑞搁俺这公安局当过兵，公安局跟村里要人，村长把胡派到蛇寨。他是城里人，冠县西街人。

那会儿挨饿，俺没饿着。人得传染病，报丧不敢去，这是我16岁之前的事，人死报丧得两个去，一个人万不敢去，怕路上病了，回不来。

采访时间：2006年10月5日

采访地点：冠县兰沃乡大兰沃

采 访 人：刘振华　张东东　孙　丽

被采访人：任炳福（男　78岁　属蛇）

姊妹七个，两姐，弟兄五个，就我小，现在他们一个都不在了。小时穷，弟兄五个，就我娶上人了。那会儿有地，18亩地，吃不好，一亩麦子打120斤算好的，七八十斤也不错。吃高粱面子、红山药。一大家人过年时吃点麦子，吃高粱面的饺子，萝卜菜，一大家子炒三斤二斤，放两片肉，炸丸子。过年也没白菜，买三棵四棵的白菜过年。一年交两回，完银子粮米，一家拿多少小米，多少钱，按亩来说。那时兴小米，也是按亩，兴银圆。

有日本，杂牌队伍，都乱要粮食，不好过，也要粮食也要钱。

民国26年，70年了，上大水，可不大，从冠县上聊城，平地坐船。咱村出不去村，热天，光下雨。就是日本来的那年，到民国27年水才退下去。

抽筋还早，我记不得了。报丧的人不敢一个人出去，厉害着了。

东兰沃

采访时间：2006年10月5日

采访地点：冠县兰沃乡东兰沃

采 访 人：刘振华　张东东　孙　丽

被采访人：陈文居（男　80岁　属龙）

俺姊妹三个，俺是老三，两个哥哥，小时候整天吃野菜，苦你就别提了。吃窝窝头也落不着啊！别想吃饱了，荠菜、榆树叶子都吃，饿得要饭去，都上河南去要饭去。俺有地种，那时候一共五亩地，一亩也就百来斤麦子，那是好的。吃不上馍，过年的时候吃窝窝（水饺），就过年吃一顿，有肉的但是带肉的不多。那会儿还凑合着，地主富农有几家，越穷的就越穷，越富的就越富了。

那会儿我们这里归国民党管，学三民主义，俺是上学才知道三民主义的，9岁去上的学。咱们东兰沃有上学的地方，老师是回民，叫沙敬余。我上了一年多的学，要是不好好学习，老师就用棍子揍，上学的时候人家不收钱，那会儿上不起，一般上不了，光俺村有10来个，大兰沃的更多。

俺是15（岁）结婚的，那会儿没有鬼子，还没有来，过得也不好，她也没有么。结婚那时候也不兴彩礼，啥也不兴，三件嫁妆，衣柜、一个橱子、一个桌子。结婚前不兴见面，是家里人介绍的，媒人也不要钱，来了吃顿饭，喝碗水拉倒。

那会儿鬼子还没有来，有国民党军队，鬼子一来就跑了，国民党军队没有来过这里，俺村小，这不来。这里土匪有老齐，齐子修跑到这里来偷抢，鸡猪的都给你宰了，孬得别提了！衣服给你翻走，啥也抢，手下人不少。老齐，杂牌军，老缺，吴连杰，差点没有揍死我。我那会儿小，快16（岁）了，俺一衣服被抢走了。俺哥，俺嫂子都在，把我吊起来，差点枪毙，用枪敲一家伙，说啥说啥，没有枪，吓唬我，俺村叫他们打得不轻。

老齐他住朱庄，都搁那住着，树都锯了，拉到朱庄去打围子。在张六庄里埋了不少人，因为老齐叫庄里的人打毁了，打的一个枪子也没有的时候，张恭切死了，村里没有人了。八路军来了，在王羡中，八路军在那，把韩中鹤、陈江安都开大会枪毙了。

鬼子来了两回，鬼子也揍人，鬼子没有烧过没有杀过。俺一个叔陈钧令，鬼子问他话，答不上了，哗啦一刺刀，打这里穿过。日本鬼子离不了皇协军，就在这待过一天。

民国26年上大水，咱这都淹了，是热天发的水，咱这是汪洋一片水，一两个月水才退了。那时候，鬼子还没有来。有得病的，不过得病的人不多。

霍乱抽筋的事情还早，记不清楚了，是听别人说的，报丧的都不敢去，怕回不来。抽筋了，抽死拉倒。那会儿死人看不了，没有听说好的。我更记不清了，那会儿没有鬼子，我是听老辈子的说是霍乱抽筋，说死就死，霍乱早，那时候更早。

民国32年大饥荒，天大旱，日本来了，那年地也没有收成，都要饭去了，都上河南去要饭了。吃草籽，喝菜汤，去鱼台了，他们都去了，我没有去，住了一年才回来，第二年弄种子种上。

鬼子来时候，飞机13架闹事，打俺村子后面飞的，满天都是，还扔了炸弹，飞机多的去了。没有炸俺村子，西南的大直村日本人扔过炸弹，那时候俺在家。

东张村

采访时间： 2008年10月1日

采访地点： 冠县兰沃乡东张村

采 访 人： 王占奎　张吉星　陈　艳

被采访人： 兰庆勋（男　88岁　属鸡）

兰庆勋

灾荒年，1936年民国25年，那闹杂牌，地没种好，民国32年也过了一回，过了好几回了。头年民国31年，我还在上学，民国32年还过了个贱年。1937年日本进中国，1943年他投了降。

民国32年没种上地，人也没点资本，我那会儿成分高点，种上地了，家里雇了三四个人。像一般贫中农艰苦点，没本钱，种的地少，年景不好，种不上收不了，就挨饿。

下雨下得很少，旱年，民国31年那年先旱后淹。是1942年过贱年，1941年扎的围子，1942年过贱年，没种上地，1943年杂牌来了，家里粮食弄走，日本鬼子进来了，水刚下去，他的车进不来，我去看日本人那年，也是个贱年。

逃荒的有，上东北，天津，那是小灾荒，饿死的民国32年，俺这小村死了二三十口，那年饿死的不少，那年厉害。这村死的人多，别的村死了三分之一，旱得没吃的了。

没传染病，都是饿死的，树叶都吃光了。瘟疫，有这回事，那年是旱年，不是很严重。是霍乱，那年生活不行，体格不中，得病不知不觉就不中了，得了摔倒就死了。我那时不是14（岁）就是15（岁），灾荒不是一次两次的。

蚂蚱闹过，那是小灾荒，咱这片厉害，我那会顶多10多岁。

采访时间：2008 年 10 月 1 日

采访地点：冠县兰沃乡东张村

采 访 人：王占奎 张吉星 陈 艳

被采访人：南百林（男 75 岁 属狗）

南百林

灾荒年，那年旱，没耩上麦子，旱到秋后，麦子没种上。咱村闹杂兵，闹老齐的兵，杂牌兵，住了一冬天，闹了一冬天。秋天来了，到了春天，他饿得也吃不上，那会儿没吃了，吃菜，他一看哪儿冒烟，就过来吃，都饿到那个程度了。

民国 32 年有 70% 的逃荒，上河南、东北、天津的，天津为主吧，上河南拾麦子的多，有饿死的。八路军过来以后，那都种不上，种子都吃了。那年没种上粮食，把种子吃了。民国 32 年旱，割麦子时候，几月开始旱记不清了。

传染病，那时没有，瘟疫有，还有抽筋，筋都伸不开。啥时候忘了，我那时七八岁，咱村有，扎旱针，到以后就没事，就灾荒年前后。

过了灾荒年，民国 33 年春天。点棒子，点豆子长了不少，有雨了，过灾荒年了。割麦子的时候我去哪拾麦子去了，去的时候老齐还没走，拾了麦子回来，来炸弹，就那飞机。

闹过蚂蚱，那是六七月份，它一来，庄稼，那谷叶，谷子，高粱啊，都吃了，都到那个程度，一会儿就都吃光了。灾荒年以后，闹不清过了几年。那会儿多少人敲锣轰蚂蚱。

七天七夜雨，有，水都淌街上了，过不去，这个晚，解放之后了。

洪水闹过，那是民国 32 年以前，南边那都淹了。

南百祥

采访时间： 2008 年 10 月 1 日

采访地点： 冠县兰沃乡东张村

采 访 人： 王占奎　张吉星　陈　艳

被采访人： 南百祥（男　77 岁　属猴）

灾荒年记着点，头年没耩上麦子，天旱没雨，一个旱井，耩了几分麦子地，都让兔子拔光了，那是民国 31 年，没耩上麦子。

民国 32 年，老齐，齐子修上这儿来了，谁有点粮食他就上谁家去。弄个铁丝，插门，见门就插，粮食都弄走了，粮食没了，吃树叶，吃树根，老齐他也饿了，他都上房，看谁家锅冒烟，他就约莫着做饭呢，他就去了。到那儿啥话也不说，先看你锅，有点就刮走了。

民国 32 年也没下雨，黄河都干了，庄稼没种上。民国 33 年下雨了，还撑死好多人，新谷子一下来就撑死了，那年我 12（岁）。那人都饿得咣咣当当，一吃新粮食，撑死了。

有逃荒的，我上河南了，黄河以南，那好年景，那收的麦子好。拾麦子的人多，老些人偷人家的，人家就拿砖头打，那砖头不知啥做的，一扔地里一大个坑，都能住人。割麦子，南边遭蚂蚱了，一块麦地老多蚂蚱，专咬麦头以下，咬了麦头支不住了，就去拾麦子，拾了老多麦子，就民国 32 年。咱这儿没有，咱这儿没粮食，那是黄河以南，忘了哪村了。

我逃荒，那边割完麦子就回来的，村里饿死的不少，门都拆下来去埋人，一个庄一个庄都没人了，咱村死的人不少，我记得南边那死了好几口。

传染病谁知道有没有。有抽筋的，也就民国 31 年、32 年，就这个时候，抽筋那会儿报丧，派两个人去，一个都不敢去，派两个去，回来一个，那一个直接上天津去了。这病传染，传染死的人不少。抽筋，我那会儿还小，不敢出去，没见过，那时还没日本呢。

闹水，我当时才6岁，那还早呢，我那年分的家，跟我叔分的家。

王贵臣

采访时间： 2008年10月1日
采访地点： 冠县兰沃乡东张村
采 访 人： 王占奎　张吉星　陈　艳
被采访人： 王贵臣（男　81岁　属龙）

我不识字，念不起书。那会儿吃不饱，半咽糠，半咽菜。

灾荒年，民国32年，我15（岁），我逃荒到天津，八月走的，老人在那给人扛活。逃天津，家里没吃的。咱村去的不少，到那要饭，那会儿地收不了多少粮食，人都到那给人扛活了，给点粮食吃。我走时原来有300多口，后来100口。

那会儿齐子修，杂牌，吴连杰，那时中国没当家人。那年气候不行，靠天吃饭，高粱都叫虫子吃了，本来就旱，又叫虫子吃了。那年雨很少，一整年没下雨，那人逃荒都走了，有逃黄河南，上北，上关外。

饿死的多了，没人埋，出外都没人了，东南一带都没人了，后来人尽扫草籽。咱村还好点，这庄地好。剩下的人等着谷子下来，有撑死的，人都饿得肠子都细了。民国33年不旱了，那都行了。

蚂蚱闹过，哪一年想不起来了，可能在灾荒年前。我在天津那也打蚂蚱，上地里，带着笤帚拍。在天津那住了三年，住了三年以后，等谷子熟了以后，人有吃的，就回来了。回来这解放了，共产党来了，我在家抬担架，抬伤员。

民国26年，洪水，水这么深，就是七月里，我才9岁。

下七天七夜雨，有，那不稀罕，啥时候忘了，我那时候小。

段连子村

采访时间： 2008年10月2日

采访地点： 冠县兰沃乡段连子村

采 访 人： 牟剑锋　刘付庆生　王品品

被采访人： 戴子臣（男　75岁　属虎）

戴子臣

1943年灾荒年，一年没收，穷人半年糠半年粮，不够吃。有一个杂牌军齐子修，抢夺得人没法过。八路军才来，也不敢跟人家开始打，军事上不跟人家。住了西茶，一开始住了一个来回，说是老八区请来了。

这一年200来人死了60来口，也有逃荒的，有去河南的、北京、东北的。从咱这往东辛村叫无人村。

我没去逃荒，在家没吃的，吃点野菜过活。一年没收粮食，旱，没井，土井也没有。1942年到1943年没吃的，1943年收得很少，1943年秋天下雨，庄稼反正是收了，不多，这边是一片洼地，一下雨就淹，饿死60来口。

很难说病。1943年俺叔家的一个嫂子抽筋死的，死的有几个。有一个落残的过来了，腿不敢走，也有靠过来的。人穷没钱，闹不清症状。嫂子家四口就她一个得的，一两个月后才死的。

那几年闹过蝗虫，可能得1944年了，蝗虫多得跟蜻蜓似的落，谷子还没抽穗，很快就被吃光了，蝗虫往南走。从我记事没发过水。

采访时间： 2008年10月2日

采访地点： 冠县兰沃乡段连子村

采 访 人：牟剑锋　刘付庆生　王品品
被采访人：段广成（男　77岁　属猴）

段广成

灾荒年是民国32年，我被给人家了，离这10里地，王谭二寨，叫人家爹娘，过了五年才回来，家里土改回来了。

1943年，闹灾荒，天旱，记得东面那个庄都饿死完了。民国31年也旱，民国32年那时没下过大雨，死的人多，逃荒的都去河南了。饿死的这村得有30多口子。那时候有抽筋的，过了灾荒年，咋呼一年就死了。

民国32年，那边下了七天七夜的雨，一般的土房子都下歪了，好像是八九月的，麦子没种上，道上满水。下雨之后，没得抽筋的。

过了民国32年，可能是民国36年、37年？闹蝗虫。

前王羡

采访时间：2008年10月2日
采访地点：冠县兰沃乡前王羡
采 访 人：王占奎　陈　艳　张吉星
被采访人：冯学孔（男　76岁　属鸡）

冯学孔

灾荒年民国32年没收成，年景不好，都出去了家里没人，饿死老些人。我出去了，春天去的，我走得不远，我跑北边邓官屯，五里地，我到秋天回来了。

那年景不好，老齐闹得都出去了，天气

也不行，天气不落雨。从春天一直到秋，庄稼都没耩上，头一年能凑合点。从东到西，一个大村没剩几个人，都出去了，光饿死好几百口。

就那一年，春天出去了，秋天回来，啥都没有，上北的上南的，哪都有，上河南的，上关外的，上山西的。回来没多少人，那年咱村没少饿死人，有全家饿死的。那时交通不易，经济不好，没有盘缠，你上哪去？

齐子修搁这住了个把月，搁前街上。灾荒年那一年可能是三月份，那会儿俺没搁家，早年俺这没人，房子拆了点灯。

那时候，吃喝不济，我在邓官屯，那村也穷，我那时小，也不出门，不清楚。

抽筋，也有那毛病，那时候我也记不清了。抽抽伸不开，能断了，没见过，听说过。有发疟子，冷，浑身哆嗦，还有吃喝不济，还有身上长疙瘩。抽筋没见过，长疥的见过，浑身痒痒，我那时八九岁。

我秋后回来，蚂蚱见过，我那时都回家了，到地里逮蚂蚱，秋天来的，不是民国32年那一年，他们说的是外地来的，咱当地生不了这个，秋天来了，它白吃的，秋天有粮食，谷子、玉米都吃光了。也闹了一二十天，闹不清上哪去了。

咱这没上过水，西边馆东那边上过，哪一年不记得。有这一次，我那时都十几（岁）了，灾荒年没发过洪水。有雨，那是九月，下了七八天，我那会儿十五六（岁）了，连续好多天，这屋里遍漏。那时可能没日本了，就数那年严重，旁年也有，没这么大。灾荒年没那么大的雨。

采访时间：2008年10月2日

采访地点：冠县兰沃乡前王美

采 访 人：王占奎　张吉星　陈　艳

被采访人：刘文章（男　88岁　属鸡）

我上过半年学，念了半年，老师不教了，我那会儿11（岁），我念的孙中山的书。我14（岁）那年，日本进山东。闹乱，遍地是老缺，几年就过贱年。那北方，正旱的时候，人都走了，上河南了，那一年我19（岁），我上河南走的，上那要饭，割麦去的，割了个麦就回来，就一个多月。那时候啥也没有，除了吃菜还是吃菜，草长这么深，没人烟了。

刘文章

旱得狠的那几年，跟这是挨着的，我西南耩那麦子都刮了，耩的时候干，那时肯刮大风，都刮了。风吹麦子那时，我不是20（岁）就是21（岁），不超过23（岁）。头年旱，耩麦子，没雨，地干，到春天刮了，天旱没雨，一刮风就起来了，往后都不好，到了民国33年就好了。

天旱的时候，日本人搁这了，我14（岁），他进山东。东南，那有日本人了，日本人占着。

我那年走了，上南，给人扛活。上固镇县，北京到南京，固镇在当中，离这不到500里。逃荒的多，不论大人小孩都逃。在家的饿死了三家，没么吃的，我那时地都卖了。都逃河南，那好过，一季麦子够吃三季的，那村稀，十八里一个村，咱这几里一个村。还有上关外的，那地方冷，那里随便开地。

那会儿闹毛病，全家就死，那会儿没医院，没药。抽筋，那也是和这挨着的，就旱那两年，牵连着的。我邻居得这病，他在家抽筋死的，是热的时候，不是冷的时候。死得挺快，一天功夫就死了，没别的症状。他吃得挺胖还得这病，我挺瘦还没得。那时得这病的不少，光知道跟前的，不是邻居不知道，那时饿，哪打听这事啊？我那邻居叫刘仁为，他的名还是我起的，男的。谁知道他咋得的这病啊！死的这人那时候反正没30岁，他比我小，可能就20岁左右。他没念过书，上这来叫我给他起名。这病肯传染，人家都说传染，那时没治这病的，那时没先生。

蚂蚱，那时还没到灾荒年呢，我还小，我 11（岁）念书，那会儿我还没上学。蚂蚱都上西北，黄豆粗，那也是热的时候，我还没 11（岁），到地里看热闹去。

下七八天雨，我都 20（岁）了，我当队长，倒花生的时候，地里稀脓，不能倒。我召集人开会，说明天照常倒，人家问我咋倒。我说我早寻思好了，找一个水缸，搁地里，水搁缸里，把花生涮涮再拉回来。那一年雨下了七天七夜没停，那时都入队了。解放前没有，那时小，记不清。下七天雨，我是队长，记得。

河水打南来过，我那会儿不小了，我小儿子都上地里逮鱼去，小都有十五六（岁）了，这都是以后的事了。

外地来这逃荒的有，河南发大水，上这来逃荒，那时有毛主席了，我不 28（岁）就 29（岁）。

王连子村

采访时间：2008 年 10 月 2 日

采访地点：冠县兰沃乡王连子村

采 访 人：牟剑锋　刘付庆生　王品品

被采访人：王保府（男　80 岁　属蛇）

王保府

灾荒是民国 32 年，那一年春季麦子没耩上，孬年景，一是闹兵年，二是旱。老齐的兵，日本鬼子也上这儿来了。那时候我差不多 12 岁，庄稼见不大些，大概旱到秋后，秋后下过雨。

俺一家四口，当时闹兵死得就剩我自己，13 岁没爹没娘，父亲是抽筋，没吃的也是。母亲是拉痢，跑茅子，身上不抽筋，也不觉得唠。哥哥是饿死的，我跟大娘过。父亲一两天就死了，不记得喽，整个人都不会动。我都10多岁了，是哪年闹不清，都说是民国32年出去要饭的，有上关外的，黄河南的，我上黄河南了一趟，到郓城，当时十三四岁。

河水来过，头荒年以前，水是打西边来的。抽筋的不大多，连走的就剩下四五十口人。

闹蚂蚱，豆虫时庄稼（谷子）不高，是在灾荒年以后。

王羡后

采访时间： 2008年10月2日

采访地点： 冠县兰沃乡王羡后

采 访 人： 王占奎　张吉星　陈　艳

被采访人： 刘听明（男　89岁　属猴）

刘听明

灾荒年，民国32年，那会儿闹老齐，闹国民党，在这抢东西，群众都饿死老多人。就那一年，住了一年。他在这打人骂人，打骂群众。收成不好，天不下雨，庄稼都旱死了。就民国32年，一闹老齐的兵，再一个地里不收东西，他一抢，群众都饿死了。不下雨，三四个月都不下雨，八月才下的，群众都饿死了，一个大村，3000来口人，饿死的1000多。

民国33年吃菜，死的不少，民国32年死的少，饿了一年，第二年都死了。

逃荒的，上外走得多了，上黑龙江，饿得没门就走了。我上河南要饭，我那会儿13（岁）左右，我民国33年要饭去了，九月里走的，在那住了一年多。在那要饭，割麦的时候拾麦子，要了一年多饭。

有病死的，连有病带饿，说不清啥病。饿死的比较多，没听说抽筋的。

水淹过，那是一九六几年来的河水，哪一年记不准了，我多大记不清，还没建食堂，以后一入社，才有食堂，俺有毛主席了。淹的时候我20来岁了，那一年淹得深，洼地里一米深水。水河里开口子，黄河开口子，运河里也开口子。那会儿雨水大，当街老深水，这地有高的，有低的，上高的去了。

解放前淹了三回，把地淹了，就五六月，头一回日本人没在这，第二回才有他，我那会儿二十二三（岁），日本人才进咱中国。第三回，日本人更在这了，我二十四五（岁）了，隔了一年多，两年。日本人在这了，扫荡。

灾荒年闹过蚂蚱，那是六月，外边来的，它会飞，飞一地，吃庄稼。从西边来的，吃的谷子没头就走了，有个把月。

采访时间：2008年10月2日
采访地点：冠县兰沃乡王美后
采 访 人：王占奎　张吉星　陈　艳
被采访人：王凤刚（男　76岁　属鸡）

王凤刚

灾荒年1943年，民国32年，闹乱年，开始杂牌兵多，老缺抢砸，齐子修、吴良杰都是杂牌兵。属范筑先正经部队，数他是来农村喝稀饭的，不抢。

那年收得好，还能饿死老些人？那年老齐的兵进来后，全都烧光了，树叶都吃光了。1942年旱，没种上麦子，1943年到了四五月这几个月，人一饿，死了不少。到下雨了，庄稼耩上了，有粮食了，又开始吃，又撑死一部分。人饿得肠子都细了，光吃菜，一有新粮食，隔了半年开始吃东西了，又撑死了。死了100多口。就那一年，一家有18口，死了就只剩了3口。

逃荒上河南，上关外，有卖媳妇的，上东去的少。上南、上北、上西，哪走的都有，都闹不清了。我没逃，父亲死了，爷爷死了，光剩母亲、一个奶奶、一个弟弟。那年没水，我六七岁时南边开了回口子，1936年。1943年灾荒年我11岁，没淹。

灾荒年饿死的多，得病也不知道，那会儿没药铺，没医院。抽筋病还早，是在民国35年以前，那回抽了一会筋，光听老人说，也没见过。

蚂蚱，过了一回，那是一九五几年过了一回，灾荒年没过过，那时就是没种上麦子。杂牌兵一来，尤其齐子修一来，十八九（岁），十六七（岁）的，为了混口饭，都当兵了。

采访时间：2008年10月2日

采访地点：冠县兰沃乡王美后

采 访 人：王占奎　张吉星　陈　艳

被采访人：徐光德（男　88岁　属鸡）

徐光德

灾荒年民国32年，老齐的兵，杂牌来了，把东西都抢光了，啥东西都要。老齐三月尖过来的，住了20多天。路上没人过，看不到人。头年没耩上麦子，秋季，没种上就吃了。老齐的兵，上东边，这家吃，那家吃，拣好的要，屋里只要能拿走的都拿走了。人都死的死，逃荒的逃荒。家家死的人多了去了，那时都饿死的。我这一家18口，连走的，带死的，只剩2口。俺那兄弟死关外了，我没走，就剩俺跟俺娘。

逃荒的四下都有，河南、河北、山西，哪好要饭上哪去。天黑了，人把门闩放下来，庄稼人都走了。

蚂蚱闹过，像刮风呜呜的。哪一年忘了，过灾荒了，我22（岁）了。过了灾荒以后闹的，就像刮风一样，它要往哪飞就往哪飞，要落都落，住几天，出了小蚂蚱，又飞了。大的是飞过来的，它没组织。闹了好几回，一年闹了好几回，过了乱以后。

淹过，解放前淹得不狠，数1964年狠，解放前是一九几几年记不清，那时少吃少喝的，也没文化，谁想那些。哪一年下了雨，我不记得。灾荒年没多大的雨，数1964年淹的地多。

日本人在这了，把村围住，逮住人打人。

抽筋，我听说过这病，一说就抽筋，抽筋，跟现在脑血栓一样，说不行就不行。听村里人说的。我四大爷也闹肚子，也哕。他年纪大，以前没得这病，就那一回，他上地里割草去，到那以后，躺那半天就不中了，那很快。老齐在那会儿，没这病。哪一年死的我说不清，我没文化，脑子装不了。

王羡中

采访时间：2008年9月2日

采访地点：冠县兰沃乡王羡中

采 访 人：王占奎　张吉星　陈　艳

被采访人：贾书生（男　81岁　属龙）

贾书生

灾荒年吃草籽，那时没建国。民国32年，闹了老齐的兵，在这村住，头一年三月十七来的，第一年种地的时候还没走。村里人都跑了。老齐民国32年走的，他在这住了好几个月。

灾荒年那年天气旱，头年没耩上麦子，没井浇水。后来建国，毛主席领导挖井，才好了。头年没耩上麦子，第一年也没下，到五六月才下，种上谷子，人饿死了，就咱大村一个单位，死了得千把口，那时2000多口。那时上南边逃荒，后来也有回来的。都是民国32年闹灾荒往外逃的，一种上地，没啥吃的，就逃荒了。我也逃了，逃到邓官屯，那是姥娘家，在那住了三四个月，二三月里去的。

没发过洪水，来过河水，西边运河过来的水，村里没来过，在地里，那还没解放，日本人还没走。灾荒年没下雨，没种上庄稼。

那时没啥病，都饿死了。有抽筋的，有一部分，不是很多，贵诚是抽筋死的，头天得的病，第二天就死了。他叫贾贵诚，不是9岁就是11（岁）得的，秋上得的病，比这还早点。咋知道咋得的，得了就得了。我那兄弟与我异父不异母，比我小10来岁，他民国33年出生的，属啥的闹不准，跟树瑜一般大。咱村有好几十个得病的呢，没大有治好的，那时有老先生，少。那时叫急应病。得那病啥样记不清了，这么长时间了。

谷子、高粱地里满地都是蚂蚱，那就是灾荒年后期，庄稼苗长出来了，种上庄稼了。蚂蚱哪来的说不清，满地里蹦，庄稼都吃光了，没多长时间，个把月就过去了。

日本人见过，说话咱也不懂，没见过穿白大褂的。日本人来咱村好几趟呢，那时找共产党，那时咱村有共产党。

采访时间：2008年10月2日

采访地点：冠县兰沃乡王美中

采 访 人：王占奎　张吉星　陈　艳

被采访人：梁明成（男　83岁　属虎）

灾荒年，人都没吃的了，吃草籽，吃树叶，死的不少，就是民国32年。杂牌军不是一个军队，齐子修、吴良杰，老些杂牌来这个村。日本人也过来了，人都跑了，家里没人。

上过水，上水以后闹老缺，秋后老缺就过来了，有好几千人，到哪村都抢，哪一年记不清了，我那会儿15（岁）了。

梁明成

那年旱，没雨，麦子没耩上，那时光靠天。有逃荒的，上天津，上哪去的都有，走的没死。没走的，鬼子来了，齐子修来了，就往村里跑，俺这个村跑那个村。邓官屯是俺姐家，那好过，俺三月份去的，割了麦子回来，收庄稼就来了。到麦口下点雨了，点棒子，点谷子。割了麦下雨，点谷子。下雨就种点庄稼，就那年庄稼收了。下大雨，那时没蓑布，房都漏了，有的家淹了，上庙里去了，我那会儿还没20（岁）呢。

那时人没吃的，都饿昏了，光吃菜。那时没看病的，那时没先生，啥病知不道，一个村里都没先生，先生都上外走，哪不乱上哪走了，也没医院，看病也看不起。

闹蚂蚱晚，啥时忘了，共产党都过来了，都过灾荒年了。蚂蚱往南边来，在地里刨个沟，往那沟里轰，轰了装一个袋子里，埋了。天上飞得呼呼的，六月过的，那都啃谷草了。闹蚂蚱日本人都退了，毛主席在，闹了回蚂蚱。

西张庄

采访时间： 2008年10月1日

采访地点： 冠县兰沃乡西张庄

采 访 人： 王占奎　张吉星　陈　艳

被采访人： 王存文（男　85岁　属鼠）

王存文

灾荒年，1943年，民国32年，旱灾，有杂牌兵，抢吃抢喝。逃荒逃了都没人了，院里草这么深，都吃草籽，将草籽筛了，用水淘了吃。除非地主不逃，其他贫农都逃。那时咱村300来户，逃了多少不知道。有上关外东三省的，全家走的。那时饿死的不少，那时没钱没盘缠，走不出去。老头儿老妈妈都饿死了。我在关外、河南、梁山那要饭，跟舅爷去的，抽麦去的，这没麦子，那有麦子，那不闹灾荒。上河南，梁山，走那麦子都熟了，在那住了三个月，100天。那时割麦，六月份，听也是要饭的说的，家里下雨了，下透了，能种庄稼了，回来种地，回来种的绿豆芽，旁的种不上。那年我虚岁十八，绿豆丰收了。

灾荒年我家没人，就一个老奶奶。我家临清的，我4岁过来的。逃荒回来后，家里还有姥娘，一个姨，两舅。我那会家里20来亩地，一亩地收100斤都好的。

瘟疫，那多去了，有病的，有抽筋的，发唠子，咱不知道那是啥病。我姥爷抽筋死的，早了。那时谁顾谁啊，有病也不知道，没病也不知道。咱村死的人少，还死了300多人。离这三里地，石家寨（音）死得多了，能跑的都跑了，不跑的都饿死了。咱村地主多，好户多，好户有2000多亩地。那时没水，下雨下不透，耩上庄稼旱死了。

霍乱病还早，灾荒年后没那病了，啥时有的不知道。发疟子的多，冷，盖被子好几床也冷，一会儿热。我也得过那病，发了20多天，走路都走不动，我那会儿12（岁）了。那会儿村里得病的多，热起来热，冷起来冷。

下雨下了七天七夜，那是河北邢台地震的时候，我那会儿36（岁）了，解放了。唐山地震那年，主席，周总理死了，邢台地震以前还在。

洪水来过，一九几几年记不清了，还早，灾荒年以前，都淹了，两米深的水，咱庄上也淹了，前街一米半深，洼地更深，两米，光洼地，高地没淹。我那会儿12岁，不是民国31年就是民国32年，那会儿日本人在这了，抢杀。刮风刮的大黄风，春天，过了春节了，忘了哪一年，过了灾荒年了。

蚂蚱，过过，吃庄稼，吃叶子，谷子叶，高粱叶。天上飞的多了去了，那时没吃的，小孩都到地里轰，弄家来掐了头吃。没吃的，没粮食，那也不管脏，不讲卫生，吃蚂蚱。那时日本进中国了，民国33年，过了灾荒年，谷子都快熟了，打北来的蚂蚱，高粱也快熟了，都吃光了。一个星期还多，有两个礼拜，十多天过去的，南飞，向河南省飞。

日本人见过，穿黄衣裳，绿衣裳，戴个铁帽，穿皮靴。我给他干过活，出劳力不给钱。管饭也是村长买窝窝头，日本人不管吃。他修桥，我给他抬木头，我够不着，他说一边去。

穿白大褂？高丽国净穿白衣裳的。高丽人高大，长得白净。日本人跟我一样，个矮，留着小胡子。八路军头发长，日本人看你头发长，就说你是八路，谁也不敢包头。美国人也见过。

扫荡，跑不出去，就用枪打死，挑人。他好吃鸡，逮住鸡吃肉。他在这住了八年，在东北三省，又上关里来，住了八年。

采访时间： 2008年10月1日
采访地点： 冠县兰沃乡西张庄
采 访 人： 王占奎　张吉星　陈　艳
被采访人： 王云生（男　90岁　属羊）

王云生

灾荒年31年，贱年没收粮食，到了第二年，齐子修杂牌兵在这转悠，要抢。这灾荒年，20天饿死了40口。

灾荒年那时叫中华民国，民国31年、

32 年、33 年好几年，那年我都二十几（岁）了，老齐在这住，日本还没走。日本人走的时候，把老齐那伙都收拾了，家伙都装在煤罐车，都给害了。日本人看他不太行，日本人害得人也多了，日本人一走，共产党就兴开了，国民党又上这来争了。

那时没井，旱，连着旱了两年，庄稼旱死了。民国 31 年旱，地里没收粮食，高粱旱得光壳。民国 31 年秋起割了麦，那年一般地都没收。民国 32 年下雨了，老齐的兵没走，他也叫种地去，挎着篮子，到地里种点庄稼，庄稼倒了，贱了一部分，没种好，不够吃的。

民国 32 年我还上南边汶城逃荒，住了七八个月。民国 32 年到了秋后，贱了粮食，上河南汶城，有个河南汶城来这的买衣裳，那时不种棉花，净烟叶，那人看我不错，他说你跟我上南去吧。买粮食吃，别在家里贱，他说家里粮食不够吃的还得饿着，就过去了，到了秋天，割了麦回来的，过了一年了。那人不错，我来回跟着做买卖，那时 20 多岁，老点饿死的不少，年轻的没本事的不行，到民国 33 年回来，赶紧在地里种点庄稼。民国 33 年家里人多了，逃出去的都回来，回来的不少，还是得种地。

没本事的上南，河南那一带，那时黄河都断水啦。有钱的上天津、北京，有上关外的。嗨！这街上走得都没有人了，我上河南做买卖，五六天回来一趟，一个老妈妈给我看家。我做买卖，来回跑，咱庄上没多少人，到关外没回来，到了第一年秋后回来的不少了，才好一点了。过了民国 32 年，老齐在这住，饿死得多，到以后上关外的年轻的多。老的饿死的 40 多口子，饿死的都没大些了，光年轻的。我这一家死了大爷、大娘、亲舅，死了三口。叔伯那家死了四口还是五口，人都饿死完了。

发洪水没有，那会儿不断淹，春天旱，秋后淹，西北运河过来的水，那时七月份的时候多。灾荒年那年不淹，光旱没雨。

瘟疫，灾荒那一年抽筋，正闹灾荒的那一年抽筋死得多，抽筋就是筋抽，躺那一会儿就不中了。那是民国 32 年秋天得的这病，死的人都数不清，反正家里那年也是扎针扎过来的，家里奶奶抽筋，西边一个老妈妈，一个姓卢的会扎，叫她扎扎，扎过来的，那老妈妈跟她有点亲，她不给扎。

采访时间： 2008年10月1日

采访地点： 冠县兰沃乡西张庄

采 访 人： 王占奎　张吉星　陈　艳

被采访人： 王子元（男　84岁　属牛）

王尊生（男　80岁　属马）

王子元

王尊生

王子元：灾荒年没收，民国32年贱年，饿死的人不少。民国31年没收，民国32年老齐占了，出不去。没下雨，那会儿没机器，没井，钻井也没有，浇水跑二三里地，旱了种不上，头一年没有收。第一年过贱年了，人都跑的跑，颠的颠，没人了。埋点粮食，在家守门，兵来抢走了，就饿死了。

逃荒有上河南的、东北的、金乡。我逃的金乡，那年我18岁，我种上麦子走的，不种上麦子回来咋整啊？民国32年，要了八月的饭。第二年割了麦回来的，这村里都没人了，那时咱村过了贱年，没有700人了。那时人都跑完了，过了贱年才回来，饿死多少咱不知道，一天死八口。一老头躺那起不来了，你问他饿吗，他光会说饿，也不喝水，躺那生饿死。

齐子修的兵那是二十九军，黄河边上日本人挡住了，过不去了，回来了，来这住了几天，又跑别的地去了。

瘟疫，那叫抽筋，抽死。没有医生，扎扎，那就是会看病的了，那时谁也不管谁，饿了就在地上爬，爬到没气。就民国32年饿得没吃的了。齐子修是三月十八过来的，过了秋就走了。我那年18（岁），种了一亩麦子，出穗就掐了吃了，我那年养了只狗，让狗看麦子，兔子多了，把狗吓得不行了，贱年是兔子年。

蚂蚱过贱年以后过过，地里蚂蚱多了，我回家吃饭，一会儿二亩麦子就吃光了。

民国 26 年发大水，日本进中国的那一年，我在房顶，在水里捞庄稼，站不住害怕，回来了，老深的水。

灾荒年没水，那年光旱。饿死人那年下雨了，都种上谷子了。我咋没饿死呢？我借粮食了，吃一斗还三斗，过完贱年，粮食都还光了，没吃的，上河南了。要不是吃一斗还三斗，咋没粮食吃，总比饿死强。

王尊生：抽筋记不得那一年了，有这回事，几月份记不清，我那会儿 11（岁），我今年 80（岁）整，我没得那病，我得的瘟疫。街前边那大玉（音），他使的轿车，接了先生，我看好了，他没看好。我见过得转筋的，抽筋。那一年得瘟疫的多，得抽筋的没有，听他们说这病传染，记不清谁说的，周围村有。东南那边没人，都饿死了。

张连子村

采访时间：2008 年 10 月 2 日

采访地点：冠县兰沃乡张连子村

采 访 人：牟剑锋　刘付庆生　王品品

被采访人：张登芳（男　84 岁　属虎）

张登芳

民国 32 年灾荒，天旱，麦子没耩上，接着挨饿，然后闹老齐，东西粮食都给弄走了。俺村以前 800 人，饿死后剩 400 人，没得其他病死的。挨饿的时候饿得面黄肌瘦的，赶集五里地，得歇两遍。没听说过霍乱抽筋。

俺这一家四口，有母亲嫂子，俺嫂子去河南了，我在河南待了一年。

民国32年春去的，到了秋后回来的。逃荒有去河南的、东北的、关外的，上南边的多，上东北的少。

民国32年收成没一点，到民国33年，种了一季谷子，秋后收了。那时候200多亩地没人种，都是饿的，没劲。然后遭蚂蚱，打西北飞过去，谷子都抽穗了，一块地就没剩啥啦。

灾荒年没上过水，这地基高，不洼，没记得下过大雨。

采访时间： 2008年10月2日
采访地点： 冠县兰沃乡张连子村
采 访 人： 牟剑锋　刘付庆生　王品品
被采访人： 张义然（男　79岁　属马）
　　　　　　刘桂珍（女　85岁　属鼠）

张义然

张义然：灾荒年是1943年，民国32年，属于鲁西北地区。那一年秋季耩麦子没雨，天旱，春季这一季粮食就没了。

还有一个就是属于社会上乱，齐子修的兵属于济南政府的一个派系，在俺这个村住着了，有当地政府支撑，有人给他们送粮食吃。民国32年过了春月里在这闹，因为没人给送粮食了，他们就出去抢粮，头年有余的粮食都给抢没了。

刘桂珍

叫贾镇乡的安有日本兵、皇协军，也没吃的，过来抢，逮人。人都不敢在家了，也不种地了，出去要粮食。那一年的灾害主要有两个：天旱和杂牌军。

灾荒年一般都是饿死的，街上草都满了，东边兔子都上村里了。那时候没吃的也没钱看病，有点病都死了，抽筋这病有，咱村也有，并不算多，没见过。

刘桂珍：用针剜，挑出，剜剜，前心后心，挑出来把针尖用酒洗洗，人都能活过来，都是村里挺精的人，看是草毛疹子不。有跑茅子，有哕的，那一年挨饿的事，也是1943年的事。得这个病干哕，就赶紧看看是这个病不，是都赶紧扎扎，拍拍。

张义然：民国32年秋大雨，开船，是下的水，不是河水，下了七天七夜，庄稼都收家来啦，下了雨以后病死的都很少啦。有撑死的，不多。

刚过灾荒有抽筋的，记不清哪一年。振东（音）家有仨小，没妮（姑娘），就死了他媳妇，灾荒年秋天的事，记不清是在七天七夜雨的前后。

刘桂珍：灾荒后死的媳妇，1943年秋或1944年。

张义然：到下年秋有吃的了，外地逃荒的都有回来的了。老辈子有逃往东北黑龙江的，有黄河南的。我民国32年过黄河南逃荒去了，过了麦收就回来了。民国34年家里土改了，兴平均土地，大部分就回来了。

1944（1945）年，生过蚂蚱，是在灾荒以后，七八月的，谷子还没抽穗，那时谷地多，蚂蚱一来铺天盖地，蚂蚱一层，地都给吃干净了，它的仔小蝻蝻一出来都老些，它也走不了，就搁这儿吃。三年灾荒。

刘桂珍：都说老迷信，咬完这个地咬那个地，六月旱。

采访时间：2008年10月2日

采访地点：冠县兰沃乡张连子村

采 访 人：牟剑锋　刘付庆生　王品品

被采访人：张照成（男　80岁　属马）

张照成

民国32年灾荒，我十好几岁了，那年饿死的人可不少。国民党的杂牌兵把粮食抢走啦，光搁俺村住了两三月，两回。挨饿，逃荒多，下东北的黑龙江、关外的、去河南的。我去河南了，10来多岁，是民国32年春天，住了一年回来了，中秋后。种的庄稼地里没收，天旱，军队给祸害了。

一九三几年南方闹红军。民国32年，到现在60多年了，闹了一年旱灾。

梁 堂 乡

北寺地

采访时间：2006 年 10 月 6 日
采访地点：冠县梁堂乡北寺地
采 访 人：王 伟 王燕杰 李玉杰
被采访人：张松固（男 83 岁 属鼠）

我是贫农，没上过学，家里有六口人，20 亩地。那时一亩地也能见 50 斤麦子都是好的。我弟兄五个。那时他雇做活的，不租地。那时我村有 120 亩地的，最高的一个 180 亩。

小时候也没种地，给人家扛活。15 岁我就给地主干长工，管吃住，主要干庄稼活。我那时小，给得不多，一年给 15 块钱，啥都会的给 30 块，买 350 斤棒子。老的岁数大了，不能干活，挣点钱给老的用。

民国 26 年，鬼子来了。鬼子来之前，闹土匪，土匪跟地主要东西，贫农没法要，要啥呢，吃喝穿都还不够呢。国民党没来过，日本已来到这儿，咱这儿就有八路军、游击队了。土匪就不敢露头了。土匪有当汉奸的，没有被八路收编的。

日本住城里，不常来，日本人要东西，不杀人。你领他到家一看，你要啥拿啥，你翻吧！他一看没啥东西，就上别人家，牛都牵走。日本鬼子的炮楼，那老高，有好几丈高，相当于两楼多点。一个炮楼上有三四个鬼子，剩下的是汉奸。如果光鬼子没汉奸，他进不了中国来。整个冠县日本鬼子也就五六十个，汉奸有200来个。扫荡时，两三个县的鬼子集在一起，带上汉奸来扫荡。主要是针对八路军、通讯员和侦察员。

日本人飞机打这儿过，不丢东西。飞机来，人就躲了。

民国32年大灾荒，咱这里没吃没喝，饿死了老些。慢慢儿的闹了三年，地里寸草不生。大灾荒从民国30年开始，到民国34年结束。最厉害的是民国32年，咱村死了很多人。地里不收成，有蝗虫。

鬼子来之前上的大水，厉害，淹了，都淹了，庄稼都淹了。大灾荒没上水，大灾荒死了好些人，主要是饿死的，抽筋死得也不少。有一老头饿糊涂了，把猫头都吃了。树皮都刮下来吃。逃荒的也很多，逃荒主要向河南，也有向北去的。没有瘟疫，传染病。

吃水靠井水，两口井，西边水好，东边有点咸。我没逃过荒，我当过兵。1941年，我19岁，腊月阶段当过兵，参加回民支队，首领是马本斋。一个连120人，一共五个连。马本斋这个技术好着呢！没便宜的仗不打，那天打下三个碉堡，一个人没伤。还有一次拿下五个炮楼，也没一个受伤的。

曹　里

采访时间：2006年10月6日

采访地点：冠县梁堂乡曹里

采 访 人：徐　畅　冯会华　蔺小强

被采访人：王保山（男　81岁　属虎）

民国32年上半年天旱，下半年大风，抽筋的不少，死了好几十口子。

七月里开始的，新粮食下来时，我爷爷、母亲就得了，治了，找人扎针，闹不清扎哪，都没治好，九月得的，下点雨不多，下雨后得的，得病去世（之间）没多少天。身上起疹子，唠，光扎扎，没好医生，有30多口子得病，没扎好。

后来没有得的，哪个村也有，民国32年之前也有。

采访时间：2006年10月6日

采访地点：冠县梁堂乡曹里

采 访 人：徐 畅 冯会华 蔺小强

被采访人：王金安（男 78岁 属蛇）

霍乱民国26年厉害，上了好大的水，能行船，平地里都是水。

水过去以后不行了，抽筋，浑身冷，冷了后吐血，泻了后不动弹了，看人好好的，一会就不行了。俺西边的大爷死了，那年死的人多，抬不及，刚好一个抬到地里，回来又一个。

民国32年也不轻，一样，俺母亲得了，扎针，扎着放血，黑血。死了20多个人。下雨后得的，以后就没了。那时吃得不行，又潮。这一片都有，各村都有，都厉害，时间不长，个多月。扎了后用生姜擦。

那病了不得，抽了后身上都是坑，火柴头都能放进去，灯笼草蘸黑棉油点了，烫黑坑，前心七个，后心八个。一点就炸了，用荞麦皮在身上搓，一搓出羊毛了，叫羊毛疔，后来没有了。

采访时间：2006年10月6日

采访地点：冠县梁堂乡曹里

采 访 人：徐 畅 冯会华 蔺小强

被采访人：王金生（男 94岁 属牛）

我民国27年、28年当了两年兵。民国32年大灾荒，天旱不下雨。

民国26年上大水，村里有水，一个人够不到底，路北庄子最高的地方还淹了几尺深。小摊做买卖的，船打街里走，一直到东城（聊城）。

抽筋霍乱按说有，那还早。第一回我七八岁，俺街上死了七八个，1912年有。第二回是民国27年十来月，秋后，这回又死了六七个，说是桑阿镇、贾镇打那过，路上看见新坟头。

民国32年，这地里面捡些东西，那是混乱期，挨饿，周围都是红薯地瓜，拉不到家里，挖坑埋到地里，没东西拉。

民国32年没有抽筋的，人的生活不好，吃糠吃菜，地里是菜都吃了。抽筋浑身向里抖，肚子疼。扎胳膊放血，再厉害了就扎肘子，紫血，不是正经血。

民国32年光记得受罪，没记得病，没下多大的雨，也下点雨。

后何仲

采访时间： 2006年10月2日

采访地点： 冠县梁堂乡后何仲

采 访 人： 王苗苗 马子雷 田崇新

被采访人： 牛宝贤（男 91岁 属龙）

何仲村本来是一个，1958年分开，分为前后何仲村。

小时候家里弟兄们两个，有一个哥哥两个侄，家里共六口人。那时候以种地为生，家里有100多亩地，是老中农成分，俺家祖传三辈子是中医。那时候一亩地最好的收百十斤，一般的七八十斤，大约一亩地收三斗。主要种麦子、棒子、刚够吃的。后何仲村有600来人，前何仲村400来人。

日本人来之前，土匪可多了，哪里的都有，本地的和外地的都有。土匪来的时候一站300多人，逮人，抢东西，要钱。倒没上俺村，那时候村里有枪，俺村有两根杆大枪，向后街买的。

民国32年，我那时候二十五六（岁）年纪，那一年没有收粮食。那年天旱，棒子旱死了，麦子没耩上，家家挨饿。那时候俺家有七八口子人了，哥哥有孩子了，没有粮食，我逃荒到河南（黄河以南），家里旁人没去，我自己去的，去买粮食，那时用的是国民党的银票和银圆，银圆不好带，都往集上换成银票，当时的银票没有头像。

民国32年，大约是秋天，当时我穿单衣裳（相对棉衣而言），要饭的满是，我见过一个老太太躺在马路上，还没死，狗就咬，她还拿着棍子打咪。到陈县，那狗吃人都吃红眼了。人都没有东西吃，吃树叶、吃棒子芯、吃糠，闹水肿病，饿的。

民国32年天旱，过了年才下雨，那时候下得刚能耕地了，下的时间不长。那年有人来看病，主要是黄肿，都给吃药，扎针。我们家都扎了70年了，我老爷爷、爷爷，我20岁学会扎针。当时的水肿病主要扎上腕、中腕、下腕和天舒穴。看病的人很多，我们村的、外村的，都有，都是我扎的。临清、阳谷的人也都是我扎的。水肿不治，死的就多了！水肿病不传染，当时有好过的，人死了用寿材埋，没钱的用两块砖就埋了。家家都有坟地，都在老地方埋了。

当时我们这没有霍乱，周围的地有霍乱，也有得霍乱的来看病，哕血。霍乱出现在灾荒以后，那时候俺村有一千多个人，得霍乱的有十几口子，前后村死了十五六个人。

日本人来之后，县上有县大队，也有皇协军，皇协军抢东西，跟着日本人抢东西。一听说日本人出发了，跟啊！日本人来过周围的村，也来过俺村，向汉奸村长要东西，柴火、粮食，不给就抢。日本人就那几个，最主要是皇协军。这时候就没有土匪了。

当时村里有两个人党的，一个叫郭喜臣，一个叫牛宝策。日本人可不抓人，叫家人拿钱送饭赎回来，也有抓走干活的。当时一个县里就十几个日本人，穿着大皮靴。八路军在乡里住着，那里也有，一晚上都跑两个地方，力量抵不住鬼子，鬼子一出发就跑。八路军啥也不要，闹灾荒的时候，八路军来给庄稼人啥活都干，给挑水，扫院子。八路军跟日本人打过仗，不过没见过。

日本人闹，逮人、抢东西，没听说过杀人。县大队的队长在白吉被日本人逮到了，是个营长，叫李民，他连日本人的水都不喝，饿死了。当时李民带一个小护兵，一出村，日本人就来了，他挂了彩了，护兵背着他走，背不动，被抓了。李民家是唐寺村的，现归冠县城里。

去赶集的时候看到过飞机，炸弹咕噜咕噜滚下来，赶集的跑了。

日本人和汉奸不在一起住，司令部在城东门里大地主的庄子里，有好几个中队，分开住。有日本娘们，穿旗袍，冻得通红，也不嫌冷。

俺村有个叫郭宝真的，在日本住了一年，被抓去的，在那里当工人，只给吃，装火车、货轮。日本投降后回来，当时没有手续不能回来，隔着大海。比我小五六岁，才死了没几年。

刘寺地

采访时间： 2006年10月6日

采访地点： 冠县梁堂乡刘寺地

采 访 人： 王 伟 王燕杰 李玉杰

被采访人： 杨汝成（男 80岁 属兔）

我从小上学，上了两年后，鬼子来了，上不成了。家里属于老中农，以种地为生，一般是四分利，种地60%给地主。种地要交税，交多少不清楚。

鬼子是民国26年来的。到后来遍地是土匪，后来范专员把老缺一收，就好些了，没杀人。

民国32年，1943年啊，人都死完了，吃不上饭。他不死。除了俺家没逃荒，刘家没逃荒，其他的都逃了。

1947年上过大水，门把水堵着，下地还得凫水过去。家家人都差不多，只要病就都死了。当时1000多人，死得只剩四五百人了。主要是瘟疫多，吃不下去药，就完了。那村里没医生，吃不下去都完了。

杨寺地

采访时间： 2006年10月6日

采访地点： 冠县梁堂乡杨寺地

采 访 人： 王 伟 王燕杰 李玉杰

被采访人： 杨新起（男 75岁 属猴）

民国32年，差点没饿死。现在上天了，吃馍馍，那时吃糠咽菜，日本鬼子一天跑三趟。民国32年以前，鬼子就来了，民国32年就进中国了。鬼子住在冠县县城，有游击队。鬼子见啥就拿，如被子都被拿了。杀死一个人，肚子上中了三刀，拿石磙压，拿木板压，埋了。一天打死爷俩，那日子没法过，没法说。

鬼子、皇军、城里的农民都跟着鬼子干，那都是汉奸，咱庄里有人都跑了。牛，看见就牵走，杀死，吃呀。日本大扫荡，在梁堂住了五天。可糟蹋得不轻，他不带锅不带灶，见鸡逮鸡，见牛剥牛，就吃。日本到赵庄扫荡，怕你不死，用机枪对着你扫。还抓劳力，叫你干啥就干啥。那时候受罪了，抓的劳力都死了，我的俩大爷都被抓走了，没被放回来。

日本大军一来，土匪就跑了。来之前，老缺、老杂都来，比如你有钱，就在你门上贴个条，几天之内交多少钱，叫不了就把你抓走。我那时十二三岁，跟我父亲咪小车上临沂，那一天就有赵建民，就有八路来打日本。有当汉奸的，也有被八路收编的。

民国32年没落雨，靠天吃饭，上级也没有救济，吃糠咽菜都有，现在整天吃大馍。灾荒三年，头三年没种上麦子，种上高粱，生蝗虫、蚂蚱。小孩捉蚂蚱，一斤开始换一斤谷子，后来三斤换一斤谷子。

民国34年，大灾荒人很多，饿死的人很多。这个还没埋，那个就已死了。抽筋，叫霍乱，一霍就死，叫先生来了，赶紧扎吧，还没扎就死了。见我脸上的麻蛋蛋了吗？那个就是出疹子。不厉害就死了，超不过三个钟头，人就死了。一个抽筋，那你等着死吧。吃药吃不下去，那时光扎针。

吃水靠井水，那是从东头到西头，就这一口井。

灾荒后下了大雨，那没有风调雨顺，哪能种地，能收成。穷人难过，要饭，东跑西颠的。我的三兄弟给了人家，讨个活命，不给人家早死了。俺村里有360口人，斗争地主富农，那时兴贫下中农，地主富农路线。

有飞机，但很少很少。东南角的赵庄，俺这一片子，日本一出发，谁不跑。一个井里扔12个人，还怕你不死，还用机枪扫。人死得多，牲口还没人死得多呢。

日本来以前，这里发过大水，我那时刚记事，那时顶多五六岁。西边开了口子，淹到东昌府，是御河的水，一下子淹到聊城。

张　里

采访时间： 2006年10月6日

采访地点： 冠县梁堂镇张里

采 访 人： 徐　畅　冯会华　蔺小强

被采访人： 张风各（男　84岁　属猪）

民国31年、32年年成不好，民国31年旱，麦子耩上点，过了年，起大风，把苗埋了，一扎深的土被刮走了，西南40亩又刮走了，上边有力的土全被刮走了。咱村穷户多，只有两户好户，都得吃糠吃菜，逃荒，上河南，逃去济宁、嘉祥县。当时村里400来人，逃走老些，有上河南的、山西的，没跑的南跑北颠，做点买卖。饿死的也不是很多，饿的，过后倒陆续伤人了。三年里头雨不够使的，逃荒春天走的，阴历八月回来的。

那几年抽筋病也很多，民国32年、33年有，各村有，多也不能算多，但是不断，好几年那个抽筋病都。光说谁谁在家病死了，那时候都东跑西颠，顾不了那么多事。上河水的时候没有，家里人没得，亲戚家也没有。

我逃荒回来没多长时间，又上河南做买卖了，没一个月，走的时候分文没有，给人打短工。后来不打短工，又拾麦子，推回来两布袋麦子，回来卖一布袋麦子，买红高粱，掺菜吃。一布袋卖了当本，到冠县买破衣裳，上河南做买卖。在家待的那一个月，日本鬼子没来，也没飞机。

抽筋的搞不清哪一年，十六七岁，鬼子来了两三年的时候，灾荒年也有，灾荒年之前也有。最严重的那年，村里有三个扎针的，藏起来一个，怕村里顾不过来，严重的那年，我搁家里，灾荒年那年，我不搁家里，反正是民国27年到民国30年之中哪一年，民国32年之前厉害。民国26年至民国32年那几年不断，扎腿弯，胳膊弯，出老黑血。

最严重的那年不是民国32年，那是以前。其他村严重的那年也不是民国32年，是以前，都是那个节骨眼上。

采访时间：2006年10月6日

采访地点：冠县梁堂镇张里

采 访 人：徐　畅　冯会华　蔺小强

被采访人：张孟良（男　85岁　属鼠）

民国32年十月份下雨，种地了。抽筋的在下雨之前，原来村民有400多人，有200个抽筋的，七八十个死的。上吐下泻，有会扎针的，扎好了，扎肚子，扎胳膊筋放血，紫色的血，我家没有。持续时间有个把月，从前没有。死了七八十个人，抽筋死的，叫医生叫不来。

民国26年，上河水，也有霍乱的，也不轻，扎针扎好。民国32年厉害，以后没有。

看过日本的飞机，得病前来过，三四个月前来过，飞得高，得病期间鬼子没来过。

柳 林 镇

崔 庄

采访时间：2006 年 10 月 5 日

采访地点：冠县柳林镇崔庄

采 访 人：徐 畅 冯会华 蔺小强

被采访人：崔子明（男 78 岁 属蛇）

一直住在这个村。家里种地的，家里有父亲母亲，父亲弟兄四个，共18 口在一起过。有八九十亩地，这属于堂邑。地里种棉花的多，100 亩能种上 80 亩地，棉花抗旱，这是产棉区，种一点地瓜、高粱。老秤棉花一亩收 150 斤，一般收一百一二，孬的七八十斤，棒子收三斗多，不到四斗，每斗 25 斤，一斤 16 两，卖籽棉，有的人家轧成皮棉。

100 斤籽棉能卖 15 块钱，是票，跟银洋一样，票好带，有中国交通银行的，民生银行的。反正够吃的，没多大余头。在棉花地边上套种芝麻、黄豆，打升把二升芝麻，好的收二斗豆子。净吃小盐，买的，也有土墙刮盐土熬了。晒的盐苦，熬的不苦，熬的把卤水去掉了。

那时有土匪，我 4 岁，三月三那天，叫老缺抱去了，他是当地的土匪，有好吃懒动的人不够吃，冬天没事，想点子，谁活得好，借枪去架户要钱。大人害怕，后来赎回来了，过了麦才回来。在土匪那待了三个月，把我弄到临清西南惠园，先在里官庄待了一晚，又送到另一个地方，让一个老妈妈看着，让她给买馍馍吃。赎回要3000块钱，一亩地棉花才换15块钱。还还价，拿了2000块钱，那有说相的，跟中人一样，说小孩转移了，他看你没带够钱，说下五天再来吧，要请人抽老海，还得给人情。

后来我有个舅爷在烟围子，说那边有个朋友是区长，打听去了，骑着洋车去了，说他的曾外甥被架去，他的朋友是临清三区的区长。三天把老缺逮着了，送回来了，不用拿钱，只是拿200块钱，给弟兄们买双鞋。

日本人民国26年来这个村，打柳林了，十月二十八日，在大杨庄一天杀了28口，有一家三口的，填到井里。鬼子经常来，来扫荡共产党，聊城、莘县、冠县、阳谷、堂邑、南陶、北陶。1943年我15（岁）了，这一年最严重，来了跑，跑不了，把你堵家里了，看见鸡，问你要鸡、鸡蛋、白面，日本人对小孩好，给牛肉干给小孩吃。皇协军牵牛，鬼子要住着，他就吃牛，把屋顶弄个窟窿，把鸡、牛烧着吃。皇协牵牛还抢棉鞋、新袍子，他家里穷，得手的就拿，拿不了叫人送，送到城边，叫滚回去。

鬼子的外号叫憨小，他跟谁打，腰都不下，上刺刀。来村的时候，头里后头是皇协军，鬼子在中间，这样共产党打人都是打自己人。柳林是共产党的根据地，有钉子，是过的好，叫共产党给斗了，成了仇人了。他把鬼子叫到家里来，修钉子，那时国军也南下了，只有县大队，共产党，能打就打，得手就戳他一下，也把他整苦了。

民国31年，没耩上麦子，民国32年春天也旱点。吴连杰的兵在春天抢粮，把种子抢走了，更没吃的，穷的卖树，卖房子，一座房子才卖50斤粮食。吃了这个没法了，逃到黄河南，也有到关外的，当时280口子人，逃的不是很多，三分之一，到秋里回来。俺没有逃，俺会过，不浪费东西。吴连杰把国军留下的武器拢起来，抢。过了麦下雨了，反正麦子耩上了，那一年谷子还收了，过了秋分10天耩麦子，大小是下了。

得霍乱的有，不多。西梨园头多，说是吃牛肉吃的，是民国32年以前。杨庄有逮牛的，煮了卖，净买的牛，赶集买牛，是本地的牛。李官庄、堠堌，这里喂牛的多，那时我没10岁，刚记事。净闹肚子的多，一吃新粮食。有病上柳林，吃药的多，止不住，一会就拉死了。先生说：不要吃饱，要吃八分饱。民国32年有霍乱，没窜窝子，不知道谁得了，得霍乱的肚里疼，头晕眼黑、吐，这样的人不多。

民国二十七八年有痨嗓子的，我过来了，俺家小姑死了。

郭　庄

采访时间： 2006年10月5日

采访地点： 冠县柳林镇郭庄

采 访 人： 徐　畅　冯会华　蔺小强

被采访人： 侯家村（男　82岁　属牛）

一直住在这个村。家里两口人，母亲和我，父亲下世得早，那时我还不记事，家里是庄稼人，种地。那时候我们家是无地农，穷，没饭吃，讨饭。在俺村这附近转悠，母亲领着。七八岁跟着俺舅舅，把俺娘俩揽过去。舅舅是东平人，我也是东平人，现在新东平县后屯。我20来岁上这来落的户，来了58年了。

民国32年，我在东平（宿城），那不灾荒，这灾荒，这边上那边讨饭去，能干活的干活，没本事的要饭。那不旱，大丰收，这里是灾荒年。那时发疟子的多，那个病，一到晌午就冷，就跟抽风一样，一会冷一会热，冷热过去就没事了。有一天一回，有隔天一回的。我发疟子，没扎针。

采访时间： 2006年10月5日

采访地点： 冠县柳林镇郭庄

采 访 人： 徐　畅　冯会华　蔺小强

被采访人： 李玉海（男　81岁　属兔）

一直住在这，小时候家里，姊妹四个，一个兄弟，二个姊妹，爹娘，才二亩地，240步一亩，种点粮食，种点菜卖，白菜、韭菜，种棒子，一亩地300斤，16两的秤。不够吃，给人家盖房子，打土墙。不借麦子，割了麦子到阳谷拾麦子，没种别人的地，咱村没地主。借钱借外边银行100块钱涨10块，还不上，连地都得卖，叫你要饭去。吃小盐，自个买。一个鸡蛋换一斤小盐，10个鸡蛋买一斤小麦。吃油也稀松，一年吃不三斤二斤肉，净吃菜，吃榆叶掺棒子面，贴饼子吃。

小时候有老缺，我刚记事，老缺架户，牵牛，是本地人。老缺在村里住过，三天一来两天一来，他们在小村住，大村有围子过不去。这小村有30来户，一百四五十人。鬼子来之前，政府要粮，一亩地二斗粮食，五六十斤。

鬼子来时11岁了，北陶、临清、冠县有鬼子，清水有钉子，钉子有皇协军，也有日本，大钉子有日本。鬼子牵牛、架马，弄城里宰着吃了，十天八天出发扫荡。整天不安生，庄稼人整天跑。民国32年有八路军了，帮着老百姓开荒种地，没有种子给种子，这荒了没人了，每天给我们粮食，到堠固种地。如果不够吃，每年给一斗谷子，每斗30斤。你要种菜，他帮你摇辘轳浇水，扫院子。八路军不要东西，这边穷。

鬼子在大洋庄杀了28口，有范专员的人，打了两枪就跑了，鬼子到街上开炮杀老百姓，那时我11岁，鬼子刚过来，咱村没有。柳林镇，民国32年日本人杀了200口，那有土匪杂牌军，日本人从济南过来，63辆汽车，杀的老百姓老缺，二十九军落下的一部分。二十九军打这过，在堠固这过，好几路退却，没打这过，从大路上过。日本来了，老缺也有投降鬼子的，吴连杰，四五千人，活动范围很宽。

皇协军比日本人还孬，抢吃喝，抢了弄他家去了，日本人不要东西，皇协军要东西，还抽大烟吸海货。日本人抓劳工抓了三个人，抓东北去了。长白山那有个敦化，死了俩，回来一个。民国32年抓去的，民国33年回来的，把你弄去，盖飞机场盖房子。他没逮着我，有一个让日本抓走去日本下煤窑，没回来。

数民国32年苦，民国31年不大好，也没下雨，麦子也没耩上。第二年春也没下雨，三四月吃树叶子，榆叶、杨树叶子，榨榨也吃，是苦的。逃荒俺村上河南了，上东平，也上阳谷逃过，也有下关外的。我没逃，当兵去了。我1944年当兵，二月里，在县里堠固有个梁县长，我在警卫连保着他，在辛集住着。我们净吃小米，一天三斤小米，吃饱了，是上级发的。民国32年那年下雨了，下半年里下的雨，下得不小，三天一下两天一下，一下就两三天。

民国32年有霍乱病，瘟疫，跟水肿病一样，是饿的，发烧，治不了，这里少，西梨头厉害，抬出去一个，回来又死了一个。毛庄厉害。

后和寨

采访时间：2006年10月5日

采访地点：冠县柳林镇后和寨

采 访 人：吴肖肖　王　凯　徐　波

被采访人：王天书（男　87岁　属猴）

没上过学，一直住这个村，叫后和寨。民国时属汤沂，这是四区。有一个哥哥，两个侄儿，一个侄女，还有俩姐姐，属我最小。小时候有十二三亩地，以后就分家了。

19岁结的婚，日本人都来了。每亩地高粱见百十斤，麦子百十斤，好棒子还没100斤，棒子套种豆子，加起来才有100斤。交税，不交粮食，文银，上县里交钱。没有地主，大户就是七八十亩地，多的100来亩地，没地的人家也有，少，扛活的该没有吗？有放高利贷，最高的三分利，最低的二分半。

上大水记得，西南方向来的，那时十八九岁，干个庄稼活。我记的那个种的白萝卜，都泡起来了，过了麦了，没过八月十五，水上了有一个月，就那一年来鬼子，鬼子待这边儿过，还有泥了。十一月份嘛，待公路上过，往南走，那时叫官路，一来到没进村，黑了，晚上，有一部分住的，哪黑哪住哎！一乍来都江堰市各公路上过，人都呼呼跑了，跑西南地去，都站地里。

日本人不惹他他不咋的，到后来临清都驻了，吴连杰搁这坎算保护这坎的，他原来是二十九军，蒋介石的都退了，他来了，来了向南走，留这里，搁这里占了十来年。吴连杰一乍来，留下便衣，说搁这来，保护到这歪儿，他走了，占辛集那儿，辛集有几个大户，有粮仓，粮库，叫他占了，他说给人看到的。

我18岁，当兵来，当了两天，家里人不愿意。驻了有21个鬼子，驻在俺这前和寨了。我正搁辛集了，大人去找去了，我说你头走吧，我得给当官的请示请示，他就走了。

鬼子都过去了，上俺这边，俺庄有围子，把门一关，他日本人进不来。前和寨没围子，他上那去了，上个土楼，住了一黑夜，没杀庄稼人。范专员的人跟来了，把日本人他围起来了，范专员的人走火，打了一枪，日本人惊了，就打开了，鬼子看不清，黑夜哎，瞎打。到快明了，鬼子就往外走，还有21匹马了，都骑着马来的，赶出马来，看不见人，马叫范专员打死一匹，鬼子藏马两边的，光看见马看不见人，就打死一匹马，人跑东南去了，刘杨林打死一个鬼子。

我搁辛集当兵去，住了两黑夜，到天明回来，人都跑了，家里没人。一告诉，说鬼子来了，找人探信去，怕鬼子再来耶。过了七八天，来了大队了，搁这大路上南去。杀了大杨庄以后七八天，又过的大队，我就跑了，鬼子来给报仇来了，上大杨庄，范专员知道他得回来，一个烧砖的窑，范专员搁那坎给他打了，搁那个窑，范专员退到柳陵街里去了，鬼子进了大杨庄了，杀了29口，日本人开炮，待柳陵围子墙打下来一溜，没敢进。

灾荒年记得，嗨！咱这坎是个边儿，一直上东南到汤沂吧，再往东南，一歪好一歪，咱这边儿有一半逃难的，那时候200多人，逃了有一半了。死人，饿死的。民国32年那一年，是阴历七月初六下的雨，那雨下透了，那会儿，那谷子长这么高，出穗了，吐了穗了。我有七亩园地。我那年没走，我有井能种点瓜藕的，我那院的都走了。我为什么记那么清？七月七是下雨的日子，我盼到下雨的，不下雨，那七亩地不论贵贱我都不要了，我走，下了雨，那谷子又长粒了。人都走了，第二年就不旱了。那年净拉死的！人吃不饱，吃那新粮食，降不住，下泻。没听说那年有霍乱，从我记事起就没有霍乱搐筋，有发“疟子”的，看时候，说冷就冷，说热就热。

日本人没抓过劳力。

采访时间：2006 年 10 月 5 日

采访地点：冠县柳林镇后和寨

采 访 人：吴肖肖　王　凯　徐　波

被采访人：邢玉英（女　88 岁　属羊）

我娘家在邢庄，娘家姓邢。18 岁嫁过来的，一直住在这里。从俺来了就叫后和寨，老辈子是汤沂县，不兴区。没上过学，不认字，不让上，那会儿认字的闺女少哎。小时候，家人多，一个哥哥、一个嫂子、一个侄女。俺爹兄弟一个，叔伯里 20 来口子人，四五口子人有 10 来亩地。来到这里婆家，30 来亩地，老弟兄四个，俩姐姐，老父母，数俺最小，姐姐都嫁出去了。

俺庄没地主，一顷地的户都没有，七八十亩地的富农有两户。有放钱的，咱不懂的，不知道。俺是个老中农，弟兄四个分 30 亩地，每家七八亩地。

那里兴置地，兴种棉花，栽山药，够吃的，有一亩地，按现在说，一亩来能换一轱辘大车。裹脚，嫁过来时就说放脚了，怕说脚大。十一月里结婚，找轿，四个人抬过来，八个人两班，没有喇叭。有钱的有 12 个喇叭，不兴给东西，给的耳环，托簪花，后簪花，两把头绳子，一根簪子，一个戒箍。带三件过来，一柜一橱一个抽屉桌，六件的，很有的，带13件，有的多陪点儿，没有的少陪点儿。

上大水我记得，有70年了，我嫁过来了，来了第一年就上大水，地洼，坐着小船上地里去。日本人还没来哩，吴连杰待这边儿占着的。不知道多少人。

日本鬼不知道？到俺村里来了好几趟。天晞来的，黑了走的，俺都跑了，人走了再回来。来了两回，俺也少了两床被子，人家说过去鬼子也有偷，谁知道？在俺毫无顾虑，倒没有杀过人，也没打过人。在范寨打过仗，在前和寨也打过，不知道跟谁打的？俺这倒没烧过房子。

那年灾荒年，没耩上麦子，俺种了几亩高粱，孬。俺上河南住了四五个月，也去了章丘。秋天里没耩上麦子吧，耩上点谷子，谷子连糠，都吃，当年三月去的，八月里来的，回来收的谷子。头年没耩上麦子，过年饿死的人不少，不记得下没下雨。

死了老些个人。俺这里倒没死那些。俺娘家那个庄死的人多，庄稼里都长了草了，俺这小庄死的人倒不多。那会儿有280还300口子人来，现在有600口子人。得病死的，还热死的。霍乱死了几个，俺个女子死了，不知啥病，男女死了七八个，不只得病，逃荒死外面的也有。没听说过霍乱搐筋咱村里有死的。

李庄村

采访时间：2008年10月3日

采访地点：冠县辛集乡崔刘八寨

采 访 人：王占奎　张吉星　陈　艳

被采访人：李玉芝（女　73岁　属鼠）

灾荒年我7岁，是民国32年，当时旱，旱了三年。民国31年、32

年都旱了，旱了种么么不收，过了贱年就长庄稼了，收的尽草，人都吃草吃菜去了。那年春天下的雨，出了草，不下雨咋长草，庄稼没收就吃草。就说了，民国32年过贱年。俺西院里几口人饿死了三口，俺村里也多，我在李家庄，叔叔、他爹都饿死了。

李玉芝

逃荒的，上河南、河北要饭去，就民国32年。头年秋庄稼没收，第一年麦也没收。走一部分，在家饿死一部分，走的没死，人家要饭没饿死。是天热，我记得上地里去，人饿死在那儿。逃荒的有死的，死的不少。

民国34年麦子好了。过了灾荒年一两年了吧，谷子长么高了吧，到地里打蚂蚱去，都给你吃光了。蚂蚱，看不见天，过蚂蚱，粮食收了一点吧。

没听说啥病，都饿死的，霍乱抽筋，没听说过。都发疟子的多，老些发疟子的，今天发，明天好，隔一天发，灾荒年以后，灾荒年倒没听说。咱没见过，听说过。掉头发，得这病喊瘟疫，把头发都掉了，得那病是过贱年。上哕下泻的病也有，我那时也记不清，光听说上哕下泻，霍乱过了灾荒年以后。

下过七天七夜雨，过了贱年了，遍地都漏。日本那时在，到黑，都上外，牵着牛，拉着老人，我还寻思，我六七岁都这样，七八十岁咋整呢？

柳林村

采访时间： 2006年10月5日

采访地点： 冠县柳林敬老院

采 访 人： 徐 畅 冯会华 蔺小强

被采访人： 赵天基（男 80岁 属兔）

一直住在柳林村，也种地，也经商。家里有祖父祖母、伯父伯母、父母、大爷那边的哥，兄弟、妹妹，祖母那边两个叔叔，共19口人。家里20多亩地，种小麦、玉米、棉花，家里开中药铺，父亲主要经营，在村里开，过得还可以，日子好过点。

那时这里还属于临清县影庄，鬼子皇协军也有，不但来过，还杀过人。印象最深的是我12岁那年，阴历九月二十六，柳林是逢一六集，正好逢集，村西是个集市，做买卖的一般都到齐了，交易还没开始，早饭吃早的吃过了，吃晚的还没吃，日本人路过。柳林周围有围墙，每到逢集，东西关门上锁，南门东门通行，柳林有个民团，有步枪，四门都有站岗的。为了保卫村庄，民团的当家人叫教练。在东门站岗的一个团兵，到民团所在地北门里报告，说东门柳林外通堠固，来了一二十辆汽车，说膏药旗，别开门，民团集合撤，撤走。鬼子用圆盘地雷下到门底，把门崩了，分两路从南门北门进来了，车没进来，兵进来了。

在十字街以南路东，柳林东边有个吴海子，有个杂牌司令吴连杰，他原来是二十九军，他留下来的，他在柳林开了个造枪局，步枪。日本一看有造枪的，恼火了，放火烧了很多房子，街西有四个人被刺刀挑死了，看着不顺眼，日本本来是路过，抄土匪头，村里老百姓家一个没进，老百姓从南边北边听到枪响，四下逃散，西边有个砖瓦窑，有个理发的，跑到那，被炮弹炸破了肚子，肠子都出来了，他跑到井边，倒进去了。

有一年三月二十六日，这正进行土改，我十六七岁，在店铺跟一个伙计经营，早晨到黎明，也有鬼子也有皇协军，影庄有个人头，他为了报私恨，也跟着鬼子皇协军来了，进了村西门，一来就在十字街放了一个手雷，听见了。柳林当时有民兵，伤了一个，牺牲了一个，伤的是个普通老百姓，死的是个老太太，老太太是妇救会主任，我是青救会的委员，把头一天开会的资料藏起来了。皇协军其中有我们南街的，他为了报私仇。

民国31年，生产也不好，麦子耩是耩上了，收得很稀松，那时行距一尺八，耩二垅还不耩三垅。地主家的最好的地，也就100斤，就是一布袋，人家地也好，管理得也好。青黄不接，多数人东奔西跑弄点吃的，吃棉籽脱了皮后打的那个饼，榆树叶吃光了，我还吃过带皮的棉籽饼。逃荒大多数人下东北。村里人口超不过300人，逃走的也得接近100口，饿死的也有几口，都是出去之后，死在外边了。

民国32年一春没下雨，集上也有卖干粮的，你要不两手抓紧，就给你抢走了，抢了往上吐唾沫。在别的村上，卖房子的，我这一间房给你，你给我多少粮食，百文不值一文了，那时候。

没有突然间生病的，我们这没有，我印象里想不起来。听说过七紧八慢六踩毛，上吐下泻，昏迷不醒，说身上有红点子，传说有这个病发生过。民国32年药铺还是一般经营，没什么特别。我们这有好几家药铺，我们家是个小药铺，北边还有两家大药铺。死的人多少没印象。那时这里五天一个集，多少能维持，不像有的说，这死了一个，那死了一个。

前和寨

采访时间： 2006年10月4日

采访地点： 冠县柳林镇前和寨

采 访 人： 吴肖肖　王　凯　徐　波

被采访人： 高银贵（女　92岁　属兔）

高银贵，92岁虚岁，属兔，阴历四月初一生，我掌柜的姓马。

我娘家在乔庄，19岁上这儿来的，1933年出嫁。老革命，吃上级的，吃两年了。我那年轻，30来岁入的党。日本鬼子还没走，怕杀。以前也叫前和寨，老寨属汤沂，嫁来时还属汤沂，文银子糙米交给汤沂，管理区是柳陵。

没念过书，那时没女学生。嫁过来时家里五口人，得一个九亩，一个八分地。有地主，俺斗过。俺那个当家的，带头领着群众翻身，他是一把手干的。一个地主出来九个仓库，俺家里还分了好几百斤粮食。那里家里四口人，两闺女，加俺俩。那会儿来，地主一顷还是两顷地，咱闹不清。一个地主一顷来地，弟兄们多，有富农，富农东西多，待坑都填满了。不跟地主借钱，也不借粮食，没的吃，就吃糠咽菜，不敢借。

结婚时，我19（岁），他17（岁），他有一个兄弟，有一个姐姐待乔庄。可是还兴裹脚来，裹过，从我以后就不兴裹了。我7岁裹的脚，那时都兴裹脚，没有不裹的，俺这都算大脚了。找轿抬过来，八抬两班，四个人抬一班。送彩礼，四道礼，藕肉、豆腐丝、粉皮。结婚以前不送，结婚了头一年过年送。嫁妆没大兴，够使的就行，娘家花钱买，有衣裳几件、四个皮箱、盆子，有长明灯、喜灯、铜盆子，两床被子。出嫁前待家里纺线，不叫出去玩，干活的时候去，拾棉花，刷叶子。也就是几十户人，没现在人多。

民国26年上大水，俺上路西拾棉花，得蹚水。黑岩山来的水。俺家里有地，蹚着水去拾棉花，就待这会来，水还没下去，人家的白萝卜那大都烂地里了，还没过八月十五日。八月十五日的时候，白萝卜一拉烂半截。那时，俺那个大的给她姐姐搁家里，棉花都成纸黄色了。

上大水以后没人得病。灾荒年都收臭高粱，都是半粒，后来都不旱了。听说过霍乱摘筋，没经过。

上大水以后过的日本，抱到俺那个孩子去跳墙，怕杀。反不是十月，就是十一月来，大水下去了。日本人待这村里过，上北去，待那边有人打了一枪。日本人来，飞机乱飞，没下炸弹，杀人了，乔庄毁了老些，这村里没有。俺跑辛庄，就一个孩子。这里烧了18间瓦房，一家的，地主家，姓马的。

采访时间：2006年10月5日

采访地点：冠县柳林镇前和寨

采 访 人：吴肖肖　王　凯　徐　波

被采访人：刘子杭（男　83岁　属鼠）

没上过学，那时候穷。一直住这个村，一直叫前和寨，再早归唐沂张，那时候兴区，唐沂县第六区，杨林张。

种地，那时候人多，20多口子人，不分家，六七十亩地，兄弟10个，数我最大，一个姐姐、两个叔叔，叔兄弟，老爷爷，够吃的。收成不咋，五六十斤，一半是粗粮，棒子、高粱、谷子。碱地里麦子收半斗，平常吃高粱面、棒子面，过年吃细粮。税负交粮，拉花轱辘大车送临清去，临清有仓库哎。大家伙一块儿送过去。麦子收二斗交不了十几斤，过了麦交一次，秋季交一次。

大地主没有，最多的有八九十亩地。穷苦人多来，那会儿，村来有50户人家吧，300口子人吧，没地的也有，不多，给地主扛活，扛活的也不少，我还扛活了。上临清，17岁去的，扛了10啦多年，在油坊来，打油，找锤打油，豆子、棉花种。后来回家了，一年给百十块钱，老票，国民党的，那时一块纸币换一块县大洋。鬼子过来了兴准备，准备银行，没有借钱的。

借钱，三分钱的利，一年还，100块钱一年还130，也有借粮的，一斗一年还一斗，粮食不涨利息，沾亲带帮的，有关系的。

我30多岁结的婚。

民国26年上大水，咱这以前没淹过，水从南边过来的，在西南，可是不大！砸上坝子了，水没进来。在路边砸坝子，水来了，又砸二道坝子，热天里，七八月来，还兴没过八月十五日来，聊城也淹了，城门都关了。

过了水，有人得病，腊月来闹过“生花（斑病）”，死了老些儿，姓肖的都死绝了，记不住哪年了。有医生，扎针，扎旱针，霍乱搐筋，那一年俺村里搐筋的不少来，外村有个会扎的，那会儿日本人还没来了。

先过二十九军，二十九军退了，净上土匪，义勇军就是土匪，各霸一方，有几千人的，老齐闹了几十万人，后来他是范专员的支队长。吴连杰，头来跟日本人打，后来不打了，一窝儿一个，一窝儿一个。日本人来，范专员在这来打过鬼子，村上也有土枪的，帮到打的，来了一排人，远，没跟上，走一天一黑夜，也走乏了。去的机枪，榆树下面刨了坑，鬼子把机枪手打死了，打死日本两匹马，没打死鬼子。一个叫小四儿的，会使机枪，打死两匹马。范专员打鬼子回来，在这里环节过会。一排人，驻了柳陵北门了，去了排机枪。日本人挖了坑，去炮，打柳陵北门。日本人在大杨庄杀了18口。

范专员抗日，日本人都怕范专员。日本人没在这来抢过东西，抢东西还是二鬼子，皇协军咱中国人，假鬼子。日本人杀人、放火、强奸。日本人在这村里没杀过人，放过火。

日本人会合的扫荡，三天两头，黑夜都不敢搁家里待，日本人带着皇协军下来。没抓过劳力，没有抓日本去的。向北乡里有，（听他们说）抓他国，去修公道，挑土，投降了就送回来了。

记得灾荒年，饿！饿死18家，姓刘、马，姓肖的少，绝的。向东庄都空了，地都没人种，草有一人多高，大旱，秋后没收成，下半年也没下雨，没见过麦子。第二年春天下大雨，第二年年景就不孬了，没有七天七夜下大雨，没上水。没有搐筋的。没听说过放毒的。

北边临清那边儿，挨着河，有船，日本人招工招人。

采访时间： 2006年10月5日

采访地点： 冠县柳林镇前和寨

采 访 人： 吴肖肖　王　凯　徐　波

被采访人： 马保良（男　68岁　属兔）

马保良，68岁，属兔的，一辈子务农。霍乱是上吐下泻，还呕还拉。灾荒年，民国32年，5岁，下了七天七夜的雨。搐筋是口渴，扎腿，出黑血。父亲、母亲都得的这个病。专管扎针的，三屯的十八洪（音），乔庄的也有会扎针，扎好的。死的其他人就不记得了。

没上过大水。

三里屯

采访时间： 2006 年 10 月 5 日

采访地点： 冠县柳林镇三里屯

采 访 人： 吴肖肖　王　凯　徐　波

被采访人： 顾书凡（男　90 岁　属马）

陈令山（男　85 岁　属狗）

陈令山：老辈子就待这里住，那时候一个叔兄弟，一个哥哥，一直叫三里屯，以前是汤沂县的，六区。小的时候，我爷爷，我父亲，我兄弟仨，数我小。有一个姐姐，两个妹妹，有 80 亩地，净耙地。一亩地收稀松，棒子收 300 来斤，麦子收的少，百十斤，好的收到 200 斤，论斗，一斗 30 斤。净吃高粱，交公粮、交钱。一亩地文银子十块八块的，现大洋，麦子、稻谷四块钱一斤，薏子两三毛钱一斤。那时候，有 700 来口子人，300 来户，有地主，杨家，有八顷来地。像俺这个就算富农了。有没地的，给地主扛活，种地，混个吃，落钱稀松，一年四五十块钱。有借粮钱的，利钱稀松。

14（岁）结的婚，不下彩礼，不给钱，她带嫁妆，柜、箱、立橱，抬花轿，四个人抬，八个人两班。

那该没有土匪？戴里庄有土匪打，没打开，土匪就咱庄上的。

上大水我记得，我十几（岁），这坎没淹。我受过训，当过兵来，搁柳陵当的，柳陵西街，头儿姓赵，训练三个月，没打过仗。十七八（岁）的时候，（那时）日本人才来，地里上水了，半截地都水，一个多月，六七月来，七月底，二十八或者二十九，地里净棉花，棉花有开的了。大官路都打坝了，西北地里都打坝子，柳陵的要放水，从南边放开，向东走，不叫往北去了，没叫放。过了八月十五,九月里水才下去。日本十来月来的，从官边上过，上南去的。我住西纸坊头上，南街打听打听日本人来了吗，听说义勇军占了辛集了，我就家来了，遇到两伙子人，我就站住了。

顾书凡：日本人没来驻过，乔庄有，高杨林有，没到俺这里。（日本）他的图上没有俺这个庄，俺搁边儿上。

灾荒年民国32年，大旱，棒子就收了二三斗，麦子没收，没耩上。民国31年没耩上，民国32年没收。种了四亩棒子，收了30来斤。民国31年的高粱让雾消了，没收好，棉花百十斤，高粱挂着吃，连皮带粒都磨着吃了，不知多少斤，树叶子都没了，榆树叶、槐树叶，杨树叶苦，没吃枣树叶，都不吃枣树叶，盼着（枣树）结枣的。（民国32年）三月来下了回雨，忘了几号了，秋天来，下得还不小咪。七天七黑夜，七月来，正打枣来，枣都红了，过了白露了。在房上晒枣的都僵爆了（不能吃了）。民国33年也下雨了，没记到淹。那年死人多了，都逃荒走了，死外边了，家里也死不少，净老的小的，跑不动的。那年以后，没记得有霍乱，光听说，听老辈子说，（咱村）有王家两口死了三口，他侄子去看她姥娘，他姥爷得病死了，他姥娘死了，他也死了。这是老辈子的事，我都不记得，上年纪的告诉的。

俺这边没有（日本人杀人），待大杨庄杀的，腊月二十八，杀了28个人，待柳陵北边，扫荡。咱这来，事变以后，（日本人）不断地扫荡，大扫荡，12县的日本人来大扫荡。他们不抢东西，打人，打仗的时候打人，平常不打人。姓侯的，焦庄，日本人来了，他哥哥姐姐拿着小红旗接去了。日本人没打他们，他兄弟一出来，把他（指他兄弟）打死了。（日本）大队过来的时候有四五架（飞机），飞不高，一房来高，没听说放毒，也没听说过放水挖坝。

待咱这边没抓过劳力，没有听说过。

陈令山：八月初五，到了辛集，找了个带路的，又带回来了。八月初六驻到了前和寨，天明，范专员的兵打了一回，待土楼上，打死一匹马，没逮到一个人。跑到辛庄北角圆屋里，上去马，又走了，日本人20个，范专员的人绊马索下得矮了，没绊住一个人，跑了。就架机枪打了一匹马。

王凡庄

采访时间： 2006 年 10 月 3 日

采访地点： 冠县范寨乡张坊

采 访 人： 薛鹤婵　姜卫东　崔海伟

被采访人： 王桂英（女　78 岁　属蛇　娘家柳林镇王凡庄）

娘家是王凡庄，民国 34 年一月份嫁过来的。

家里有父母，父亲叫王尚典，母亲王樊氏，一个兄弟，一个妹妹，妹妹叫王华兰，弟弟叫王华凡，爷爷都不在了。这些个人有 10 来亩地，地个人归个人，个人种个人吃，不交租，那时不兴交租，地怎么分的不清楚，那时候归堂邑县管。地里种麦子、棒子、高粱、棉花、谷子、豆子，够吃的，没余头。

小时候，鬼子从柳林那边来，进庄就扫荡。一说鬼子来了就跑，过去这边，才回来。日本人有车，车上有枪、炮。见过飞机，有老些个，飞得低的很少。日本人过一趟不在这住，在北掖庄有钉子（据点）。鬼子来了，人们四沿里跑，不定往哪里跑。有的时候是黑上，跑地里住一宿，一跑半天，要不一天。王樊庄没听说有人被杀，听说大杨庄有被杀的，打枪了。村里有人打枪了。局子（村大队）有教练（相当于大队支书），怕抢东西，他们手里有枪，平时不欺负村里人。要是不知道，日本人进来，你有啥好的给他们，他们也不打庄稼人，吃了就走了。这儿没打过仗。

日本人，灾荒年之前五六年来过一趟，灾荒年之后也来过一趟。闹了一年多没两年。共产党穿便衣，跟老百姓一起跑，他们也是村里人，不发枪。人们都说是地下党，他们不露面。日本人也不拿一般人的，也没有东西，只有地主有点东西。

头一年，民国 31 年，高粱没收，没下雨，麦子没耩上，加上杂牌兵有枪，又管庄上要，庄上也得三分之一的人吧，都逃了，差不离的都去了。民国32年三月份，全家就逃到关外去了，黑龙江、铁公山。济南来的，在那里当官，到这里来招工，管一家人的盘缠，一个男劳力下煤窑干活，就管一家人吃的。早起7点起床，晚上8点来钟下班。辛苦得不得了，还有砸死人。那煤窑是日本人管，他们不打人。平常吃大米、高粱米、棒米，各人做饭各人吃。月头上算账，刨去吃的饭，剩下的就给你。剩不下什么钱，都吃了。从临清雇的车，骡马车，到德州就坐火车了，净工人坐，坐了也得三天吧。在东北待了一年，做不了，忒累，生病了自个找医生，白天不见太阳，晚上不见太阳，哪能不生病啊，就回来了。

干活的没死，家里的孩子有死的，自个搭车回来的，从德州走回来，走了两天才来到家。德州车站没见过日本人，走到哪个庄在哪里宿，民国33年九月份回来的。

民国34年，有地下党，但不敢露面，以前没见过。

没听说过土匪。那会净杂牌兵，好多派的，老吴的（吴海子）的兵，老齐的兵，小孩子们唱“齐子修当汉奸，去把国卖”。

民国34年老齐、老吴就没了，民国35年共产党就来了，人们就在庄上参军了。村里有两三个参军了，戴红花、骑毛驴、开大会。

没听说过霍乱，没发过大水。

清 水 镇

崔 庄

采访时间： 2006年10月5日

采访地点： 冠县柳林镇崔庄

采 访 人： 薛鹤婵　姜卫东　崔海伟

被采访人： 黄瑞现（男　82岁　属虎）

我叫黄瑞现，今年82岁，属虎的，从小就在村子上住。以前叫崔庄，当时就属于冠县清水镇。念过私塾，那时做买卖，9岁家里开油坊，没空念。家里百十亩地，30多口人，有父亲、母亲，父亲叫黄秉立，母亲叫黄吴氏，亲弟兄俩，二个姐姐、二个妹妹。地里种棉花、麦子、棒子。麦子好的见100斤，一亩地240步。那时粮食不够吃。吃野菜、树叶子。用棉花籽、花生、豆子菜籽榨油。菜籽在南边买，不是推就是担。

见过日本人，做买卖在临清，扫荡时见过。在馆陶修墙，日本人在那住，不去不行，出官差，村里让去的，不揍你就好了。见天去见天来，带窝窝。打堤、挖河、抬担架、抬伤号。郭庄有钉子，潘庄有炮楼，能拿动的都拿走了，日本人就几个。净是皇协军，没数有多少人，有几百个皇协军。见过日本人的飞机，几十架，没扔炸弹。

见过土匪，说不清是土匪，劫的是有钱的，谁好户就认谁。民国32年，区里调老齐来打八路军，比谁都孬，用枪杀人。俺这村没遭过，把家里的树都砍了，没数杀多少人。

中央军跟八路军打仗。中央军在黄河以南，八路军在黄河以北。八路军在这上老百姓家吃饭，调查事。

民国32年，地是不见吗，没下雨，种下了，不下雨不长，一年没下雨。我没出去，那时吃树叶子，记事时村里700口子人，90口子出去了，部分留在村里。七八月下了点雨，没下透。

在临清有个华民医院，不知道死了多少得憨病的。得瘟疫，一会儿就死了。没听说一家人死了好几个。灾荒年我们家没死人。村里人吃井水，很多井。以前就听说得“霍乱”，不知道周围死了多少人。

采访时间：2006年10月5日

采访地点：冠县柳林镇崔庄

采 访 人：薛鹤婵　姜卫东　崔海伟

被采访人：轩云庆（男　77岁　属马）

我叫轩云庆，今年77岁，属马的。从小就住在这个村子上，这个村当时就属于冠县，清水乡。念了一年书。民国32年前没上过学，那会儿家里八口人：父亲、母亲、一个老爷爷、弟兄五个，我排行老四，下边一个弟弟，俺父亲叫轩文田，母亲轩王氏。有沙窝地、树林子12亩，属于孬巴地，好地12亩，地里没有井，全靠下雨。地里种麦子、棒子，一亩地收成好的时候收100斤麦子。都是自己的地，不交地租，种多少收多少，你的地别人不能种。地边种着桑稞。村里有地主，人家有好几顷，雇个人给他做活，一年给多少钱。三哥哥都给他们扛过活，用五尺寸下一个棍，量四棍。

10岁时见过日本人，鬼子从北馆陶来扫荡，把共产党的仓库里的麦子拉走，吓得人都要跑。人有多有少，一来就100多，皇协军多，穿着黄军装，有大盖盒子枪，插着刺刀，有骑马的，还得遛马。没有坦克车，见过飞机，下来一溜烟。没见过日本人杀中国人，听说过皇协军杀老百姓。

老缺把你架走，叫家里人拿钱，才叫你回来，不打大仗。都从北边来，不知道叫什么。老齐后来叫八路军解散了。

天气是大风刮，不下雨。民国32年厉害，耩不上麦子，地里有些涝。棉花不长。那时麦子都露出秆来了。正月份开始逃荒。

没听说过霍乱。发疟子，做瘟疫死的多，得憨病。

以前打井，村里有五六个井。

范家庄

采访时间： 2006年10月2日

采访地点： 冠县清水镇范家庄

采 访 人： 李 健 李建方 张 敏

被采访人： 李增全（男 72岁 属猪）

民国32年刚过，1943年、1944年、1945年瘟疫厉害，也有说瘟疫的，也有说霍乱抽筋的。申小屯一天死了20多个，申小屯把中医先生，叫李怀仁，藏起来，不让给别的村治，各顾各。我的腿就是后遗症，想请大夫也没有。浑身发热，发烧。

俺屯一天死了七八口。没有人跑，没地方跑。人死了裹张席就埋了。埋自己地里，没有集中埋。俺姐姐先死的，我二姐姐得病死了，四五岁，大人不当回事。我父亲也死了，我叔伯爷也死了，跟我父亲一个月。吃饭都是一块吃，也没饭吃。树皮、棉籽。父亲死的时候，李怀仁逃荒逃到河南去了。有饿的，有病的，一家一家死。姐姐发病没几天就死了，三天五天。大爷家还死了个叔伯哥，手脚搐筋，蹬不开。一家死了四口，不敢出门，路上都没人，走着走着，一头攮倒就死了。邻居家得病也是发热发烧，老百姓都说饿死的。病持续了半年。不知道什么病，光知道哭，解放后才知道。

喝生水、河水、沟水。捞不着热水喝。

村上300多户人，再往东北最严重，贾镇以东都死了，无人区。以前没有发生过这种情况。

得病时候日本人也来扫荡。他吃自已的饭，戴口罩。没给中国人检查身体。狗、牛都吃了，皮带皮鞋也煮着吃了。

鬼子来扫荡，区大队下地雷，下了仨地雷，下在玉庄路上，路口上，把洋狗炸没了。鬼子恼了，一集合就回朵庄来了。皇协军一人一盒子洋火，见人就杀，见房子就烧，把俺的房也点了。

日本人飞机飞得很低，挂着红月亮，打机枪。炮楼离这里五公里。日本人走了没留下什么东西，八路军得了不少枪。

赵建民常驻在俺村。一个战士只准吃两个小窝窝，不让多吃。李怀仁给了赵建民两个卷子，赵建民说，李先生你救了我的命了。有一次，赵建民被围在陈官庄了，日本人汽车、大马、机关枪。

采访时间：2006年10月2日

采访地点：冠县清水镇范家庄

采 访 人：李　健　李建方　张　敏

被采访人：王书山（男　85岁　属狗）

10岁上过两年私塾。

范家村现在属桑阿镇，以前也叫范家村，属桑阿镇。

日本人来之前，家有四口人，父亲、母亲、哥哥。六亩地，要饭吃。一亩地全年弄不了100斤粮食，没井也没粪。小时候要饭，大了给地主扛活。村里没地主，给西边村里地主扛活。村上平均二亩来地，种玉米、麦子、红粱。主要吃高粱，麦子好吃，打了麦子得换高粱，吃高粱省。种麦子的时候没种了，就得二斗高粱换一斗麦子。地主越过越好，穷的越过越穷。税负上政府交，按地交。

卫河决堤是1937年，好大水。日本人来，把国民党吓跑了，监牢没人管了，监牢里的人都跑出来了，拉义勇军，就是土匪。土匪哪都住，牛、鸡都吃，找好房子住。以后都改编了。

日本人来过，有汉奸带着。鬼子穿黄衣服，带着大洋刀、洋枪，鬼子来了俺就跑。把朵庄一家砍死仨，他爹还有俩儿。一天攮死11个，还给他干着活挨着骂哩。杀人、放火、抢东西，抢东西的是汉奸，皇协军，就是伪军，在冠县城里有个头，出来抢东西，见人就打死。

我也给日本人干过活，给他干活不使劲干，把人都叫小院里去，掂着刺刀，都下跪了，用刀背砸，光头都砸出血来。抓苦力给他干活，修路、修围子。咱村有个姓吴的，抓到他国家干活，一解放才放回来了。

民国32年没雨，旱，麦子没种上，饿死老些人，俺家有个饿死的。村上有人得病了，没死人。不敢出门，怕死在路上了，怕传染。没西医，只能看中医。那时候认为是传染病，不认为是日本人干的，听广播听的那是霍乱。

二十里铺有日本人，住在炮楼里，不敢喝咱的水。瘟疫的时候鬼子没来检查过。人死了就埋了，人吃人。这成无人区了。都逃荒了，去陕西的，去河南的。

看见过日本飞机，挂着月亮旗，扔炸弹，看见人就扔。上面有大机关枪，往下打。

共产党没军队，秘密的，不敢直接对着干。

前要庄

采访时间：2006年10月5日

采访地点：冠县清水镇前要庄

采 访 人：薛鹤婵　姜卫东　崔海伟

被采访人：顾长吉（男　74岁　属鸡）

李福兰（女　81岁　属虎）

顾长吉：今年74岁，属鸡的。从小就住在这个村，以前叫前要庄，属于冠县，清水区。

解放后学了几年文化认识几个字。那时候家里有奶奶、父亲、母亲、四个哥。父亲叫顾树田，母亲叫顾陈氏，三个妹妹。家里有三四十亩地，是沙窝地，种花生、种地瓜，地瓜为主，种麦子，刮风就剩麦头。有河水不放，好的产麦子70斤，不够吃，吃野菜、树叶子。地，论米量，50米一亩地。

俺没见过日本人。听说过老缺，大户招老缺。穷人不要什么，抢你的人走，托人来要钱，不抢别的东西。日本皇协军抢东西，抢衣裳，吃的更不用说，俺都跑到沙窝里了。不光白天，晚上也来，日本也祸害人，家人跑了。没见过日本人杀中国人，在村里找八路，那时村里百十口子。听说要人去修钉子，这村没有，没有工钱，白干，自己从家里带吃的，干得不好，去得晚了还不行。弄不清多少人修钉子，瓦庄一个，潘庄一个。

见过八路军，八路军到民国32年才正式时兴。赵建民搁在这，俺见过，住一黑夜就走了。有枪，穿着便衣，自己背着小米。他们扫院子，给挑水。赵建民七八百人是二十三团的，打完日本人就跑，在路上截车。

民国32年被杂牌军抢、砸，老齐，齐子修，老吴，吴连杰，都是老缺，抢东西。活动一年多，八路军过来就没有吴连杰，从东边过来，都在柳林。天不下雨，靠天吃饭。听老人说麦子没耩上，谷子不高，都旱死了。民国33年四月十八日才下雨。

李福兰：今年81岁，属虎的。以前住三姑庙村，那时家里有爷爷，7岁没了父亲，有一个哥哥，一个妹妹，家里没多少地。过了灾荒年来这村的，吃榆树叶、槐花，秋后就开始收粮了。

顾长吉：那时没医院，有些人得病死了，水肿病浑身发胀。听说过，有人得霍乱抽筋，灾荒年那年有，村上没有人得病死的。村里两口井：一个咸水井，一个甜水井。人多不够吃。秋后下雨，下了七天七夜，后来种上麦子。八路军下工作组，俺这村有两个。

李福兰：那时得病，死得很快。

顾长吉：灾荒年那年卫河没发过水。

李福兰：那时兴说媒的。打听打听不见面，娶到家才见面。有嫁妆，十三件：八仙桌、二柜二橱、盆架子、坐轿、四个人抬，红棉裤红袄、红盖头。

那年蚂蚱过谷子，就剩一个杆，得用扫帚打，没什么作用，那时不兴打药，豆虫也有。那时没医生，有病去清水，看会扎针的，吃汤药。

桑 阿 镇

陈贯庄

采访时间：2006 年 10 月 2 日

采访地点：冠县桑阿镇陈贯庄

采 访 人：李 健 李建方 张 敏

被采访人：王书山（男 77 岁 属马）

上过学，稀松，没大上过。

鬼子来之前，姐姐、妹妹、哥哥、兄弟、我，弟兄仨，两老人，一共七个人。俺哥 12 岁就当兵，给人家当官儿哩当小鬼。家里有不到 20 亩地，十八九亩地，种高粱、小麦、玉米。向政府交多少记不清了。俺村里没有多大的地主，有富农。富农没雇过扛活哩，忙时找几个人种种。粮食也凑合着吃，吃孬哩。年底下吃点包子、面，平时吃高粱面。麦子打哩少了，交点公粮，再弄点别哩，就不舍得吃来。

平时吃哩水净是井里的。

民国 32 年，有旱灾，老是不下雨，六七月里，后来下雨了，没下大雨。

民国 32 年，饿死了好几百人，吃树叶，吃这吃那哩。开始没跑哩，后来盘缠也没有了。俺走哩早，带着米，带点面哩，出了门还没吃哩，俺哥当兵，给弄了点，他当兵来，他没走。有一家弟兄五个饿死了四个。

上顿喝点汤，里面有点树叶，饿，下一顿还是这样。慢慢的就皮包骨头，吃不进去饭。不打仗时，皇协军还行，我去要吃哩，还给了好几个干粮呢。打仗时就不管三七二十一了，看着老庄稼人没本事，也不惦记着咱。

日本人不打仗时还给吃哩，打起仗来就啥也不管了，连八路军和老百姓一块轰，一次杀死好几百人。有一次，日本人来，没跑了，正赶上掀锅，吃饭，日本人一看见掀锅，拿起来就吃，一吹哨，都跑了。

日本人抓过劳力，让去干活，大部分都跑了，逮不住。不打仗时不大来的，一打起仗来就来抢了。不叫人跑，鬼子来了不抢粮食，要好东西。皇协军抢粮食，汉奸也不多，这个村没有。皇协军一次来一二百人哩，见好东西得手就拿着。

朵庄有一次叫日本鬼子点了火，都帮他救火了。鬼子飞机也有，来了转转，就走了，不扔炸弹。

土匪不大敢露头，黑了来抢东西，不敢跟日本人、皇协军打，偷偷摸摸的。齐子修，南大队，北大队，有好几百人，是日本人想败哩时候。要不是八路军，俺这村闹哩才狠哩。

八路军逮不着土匪，跟皇协军打，跟他们反路，皇协军跟日本人是一路，叫他干啥就干啥。俺这村里没有去当皇协军的，八路军在这村里住过。

村里没有很大的瘟疫。

采访时间： 2006 年 10 月 2 日

采访地点： 冠县桑阿镇陈贯庄

采 访 人： 李　健　李建方　张　敏

被采访人： 张值和（男　84 岁　属猪）

小时上了两三年学，上私塾。

日本人黑来（方言：夜里来）。

日本人来之前，家里有老妈妈，奶奶。日本人来之后，家里人都跑了。赵建民在这个地方。

日本人来之前生活不行，30亩地，家里有八九口人，打粮食少。一大斗才25斤，不够吃。玉米还没长成，人就吃了。一亩地棒子打六七十斤，棒子地里还种绿豆，一亩地种30多斤。种地是和地主三七分，收成还要交给政府。

民国32年，没有粮食吃，吃棉花种。也旱也涝，很多人到别庄要饭去了，饿得全村一年只生一个小孩，民国32年，饿死的人很多。

一个日本商人出来抓人，把我抓走了，住了40天。因为没出来高粱，高粱不出顶，在里面喝红高粱。日本人打我，差点没死在里面。日本人逮我，往家里要钱，一共逮了10多个人，有逃跑的就捶死了。日本人抓人给他们干活，也有回来的，没有死在那里的。不干活就打。修炮楼，挖壕。汽车道旁都弄个炮楼。

汉奸跟着日本人跑，赵建民是自己拉杆和日本人、汉奸对着干，但枪少。当时日本人不多，汉奸很多。八路军经常来，和日本人打仗，没有好家伙（方言：枪支）。

喝水是井里挑。没有水涝，当时没什么传染病。

咱村拉痢疾死了六七个小孩，大人没死。在家里找中药看，但看不好。小孩子扎旱针，吃汤药，但没好。那会小孩得病七天就死了，附近会死两三个小孩，大人没得病。老中医也看不了，不知道是不是传染。

有土匪，挟小孩要钱。

采访时间：2006年10月2日

采访地点：冠县桑阿镇陈贯庄

采 访 人：李　健　李建方　张　敏

被采访人：张值江（男　76岁　属羊）

小时没怎么上学，不知道血型。

日本人来时，我7岁。民国26年日本人还没来时，这里有一次大水。民国32年没大水，卫河水没淹到这里。当时拉痢，泻肚子的人多。人饿得吃棒子。

民国32年大旱，人都逃荒了。春天时还收了一成好麦子，夏天下的雨很少，棒子没收成，也种高粱，高粱，人也吃，也喂牲口。民国32年，饿得胃胀。

民国32年，有得瘟疫，得瘟疫的人卧床不起，那时候叫"憨瘟疫"。得的人不多，没有人死。请大夫看，扎旱针，吃草药，吃不起就等死。

秋天人们吃东西闹肚子，民国30年、31年，很多人生疮，脸上生麻子，看先生就不落麻子。

那时候这里有个老齐，也叫齐子修，跟日本人不一样，是土匪，他们自己也不承认自己是土匪，说自己是军头。老齐不是正规部队，也来抢东西，抢了人后，明着要东西，如果收了东西（方言：庄稼），交给他一份，就放人。

日本人住县政府，皇协军听日本人分派，西官庄到冠县顺着公路有12个炮楼，日本人拉人修。小王庄、二十里铺、张辉营、王成堰、康堰都有炮楼。日本人在炮楼里只有二三五个人，日本人不大来村里，皇协军有四五十口，炮楼主要给上面传递信息。

日本人三天五天来一趟村里，一来庄里人就跑。日本人来抢衣裳，抢东西，抢小牛，日本人没吃的、没花的都来抢。没见过日本兵，日本兵一来我就跑，日本来了吃猪带牛，日本人来扫荡。日本人的飞机飞得很低，但没扔东西。

八路军武器不行，一个人背着四个手榴弹。亲眼看见八路军和日本人打仗。民兵是村里人，扛起锄头就是民，拿起枪就是兵，归八路军指挥。庄里有三四十民兵。

庄里有双向围墙。民国26年打仗坏了，民国27年又修起来。砖砌上井，打水吃。

程赵庄

采访时间：2006年10月2日

采访地点：冠县桑阿镇程赵庄

采 访 人：刘振华　张东东　孙　丽

被采访人：杨德平（男　84岁　属猪）

没上过学，上不起。是党员，我1945年入党。

民国26年水灾，这都淹了。卫河开口，下雨了，下雨把口子冲坏了，开了一个口子，开口还没日本鬼子来，是自个开的，哪个村都淹了，都打堰了，不打堰屋里都有水，两三个月，八月就落下去了。那时棒子、高粱、谷子都收割了。没有得病的，有得痧子的，有一个半个的，不传染，扎扎胳膊就好了，都是中医，没西医，水淹之前之后的都有。弟兄俩，还有一个姐姐，肚里疼，吃凉水肯得这个病，喝馏汤水还肯得这个病？

民国26年有，也是一个半个得病的，得的也不多，自个找先生扎扎，咱村有一个医生，民国26年前有。没找医生看，慢慢就好了。心里抽，冷，那时候不光吃药，没发疟子死人的。我得了，死了又过来了，就咱庄有，别庄没听说了。

民国27年，鬼子来的，那时生活不行，雨水勤了能吃上饭，光靠天吃饭，没法！地主有两户，人家地多，能吃上。

民国27年，鬼子才过来，上咱这庄来过，一时半会来过，鬼子来时，没参加八路，当时跟区扰防队干，一区队有100多人，都怕，地主才成立的，当时枪少。扰防队队长叫张春化，北皇城，离这十几里地，上面委派他当队长，那个人当过兵。还逮一个皇协军，四五个人上城里买烟去，走到东馆买烟，看东北来一个，交县里去了，奖赏200块钱。县里还教育他，是个汉奸。

鬼子也有汽车、坦克，也有骑马的，驻冠县，离咱这十八二十里地，没在咱村杀过人，填井里二十几个。俺几个都在家，也不抓人，摸你的手，有茧子没事。

扫荡时净步兵，平常有飞机，没往村里溜过。咱这村没有汉奸，有一个是赵司令放过来的，叫他来通信，给外界联系，派去又回来了，是个机枪手，后来牺牲了，叫程宝平，不打八路军，是中央军出身。中央军，鬼子没来就跑了，鬼子离咱这远，不常来，鬼子没有过训话情况。平时也有土匪，土匪那时候多。

日本鬼子有人给他出力的，离城近的多，这没有，八路军逮他。皇协军图东西，抢东西，也打人。日本鬼子好人不打，怀疑了才打。有一个陕西的，在这当医生，叫连先生，鬼子怀疑有老八路，打死 20 多人。鬼子来了，也有跑的，围住跑不了就来家来。人家鬼子不抢，皇协军抢，真鬼子啥也不要，人家带着粮，不吃咱的，怕下毒药药死他。见过，听不懂，咕喽咕喽的。

民国 32 年，旱得不收，阴历六月份，棒子都窜出叶了，都死了，连二三年没下雨，耩干土，麦子都没出。

逃荒要饭，吃树叶，我父亲跟人家寻野菜吃。那时候是国民党管，有军队，有宪兵，灾荒他不管那。民国 26 年后，八路军刚过来收编。那时候小，一方面给人家扛长工，16（岁）就出去扛活了，地里啥活都干，锄地。那时候干一年十二三块钱，管饭，不打人，叫干啥干啥，吃棒子窝窝，有时候吃黑窝窝。

民国 30 年、31 年、33 年，有蚂蚱，多。能摸布袋高，到锅里炒炒就吃了，吃过也没肿，那时饿。

吃井水，水井台子高。没淹，有沟往里淌。也有吃河水的，井里水漫过来了。井水好喝，不苦。有苦井，也有人吃。

大花园头

采访时间： 2006年10月4日

采访地点： 冠县桑阿镇大花园头

采 访 人： 徐 波 王 凯 吴肖肖

被采访人： 李宪文（男 81岁 属虎）

上过小学，七七事变后就乱了，不记得念过几年小学。那时分四个班，甲乙丙丁，我上到乙班，甲班是最高的年级，甲班上完毕业，考高小。这个村叫大花园头。老辈子也叫这个名字，属于冠县桑阿镇。一直住在这里。

小时候，12岁，家里有四口人，数我最小，父母，一个嫂子，哥哥死了，两个姐姐都出嫁了，嫁到本地邻近的村庄。西边两里地的村庄，东边四五里地的潘庄。现在嫂子早不在了，姐姐也不在了，其他都不在了。

那时候，15岁就成家了。有人介绍的，不是一个村子。那时叫媒人说，两厢是大众看着合适就算定了，定了以后，结了婚以后，请顿客，吃顿好的，就行了。那时不兴送礼。

现在家里两闺女都出嫁了，两个儿子，我没跟大的过，大儿子过继给嫂子那边了，我这边跟老二过。大的儿子今年不是60岁就是59岁，老二这边一个孙子，那边三个孙子，老二这边有一个女孩。

民国26年，七七事变，我11岁。吃棒子面是好的咪，差的吃高粱面，冬天吃红薯，春天没红薯。种麦子，一亩地最好打150来斤，一般都是六七十斤。那时兴豆儿，一亩地收两斗豆子，50斤。那时村子人少，300来人，不到100户，种的地自己的少，再给人家种，没地主。

小学就是本村的，不到别村去，上学的有30多个。那时上学的少，很穷的上不起，出去拾柴禾。为了生活不上学，会干活的就干活，不上学。七七事变，一事变，小学都乱了。那时是国民党一打仗，官都跑了。

那时的县长叫侯光禄，放弃了，走了。日本人一来，他没地方，就窜了。学校就没了。

没听说共产党，不记得有。这村有一从小上学的人，以后教学去了，那时兴短期小学。顾家人，他家地多点儿，他叫他爹卖了吧！他爹骂他败家子，我累的农业，你让我卖了！他可能是共产党，没准，都猜的。

民国26年，事变以后，日本人就来了，没驻军在这坎，分三路往南去，东边从清庄、染庄往南边去，过路的，上面还飞着一架飞机，多少人不知道。西边，东边一路，在县里公路有驻，公路上修了碉堡，看着公路。皇协军多，不知道多少人，日本人倒不多，汉奸多，他在城里住着吧。那时，就有共产党员了，地下，实际上没有共产党员，日本人也怕了。

日本人扫荡，过年一次。带着车，带着啥，下来抢东西，粮食啊。贾镇有个炮楼，日本人很少，二十里铺有一个，都靠公路上，上聊城的路。听说日本人从那里来了，这边就跑了。没过安生的，吃完饭以后，就把被子卷好，一听说来人了，就跑。

那时吃的也是高粱面子。我家的地多二亩。基本没有吃不上饭的。很少，那时候，你收点麦子，拿着麦子再换人家的高粱，一斤麦子给多少高粱，多一点，吃的时间长，一斤麦子吃一天，换成高粱吃两天，没办法。挖地坑，用缸装着粮食下里面，埋起来，上面有盖。麦收，家家都有粮食。日本人就出来扫荡，不会经常不断地下来。春节的时候，吃得比平常强，他都再出来一次。

土匪多了。城里县城一放弃官衙，监狱里的人都放出去了。那时叫“拉杆儿”，拉人，有枪。各村农民都有枪，过得好的都有枪。地主、富农、中农都有枪。一乱，土匪把枪收走了，越发展越多，有一两千的，头子叫石洪典、韩春贺，不远，石洪典是石家村人，都是王家村，两伙。那时兴北嘎，南嘎，石洪典是北嘎，韩春贺是南嘎，称司令，几个小支队，都是两三千人。两伙人势力差不多，两伙之间不打仗。也抢东西，经常过来，今天来了，住两天，连吃带喝，就走了，过几天再过来，经常在这坎转悠。后来聊城范筑先把他们收走了。前后闹土匪不到一年，好比今年这时开始，到下年春天就编走了，编成范筑先的部队，成了第几支队了。打日本人，不打日本人，都是给编走了，范筑先是国民党，坚持不走，坚持抗日守聊城，他不走。

饿死的多。国民党的一个杂牌军，外围部队，齐子修，灾荒那年占领乡镇，给乡镇围院墙，不跟日本人打仗。日本人没抓过苦力。齐子修抓过人。他也没吃的，抢东西，逮走了七八个，基本都饿死了。抓走人让他家里拿东西去赎人。交多少粮食去赎人，要几百斤粮食，那时钱比现在实。

一打仗，日本人放毒。西边庄有部队，一打仗。我不知道，听那庄人说的，放的毒，很臭，村里很臭。没听说死人，就说熏得不得了，挺臭。

灾荒年我记的，那时已经说一九几几年了，旱，庄稼不收，一热天没下雨。小地瓜都恁点粗，面，没水。那年没下雨，旱，快耩麦子时，耩不上。咋种？那时谷子、秫子。后来等一年春天还是夏天的时候下了雨，饿得狠，没的吃。不记得有得病的。

那一年，有逃荒走的，有死的，村来几乎没人了。村里人都饿得水肿，死了人也没人抬，弄两扇门，扔土坑来，盖上，就完了。埋在地里，不能埋家里。到东边清庄染庄那里，再往那，都荒了，净草，长恁么深。没人，死的人撂地来，热天生蛆，只剩一个骨头架子在那咊。

我家里没人得病，我爸爸是水肿死的，70多岁，光知道有病，不知道咋得的，水肿的多。不是灾荒年死的，也是灾荒受的损失，后来也养不好了。那时树叶、树皮都吃，柳叶、槐叶，什么叶子都吃。没有吃土的，吃过榆皮，用水煮煮再吃。

听说过“霍乱搐筋”，日本人来之前就听说过“霍乱”这个病，村里死过这样的人，也不记得了。亲戚邻居没有得霍乱死的。

没发过洪水，那时候没这些河道渠道，大河里有水也过不来。

发生灾荒的时候，也有共产党，不是正规军，地方部队，县大队的分队，叫八路军。那时范筑先已经被日本人打死了。共产党具体过来多少不知道，那时城里一个马河支队，一个，还有部队里边叫机枪营，赵建民的那个赵三营，还有回民支队，跟日本人不断地打游击。

汉奸都跟日本人一起过来，我没跟日本人打过照面，日本人来，也有跑不掉的。一打仗就不对庄里人留情了，一逮住就整死。那一回，我还记得，日本从西边那庄往东南去，一个庄户人没听说日本人来了，上窑庄送柴禾，用柴禾换砖。一看日本人骑着洋马，害怕，过不去了，往村里跑，一跑，日本人骑着马撵他，他跑到我们村，日本人不敢进村，庄稼人抬着桌子、茶水迎接他，他才敢进村。他说的话也不懂，拿着洋刀，呜呜喳喳的，看你手上有茧子吗，没有茧子就不是庄稼人。西边那庄放过火，西边朵庄，那时还没打仗，日本从这坎过。

日本人走了以后，国民党想占领这里，过不来，不是八路军的部队。国民党后来使飞机运部队，往北过，天天搁头顶上过。

我是老党员，1943 年经人介绍入的党。当过民兵，下过地雷，贾镇到聊城的公路上，下过地雷。

东吕庄

采访时间： 2006 年 10 月 2 日

采访地点： 冠县桑阿镇东吕庄

采 访 人： 王苗苗　马子雷　田崇新

被采访人： 陈世友（男　84 岁　属鼠）

家里就父亲和我两口人，那时候种地，两亩。一亩打 30 斤还是好的，种麦子、棒子，不够吃的。都买人家的长果（花生）再去卖，为人家服务，给俩钱。那时候小，13 岁就当兵，不是 1938 年就是 1939 年，当兵的几乎没有，没有什么手续，也没什么要求。那时候八路军穷，参加的是一二九师，师长是刘伯承，旅长姓许，我在一团，团长是贾建国，政委是张白春。

日本人来之前，地主都吸白面，吸大烟，都吸穷了，就没有地主了，只有富农和中农。俺这儿穷的当兵，在家富农都瞧不起你。

土匪开始了，1937年以前都是黑土匪，黑夜抢，白天就不露头了，不抢穷人，谁富抢谁。

日本人来村里，抢、打、杀，一开始净日本人，中国人少，以后中国人就多了，从东北带来的中国人。也有地主还乡团，那是蒋介石发的枪，可不死人。八路军把他们的地分了，谁分了他们的地，他打谁，抢回地。皇协军比土匪还孬，杀了人别提了！杀了玉庄好多人。日本人在北吕庄挨打，把东吕庄当成北吕庄，来报仇！杀了不少人！在东吕庄杀了又向北吕庄，北吕庄离这儿30里地，大约是1938年，我参军以后。

大河不淹小河淹，银铛河（音）淹过，当时当兵的不管。日本人来村里抢东西是目的，在河北抓工人，挖煤窑，听老百姓说的，抓的劳工啊！回不来！抓走就没有回来。

天天见日本人的飞机，没有标志，不大撂炸弹，光用机关枪，打仗的时候也就飞一树顶高。机关枪打得，一抬头，当当当，机关枪打起来了。

八路军得了就打，得不了就跑。那时候在河北邱县活动，转折半个河北省。这一团打这一片，那一团打那一片。民国32年不在家，都在河北一带活动，住在农村。听说虫子都把庄稼祸害了，人也祸害，一刀就挑了。

没听说过霍乱！在部队里不提这种事，怕当兵不坚定了！没听说过怪病，当兵多是打死了。当时日本人还没有走，延安人少，我们去延安保卫毛主席，军装粮食都点了！

采访时间： 2006年10月2日

采访地点： 冠县桑阿镇东吕庄

采 访 人： 王苗苗　马子雷　田崇新

被采访人： 许　可（女　95岁　属虎）

我生在冠县城里东街，20 岁出嫁，嫁到冠城镇朱三里马河支队互助会的大队长，丈夫当过堂邑县的县长，叫朱月松。没出嫁之前家里有两个哥哥、两个嫂子，带爹娘共七口人。我家是老户镇，有八九十亩地。

那时候结婚坐轿，四个人抬轿，“三个闺女活剥爹”，俺这儿陪送 20 件嫁妆。

日本人来之前，逃老缺就别提了，老缺多来，躲老缺都躲到树林去，乱七八糟的人或者穷人都当老缺。老缺绑人用钱回，要一桶洋油，或两桶。姓林的当官的，坐着轿，逮到老缺，在县里枪毙。姓林的下面是姓侯的，城里的县官他都不坐轿，姓侯的骑马，人人都穿军装。

老范专员收老杂，小孩他爹当队长时带两颗枪。一颗是花把盒子，一个大木杆快枪。弟兄们六个，按根论是地主，大哥，四兄弟有一个枪，他有两个。队里有 12 颗枪，八颗不敌他那两颗。当兵脱离了生产成了贫农。

日本人叫村里的人开会，发洋火，发针，说自己好，说八路军不好。他不敢吃咱井里的水，他吃咱井里的水，叫咱先吃。他没祸害过井，来家里牵牛，牵猪，他都要。他们戴铁帽子，穿绿衣服，带机关枪。日本人给咱们照相，照了相，村里就是他的人了。进城赶集拿着相就没事了，就像现在的身份证，现在出门都带身份证。

日本鬼子在白吉祸害过人，把人扔到井里，他逮不住八路军，就逮住庄稼人，说他是八路。他们出来扫荡，把赵庄的人扔到井里 20 口子人。日本人没有大些，冠县城里有 10 来个，净是老皇协军，都是当地的人当皇协军，抢砸东西。咱这儿是八路军的根据地，没有当皇协军的。八路游击时，住赵庄胡疃，在赵庄人被扔到井里，日本人趴在井沿上笑。这都是听人家说的。

抗日的时候是抗战八年的老党员，那时候是游击队的，一天不定要跑几回，有时候跑五六回。那时候打日本人，他一扫荡，咱八路军就藏。他们在城里有炮楼，八路军经常摸炮楼，那炮楼圈圈的，老高来，二梯楼。那时候都是日本人的飞机，咱这儿没有飞机。仨飞机为一个小分队，往下屙炸弹。一听见飞机，都不敢在屋子里，都把屋子给炸了，都倚着墙站着，很怕会扔到屋里，一天不定来几起。

民国32年，我33岁，一年没有下雨，大旱三年，那饿死的人都没数了。桑阿镇住老剃，他算是老缺，抓住人叫回，回不起的就埋了，村里逃得都没人了，院里的草都老高。高粱刚长粒的时候开始挨饿，高粱、谷子，老天爷都捂死了。都去逃荒，听人说大人死了，小孩还吃奶。

生蚂蚱晚上挖坑，都把小蚂蚱轰到坑里去，我见过。八路军发的粮食不够吃，都吃蚂蚱。蚂蚱吃晌饭时候起，头向东南，尾巴向西北，飞到月光天。蚂蚱走了以后，年景就好了，都说有点神奇。

采访时间：2006年10月2日

采访地点：冠县桑阿镇东吕庄

采 访 人：王苗苗　马子雷　田崇新

被采访人：朱金生（男　98岁　属鸡）

日本人来之前，老蒋在这里住。那时候家里种粮，六七口子人种几亩地。庄里人地少的，走买卖，地多的不走买卖。当时有两三顷地的算大户，十亩八亩，两亩三亩的是穷的。穷人走买卖，有钱的走大买卖，开杂货铺的，卖菜的。那时候有土匪，逮庄稼人，要钱。土匪都是本地人，穷，当土匪。他们抢，要钱，有头物（牲畜）的牵头物。

那时候我家穷，就十亩八亩的地。那时候，地壮的多打，地不壮的少打，壮的也就百十斤。当时都给地方挑粮食，给地主扛活。地主对穷人好，借给粮食、钱。钱花不了的，他放高利贷。大地主不多。那时候我就10来岁，不知道有病没病。

日本人来的时候，住在离这个村10来里地的西北角上。他们跟八路军打过仗，八路军在村里，日本人在村外。八路军往外打，日本人往里打。谁敢进去？日本人杀过人，杀了有10来个。在民国32年的时候，麦子秀起穗的时候。咱的兵打他们的黑枪，他们来报仇，他们从南边来，从西南桑桥村，占了两个村，有五六百人，受了他的害了。杀了七八个人，在庙上。八路军打黑枪，他们就抓村里的人报仇。

八路军在村里住，八路军挺好，给咱钱，挑水，扫院子，待咱庄稼人挺好。

日本人有飞机，中央军也有，中央军有好枪，闹靶机，八路军没有。不知道哪个是哪个，没见过飞机扔东西。灾荒年的时候也有飞机过，闹灾荒的时候日本人撵兵，他们不给咱东西，也不要咱的。他一来，人都就跑了。

日本人抓人带路，送他们几里地，然后叫拐回来，又叫了人指路。没有抓过人做工，日本人来了就没有土匪了。

头灾荒的时候，日本人来过。日本人跟中央军打仗，一打仗都跑了，跟这儿打，都往北跑，他走了就回来了。

民国 32 年闹灾荒，饿得都走不动了，挑水都挑不动。俺家人少，都吃不好，吃菜、吃树叶：椿叶、榆叶、勒树叶子来，加点面蒸一蒸，有千数口子人。有闹病的，老些饿死的，有逃荒的，南边年景好，去河南（黄河以南）逃荒，主要是郓城金乡。桑阿镇有先生给看病，有医院，国民党的，村里有医生。死得可多�櫵!

灾荒年都养猪养牛，不养狗养猫。猪牛都没有得病死的。有霍乱病死的，30 多个。在日本人来之前没有霍乱病，有霍乱病的时候日本在，咱村里没有得的。没听说有得霍乱死的，死的基本上是饿死的。那时候家里吃井水。

不知哪一年卫河淹过。

杜　庄

采访时间： 2006 年 10 月 2 日

采访地点： 冠县桑阿镇段菜庄

采 访 人： 薛鹤婵　姜卫东　崔海伟

被采访人： 段玉莲（女　75 岁　属猴）

娘家是杜庄，有一个兄弟，一个哥哥，当八路军死了，爹，娘。家里总共五亩地，种棒子，不长，吃绿豆角、野菜。9岁从河北回来。

民国32年，蚂蚱一层一层，豆虫也一层一层，不敢下脚。一整年没有下雨，高粱没出棵。二月到河南（黄河的南边），九月回来，正闹灾荒，饿死老些人。饿死了一个八路军在当街，人们都你捋一块，他捋一块，分着吃了。听说杜庄饿死了800口，13岁嫁到杜庄。

12岁的时候，我得霍乱的，掐谷子的时候，也可能早点。得病的人多了，俺们院一个叔比我晚两天，后来死了。就是眼黑、上吐下泻。段文祥是个中医，扎一次针，在头上、心口、胳膊，扎了二三十针，第二天就好了。俺娘说是霍乱疾，听说是从沈阳传过来的的，听一个叔叔说的，也是得这病死的。日本人来之后没多长时间，就得这病了。得病的人都埋村西南了，看了医生的，差不多就好了。堂邑县有日本人，桑镇没有日本人，只有老齐。村里有一个大井，在东南角，就吃着一口井。

那时候八路军可受气了。俺哥在莘县当兵，老齐去潘庄催粮，俺哥回来看俺娘俩，一听说老齐来了，浑身打哆嗦，饭也没吃，就走了。

在柳林仗（音），八路军和日本人打仗，俺哥打滚打了三里地远，那枪子跟下雨一样。

老齐抓人到桑阿镇干苦力，不听话就枪毙了，有钱的就赎回来。

日本人就好杀人，听别人说的，用刺刀，用狗咬死人，喂狼狗。没见过日本飞机在天上飞。这的地皮高，跟聊城城楼一般高，越往东越低。

采访时间：2006年10月2日

采访地点：冠县桑阿镇杜庄

采 访 人：张培培　高　伟　张晓冉

被采访人：牛春池（男　86岁　属鸡）

小的时候上了六七年的学，那时候村里有500多人，我家里有10口人，80多亩地，就是种棒子、麦子，也有高粱、谷子。民国也交公粮，一季银子一季米。在县城里有收的，我们给送过去。那时家里也不算很赖，够上生活。那时候也有土匪，遍地是老缺来抢东西。一个叫栾小秃，民国26年在桑阿镇上，经常到处抢东西。我19岁的时候被抓了起来，后来又跑了出来，人被抓起来就得拿钱来赎，家里过得好的让多拿，过得孬的就少拿。后来土匪被八路军赶走了。还有一个叫齐子修的，在冠县东南边那里，他们吓唬人，有10个就说有20个。

民国26年，八路军十六团来了，这是正式部队，那时地方也有部队，有个连长是四川人，他们打游击，时来时走。那时村上好多青年参军了，有一户姓孙的就参军走了，其他十三四岁的小孩也上学，不上学的就在家干活。

鬼子来扫荡差不多三天一周期，有皇协军汉奸领着。民国26年十一月份左右，冠县就有日军了。正月二十九，那时我21岁，把我打伤了，鬼子从来扫荡往西走时，开枪打在我胯骨上，还打伤了俺村的好几个，有我们同村的宋焕武。村里也有民兵，比较弱小，日本人来的时候连抢带砸，不知道皇协军有多少。日本人在桑阿镇打围子，鬼子有炮兵、步兵、骑兵。小日本有五六尺高，洋马有六七尺高，日本人对小孩特别亲，不吓唬也不打，从村里过时扔过东西，有饼干啥的，日本人给小孩饼干吃不让大人吃。没听说日本人在这屠杀过人，别的村有被抓走当苦力的，我们村没有。在民国31年的时候，八路军攻打过桑阿镇的围子，后来也打过好几次。

民国26年上大水，是卫河开口子，黄河水流到卫河里冲开了大堤。当时从桑阿镇到聊城都是水，平地上有一丈多深，有房子被冲的，人没有淹死的。民国32年后，村里闹蚂蚱，蚂蚱把太阳都遮住了，我们三个人一组在谷地里抓，一会就能抓一布袋。

民国32年，大灾荒，饿的人吃饿死的人。棒子连穗都没接，都旱死了。俺村里一个叫李凤楼的，她割下饿死的人的肉，用小锅装着到集上卖去。村里有四五百人都饿死了，妇女都跑到南边去了，离这儿100多里地，后来共产党接了一些回来。

这是从民国31年开始旱的，连着三年，过了灾荒就有得病的，叫霍乱抽筋。我没得，那时没大有医生，有医生也看不起，就是给吃药，得了病就是等死了，得病的人看不出有什么不正常的，人都怕传染，不用他们的碗筷。有的治好要几个月，长的用半年，治好了就不犯了。当时也不知道是啥病，听人说有的人得病喝凉水，喝口凉水就好。这个病持续了有四五个月，也没有人逃到外地去。得病死的就装在箱子里，埋在自家地里。都不知道为啥得的病，没有正式的医生，不知道啥病。

村里吃的水都是井水，在大街上有井，全村人都喝，水在得病前后没啥变化。当时国民党也没管，八路军有治病的，也没有下乡治病，以后也没有发生过。

日本人没来看病，不知道有没有日本人得病。

采访时间： 2006年10月2日

采访地点： 冠县桑阿镇杜庄

采 访 人： 张培培　高　伟　张晓冉

被采访人： 张春芳（男　80岁　属兔）

我从小就住在庄子里，庄的名字都没变过。我记事的时候家里有五六口人，有灾荒，都快饿死了。那时候家里有二三十亩地，一人四五亩。那时人没有现在多，种麦子、棒子，不像现在种这么多棉花。一亩地麦子就是打五六十斤，棒子能打100多斤，都是靠天吃饭。

民国31年，种完麦子后再没下过雨，棒子连苗都干死在地里了。人都逃荒去了，这里成了无人区，都逃到河南、阳谷、关外，南北都有。那时也交农业税，交给国民党。当时我八九岁，也不叫交公粮，要银、米。当时能吃上棒子的就是中流，都吃黑窝窝、高粱馍馍，农村没有吃麦子的。

民国 32 年的时候，大旱，庄稼都旱死了。第二年有好多蚂蚱，像云彩一样黑压压的往东北飞，累得慌就趴在地上歇着，再一块飞，都说是鱼籽变成的蚂蚱。

我在村里上了三年小学，9 岁那年日本鬼子来了，就不能上学了。那时候有老多土匪，有个叫齐子修的，都叫他老齐。占了桑阿镇，在那里打围子，有四五个。他住这里一年多，从民国 31 年的九月到民国 32 年的二月，待了一年零两个月。他们经常到庄里抢东西，还逮人，让他们饿着，一天就给一个黑窝窝，喝泔水。被土匪抓去就拿钱来买，要不就饿死或是活埋。后来八路军从西边打老齐的围子，用梯子爬围子偷袭，没打开。土匪围子里有滚木，就是檩条往下砸，死了 20 多个战士。还有一个女土匪头子，在民国 26 年九月的时候拉起来的，到民国 27 年的二三月就被范专员（范筑先）剿灭了。范专员那时候在聊城，鬼子进攻聊城，他不走，后来想走，走不了了。老齐是最后被日本赶跑的。

民国那时候当兵的少，共产党来的时候当兵的多。共产党来的时候是民国 26 年，那时有句儿歌“26 年腊月中，为了抗日来到山东”。那时候年轻人到了年龄十八九岁以上的都参加了八路军。再小的就参加儿童团，年轻的打仗势都抬担架。有句俗话“八路军挺能吃苦，抗日战争两万五”。

日本人来了之后，都住在县城里，各个县城到处都有，乡村里没有日本人。中国人妥协了就当了皇协军，当时皇协军的人很多。我不知道日本人的番号，就记得民国 26 年，上大水那一年，水特别大，冲到了聊城。县城的鬼子三天一回或是五天一回，就来村里扫荡，还挑过人。日本人一来就跑，就抢东西也不抓人。我只见过皇协军，没见过真的日本人。

民国 30 年，麦跟前，在一个小市集上挑了十几个人。还在玉家庄的玉家大院里也挑了十几个人，人都在里边不跑，鬼子用刺刀挑一个，搁凉水里涮涮再挑，听人说鬼子见到二愣子就杀，为了报仇。

民国 30 年，八路军的赵三营在桑阿镇住下，埋伏在镇西门外的柏树林里，官不让开枪，谁都不能开枪，一开枪，子弹像风一样，树都打成了麻皮子。当时五个人守一挺机关枪，日本人用炮专打机枪，八路军死了四个人，一个被炸伤了。不知道鬼子死了多少，打死的鬼子用车拉走了。

日本鬼子来的时候也能看到飞机，没见过扔炸弹，农村没有八路，一般也不投，也没扔别的东西。没听说过日本人放细菌，就当时学校里听的歌说，日本人“飞机大炮全不用，只用毒瓦斯杀官兵”。

民国二十几年的时候，有霍乱，那时候我才四五岁，我们都叫霍乱疾抽筋，得了一会就死。报丧的都是两个人去，怕一个人死在路上。我那时也不知道，只是听说，我家里没人得，邻家也不记得有人得。我们村有中医，没有西医，只会扎针，吃中药。一个村死十个八个的，也不多，这个病挺快的，不知道传染不传染，基本上每个村都有。要没病也就都没了，就赶一段时间。得病的都是庄稼人，靠种二亩地为生的，也不知道为什么得病，也有扎针扎好的，扎好了就不犯了。村里也没有人躲，差不多持续了一两个月，死了的人就埋到自家坟地里。发病在民国26年上水之前，日本人来之后就没有犯过霍乱。日本人来的时候也没见戴什么特别的东西，一个县城也就十几个鬼子，那时候吃水都是到村里井里打水，水不好吃，霍乱的时候水有啥变化也说不清。

民国26年的时候，下雨也有水，是卫河开口子了，周围全都是水，从冠县到聊城都能行船。房子没淹，我们在村口打堰，往外倒水，人也没有淹死的，那时候庄稼都已经收了。

段菜庄

采访时间：2006年10月2日

采访地点：冠县桑阿镇段菜庄

采　访　人：薛鹤婵　姜卫东　崔海伟

被采访人：韩玉兰（女　79岁　属蛇）

这个村以前叫张家菜庄，日本没有来时，家里穷，吃苞米、草、灰灰菜、树叶，地里什么也不长。家里有奶奶、父亲、母亲、叔、婶，还有三个兄弟。一人有四五亩地，也吃不饱。

14 岁上日本鬼子来的，戴着小帽，米西米西，要给我饼干吃。从袁菜庄西边来，有骑马的，有走着的，有小铁车的。白天抢鸡，抢粮食，进门就抢，见小孩挺亲，见面就给吃的。俺爹担任村干，把粮食给了八路军，日本人知道了。逮俺爹，把家里的麦秸都点了。俺爹跑了，村长也不干了，房子也没有了，全家人都走了。

日本人从这村过了三天三宿，老鼻子人了，人非常多，以后就没有来了。红胡子，土匪，跟着在后边拾掇，皇协军又扫一遍。日本人来了，八路军就撤了，人少。我们一家子去了关外，到了吉林长屯、磐石县。

日本鬼子走了以后，人们得病的不少，抽筋、发烧、害瘟疫。活着的人面黄肌瘦，死的人放在炕上，没人管，庄上死得没人了。后来八路军来了，王羽冠（谐音）给人们看好了。文林哥得瘟疫没死，神经有毛病了。

朵　庄

采访时间：2006 年 10 月 2 日

采访地点：冠县桑阿镇小尹庄

采 访 人：徐　波　王　凯　吴肖肖

被采访人：李赵氏（女　75 岁　属猴）

本庄一起叫小尹庄，属于桑阿镇。我老家朵庄，19 岁嫁到这个庄，上过学，上了一年多，老思想，要嫁人，不让上了。

吃窝窝、地瓜、山药。家里有地，不长，没井靠天吃饭，不下雨就没得吃。朵庄有地主，这庄没有。我姊妹仨，一个哥哥一个弟弟，哥哥死了，弟弟待聊城。现在家来一个儿子一个女儿，女儿嫁出去了，俩孙子，一个孙子有俩重孙女。

日本鬼子来以前，老杂（土匪）、老齐，闹了以后就是日本。闹土匪时没有共产党，日本人来了才有共产党，都是地下，穿便衣，白天不露面。我哥哥是共产党，一起头就是头十名。

日本人走到哪村往哪村点火。朵庄烧得厉害，打东边烧到西边，整个庄都烧了。打那儿路过，逮了几个民兵，带走了。在桑阿镇闹了一天，又回来，休息了休息，吃了饭，逮了七个民兵，我哥哥也被抓了，就点了火，拿钱又把他们赎回来的。我们花了四亩地赎回来的，俺哥哥。都放回来了，皇协军许知道他们是共产党。日本人不要东西，皇协军抢东西，没见他们留下东西。皇协军孬。日本人到哪，皇协军都跟着，日本人不抓庄稼人。那时候，民兵也有枪，巡逻，报信，人多打不过就跑。日本人走了共产党就来了。

日本人在的时候，经常过飞机，飞得有高的也有矮的，没扔过东西。人都这里跑那来跑的，躲着它哩。那时才七八岁。

民国32年，我才11岁，大旱，一年没下雨，没耩上麦子，小棒子恁点儿。当时还没来，待朵庄。慌忙逃到沛县，十一月去的，次年八月回来的，有谷子高粱了。路上要饭，人家儿给一口口的干粮。树叶子，野菜，树皮没吃。下了雨，小孩老人又都种庄稼了，有收成了，都回来了。饿的、病的，死了很多人。咋死的不知道，死了多少不知道。

打河南回来了，有得那病的，霍乱，风过得病的，肚子疼，搐筋。有看病的老医生，扎扎的，有中药、汤药。看得早的，就看过来了，晚的就死了，死了不少。我有一个姑姑是得这霍乱死的，从大西北来的，也逃荒来，逃荒回来得的病，本来好好的，不知咋回事就得了病。在李木庄得的病，不行了，她就回家了，找我爸爸，我妈也突然得了病，治得早就好了。那一年，得这病的不少，传染不传染不知道。当时我家里没有做买卖的，种地。朵庄大街老长，死了人有人埋。

没听说过日本人下毒。日本人走了，没听说有人得过霍乱病。

淹了一回，不知啥时候。

范　庄

采访时间： 2006 年 10 月 2 日

采访地点： 冠县桑阿镇杨福疃村

采 访 人： 徐　畅　冯会华　蔺小强

被采访人： 马秀英（女　82 岁　属牛）

小时候，俺家里，奶奶、娘，姊妹两个，有个姐姐。家里没多些地，三亩来地，叫人家种，给俺粮，给不多，一季麦子，一季棒子，麦子五六十斤，棒子五六十斤，柴草俺不要，粮食 100 斤给他 40 斤。不是多，够吃，也吃救济粮，共产党时候。有借的时候，亲家帮点。要饭是俺娘要，哪村好向哪要。我们就在家里面，没副业。没裹脚，13 岁裹了，没裹下，自己不愿意裹，疼。18 岁嫁过来，他 15（岁）。来那一年日本到这来。那时不兴彩礼。

结婚才 12 天，我回娘家，他（丈夫）就被打伤了，日本人从城里往这出发，东边聊城也往这出发，找八路军。我跑，皇协军打的，闹着玩，军官不愿意，开会训话，说不让打老百姓。我是被叫回来的。范庄没日本人。

有皇协军也有日本人，进村俺都跑了。没抢东西。没看见日本鬼子，都跑了，都说扫荡。八路军就搁这几个庄转悠，八路军跟老百姓很好，让吃救济粮，高粱、小米，给穷的、挨饿的。自己小孩多，还给了人家一个小孩。

民国 32 年，一年二年不下雨，民国 32 年没上河水，不记得下雨。两季没收，啥也没收，饿死好多人，头一年不下雨，全村就我们打了一大斗麦子，饿死那些人啊，这躺着那躺着，蚂蚱、豆虫都给吃掉了。吃红薯根，树叶树皮吃了不少，红薯下来就好点了。

郭福疃村

采访时间： 2006年10月2日

采访地点： 冠县桑阿镇郭福疃村

采 访 人： 徐 畅 冯会华 蔺小强

被采访人： 高新春（男 78岁 属蛇）

一直住在这个村，没读过书。小时候弟兄五个，有父母，我是老四。家里有20来亩地，240步一亩，种谷子、高粱、麦子、棒子。麦子一亩收成100多斤，算是顶好的。棒子也是100多斤。和大爷一起生活，大爷、哥哥都给地主扛活，给得稀松。大哥下山西给人扛活，12岁，干不了回来了，跟着村里干，不够吃借，亲家也穷。吃糠吃菜，对付着吃。

吃高粱、玉米，小麦一年也吃不了几顿，小麦收不多。吃盐是吃小盐，刮盐土，淋咸水，熬，苦的很。吃油稀松，也不记得吃肉，除过阴历年吃点。地方政府要粮不少，一年要两季，村里有地方乡长，都是村里人，完银漕米。给人家扛活，没人家一个木锨值钱。阴天下雨，要把人家木锨拿了屋里，不拿屋里，不管雨下的多大都要出去拿。

有土匪，俺这里就是土匪窝。老蒋退却，没人管了，村里没吃没喝的，就拉了一伙子，抢吃抢喝，都是村里人。俺村有一个大头苏保路。俺大哥给他家扛活，俺家穷，我就在大哥住的土篷里住着。他家里有父亲，吸大烟。他几个村联络一伙子，老蒋那时村里有看家枪，敛了二三十支枪，四五十口子人。程村也有老些坏人，跟那一联络，100多口子，越拉越多，成天在这晃悠，拉到这1000多人。

东南村的郭庄，到那时，村里的头头才出去，老缺把人家村都给烧了，接着往南打，出去就没回来，在外边死了。八路军来了后，以后归八路军了。八路军给枪，把民团编了。老缺编成八路军了，编上第一营、第二营，赵建民是第三营营长。日本人来了后，就领着这些人跟日本人打游击，北八区归日本，八路军就在这一片转悠。八路军来了老百姓都赞成，给打扫卫生、挑水，吃饭自己带着小米。当兵的摞树叶子，也不抢，也不打你，跟老百姓挺好。

冠县有日军，北八区归日本。往东桑阿镇有齐子修、吴连杰，都是土匪。他占一片，他占一片。齐子修来咱村抢过，村里当八路军的，跟他打，东边门口挖了沟，跟他打。还有七路军（音），占阳谷以南，河南这一片。

日本鬼子来过，村里人都吓跑了。我那年 15 岁，日本鬼子到杨福疃那，我们就往南跑，跑到桑桥、白佛头，我牵个小牛。白佛头有八路军，鬼子到桑桥，被八路军截住了，从桑桥往北到务头，八路军都跟日本人打上了，日本就到北边陈贯庄，赵建民在陈贯庄打上了，赵建民带着一个营，但是武器不行，撑不住，赵建民就跟他死拼，打的人不少，伤了一些，剩下的跑了。赵建民跑不出去了，跑到一个庙里，有个要饭的老汉锁（音）住在庙里，天一刹黑，老汉锁用蓝盖里一蒙背着，把赵建民背出去了。碰见日本人，问你背的啥，说背着俺爹看病，当时赵建民手里拿着枪，不发现拉倒，发现的话，就跟日本干上了，后来没被发现，背出去了。后来赵当了省长，还优待老汉锁，给他衣裳，到冠县供销社，管他吃。

看见日本人来了，在村里走来走去，看到鸡，他倒是不打，让狗腿子皇协军打鸡，给他吃。皇协军抢砸，当狗腿子。俺村被打死一个人。我 15 岁那年，日本人进村，人都跑，他看你跑，就开枪打你，打伤了两个，死了一个。吓唬小孩，狗腿子吓唬你，都是当地人多。

1942 年、1943 年、1944 年，年成不好，1942 年不下雨，旱，没收成，头一年没耩上麦子。1943 年生蚂蚱，比这个时候还早些，落地里庄稼一吃一干净，一飞起来太阳月亮看不见，落地里，吃得哗哗的，上地撵，弄到壕沟里，用布袋捎回来。有个姓孟的，光吃蚂蚱。那时候老百姓没吃的，吃树叶子、树皮。榆树皮都扒干净了，捋草籽，我都捋过。

没上河水，没下雨，干的不行。有一年死人不少，1942 年、1943 年死了不少人，上吐下泻，很快。本来人就吃不好。扎旱针，扎胳膊弯、腿弯。抽筋不记得。我奶奶身上得病，身上起疹子，一点点的。红的，是秋天。用旱针挑，没好，也就临时好点。我兄弟也是出疹子，没出来，也上吐下泻，死了。

1944年，我十五六岁，我跟着大哥给八路军推公粮，八路军没吃的。把粮食从南往北倒，给八路军。从南推到邱县，推一车给一半粮食，就是救人了，如果不是那个饿得厉害。推粮食要过日本的钉子，推着小木车，两个人推700斤，小车会叫的，吱吱哇哇的，白天不过，黑里过，怕车子叫唤，就白天弄好，不让车子响。那是阴历年，穿的鞋袜子都跑掉了，光着脚丫子，又下雪了。推到邱县交给他，回头算账再给你，要钱给钱，要粮食给粮食。那个村里都没人了，饿死了，在那村里买个荞麦面的窝窝，饿得不行了。初一初二给算账，回来的时候，雪老深，光着脚丫子回来，在冰上走，走了七八天，也不能站，受那些罪。

1946年，我18岁，当兵去，受这罪。到冠县，正好刘伯承来招兵，我去不要，嫌我小。说不要，我也不回家了。聊城正在抓逃兵，白云是七军区司令，以后南下了，说要你，我就上聊城去了。到聊城给发了枪套筒子，五粒子弹，三个哑火，两个好的。破枪打不响，又给换了。后来给了苏联给的好枪，猛一看打兔子枪似的。1947年往西南，编制成了独立五旅。到安阳，打安阳老蒋又反攻，跟老蒋的四十九军干上了，19岁的时候立了一个功。往南打，打到汤阴，过黄河，那时黄河没水刚过去。老蒋把坝子里的水放过来了，不行了，又退回来了。1949年退伍。

民国32年，下了七八天雨，河水才来的。我在家，那时小，墙都歪了。头一年得病，第二年死的，村里死了不少人，啥病不知道。

采访时间： 2006年10月2日

采访地点： 冠县桑阿镇郭福疃村

采 访 人： 徐　畅　冯会华　蔺小强

被采访人： 李曾河（男　78岁　属蛇）

一直住在这。小时候家里有五口人，父亲母亲，弟兄三人。家里有20多亩地，二十六七亩，240步是一亩，666平方米，种麦子、高粱、谷子、棒子，过了麦种，不够吃，一亩地打二斗，一斗为25斤。壮地能打三斗麦子，很壮才100斤，一斤是16两。不够吃的话，吃孬，对付着吃。要不出去给人家打工，垛墙，一天挣两升棒子，五斤，卖苦力，有揽活的。给人家磨粉，不要工钱，只要渣，卖豆腐也落个渣吃，对付着吃，掺糠掺菜。借还得长利息，借了还得还来？借也借不起，借一斗粗粮还一斗细粮，借麦子还两斗粗粮。不敢借，越借越穷，跟富的借点。跟亲家借不要利息。没种过人家的地。收税稀松。

上过学，解放后才上的学，1948年。

日本1937年才来的，烟庄驻有钉子。鬼子打这路过，没住过。没见过鬼子，一听说来了就跑了。皇协军也没见过，1943年下河南，才见皇协军。八路军在这住过，经常住。来了扫院子挑水，半夜来了不喊门，不惊动你，伙房带了大锅，自己带了米，自己做。

冠县驻有日本人。皇协军不好，日本扫荡跟着来，比日本人还孬，抢东西的都是皇协军。

民国32年，就是1943年。旱灾。民国31年就不下雨，那时也没井，麦子也没耩上，没吃的饿死，逃荒去了，跟两个哥，1943年走的，二月走的，过了麦回来的。五月多，到沛县，一路要过去，成群搭伙的。不是一会半会的穷，黄河以北都逃荒，路上死得一个一个的，老的小的走不动了，加上天热，没饭吃。下半年下雨，阴历五六月下雨了，下透了，没倒屋子。秋里生的蝗虫，庄稼都叫蝗虫吃了。

到秋里抽筋，九十月，下不下雨不记得，死了老些人，俺家没有，没见过抽筋的，医生少，给扎针，俺村没有。

民国32年没上水，1937年上河水，从西边御河，从小滩，那水大，平地都老深，那水大得很。

采访时间：2006年10月2日

采访地点：冠县桑阿镇郭福疃村

采 访 人：徐 畅 冯会华 蔺小强

被采访人：王桂英（女 74岁 属鸡）

小时候家里姊妹四个，爷爷奶奶，父母，一个哥哥，两个妹妹，共六七口人，家里有九亩地。叔叔大爷上山西逃荒走了，种他们的地，不交租。爷爷做生意，开小饭馆。爹推磨卖个烧饼，推棒子卖个窝窝。没裹脚，那时候不兴了。大人不让裹了，说受罪，不让受那罪了。逃荒要过饭，到河南，结婚是1948年。日本人去过俺村，拿着刺刀，往身上插，吓唬你。俺爹被抓走了，抓到冠县，押着要钱。拿不起，借的啊，那是当事的人。卖衣裳，有啥卖啥，把他赎回来了，盖的也没有了，穿的衣裳都没有。

日本人一来就跑，四里五里跑，打东来往西跑，打西来往东跑。

民国32年春上，逃荒走的，上那拾麦子去，也没拾到麦子，到阳谷，过了麦回来的，扫荡后回来的。扫荡时，都跑到赵庄去了，结果都推到井里，使磨砸，人都砸死了，上不来，井里弄死了几十口子。八路军雇人把人捞出来，头都砸没了。一家有摊两三个的。

到秋里下雨了，不记得下了多长时间，不挨饿了。

抽筋是下雨后抽的，俺家没事，俺院里有姓王的姓徐的死了。光听说到天明谁谁死了。死了四五个孩子，俺叔伯奶奶得了，手攥着拳，眼陷，脚蜷。奶奶没死，黑里得的，奶奶扎针了。反正这个死了，那个死了，都抽筋抽死的，不知道原因，以后也没发生过。发病期间日本人没来过。

1937年上水以后没有抽筋，上小河水，白集没上水。

侯六庄

采访时间：2006 年 10 月 2 日

采访地点：冠县桑阿镇侯六庄

采 访 人：刘振华　张东东　孙　丽

被采访人：张玉亮（男　74 岁　属猴）

上过学，上过利民完小，1946 年在那上的，1949 年毕的业。我上学时鬼子还上来。上学离这三里地，上了三年整，毕业 19 岁。

鬼子没来时十二三（岁），姊妹六个，我是老六，两个哥哥，两个姐姐，还有一个妹妹。那时可不穷！民国 32 年逃荒，我祖母、父亲、母亲生活很困难，有地都是单干。逃荒都是出去要饭，要饭要多少是多少，祖母年龄大跑不了。我大姐姐出嫁了，我二姐姐也出嫁了，我大姐姐嫁到百塔集北街。待家的俺妹妹、祖母、母亲，地里野菜、树叶就吃这些东西。

成立中华人民共和国，成立了才土改的，土改都是斗争地主。

民国 32 年，土匪少，之前土匪多，我那时十二三（岁）。那些人也有穷的，也有富的，要钱财的多，杀人的少，叫老缺，例如村里几个不正干的人，一联络，架谁的户去。

咱那时共产党地下工作，共产党抓住，给他们的头，罪恶重的，就枪毙了，贾六庄梁付廷就枪毙了。这时候共产党就露面了，这时候鬼子力量就削弱了，国民党就不明了，咱那时称抗日根据地，政府有县长领的几个人创革命来，这边离临清、莘县也远，一插根，共产党来这里创业。

我见过鬼子，咱这边血水井，一九三几年吧。我还有二姐，都跑。鬼子飞机炸，还有步行的，坦克。那天阴历五月初八大合围，冠县、临清、堂邑、莘县这几下鬼子都往这集合，都屯那了，人没地跑了，一个井里祸害了 21 个人，杀的都是咱庄稼人。有一个看病的医生，陕西人，口音不对，问话来，怀疑八路军的干活，祸害了这么多人。我和姐姐从这里往那跑，那有松树林，往里跑，说话间，铁甲车过来了，不能在这里存着，一扭头向西北跑了，跑了十几里地，停了停，还不能尽着跑。听着后面没气了，不打枪了，不敢回家，饿到偏西才回家了。

鬼子打这过过，鬼子不很多，尽假的，都是皇狗子（皇协军）。从冠县一出发，有五六十口子，咱也不知道假不假。咱这庄没有汉奸，皇狗子（皇协军）来过，这庄挺穷，看不起，那时候才97口人，住的还不集中，一般不进这个村。

那时没个村长不行，共产党来要粮，要有人敛敛，那时还不给鬼子来。那时后来有民兵，叫青抗先，那时有鬼子了，都是准备打仗的人。鬼子来的次数多，小村的来得少，俺村没死鬼子手里的，皇狗子（皇协军）抢东西，那时谁有东西，一瓢米一瓢面都抢。

政府县长马景汉领着到咱这住，四五十人、二三十人来这。在咱这驻扎，来这保险，咱力量小，武器不行。我见过他，没说过话。政府里有枪，没好枪。一个基干营，马河支队这两个军队硬气，没来这住过，王六庄驻扎过，离这10来多里地，东边马桥打过。县长来了巡回，扶贫那会没法说，他还没吃的，走到哪村算叫村长敛点。皇狗子（皇协军）有枪，村长就不伺候他了，不给他办事，咱这村没地主。

日本飞机啥时候就转一圈，用飞机往下扫，打枪。

民国32年灾荒，旱灾，民国26年是水灾，那年上大水，咱这都淹了，都齐腰深。水退倒快，耩麦子时地里不能犁地，稀里呼啦，对付着能耩，一两个月就下去了。得病的没有，本家也没有这种状况。

民国32年，刮风，麦苗乱刮，一刮老飞沙，麦苗刮得不长了。到了1946年才慢慢转好，1943年、1944年、1945年这几年不好，1946年光景大改变。民国32年，麦子、高粱熟了，又下起雨了。高粱、谷子、绿豆也烂了。下得大，这坑里都满满的，就那时开始逃荒，麦子连粒也没了。一般10亩或者20亩的都跟上吃的，我大哥三口都是饿死的。下三天、下五天，晴的时候，连续不断。我弟兄仨，我大哥逃到内蒙古，三口都饿死了，还有侯家也有饿死的。

没人得病，连着三年灾荒之后就好了。咱这得那病的少，咱村没人得这死的。我大哥，走跟着两家亲戚，一个表叔走的。他回来不敢给说，他回来我姑家的人病了，才知道得这个霍乱，那时都说是霍乱，发烧，看好了。找医生看的，光让吃中药，除了吃中药没别的法。具体咋看咱闹不清，吃药为主，都是老医生，没西医。

下了雨有生蚂蚱，要飞过来，看天也看不见。有的吃蚂蚱，那东西有毒，都黄肿拉胖的。

谢家海

采访时间：2006 年 10 月 2 日

采访地点：冠县桑阿镇谢家海

采 访 人：王 伟 王燕杰 李玉杰

被采访人：谢魁英（男 85 岁 属狗）

村一直叫谢家海，没改过名。日本人来之前，生活都不好，连棒子芯都吃不够，天旱，也因为国民党，有土匪，有点家户都抢。

18 岁的时候鬼子来的，小日本看手，有茧子的说，顶好顶好的，做苦力的干活。有抓走了又放回来的，抓走点火，烧肉，挑水，不干就杀。来村没杀人，在西南处五里地，烧得片地不留。年轻的媳妇，大闺女都跑了。听说鬼子来了，早早吃了饭，西边来了向东跑，南边来了往北跑，那样的日子过了一年。鬼子打垮的都死在这儿了，桑阿镇有“互锄会”。

民国 32 年，大灾荒年，老齐旗号，不干正事，也不算土匪，是杂牌军，头姓卜，东北边七八里地的人。灾荒也旱，也是杂牌军弄的，鬼子那时已快完了。

八路军十六团在这，日子苦，村民欢迎共产党，挖沟、修路。旱了，棒子什么的啥都没收，上过大水，大水七八月发的，发大水时没逃荒的，稀松的。有大些人，百十口人，饿死的多，大水来时，发热，不记得有没有生病的了。我在沈阳呢，二十一二岁时在沈阳蹬三轮。饿死的埋都没埋，臭家里了。

闹灾荒时，鬼子不大来了，八路军日间也敢来了，没人了，逃荒都逃出去，小姑娘到河南卖自身，两口子说媳妇是妹妹，就卖了，自卖自身。去河南拾麦子的有，我的一个姑姑家，生的两姑娘，儿都不要了，卖了。

走不了的都饿死了。饿死的多，有得水肿的，靠水井、旱井吃水。四口水井，西边一个，东边一个，水浑得很。村里没有医生，十六团带的医生，医生都好。大灾荒有一年多。年末，棒子都没收，都逃出去了，家都不看了，慢慢的回来了。

日本鬼子挖卫河，没有听说，连下雨带的水。现在生活好了，平实了。我当时小孩多，在家做些小买卖，四个儿，四个姑娘，小孩过得挺好的。弟兄们在沈阳一个，扛活，当苦力。村里人靠几亩地过活。邻村的情况也差不多，谁也顾不上谁，媳妇都顾不上，搁在家里纺做衣服，好几个人裤子轮着穿。死了埋都没人埋，人小不当孩子，死就死，埋的时候啥也不穿。死的原因怀疑有瘟疫，我得了一个月瘟疫，不吃饭，浑身一身汗，不饿，病了一个月，自己也没看，喝了点水就好了，啥也不知道，光热不冷。

潘　庄

采访时间： 2006年10月2日

采访地点： 冠县桑阿镇潘庄

采 访 人： 王　伟　王燕杰　李玉杰

被采访人： 董连臣（男　87岁　属猴）

民国8年、9年出生，上学学三民主义，没上过初中。日本人来到，他说话咱也不懂，祸害东西，逮鸡。

民国二十几年，饿得出关外了，没钱，有钱的看小孩饿，就给吃的，到了沈阳，没地方去，后来找到俺老乡，他也没钱，别提那难过劲了，打了封信，亲戚给寄了点钱。光复后，我回来那天正好是中华人民共和国成立那天，咱家里土地一分，日子就好过了。

鬼子一来，家里啥也没了，门都卖了，内部有土匪。俺这是无人区，这一部分，那一部分，都乱抢了。日本鬼子来那一年，民国多少年记不清了，我十八九（岁），齐子修闹事，反对八路，人不少哩，这一溜围子人不少。老范一死，就是聊城专员，长长胡子，范筑先，没有人管他了，老齐后来投日本了，日本不叫收。有飞机搜他，向北撵他，被打散了。

日本人来以前，蒋介石那时候，不管饿饱，公粮照交。那时村里有700人，这我也估计来说，日本人来的时候就成无人区了，都跑了。村里没有媳妇的多，那时生活不行，妇女生的多，小孩夭折的多。1949年回来的时候，死的不少，小孩饿死的多，人比原来少。村子一直没有改名字，都叫潘庄。民国32年大灾荒，灾荒是大乱引起的，剩的粮食都背着，南面往北跑，北往南跑，一边是老齐，一边是日本人。八路军来了咱欢迎，腾屋子给住。

民国32年，庄里没人了，老齐抓人，家里光剩一个屋，要饭去了，向南边去得多，我上关外了。我弟兄仨，二兄弟、媳妇往南去了，兄弟到河南，拾点麦子，俺上关外了。爹娘头七没饿死，后来回来了，看着饿得都不亲了。

民国32年四月初九下的雨，麦子没种上，八路军给的种子和牲口，开始说要钱，最后也没要。八路军没地方待，总根在西边延安，这里没有。弟弟回来种地，我在关外住了七八年，三兄弟在兰州医院，比我小10来岁，参加护校后就走了。民国32年，庄里没人，看不到人，家里啥也没有，灾荒以前病多，我家里我发过疟子，得病的家就不去串门了，卫生不行。

日本人来时已经上大水了。灾荒一个是旱，旱得高粱没粒，谷子有点粒，谁也不敢要，偷着要，没地吃馍馍。

提传染病，有抽筋的，发疟子，霍乱的。霍乱最厉害，霍乱是随着说的，咱不知道。找私医生，当地的，开药铺，没西医，看病吃药，要钱。打针没有，扎针，缝衣服的针。我发过疹子，冷了又热，霍乱上吐下泻，搐筋。羊毛疹是用针挑，都说是急性病，得病难医好。也不打针，好就好，不好就死，有人就伺候，不懂得传染。生病的该不死得很多，没少死，得病的都害怕，都白瞎，抽筋得没法，都是死。

霍乱咋引起的不懂得，传来的厉害，原来邻居姓董的，家里死了四个，拉到外面，埋到哪也不知道，叫狗吃了。传染病哪年都发生，不是鬼子来了才有，以前不知咋的预防，鬼子来之前就有霍乱，大人说咱就听。我也得过一回，也不都死，后来好了。民国32年有病也没人看，饿得走不动，谁给看病啊，都饿跑了。

有一个大井，有一丈四五深。那时水浅，村里那时吃水，打着好水吃好水，打着苦水吃苦水。

鬼子走哪起哪住，垒个炮楼，离马路近，离村里远。日本人少，老齐人多，不住一个围子，日本人败的时候，咱人多，他也害怕，咱没粮食，有也埋了。飞机头好几天，由南向北，12架，跟重庆打仗呢。来了以后转悠转悠，人吓得头都不敢抬。日本人有抓人的，有打死的，几天扫荡一回，南来往北跑，西来往东跑，钻葫芦沟，打死好多，八路军打好打坏都跑，力量不行。日本鬼子坏事说不尽，一打仗不少打死人，翻着就拿着吃，抢吃的，不要旁的东西，老齐啥都抢。

有汉奸，光混吃，黑吃白吃。真打的时候不跟着，也跟着抢。老实的庄稼人受屈，咱村没有汉奸。

采访时间：2006年10月2日

采访地点：冠县桑阿镇潘庄

采 访 人：王　伟　王燕杰　李玉杰

被采访人：穆玉富（男　78岁　属蛇）

本村的，当过兵，打聊城、泰安、江苏的时候就跟着。16（岁）当的兵，1945年2月去的，鬼子来的时候就十几岁，记不住多大了。鬼子来又砸又抢，日本人来了以后，杀了十几个村里人，啥也不问，跟八路军打仗急了。

早先被子都捆起来，日本人一来就跑，全家人有时一块跑，咋跑有利就咋跑。我家那时四口人，我住老娘家，日本人来之前，日子不行，缺吃少穿，干庄稼活。我小呢，不种地，鬼子来了就跑，走了就回家。俺这鬼子来之前就有八路，打游击，在偏僻地方住。

跟鬼子来的有汉奸，皇协军，汉奸听人家的，也干坏事。土匪老多，这盘那盘。1945年当的兵，在这之前都在家，挨饿，灾荒年有蝗虫，麦子没种上，收大秋时下的雨，高粱没粒，不下雨，没机井，旱就不种地。

传染病，抽筋，死的不少，有死的，有逃荒的，症状记不住了，上吐下泻都有，不知道啥病就死了。不知道这个病以前发生过没有，灾荒年家家都有得病的，有的都死完了。那会没医生，都是老中医，吃汤药，扎针，也有看好的。死了人报丧一个人不敢去，怕死在半路上，死得快。只知道病叫抽筋。村里有人逃出去就不回来了，生了病就出不去。

得病与日本人有关，将吃的拿走了，饿的。老齐跟你要粮食，给八路军粮食乐意，老齐算是日本人的狗腿子，也算汉奸。

村里吃大水井，有五六口井，水一直在吃，没变化，有咸的有不咸的。

编的大灾荒的歌，民国32年，记不住了。1943年发过大水，也受灾了，不很狠。置高粱的时候来的洪水，有半个多月，发水从西南龙王庙方向来的，卫河那边，村里那时候有牛。

前李赵庄

采访时间：2006年10月2日

采访地点：冠县桑阿镇前李赵庄

采 访 人：刘振华　张东东　孙　丽

被采访人：李金钟（男　78岁　属蛇）

民国26年，发大水，咱这都淹了。八月二十水来到的，到了第二年的麦子都没耩上，持续了好几个月。

当时国民党的县长、县政府都跑了，民国26年都跑了，国民党一走，这没人管了，八月二十上大水，民国26年五月就走了，一听日本进山关了，他们就跑了，留百十个宪兵。

大约是民国27年，日本一来到，二十九军就过来了，他一撤，日本过来了。一枪不打，一个劲的撤，鬼子还追着咪，上下不离100里路，驻到咱这里。腊月二十三，咱这个村都驻满了，驻到咱这几个村，咱这正下大雪，下得挺紧。完全在咱这搭的帐篷，不让军队上农民家去，到屋门去也不行，也跟八路军一样问寒问暖，不叫用群众一点东西，借个碗盆在门外一两步，你给他拿出去。到下午三两点的时候，一吹号集合了，人家把帐篷一拆，东西一拿，班长打屋里喊出去咱的人了，叫看看兵拿你的东西了不，兵要是不说实话，领导知道不得了。一集合赶紧走了，对路不熟悉，叫咱村人领路，去了三四个，俺父亲也去了，送到离李阳谷20来里地，领导叫休息，你老叔、大爷回去吧，说些客气话，给俩馒头路上饿了吃。

来到咱东南庵店（谐音）一里地，鬼子来了，种地的百姓说绕过去吧，鬼子来了，往东绕过来的。来家水没喝，鬼子和国民党打起来了，国民党过了黄河了，鬼子打西南莘冠道大路上来的。我那时拾罐头盒子，拾了一篓子，鬼子说话嘟喽嘟喽的，听不懂。种的花生秧、庄稼都倒了，他不知道吃，拿起来不知道吃，拿起来闻，往嘴里嚼，说好的。

遍地里老缺都起来了，抢吃抢喝，遍地都是，有一个老缺头子叫韩啥魁，都叫韩司令，都是在村里放过名的人，都是农民，起来有五六个月，来到也没吃的喝的，抢地主富农的。这样不行，叫聊城的韩春鹤，东厂的负责人，是以前国民党的人，在东阿县当区长，联系咱这梁堂的赵一冒，他在聊城上学，联系上了，一联系，叫他回来做工作，赵一冒是八路军，在聊城入的党。后面范专员一来，收了老缺，回来一收，在东面桑阿镇一下通知，各老缺都去了，工农抗日，民国32年，收编咱工农抗日，赵司令编了三个营，赵建民他是三营营长，一营是姓张的一个人，二营营长是东北的一个人，后来给赵建民提成司令，赵建民和赵一冒是一个人，编成二十二团，绰号“铁帽子”三营，三营是最棒的。赵司令，1958年在咱这当过省长，苏童（谐音）当副的。一建国，到中央就有号了，现在是候补委员，没当正的。1958年乱的风，他闹不到一块儿去。

血水井它这个事，是1943年五月初八，那时都参加工作，我都是党员了。那一天，鬼子来，大合围，咱这一片鬼子不敢来，外面这村别看不大，都知道大李赵庄、小李赵庄，以前打山西过来的。鬼子在东北，洋湖南有一个高店，是八路军的粮库，那时粮库是活的，那地枪一响，鬼子临清、北京、天津、聊城都一股往这来。高是军队的人，是正规军的一个人，我刚起来，他说有情况，鬼子打到洋湖南了，他一个炊事班从这走，你能隐蔽隐蔽不？您仨在这吧，都在这不行，枪响可别露头，没事再出来。东北角东南的一股也来，西南的小滩、龙王庙、冠县合西面这一伙了。咱队伍有100个人上西南，走到张李镇遇上鬼子了，向东跑了，跑到西周铺（音），东南的鬼子又来了，就撤到程赵庄了，街里一藏军队就怕了，藏到柴火垛里了，恰好鬼子没去。炊事班剩下几个人跑到松林西边去了，从西周铺来了个铁甲车，朝他几个去了，就打死了，三个没死挺。

那一天，天挺热，俺大爷俺几个把他仨抬到路边阴凉地，晾那，死俩，剩一个。给贾六庄李振风说，死这人你见了吗？没死的有叫唤，我说你派人送医院去吧，派四个人送去了。咱这一集合，鬼子围满了，一来我年轻，来时鬼子骑着马，没20个真的，都是狗子。我一露头，就朝我摆手，我胆不小，就去了，就把马给我了，掏出一截黄布给我系上了，就让我给他遛荡，我接过就给他串吧，哪村紧张就往哪去，逛到西南角前，离血水井50米左右，从俺村李常山家哄出20多个人。他走了就半街，李常山娘喊过他来了，他一扭头回来了。剩下的人都站那一趟子，有好几层机枪围着，上上刺刀，我离他们有四五十米，叫两人架一个推到井里去，后面一个从头上砍，一个个往里推，推一个看看，往里看看还拍呱来。天那时有12点多，不到下一点，就吹号了，都集合了。把20个人填进去，把搅水的，还有磨扇都砸里头了，砖往里扔。人老不死，打了老梭子子弹，扔手榴弹，扔一个炮弹，炮弹炸了，人都看不见了。我在南边来，朝我摆手，给我敬礼，好的好的牵着就走了。井户主叫李廷志，把他带走领路去了。我说井里有人，他说准不，我说准，东面来了俩兵，部队的，拿了山镢，拿两根绳，往里一挂，蹬上一个人，又下去，又打出来一个，是光剩嘴没头了，到后来说不是咱部队的人，不拉了。剩一个俩的，找到手榴弹、弹铁皮，没炸。

民国26年，水都下去了，接着是大灾荒了。那时医生说是霍乱，咱这净是老中医，咱家得了病得去求人，有吃药，有扎针。那时这病多了，几个村都有，病人多了，不少见，哪村都往外抬人，干着活就肚里疼。也有往外逃的，有上河南的，河南的多，过了黄河就有吃的。死了随便，谁的埋到谁坟地。吃生水的多，干活来了就喝，都喝井水，那时顾不得串门，东倒西歪的。

有一种病人抽筋，吃药不行，得霍乱疫，一扎出了血就好，不扎好不了，就抽筋，等不了两天就得死。水一下去后就来了这个病，一抽筋就不治了。一开始发烧，肚里疼得打滚，就民国27那年，就大灾荒。连饿带有病，咱一村抬出去仨，瘦得不行，都不是人了。咱这村估计村不大，七八十口子人，那时一共220多人，五六年都占这个200多人。咱家得这个病的也有，我的一个祖父，一个母亲，没看好。我姊妹俩，一个兄弟，现在邯郸农药厂上班。那个病不传染，还是饭上不行，喝得不行，不是一月俩月，树叶子都吃得长不起来，野菜也没有了。

民国32年大灾荒。

申小屯

采访时间： 2006年10月5日

采访地点： 冠县桑阿镇申小屯

采 访 人： 刁英月　黄永美　姚一村

被采访人： 申要台（男　78岁　属蛇）

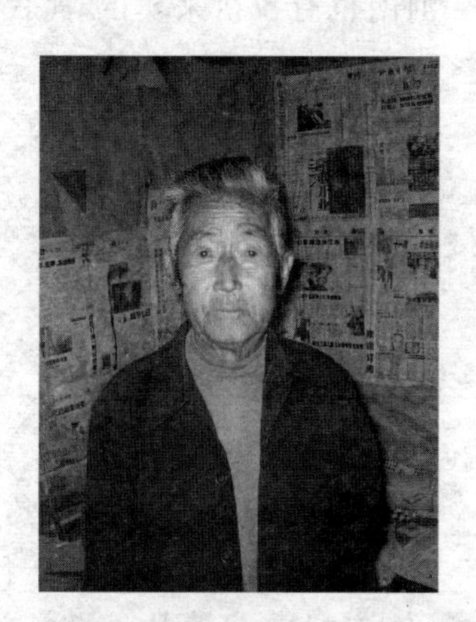

申要台

一直住这。上过几天学，上不起。日本人来前，六口人，弟兄四个，生活不行。这村数我生活不行，七亩地，吃不饱。一亩地就（收）三五十斤。种棒子、麦子。村里有地主，王玉朴。地主家好，能吃上肉。有90来亩。他在城里开钱铺（当铺）。借粮也给。没吃的就要饭，外村也去过。（给地主）借（粮）长利息。给富农借过，不长利息，跟人家也不错。

有土匪，不少，架户。猛一开始韩春和，土匪头，叫八路军毙了。大土匪，有20来人。将（刚）事变（出狱）。事变后住城镇，（出来后当的土匪，）不祸害人，不抢东西，走哪儿吃哪儿，不是很孬，到后来人多了就抢。齐子修，土匪头，啥也抢。齐子修孬，架户，抢东西，得拿钱回，要不饿死里头。到家抢，不管穷富都架，进门就翻，粮食都埋地下，到屋里翻翻，没有就走。见过鬼子，鬼子孬。

鬼子也抢，后来八路这儿有团，鬼子不敢来了。俺村没大事变过（指跟日本人打）。这村没一个皇协军。这是根据地。（鬼子）来了后生活还不行。鬼子待了有两年多，住贾镇、二十里铺、安钉子（炮楼）。鬼子对小孩不错，逮住也不打。

民国32年没（发）水。没井，浇地没水。推小车上河南（黄河以南）浇地。旱了一季。闹蚂蚱是民国32年以后。没下大雨。有病，病的不多，咱村有，连病带饿有五六十。咱家没有。饿得脸瘦得没法治。饿的，不是真病。抽筋是民国32年以前。民国32年没病的（抽筋）（民国32年是饿的病）。（民国32年病）也没听说过。拿嫁妆拉河南换小饼（花生饼）吃。河南也有拉饼来卖的。（民国32年）河西有病的，听说过。水那年没上这流。

民国32年没见过日本飞机。

王家槐木园

采访时间： 2006年10月2日

采访地点： 聊城市冠县王家槐木园

采 访 人： 刁英月　黄永美　姚一村

被采访人： 韩贵海（男　75岁　属猴）

韩贵海

上过几天学。以前槐木园就一个村。家六七口人，10来亩地，一亩地收麦子100来斤，七八十斤。有地主，地主有二三百亩呗，地主也舍不得吃肉。地主家好过点，穷人卖地给地主，给（方言：向）地主借粮，高利贷，借少还多，还不上给地。

日本人在城里住，据说就20来个。日本鬼子来以前挺乱，鬼子来前土匪多着哩，土匪三五十个。土匪抢，黑间绑架人，抢，砸。咱这穷人家不大抢。

见过鬼子，跟他干过。有八路军，这儿八路不少，这是根据地。净打游击，硬挺干不过日本鬼子。有八路，土匪慢慢就不大行了。

鬼子说不定上哪村扫荡，一听说日本人来就跑。范专员起先也是土匪，后来八路军收编了。当土匪的不见得净孬人，都是饿得没法。当汉奸的也不少，汉奸里也有八路地下党。

没见飞机撒东西。日本人来没检查过身体，来扫荡，没抓过劳工。

民国32年记得旱了，后来淹了，闹蝗虫。卫河开口子，西南来的水。连下雨带开口子。洼地淹了，淹的地很少。小滩儿，现在河北金滩一带，开的口子，听说的。民国26年淹了一回，鬼子进中国。

下雨以后打蚂蚱，大的小的都有。地头刨二三尺的沟，搼里头埋了，庄稼吃成光杆了。

没霍乱抽筋病，饿死不少。桑阿镇，那村里没人了，逃荒的，饿死的。民国32年我也逃荒了。听说下雨，回来种地，又遭蚂蚱了。民国32年以前（村里）有六七百人？

采访时间： 2006年10月2日

采访地点： 聊城市冠县王家槐木园

采 访 人： 刁英月　黄永美　姚一村

被采访人： 潘登魁（男　79岁　属龙）

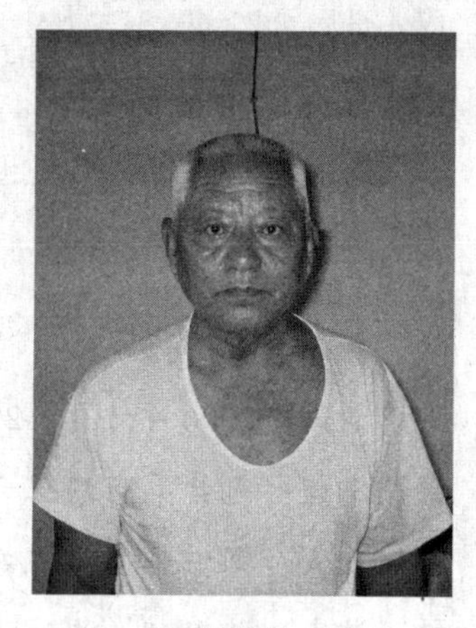

潘登魁

民国32年下大雨，那反正冷点儿，淹了，卫河来的，龙王庙，小滩儿那儿，河北金滩，淹地方不大。闹蚂蚱是下雨后。

没听说过霍乱抽筋，也没听说过检查身体。

日本飞机不撒东西，撒传单，条子。没抓过劳工。

王学武

采访时间： 2006年10月2日
采访地点： 聊城市冠县王家槐木园
采 访 人： 刁英月　黄永美　姚一村
被采访人： 王学武（男　73岁　属猪）

民国32年，三年不收，草长这么高（60公分左右），没发过水。生蚂蚱，人撵。

病的不少，没有医生，生疮（天花）。肚子疼，拉肚子，头疼，都扎针，六七公分的银针扎。有霍乱抽筋，不多。生疮（天花）的最多，我也得了。偏方治。一礼拜不吃饭，发烧。那年死人太多。

日本人来前不记得。土匪不少，跟日本联合。土匪架户，贴个纸条在家门上，几点到哪儿回人。主要架土地主。村里地主不多。

八路军有，区大队，县大队，在我家后边住，我家有地道，通到地里。日本人来了，堵住屋，钻地道跑了。八路打了鬼子，赶紧跑。

王六庄

采访时间： 2006年10月2日
采访地点： 冠县桑阿镇王六庄
采 访 人： 刘振华　张东东　孙　丽
被采访人： 赵卫朝（男　80岁　属兔）

没出过门，那时上不起学，净要饭，从前给地主干活，薅青草煮着吃，共产党来了才吃上饭。共产党来是暗暗的，穿便衣，跟老百姓一样，结合村的人给他们偷打。在有鬼子时，那时多数不敢当兵，逮着杀头，叫他逮不着跑了。

我14岁给地主干一年，共产党来了，就给得多，我连衣裳也穿不起。地主有几家，俺村有一家全村的全给他干，不干吃不起饭。俺老人不争气，都输完了，撇了小孩，要饭为生，弟兄仨，一个姐姐，我哥哥。

有飞机，中央军向南退却，退到台湾，炮一轰，十个八个一来，轰轰的都载着走了。有时来咱这村，跑累了，牵个小驴骑着，不管谁的，有就牵走。他不打日本，要打就跟八路军一气了。鬼子还没来。那会在本县就没有国民党了。鬼子来，游击队来给游击队干，鬼子走了给县政府干。我是老二，弟弟还在，在河这边落户，六个闺女，一个儿，都是贫农。

鬼子没来时，饿得没法了，这一片有几百个土匪，咱庄有土匪，那时土匪都是饿的，都是好人。这一片都有，到哪庄吃哪庄，不杀人，就是挨着吃。就是饿的，搁这街上住住吃两天，那街吃两天。没过几个月，范总司令来了之后，就都收了，范总司令一收就成八路军了，老听人说范司令收下了。

俺这八路军赵建民司令，跟这死战死战的，现90多岁了，在北京来，退休了，梁堂的。俺见过他，比我高，大个子。他成营人，几多人，他买枪，没子，有子没子扛着，扛着也揪心，鬼子来了看见也杀你。

这村没有给鬼子办事的。日本鬼子来时我还打他们呢，他们在这北边住八年，又烧又杀抢，一来他们又都乱跑。这鬼子没偷偷来抢过，那时人多，千把人，逮着就打，你村官是谁？不说揍你！来了都跑，扒地里，人上地里睡去。鬼子没在这过过夜，鬼子来了，戳一下就跑。我没打死过，俺这民兵打死两个，村北站一片皇军，咱庄有12个民兵，是八路军组织的。咱庄民兵逮走一个，又放回来了。这不这几个村民兵一说出发，送信告诉组织起来组合，那时我17（岁），几个人一商量说我太年轻，鬼子来得快，一个人替我去了，他去那村叫人去了，他在井跟前歇一会，趁干部开会就逮走了，叫王书（谐音）雨，现在死了。鬼子来了也不集合开会，都吓得乱跑。

鬼子住县城，当民兵的给他打也没啥打，砰砰几枪他就不来了，他就不敢来了。来了就要偷，不给就杀，在赵庄一个井里屯杀了18个。在前李赵庄、冠县、莘县、聊城，要出发都出发，坑里井里都是人，这庄上没少杀人，都有枪，跑不动就打死了，打死的都跟你这样，能打。没看见穿白大褂的医生。

民国32年灾荒，这一片子下雨，任啥不长，一片麦子没收，村里饿死了80口子，400人饿死这些。春天下雨就种庄稼了。民国32年，地主家也没啥吃。

咱这边没发大水，河水够不着，喝井水，街上打几个井，吃井水，用绳来上提。有一点粮食，吃野菜、灰灰菜、柳条叶，挺苦家伙。

民国26年发大水，水半截深。那时啥病没有？死人！好不样（谐音）就死了，医生也不知道，就死了。病人哪街上不死，长木头支个秫秸埋了。

卫河发水六七十年了，地里庄稼都淹了，平地都是水。那一年连天下，河开口子，连下带淹，水下去以后多数人都发疟子，发疟子浑身冻得哆嗦，盖几床都冷。那个病死人不多，下去后冷，说热就热，一会大一会小，伤人倒不多，多数就好了。没有医生，发就尽着发，有针扎的也不多，隔一天一会，闹一个钟头，反正过来没劲。那时也听说过霍乱，肚里疼。上大水那一年，大秋都收了，高粱、谷子都收了。七月发大水，棒子、红薯、萝卜都淹了。

苇园村

采访时间： 2006年10月4日

采访地点： 冠县桑阿镇苇园村

采 访 人： 徐　波　王　凯　吴肖肖

被采访人： 宋加士（男　87岁　属猴）

这个地方叫苇园，一直没变过，属于冠县桑阿镇。我没上过学。小时候，家里六七口人，兄弟三人，姊妹六个，属我大，有一个兄弟不在了。我小时，我爷爷也在。七七事变前，家来有七八口人。生活吃饭都吃窝窝头，棒子面、苞米面、喝米汤。

有地，三四十亩。有地主，地主有两顷多地，200多亩。有空就给地主干活。没地的人少，各家都有地，我家属于一般情况。一亩地打小麦100来斤，一百二三十就挺好地。也种棒子，产地也稀松，百来斤。一亩地打四斗小麦，打五斗就足天哩。

那时候是蒋介石的世界。交税钱，稀松，几钱银子。两斤银子一斤米，到县里交，文银糙米。村里有地方，有章，种多少地拿多少粮，叫你送去。一亩地拿两个，不算个钱，除了税钱，其他啥钱都没交过。

那时有土匪，人数不一样。事变那一年（民国26年）遍地都是土匪，庄稼人没土匪多，俺这村没当过土匪的。事变前土匪少，小安哥，不伤人命。民国26年，冠县官一跑，大狱也揭了，土匪可多哩。王村、石家村，一个土匪头子都四五百人，韩春和，石洪连，啥都抢，你穿条新裤子，叫他看到了，他看到怪好，就叫你脱下来。白天黑夜管哪个？叫你脱你就脱。谁不抢啊？地主也抢，很多人有枪，盒子枪，没机关枪，大小都有枪。土匪都跟军队一样，在村里住着。抢吃的。八九月份起来的，一起闹到年根底下，叫范专员都收编了，上聊城了。东西抢没了，什么都吃，糠了菜了，树叶都吃。

事变之前没听说过共产党，都是国民党。不懂那事，没国民党党员。

当时村子里有400多人吧，不到100户人家。我二十好几（岁）才结婚。现在家里有二三十口人，三个儿子三个女儿，四世同堂。结婚时不下彩礼，找轿子抬的，四个人抬，吹着喇叭，拜天地，吃顿饭，就算成了。

民国26年秋后，日本人来的，没有驻，路过。以后才有驻的，过了一二年吧。见过开过去的日本人。人不多，憨家伙！打东边上南去，安营，逮村子里的鸡吃。刚来的时候，汉奸少，搁冠县贾镇驻着。过来抢东西，来几回没正准儿，天黑了就在这坎住，人都跑。刚来时不抢，有了皇协军才抢，汉奸抢。刚开始不烧，一打仗就烧屋。跑不掉的没办法，就杀掉。搁南边村，吕庄，杀的多。搁这坎驻了好几年了，要打那边路过。逮着狠，打你。鸡什么都抢，基本不剩下。鬼子不要东西，要东西的是汉奸。进村儿，家家没人，能跑出去的就不搁家，往四下里跑。人都跑了，村里没人了，他们就搁这坎驻着。

皇协军驻在公道上建碉堡，驻的人不多。给日本人不说话，也没见过面，一听日本人来得近了，就跑了。我曾经往南边卖羊，叫十军团劫了，国民党的军队。

民国32年灾荒，没人了，路两边都是荒草。人都慌忙走了。上南的，上北的，四下里走。投亲奔友，混嘴吃饭。我逃到南边去了，出门要饭，一家人都去了，六七口子人都去了。别那什么孬好，好的东西没有，能吃的都吃了，地里野菜、树叶，树皮，啥不吃？饿死的人可多哩。逃荒最远跑到沛县，有500里地。我来回跑，做买卖，跑××城，跑贵乡，啥东西都倒。日本人走了才回来。

到第二年下了大雨，不记得啥时候，是夏天，地里长着谷子、高粱、棒子。村子里没大夫，有病就上县里，有个大夫也没药。村子里有人生病看看有没有先生，找个先生，抓点儿药，吃了好就好，不好就死。啥病都有。过了挨饿以后，水肿的多，有人得霍乱，哪个村都有，得羊毛疹子，用针挑，割。饿死的多，饿的人都没大劲了。我爷爷在灾荒年后去世，70多岁，得病，老了，没得吃。霍乱病肚子疼得不行，有人会治，找针扎扎。应该是饿出的病，吃糠咽菜，没粮食，吃多了哪有不生病的？灾荒年之前也有这种病。

灾荒年死的人也不知道多少，有的死了，有的活了，有的全家大都死了，都埋，一个人埋一个坑。灾荒年得霍乱的人特别多，也有人找大夫看，大夫说是霍乱，扎针看，不好就死，好就好了。没听说过日本人放毒。当时吃井里的水，旱井。

看到过日本飞机，灾荒年少，没扔东西，老大，上面有红月亮，圆的。

民国26年秋后的时候，发过洪水。灾荒年前后没有发洪水。

日本人一走，俺这一片都是共产党，给共产党纳公粮。当过民兵，打仗打的多了，出门就打。跟周自忠、冯二皮，这些杂牌军打仗，说是皇协军，他们跟土匪一样。民兵是公社，共产党组织的。我没入党，一个民兵队里有二三十口子加入共产党，俺这个村有20多个人加入。县里、区里派人领着打仗，俺村没有下地雷，发枪，孬把枪，不是多好的枪。打汤头、打聊城、打临清，我都去过。押担架，押民兵，俘虏过日本人，打持平一（音），皇协军把围子打开了，得到30多支枪。抓的人都交给上级了，不打俘虏，杀得偷着杀，上面不准杀。打仗的时候，有死人多的时候，也有死人少的时候。死的人挖个坑就埋了。

采访时间： 2006年10月2日
采访地点： 冠县桑阿镇苇园村
采 访 人： 徐　波　王　凯　吴肖肖
被采访人： 王万太（男　81岁　属虎）

上过四年学，民国26年下的学，没有西历（公历），蒋介石统治。日本鬼子进中国以后，共产党拉游击。14岁冬天到15岁，又上过一年半，民国二十七八年，游击学校，日本人一打就不上了。

本村一直叫苇园，叫这个有几百年了。我小时候，这个村有300来人，六七十户。我那时候，我父亲与伯父没分家，有七口人，哥哥、嫂子、大爷、大娘、我爹娘，我既没姐姐，也没姑姑，也没闺女，我要了个闺女。一直种地，祖父就种地。现在也种，年轻人也有出去打工的。

有地主，也有给地主当长工、短工的。我记事以来一亩地没有的人家没有，都有几亩地。我18岁的时候，全村平均每人七亩地，地主一家就占1700多亩地。“紧三慢四松散五”，三亩地不够吃，四亩勉强，五亩才够多少分一点儿。日本鬼子一来，就有共产党了，我们只给共产党交税，没给其他杂牌军交过税。

民国32年，大灾荒，鲁西北大荒旱，饿成无人区了。那时候，这个地儿，共产党打游击。老齐，半土匪，灾荒的时候，要钱，要得没法，都逃荒去了。我家里的牛还被老齐牵走了。这个地方都没人了，还剩下100来人，老的小的，其他都光忙，饿死不少人。我18岁的时候，上沛县拾过麦子，拾几斤麦子吃。有日本军、皇协军、治安军、老齐，治安军是汪精卫的人。我慌忙逃到沛县，在那来拾麦子，拾了一个多月，就回来了。回来时，老齐就走了。

大旱，棒子都旱死了，麦子都没耩上。民国33年农历四月初八下了雨。下了一天一黑夜，没听说河堤决口的事情，咱这坎没河。共产党一个区驻在朵庄，无人区，都开荒生产。我回来时村子里还剩200来人，都等着第二年秋后收了谷子才回来。饿得满地扫草籽吃，我也扫过草籽，扫到屋来。

这村来没得病，都逃荒走了，那时没霍乱这种病。我回来18岁，冬天就参加了共产党。东边梁庄、辛庄、朵庄死的人不少，无人区，乡里人都逃荒，就剩老的，无儿无女的都饿死了。这片饿死的，没有霍乱病。听说过霍乱病抽筋病。灾荒以后，有个年轻人，他出去卖坯棉，抽筋死了。日本人来之前没听说这种病，不记得了。那时没有这种病，有也不叫“霍乱”。得了抽筋病就发烧。其他抽筋死的没有，没听说。咱附近没听过日本人放毒。

这边没有很大的战场，日本一扫荡人就跑，打不起仗。日本人筑“钉子”，皇协军，日本人快不行了，汪精卫的人在二十里铺守着，叫治安军。我们这只给过共产党粮食，日本人一斤粮食没拿走，不是共产党八路军游击队的根据地。齐子修开始是我们给他送东西，后来他就来抢。据老人们说，齐是国民党二十九路军宋专员的部队，后来拜地为王。这个村子还没叫日本人逮过，日军驻过三次。俺村没叫日本人杀的，也没叫抓的。

我那时还是地下党，不敢承认，给八路做点工作。日本人走了以后，一土改，才公开，我始终没脱离过这个村，我家里有人，没走。我们农村人也有民兵，也有参加游击队的。也有跟着八路军走的。

魏梁庄

采访时间：2006 年 10 月 2 日

采访地点：冠县桑阿镇魏梁庄

采 访 人：张培培　高　伟　张晓冉

被采访人：李诚意（男　87 岁　属猴）

我是 1920 年生人，从小就在这个庄住，弟兄三个、二个姐姐、一个妹妹，父母都在。家里种了 40 多亩地，种棒子、麦子、棉花，棉花很少，也种高粱。春天交一次银子，秋天交一次糙米，一亩地差不多七八块钱，都交到县政府去。

民国 26 年这里闹土匪，遍地都是，那时候范筑先在鲁南堂邑县当县长，后来到聊城做专员，把土匪都收编成了 36 个支队。齐子修在七七事变前是傅作义的部下，是国民党二十九军宋哲元部队的连长，后来七七事变被打垮后，也被范筑先收编了，但再后来当了土匪，祸害百姓，逮老百姓让拿钱来买，可祸害苦了。后来，土匪有年纪大老死的，其他的都被枪决了。

1937 年九月的时候，日本人从北面到梁庄，也说不清有多少人。我是 1938 年参加的八路军，后编成了济南军区第八旅，旅长是张维汉，参谋长是王波。我们在御河西、黄河东打日本人，当时我还是二十三团一营一连的指导员，陈再道是当时济南军区的司令。

1940 年，日本人在广平火寨村，当时有八架飞机轰炸，没吃午饭，我们一个团到了村东头的松树林里，打下了一架飞机，有新战士害怕看到飞机，觉得不保险，挪地方的时候被日本人的反光镜发现了，接着日本人投了 180 多枚炸弹和燃烧弹，还有机关枪，我们损失了 300 多人，我自己也被燃烧弹把头给烧伤了，现在还有伤疤呢。

日军在县城安了个钉子，一个钉子 36 个人，一挺机关枪和一个八八式机关筒就占了一个城，还有好多皇协军。八路军开始穿军装，后来不穿军装，都穿老百姓的衣服。后来日本人抽了好几个县城的日军跟皇协军，有1000多人，铁壁合围，集合了坦克、装甲车轰炸，把人都集中起来，抓八路军，杀死了十几个人。日本人在这里开始是线的占领，到面的占领，都是一二里地布一个炮楼。

民国32年的时候饿死了老多人，我们村有360多人，饿死了有180多，其他有的人逃到了江苏、河南。那时候我在军区，听过霍乱挺厉害的，得了后发烧，当时就知道是传染的，有金鸡纳霜也不管用，也有的说是“肝霍乱”，老些得病的。

发疟疾跟霍乱病仅是日本鬼子放的毒气留下的，我们在部队上亲眼见过戴防毒面具的日本人。当时也没有医生，没有救济老百姓的药。

民国26年的时候，发过大水，是从黄河西边挑开的口子，不知道是谁挑的。

魏辛庄

采访时间： 2006年10月2日

采访地点： 冠县桑阿镇魏辛庄

采 访 人： 张培培　高　伟　张晓冉

被采访人： 王立臣（男　75岁　属猴）

我从小就在这里住，村名也没有改过，上过小学，就上了七册学，忘了学什么了。小的时候家里有七口人，种了30多亩地，种棉花、高粱、棒子、山药，也给国家交公粮，好的一亩地拿一亩四分，孬的一亩地拿八分，那时候交粮食，就是小米。

也有土匪，跟日本鬼子不做好事，光闹哄。土匪经常到村里抢东西、砸东西。有个叫齐子修的，俺都管他叫“老齐”，不叫人好过，经常抓人，然后拿钱来换人，不拿钱就把人饿死在监狱里，见谁就抓谁，哪个庄都去，有一次八人饿得都把棉袄吃完了也不放，有时也让有钱的户交枪来换人。他们在哪个村都扎了围子，让人交粮饷。还有好多小偷小摸，都是老缺，也来抢东西。后来八路军来了就好了，把土匪打跑了，救济人民粮食，叫人种地。

从东北角的关帝庙来的日本人，不在这儿住，住在围子里，有百十个，在村上抢东西，再回桑阿镇的围子。八路军和日本人打仗，人死了好多。记得我11岁的时候，日本人把人关在园子里，弄上凉水，把人都给弄死了。我小的时候，日本人还给我鱼罐头吃，不吃还不行，对大人看谁不顺眼就打谁。日本人没有在这附近驻扎，也抓中国人到他们围子里，让村民拿钱买出来。日本人来的时候有国民党，国民党和日本人不打，都跑了。那时候八路的力量小打不过日本人，"八路吃窝窝，看见日本打哆哆"。

民国32年，灾荒年，啥也不收，我们村里就剩下我们两家，他们都逃到关外、河南了，我有姥姥和奶奶就没走。那时候饿死老些人了，死在当街都没人管、没人埋。也有得霍乱死的，不记得什么样了，后来才知道是什么病，没听说过有治好的，村里也没有医生。当时吃水就吃街上井里的水，大家都吃，不知道那时候有没有问题。

闹蚂蚱的时候，蚂蚱多得看不见太阳，八路军让打蚂蚱还给粮食、给钱，我也打，就用鞋底扯上木棍拍。

我小的时候，上过大水，我们就用檩条扎上簸箩往家冲粮食，有高粱、棒子。

村里过了老多日本的飞机，没往下扔东西。日本人走的时候也没有留下什么东西。

采访时间：2006年10月2日

采访地点：冠县桑阿镇魏辛庄

采 访 人： 张培培 高 伟 张晓冉

被采访人： 魏学才（男 81岁 属牛）

我从小就是在这长大的，民国26年时，我13岁，开始上学，那时叫短期小学，一年念四册书，有算术、国语，就念了七八个月，日本鬼子就来这了，县长也跑了。

那时家里有五口人，种了14亩地，地不好，靠天吃饭，庄稼也长不大，一亩地就打几十斤粮食，主要种高粱、谷子，麦子种得少，很稀，打得也少，一亩地六七十斤。当时就是吃黑窝窝、高粱窝窝，连麦子也换成高粱。那时候不交公粮，就是交钱，地方有村长，都是地方官，县里的衙役到村里来，要完粮完银，不交的话就带走，还吓唬你让交钱。

民国26年时，遍地是土匪，我知道的有三杆，土匪都到村里抢东西、抢牛，跑到哪里吃到哪里。土匪头子叫韩春和、石洪点、栾小秃，他们做土匪，也当过义勇军，土匪见了庄稼也抢，大地主都跑了。土匪也是打游击，从1937年底乱了半年，是当时的范筑先范专员在聊城让他走不走，要抗日就收编了土匪，一杆一个支队，服从他。

1937年七八月份，日本从魏辛庄过，村民看到日本人的小白旗就害怕，庄稼人就剪红纸贴在窗户纸上，还插上白旗投降。不知道他们的番号，从这里过了一天一夜，我那时在这里住，他们就住到我们家里。我父亲给他们做饭，晚上也不睡觉，在院子里用木头点火，烤火烤了一夜，吃完饭就走了，往南走了。日本人一来，县长就跑了，就知道他姓侯，日本人只是路过，没有驻扎，当时也没有占县城，后来才占的，在县城里就十几个真鬼子，都是中国人，汉奸多。

1937年也有共产党来，我们村也有参加八路军的，有魏西胜、魏帮材等，后来魏帮材打桑阿镇被电网电死了。那时候我在儿童团，领着唱歌"抗日战争已经开始了，我们的热血已经沸腾了，我们中国人一起联合起来呀！抗日的呼声响遍中华"。

日本人一来人都跑，牵着小牛、背着被子，把粮食用缸或是囤埋在地下，没见过日本人杀人。听过在我们村南边的一个村打仗，打不过游击队就跑，被逮住了好多，杀了十七八个。

国民党的王金霞当时是参谋长，在聊城出卖了范筑先，范专员就死在了聊城。后来范筑先的人成了杂牌军，打着国民党的旗号占了桑阿镇，要吃要喝，祸害不轻。赶上灾荒年，辛庄就剩下20多户，好多人都跑到了关外、黄河南，靠要饭活着。日本人走了，有的又回来了，八路军也接回来一些，说犁一亩地就给三斤半谷子。那时八路军也要公粮，埋在地下面。县政府也有游击队，在各个村住，晚上活动。还有一次八路军跟鬼子打仗，记不清是哪一年，在陈贯庄，三营营长赵建民领着十个支队，日本人从北边过来，赵建民从后边打，日本人反击。但村里也有围子，打了一天，打死了100多鬼子，等八路军撤了之后。日本人放火烧了村里的房子，后来八路军又给赔钱，人当时都跑了。八路军对村民都特别好。

民国32年，灾荒年，齐子修的人占了桑阿镇，高粱结穗没长粒，棒子没长起来，长到半人高的时候，就再没下过雨，麦子根本就没种上。那年没闹蚂蚱，人都跑了，地也荒了，十亩地荒八亩，没吃的就吃草籽。

听说过霍乱抽筋这个病，没普遍有，不记得是哪一年了，我光听说我一个侄媳妇抽筋死的，没闹过大的。村里有两个中医，会扎针，就是扎旱针，有治好的也有没治好的。杜庄也有中医，那时候没药，也不卖药，就吃点中药跟草药。当时吃水就在街上的井里打水吃。得病死的，就埋到自家坟地里，以后就没发生过这种病。

1937年的时候，冠县西边的卫河发了大水，下雨下的，西卫河开了口子，不知道怎么开的，河西边都淹了。

也见过日本人的飞机，在村里转悠，呜呜的，没扔过炸弹，还和地下的日本人说话。日本人没抓过苦力。

杨福疃村

采访时间： 2006年10月2日

采访地点： 冠县桑阿镇杨福疃村

采 访 人： 徐 畅 冯会华 蔺小强

被采访人： 马秀英的丈夫（男 78岁 属蛇）

小时候家里有九口人，爷爷、父母、兄弟姊妹，有40来亩地，够吃，天不旱就够吃，天旱谁也挨饿，没有不挨饿的。年轻的往外跑，挣点，老的在家守。收税不太清楚，地都是自己的，共产党收得很少，几斤。

日本人进咱这，住在往北18里烟庄、冠县县城、莘县，往东桑阿镇。皇协军这边不来，扫荡几回，找八路军。真日本人不找老百姓，咱这块跟他干的（指皇协军）流氓孩子，看见老百姓给点气受。西南赵庄日本人打死人扔到井里，咱村没有。土匪偷点摸点，谁有点偷谁。当官的一看打着我了，子弹从左下眼眶进去，右眼眶处。指挥官把刀搁那，摸了摸我脸，说不碍事，掏药没掏着。打着玩，跟打猎一样。

民国32年、33年、34年一点没收，蚂蚱到第三年上，收不多，叫虫给吃了。那二年没见一点雨，没上河水。民国32年上水，下雨大，就是秋天这个时候，棒子有收的，有没收的。西边御河从小滩开口子，从河里一直淌到这里，到处都是水，水到大腿深，井水进河水了，井跟河水平着了，上了个把月，就下去了。没耩上庄稼。

上水以前以后都有那个毛病，上吐下泻，抽成一团。那时叫抽筋，叫大夫下汤药，扎针，就是扎旱针，扎哪不知道，死了不少，多数是饿死的。

采访时间： 2006年10月2日

采访地点： 冠县桑阿镇杨福疃村

采 访 人：徐 畅 冯会华 蔺小强

被采访人：孙秀兰（女 81岁 属虎）

原为玉儿庄人，家里有奶奶、爷爷、爹、娘、兄弟、妹妹。小时候苦，家里有几亩地，地里种什么都不知道。7岁裹脚，大人叫裹的，不裹不愿意，疼得热辣呼啦的，放到被窝里。到新社会放脚很高兴。民国32年17岁，嫁到杨福疃，那时啥彩礼也没有，挨饿过来的。嫁过来的时候，日本人已经来了，来的那年我大概十二三岁。日本进中国时有土匪，后来范筑先收了土匪。

嫁过来那年是灾荒年，天旱不下雨，三年没下雨，啥也不收，啥也没有。一村抬出六口，是饿死的。后来又有蚂蚱吃谷子。不记得下雨、霍乱。

日本人到村里去过。大人都跑了，做的饭也来不及吃。日本人是祸害，吃生的，生鸡生猪。没听说杀过人，皇协军没见过。

采访时间：2006年10月2日

采访地点：冠县桑阿镇杨福疃村

采 访 人：徐 畅 冯会华 蔺小强

被采访人：王忠斗（男 81岁 属虎）

一直住在杨福疃村，小时候家里有五六口人，父母、兄弟，家里有15亩地，是小亩，五尺一步，一亩一步宽，240步长。种棒子、麦子，一季棒子、一季麦子。那时产量玉米一亩有一百五六十斤，小麦七八十斤算是中等的，不够吃。自己搞点副业，编席，拿到附近卖。生活不好过，借不好借。

民国24年上过一回大水，民国26年上过一回河水，日本来的那年，御河开口子，从班庄开口。数民国26年雨大，越下越大，河水流过来，没有发生灾害，没有生病。

要过饭，十三四岁上河南（黄河以南）郓城、巨野要饭，弟兄几个都去了，数我大。人给也给不好，顾个命，死不了就行了，逃荒一年左右，没什么大的事。

民国32年在河北，文安县，给人打工，干零活，农活。1942年去的，1943年回来的，阴历八月十五前后回来的，那边上水就回来了，那水是从天津新镇上的滏阳河，漳河。这边又遭蚂蚱，接着去河南了。民国32年那年下雨不知道，回来不大听说，回来就参军了。

日本人1943年来的，没停，走了，把村民集中训话，翻译官有中国人，什么话也记不清了。也有皇协军，伪军是抢，啥都要，借着日本势力抢东西，都是庄稼人，也是为了生活，不杀人。

有八路军，跟日本来的时间不大离，八路军先来，住了一天走了，是民国27年，以后又来，不是大部队，是地下党组织。八路军对庄稼人好，有雇工的，让地主给雇工一年60块钱，加两套衣服，一棉一单。八路军没有大型部队，会问老百姓要粮食，愿意拿也得拿，不愿意也得拿，没什么愿意不愿意，都是中国人，抗战。八路军也有自愿拿的，对人好。

参过军，日本投降那年（1945年），搁村里，村里人叫去，自己也愿意去，参军时22（岁），陈再道的部队，他是中队长，管的人多，范围大。在卫河以西，打过浉乡县城，和日本人打的，接着国民党来了几个军队，进攻解放区，打聊城是第一次，接着打巨野阳山，没打下来。淮海战役，又到湖北，大别山、黄安县、立煌县。

结婚时已经28（岁）了。1952年退伍。

采访时间： 2006年10月2日

采访地点： 冠县桑阿镇杨福疃村

采 访 人： 徐　畅　冯会华　蔺小强

被采访人： 尉文堂（男　68岁　属兔）

小时候家里六七口人，奶奶、父母、兄弟。家里有26亩地，种高粱、谷子，凑合着能够吃，没有要饭，够不上。1943年才5岁，家里的事，刚记得。

村里500来人，头一年天旱，麦子没种上，耩麦子的吃不上馍，没耩麦子的能吃上馍，种上没出。1943年春上好雨，耩的谷子，长得好谷子，都叫蝗虫吃了，连续两年没收。听说，光说是抽筋，死的人不少，有三四十口人，自己家没人生这种病。

采访时间：2006年10月2日
采访地点：冠县桑阿镇杨福疃村
采 访 人：徐　畅　冯会华　蔺小强
被采访人：蔚士平（男　83岁　属鼠）

小时候就住在这个村，家里有父亲、母亲、爷爷、奶奶、大爷、大娘，都住在一块，没有姐妹，有一个哥一个兄弟。家里有10来亩地，地里种麦子、棒子、谷子，麦子一亩地打100斤就是好的，一般七八十斤。谷子好的百来斤，不好的六七十斤，玉米八九十斤（一斤16两）。又没水又没粪，等着下雨，跟现在不一样。

不够吃的，编席卖，用苇子编，到集上卖，没别的手艺。盐有的吃不起，刮盐土沥盐，这种盐苦。一年吃不些油，肉过年过节才能吃点。平常可以向人家借东西，借人东西要长利息，论斗借，一斗24斤，老秤，等于现在16两。春上借，借10斤，半年还了，给涨40%，等于借100斤还140斤。亲戚好借，有的不好借，还不起，咋借？借钱的话，月利二分利，平均一分一分半，二分就是高利。借钱不好借，不是国家的，是借私人的，还不起有啥拿啥。国家收税，雇村里的乡长地方收，他们是本村人，就像现在的支部书记，上边下任务。他们是有报酬的，主要是上边给，村里给的稀松，具体不知道他们收入有多少。每个村都有地方交粮，家里10来亩地，一般200来斤，超不过300斤，税较重，交不上不中。

有土匪，没有大的，本地人多，谁家好过，谁家有东西，就去抢去砸，会绑架人，要拿钱回，穷的不逮，光逮好户。我家没租别人家的地种，村里有地主，往外租地，交租50%，平半劈，可以两人商量。

日本人来的时候我还小，到村里来，是为了到冠县，打这路过，在后边井里喂牲口，歇会就走了。后来又来过，跟着皇协军抢砸，在村里住了三天，在村西头住着，把枣树锯了，插了围子住，把村里猪羊都吃了人没死的。大人小孩都吓跑了，第三天走了又返回了，逮村里当干部的，乡长地方。

这一带有八路军。我那时上学，上高小，学语文算术为主，有五六门功课。后来有熟人来了，就当兵走了，是自愿去的。上聊城马河支队，团长是李山亭，一个团有三个营，共有1000多人，我在二营二连一排一班。分到村里，在聊城以东一带活动，部队走哪跟哪要，跟村长写个条盖个章，能吃饱，跟家里的便饭一样，主要是小米。参加战斗稀松。

皇协军一开始对中国人不好。有啥拿啥。后来好点，是部队教育的，打败了他，俘虏以后，当官的问，愿意跟着干还是回家，为啥给他干，都是中国人，回家给钱，要干一块干。抗战时土匪不算厉害了。

1941年回来，后来没走。民国32年旱，旱得啥也没有，吃野菜，红榆叶子是好的，树叶都没有了，吃过椿树叶子。

旱了三年，第一年耩庄稼，种不起，种谷子，一人多高，喜得不得了，又吃不着，遭蚂蚱了，吃的精光。挖一条沟，把蚂蚱轰到沟里，然后埋了它。没吃过蚂蚱。吃谷皮，磨碎了吃。

阴历八月十五下的大雨，河水来了，平地里能行船，屋里也很深的水，往外舀，屋里漏，搭帐篷在院子里睡，怕屋倒了。哩哩啦啦下了一个月，接着就来河水了，从西边御河过来，开口子了，往东开的，从小滩开的，靠近南边馆陶，有鱼。平地里都是水，就东边露一点地，水有四五尺深，庄稼都没了，淹完了。

不记得有很多生病的，抽筋有，不是那一年，是第二年春天，死的时候没水了。是水过去以后，手脚都抽到一块了，很快就完了。我父亲得了，赶集，从集上得的，下午叫我去推的，用独轮车，集上有人给扎针，给扎好了，就没事了。那时死了三四十个，听人家说的，沟西抽筋的多，沟东少，这边死了不到这边，那边也不到这边，谁也不抬谁。水从西边过来的，没看见出殡的。抽筋的刚开始看不透，来不及就死了，医生也不知道。持续了得有半年，半年之后不死人了，知道咋看了。以后也再也没有这个病。

南油坊村

采访时间：2006 年 10 月 6 日

采访地点：冠县市区防疫站家属院

采 访 人：刁英月　黄永美　姚一村

被采访人：张腾桥（男　79 岁　属龙）

张腾桥

民国 32 年灾荒，无人区，主要是日本安钉子。土匪、皇协军，抢、砸、烧杀奸淫，又加上旱，地里没种上，草籽、树皮都吃光了，树叶算好菜了。夫妻抱着哭一阵，各自逃命去。

光我家，我舅，俩妗子，都是霍乱死的。上吐下泻，抽筋，手都掰不开，腿也抽，蜷着。那是民国 32 年，天将暖和，春天里，记不大清，没穿多厚的衣裳。听说，听父亲说死 108 口，结果死了 127 口，一家一家统计出来的。主要都是霍乱死的。病是夏季，啥也没种，有个别人种点，皇协（军）都抢了。也有饿死的，主要是抽筋，皇协（军）走后有撑死的。1942 年、1943 年是灾荒年，死的最多。1944 年皇协军、齐子修走。

1940 年参军，1950 年回来。打游击，就在本地，咱就在医院与张宝臣都是八路的医疗部门的，抢救过霍乱病人。八路军的医院不正规，没大有药，懂得的反正就扎针，穴多了，需要扎哪扎哪，就是放血。轻的有救过来的。哪村都死，就地挖个坑埋了，人都没劲，死的老人多。

日本使用“三光”后使用细菌战。以前没这病，敌占区有这病，解放区没这病。领导就讲，这是日本撒的细菌，在中国撒三种病菌：伤寒、霍乱、鼠疫。咱这两种，一是伤寒，一是霍乱传染。我1944年得了伤寒，能把头发都烧掉，差点死了。霍乱死得急，伤寒还缓乎点。鸡也得霍乱，鸡瘟。叫霍乱鸡，一有病就说霍乱。1943年底皇协军才撤走。解放后提出预防为主，就逐渐少了。霍乱以后也有一些，慢慢少了。民国32年以前没有。

咱给日本干活，他给你打吗啡针，干活有劲，也叫你上瘾。叫你买他的，他要把钱挣回来。皇协军有咱地下党，知道内幕，皇协军一般当兵的都不知道。他们不喝凉水，不敢喝咱水了，也不吃咱这脏东西，人家都是自带。咱把井盖住，怕他撒毒，是发病以后。皇协军不懂得，吃咱们的，皇协（军）也病死不少。日本医院给他们看。唐志远，县医院院长，以前在临清是地下党，开药铺看病，在围子里边，鬼子对他也信任。他主要给皇协军看，跟他们交朋友，也偷药给八路，皇协军的头知道撒毒，让他套出来了。上哪扫荡，他先给村里说了。咱都一块儿工作，我知道这些事，没看见撒毒。张德顺说见飞机撒白面子，飞得一房檐高。他开始也不知道撒的啥，一股白一股白的，就在油坊的。

鬼子没检查过身体。抓住日本鬼子，见他有防毒面具。鬼子没开过诊所。撒细菌后鬼子都住聊城红部（日语：本部）里。撒毒后也扫荡过，日本有防毒面具，日本人戴着防毒面具来扫荡，日本人很少了，10来个人，领着一两千皇协军。

伤寒也挺厉害，天天烧40来度，三十八九度，也死不少。这个有余地，有能治疗的过程。霍乱不治，死亡率100%，都急性的。不是地方病。地方病是发疟子。霍乱、伤寒都是民国32年暴发的，桑阿镇，贾镇多。连饿带病混杂的，要没病，光饿死不这么些。谁管谁？尸体外面腐烂的也有得是。

不是具体哪个地下党探听的，这我能确定。上面也不是猜测的，也是地下党探听到的。老解放区预防霍乱，敌占区也去不了。当时上边说了，就是日军撒的细菌，撒哪里没听说。咱那儿革命地下力量比较强。

油坊民国 32 年也淹了，淹了以后才有病。闹过蝗虫，哪年记不得，是民国 32 年以后。撒毒的事，老百姓不知道。

采访时间：2006 年 10 月 2 日
采访地点：冠县桑阿镇袁菜庄
采 访 人：薛鹤婵　姜卫东　崔海伟
被采访人：张秀荣（女　85 岁　属猪）

娘家是油坊人，有爷爷、奶奶、婶、叔、父亲为大，姊妹三，一个兄弟住在一起。闺女不让出门，没上多学。家里七八十亩地。叔教学，父亲赶车拉脚，爷爷奶奶在家种地，种麦子、棒子，不种棉花。卖粮食换银圆交给上边，交地方庄长，小官给大官。交了东西后，家里够吃的。

13 岁上过鬼子，19 岁上灾荒年，23 岁嫁过来的，孩父亲 20 岁。

日本人来的时候，前面马队，后面部队，有铁甲车，上边有飞机，三个五个的，飞得挺低。部队往南方走了。听说掖庄过鬼子，见手上没茧子就毁了，毁了二三十口子。

老齐，齐子修，来的时候，我 18（岁），老齐让父亲挖地沟，父亲不干，就把我父亲打死了。老齐到处打围子（围墙），把油坊村整个围起来，村里人都跑出来住了。老齐的老根在茌平、博平，灾荒年就回去了，在这待了一年多。

后来共产党来了，把老齐打跑了，在桑阿镇、掖庄、油坊三个围子。俺们全家都跑到老娘家，西南的瓦庄（谐音），那都是八路军。在姥娘家待了两年，后来回了油坊住了一年，就嫁过来了。

听婆婆的儿子说，婆婆是在田庄（谐音）得的病，怕传染，她儿把她推来了。白佛头有个庙，到那了，渴了想喝水，那荒地哪有水啊，过来个白胡子老头，看了说，给你一包药吧，白面面，就给他娘喂下了，回来就好了，他娘就是闹肚子。他娘好了，她儿就去当八路军了，再后来八路军就来了。

玉　庄

采访时间：2006年10月2日

采访地点：冠县桑阿镇玉庄

采 访 人：王苗苗　马子雷　田崇新

被采访人：郑丰先（男　83岁　属鼠）

小时候家里爸、妈、弟兄们五个，还有一个妹妹。那时候小孩要饭，扛活，我都要过饭、扛活。民国32年也要过饭。家里有地，很穷，打粮食稀松。那时候种麦子很少，高粱多，棒子，靠天吃饭，下雨勤了多吃，下雨少了少吃。七八口人20多亩地，不做买卖，做买卖要本，我们没有。扛货给钱，给现大洋，俺大哥一年30个现大洋。俺二哥民国32年参军走了，后来死了。村里一个村长一个地方，村长东西多。

民国26年上过一次大水，西边的御河，直接又闹老缺。有土匪，老缺。有个高瞿子，他家在杨沟附近，占领桑阿镇。我那时候就六七岁，一起早就兴团，都到北那个啥窑寨。他占领桑阿镇后，架户（绑架），架户让你回。后来聊城来了国民党的兵，头一回来了一个营，让老杂土匪买过去了。地区的一把儿不愿意，把营长的头给割了，又这些人去打去。那个雨下的，那时候七八岁，七月初二，把他这些打，得把他们撵到黄河沿上，其他的土匪都记不住了，一小股一小股的不断。

民国31年，齐子修打围子，逮人，要拿钱回，那时候快到灾荒。

民国32年，早逃到河南的都行了，后来齐子修来闹了。大灾荒的时候，村里有500多户人，饿死了100多人，饿得人连树叶都吃，叶子都吃光了。民国32年，都一年没有下雨，一年没有麦子。死在半路上，穷得饿死的。收点麦子，就被弄走了。民国32年后，过了麦，又耩了谷子。

有得霍乱疾的。上头哕，下头泻，身上痛。扎针，拔罐子。村子里有个医生，赵建增，咱村里也有得的，乡下人叫抽筋，一个人不敢报丧去。我都得过，灾荒那年得的，上头哕，底下泻，都是赵建增治的。扎肚子上，罐子一烧，拔罐子，不治了不得，上吐下泻，那不死得快？得病的时候，没有庄稼。庄稼人又叫霍乱疾，没听说传染，别的村都不了解了。啥原因不知道，好得很快，以后没犯过。医生自己没得过。咱村里没为这个病死过人，死的大多是饿死的。

日本人有没有撒什么，咱也不知道，得的人不知道，就扎扎针，吃吃药。

民国32年，没有上过水。

日本人是灾荒后又来的，当时日本人在贾镇，贾镇有钉子（炮楼），日本人很少，多是皇协军在炮楼上，一个冠县就10来个日本人。中国人打中国人，还是这厉害。日本人他就想占地方，皇协军闹。有八路了。

日本人来之后，土匪还没下去咧！范专员把土匪都收住，编成30多个团。日本打到聊城，范专员牺牲了。

日本人在离这儿三里地的柴庄祸害的人最多，头一天住在菜庄，后来挪在柴庄，丢朵庄一个狼狗，又去了人，去领那狼狗，民兵在朵庄埋下地雷，去的时候没碰上，来的时候让马趟上了。日本人走到柴庄大吉河，从东头到西头都点上了，从南边，从阳谷寿张过来，麦子发黄色的时候，过来在路上响了三枪，都听见了。一下连俺这个村，连前面儿庄，吕庄，一起圈起来了，圈起来以后，光俺这儿挑死了10来个人。说是吕庄的都挑死了！这儿有个小寺，用枪堵了10多个人，有一个是小花园头的人。

袁菜庄

采访时间： 2006年10月2日

采访地点： 冠县桑阿镇袁菜庄

采 访 人： 薛鹤婵　姜卫东　崔海伟

被采访人： 胡清槐（男　83岁　属鼠）

日本来的时候，我19岁，村庄原来叫崔家菜庄，有那么四五百人吧。

灾荒时，家里穷，两个老人，姐妹三，兄弟三个，连我九个。民国32年，老天爷没下雨，一年都没下雨。国民党的老齐（齐子修）管咱这几村，人都走了，村里就几个老妈妈。如果八路军管，就没事，就是个好麦节。老齐的兵还有饿死的，死的人多的去了，一家一家的死。王希文（音译）他母亲饿得没法，把桑阿镇一个小孩都炸着吃了。这还是老齐闹的，高粱壳他们也要，庄稼人都没吃得了，他们吃啥。再苦也没俺们苦。村里都没人了，成了无人区，没边没谱的压，什么也征。那会吃大麻子叶，闹肚子，人吃了真不行，这籽那籽的，没不吃的。灾荒年之后，真是老天不叫人死，去地里挖绿豆，天天都挖都长，吃绿豆锅饼。

霍乱没听过，没听说抽筋，都是饿死的，一个村只剩三两个老妈妈，跑的跑，死的死。俺家九口都走了，一个妹妹嫁到比这强的地方，要不也饿死了。日本人来之前过得还行。

第一次见日本人晌午来的，骑着马，从西边那油漆路上过。来回过，就是想镇着咱们。五六天都住这儿，老百姓都跑了。

日本人来，全村人吓得都跑了，日本人走了之后再回来。不打仗的时候日本人还好，打仗时候，老百姓手上没长茧就是八路的干活，就要你的命啦。听说有让狼狗吃了的，狗瘦了要咱人养。

民国32年，冷，日本人来之后占了五个村，油坊、掖庄、凤庄、桑阿镇，日本人送中央军旅长来到桑阿镇，八路军没打下来桑阿镇，打了一夜，打了两回，看到日本人有机枪、迫击炮，八路军都没有，八路军把鬼子打跑了，子弹、枪就归八路军。

卫河过了大水，把洼地淹了，当街坑洼，都淌水。房子没事，高地种谷子、高粱，没有淹，低地淹了。那会儿还没挖河坝（渠），没听过有人死。

岳 庄

采访时间： 2006 年 10 月 2 日

采访地点： 冠县桑阿镇小尹庄

采 访 人： 徐 波 王 凯 吴肖肖

被采访人： 李岳氏（女 82 岁 属牛）

我那时候在东北吉林给人干活，灾荒年没收成，就走了。我走的时候还没有日本人，我走了以后，家里去信，说日本人把麦子都压了。大人没上东北。我那时十七八岁，上那里去学医生。

开始去，给人纺车，烂棉花纺成纱。吉林省九台县火车站，东西 40 里长，跟城里样。我娘家岳庄，这是我婆家庄，在岳庄长到十七八（岁）跟人去了东北。先坐汽车到禹城，上了火车，到天津，从天津坐了火车到东北，学医生去哩。我真学了医生，会看疮。娘家人多，俩哥哥嫂子，一个兄弟一个妹妹，1958 年 19 岁，没了。现在仨儿，四个孙子，三个孙女儿，重孙子，也有重孙女了。

在东北学医学了三年，跟个姓申的，叫申红臣，老中医，申亚屯的，离俺娘家几里地。学医的多，不叫医生，就叫先生。解放以后，我才回来。

在东北结的婚。他教我医，能跟我要钱？俺们是一家人，他是我大伯，我老伴是他的兄弟，订了婚才去的东北。在东北吃得很好。县城里很干净，当街都扫得干净的，三年学医，一年纺线，后来给衣裳铺里钉扣，一个扣一分钱，盘扣，一个扣一个乜，二分。家乡人住在一块儿，都说家乡话，不会说东北话。

给人家看病，给你点儿钱，给你米，小米棒子面，过年给你白米，一分钱一斤大米，两斤麦子米，有银圆，也有纸币。我自己去的东北，我大伯去得早，我就跟我老伴去了。

家来去信说："你走了不害怕，俺害怕了，兵上村来逮人，人都跑到坟旮旯来睡。"我回来的时候，家里人都在。走的时候什么人，回来还是那些人。从东北回来还是给人看疮，种地。

采访时间：2006年10月2日

采访地点：冠县桑阿镇岳庄

采 访 人：刁英月　黄永美　姚一村

被采访人：岳崇起（男　74岁　属鸡）

岳崇起

民国32年，家里不行。这村走得没几户人家了，往南逃荒。三年没下雨，旱，三年不长。民国34年长点庄稼，又生了蝗虫。吃什么？树上一点儿叶没有。棉籽、花子，狗不吃的都吃，饿死没人埋。

民国26年发大水，民国32年没发。

抽筋比民国32年还早，年儿多，记不得，挺厉害，比日本进中国还早。日本人来前记不得。

日本人来前，我家五口人，30来亩地，还不错，也吃糠吃菜。老缺，老杂，土匪，有大的，有小的，架户，没到俺家来过。俺村小，没汉奸，那会全村百十口人。日本人啥坏事不干？出发从这儿过，百姓都跑。皇协军来得多，抢。

轧 庄

采访时间： 2006 年 10 月 2 日

采访地点： 冠县桑阿镇轧庄

采 访 人： 王 伟 王燕杰 李玉杰

被采访人： 任发祥（男 82 岁 属虎）

刘秀兰（女 80 岁 属龙）

日本人来之前，比较穷，饿死老些人，俺父亲饿死了，那会家里就三口人。

日本人来时，也没法子，鬼子来了，该跑的跑，该躲的躲，要了两年饭。日本人到庄上，打仗的时候就杀人，杀了八九个，还有个要饭的也被杀了。打仗打急了，抓了就杀，那天我见了，光拉尸体就有一汽车，拉的日本鬼子。

大灾荒咱这是无人区，向北也没有人，在村里找口水也找不着。俺这村就剩俺自家，齐子修抓走俺，当了一年兵，后来俺又逃回来了。有个把月，庄上的人回来了，大灾荒时上水了，水淹东昌湖，挺厉害。淹了个把月，上洪水，到处是水，西南向东北淌，龙王庙那里来的。有卫河也叫御河，水来淹死人，有瘟疫，也挺厉害。死了人，没有医生，谁给你看，有了病就等死就行，有抽筋的，拉痢的。生活就吃菜，吃树叶，捋一捋，一把一把吃，种地，当时搞生意也没法搞。八路军，纳公粮，俺交三斤麦子，又退回一斤，八路军都拥护。

（起）日本鬼子来，俺就跑，在家里衣服都穿得好好的，来了就跑。娘家在桑阿镇，日本人来之前，吃树叶，揉成团吃，那时没想到活到现在。日本鬼子来了也不好过，大灾荒 50 多年了，当时日本鬼子，有人被抓住了，说是解手才跑的，当兵的。

大灾荒时传染病，挺厉害，不好治，叫瘟疫，有邻居是病死的，熬过就活。俺弟弟在桑阿镇病死了，当时不知道，后来说是瘟疫，十几岁死了，大人以为是冻着了，出了一身的疹子。人家说是要命的疹子，没叫他出过门，咋传染不知道，一身红疹子，以后就死了。鬼子来时，不敢出门，水大的出家门得坐船，水来了之后才有瘟疫。地不平，高的高，洼的洼，吃塘里的水，水很深很大，把村里都围住了。个把月才退，水退了之后村民慢慢回来。

我1952年入的党。

采访时间： 2006年10月2日

采访地点： 冠县桑阿镇轧庄

采 访 人： 王　伟　王燕杰　李玉杰

被采访人： 任树明（男　77岁　属马）

王立明（男　73岁　属狗）

王长安（男　77岁　属鸡）

没改过名，一直叫轧庄，没有出去过我这村，那时候，棒子窝窝就是好的了，日子不好过。

日本1938年以后到的这，抢、杀、放火。鬼子来时，我在村里吃饭呢，一听枪响就往西南跑，鬼子走，就回来了。鬼子看不顺眼就挑了，三月二十八九打仗，连村都烧，村里那天死了五个，使枪打死的，挑死。村里有个要饭的，日本鬼子“八路的干活”，打死了。看不顺眼，就使枪打死、挑死。过些日子就扫荡，一个月十天、八天扫荡一回，鬼子在城里，日本人孬得很。

老齐闹了一年整，老齐搁这里，人家吃花生，俺吃花生皮。1942年来的，1943年走的。1943年滴雨未下，逃荒的多，上东北，下河南。民国32年，280多口，连死带去少了一半。

大灾荒时，边上12里地没有人，无人区，都去逃荒了。人吃草籽、野菜，灾荒时老得走不动的，没离开村里，有120来口留在村里，灾荒年旱，老齐抢光了粮食。老齐一走就下雨了，拾谷子，都死在外面了，不知道什么原因，饿死的多。

村里边没住日本人，都是老齐的兵，皇协军。吃水靠旱井，打的砖井，四口井，水一刮风就苦，有盖房子的就好点。大灾荒时，不闹老齐，不闹日本也许不要紧。俺父亲得的水肿，活活饿死了，老齐将粮食抢走了，抢走了粮食，都运他家了，没有吃的，没有抓苦力。

1943年没发水，麦子没收，谷子收了。大灾荒死了人都没人埋，饿死的、病死的、抽筋，手往一地儿抽，没医生。霍乱听说过，灾荒年以前就有霍乱，霍乱抽筋以前就知道。霍乱也叫瘟疫，传染，听说是日本人带来的。小鬼子放的毒，上了年纪的都知道，侯云平是小张庄的，被调查过这事，年轻时到青岛了。1943年日本鬼子走之后知道的。

1943年大灾荒后，日本鬼子抓了老齐，占了桑阿镇。大灾荒时，老齐来了不到一年，又被日本鬼子撵走了，没打就吓跑了，让小日本的飞机吓跑了，再也没来。

八路军的回民支队，没有大部队，八路军打游击，八路来了，俺给轧草喂马。当时不收粮食，村里没有井。赵建民是华东军分区的司令，是八路军。

1945年八月份，飞机一直往北运粮，是蒋介石运粮。

万 善 乡

后田平村

采访时间：2006 年 10 月 6 日

采访地点：冠县县城火车站广场

采 访 人：刘振华　张东东　孙　丽

被采访人：徐耀川（男　83 岁　属鼠）

县城人，在县高小，读书时 13 岁，没上完，鬼子来了，是 1937 年。

姊妹八个，我老四，三姐姐，三哥哥，一个弟弟。离县城 18 里，万善乡，后田平村人。

挨饿，有地，产量低，国家没人管，国民党光要东西，别的不管。地主、富农、中农就顾了自己了，贫下中农一年死好几个。我下中农，我分家后三口人 11 亩地，16 口人，40 亩地。过得最好的，一亩地打不到 100 斤麦子。我小，没扛过活。秋天高粱一红，就捡着吃。冬天掺糠吃，十斤谷子掺二斤糠。

1937 年上大水，我在上学。从冠县一派到聊城，下雨下的。冠县水少，有沙河，向下淌去了。

地主有孬的，也有好的。俺村那个不孬也不好。俺村一家地主、一家富农。他家 120 亩地，雇人干活，自己啥也不干。你地少，雇人干，自己不干，就是地主；你地多，自己干，也是富农。地主干活给钱，一年 10

来块。一块现大洋买东西，找给你铜子，一块换10吊。

霍乱是1943年的事，在桑阿镇多点，一天死三四个。这个传染，一个村一个村的。死的不少，快没人了，无人区。俺庄少，基本没有。

发水是夏天，七月一号进入汛期。使不了一个月水就耗下去了，霍乱抽筋是大水之后的事，那是民国32年。过去夏天大部分都有霍乱，吃东西吃的，瓜果不干净，卫生政府没人管。哪年都有，有狠的，有轻的。没有西医。

我后来跟游击队走了，没逃荒。黄耀华是队长，现死了，郑月亭也是队长，一队几十人，慢慢发展，多了就上部队去了。跟鬼子打，打过就打，打不过就跑。我在后勤上，保管枪、子弹。都有枪，不好。子弹多不给，一人五发，打完之后再签。游击队也要粮食。

我原来在冠县民政局，调查过这个病，统计了，忘了死多少了。秋天发生的，水下去了以后，东北日本放毒，死了不少。我逃去过。咱这，我考虑是水后的灾情传染，也是日本放的毒，也跟这有关。那时老些无人区，还没恢复。

前万善村

采访时间： 2006年10月5日

采访地点： 冠县万善乡前万善村

采 访 人： 张培培　高　伟　张晓冉

被采访人： 童清肖（男　73岁　属鸡）

小的时候上过四五年学，一直都在这个村里住，原来村名叫小万善，后来共产党改名叫前万善。这里是三界守的地方，在河南、河北、山东交界的地方。

那时候兵荒马乱，人都吃不饱。家里有父亲、母亲、弟弟四口人，民国32年弟弟饿死了。家里种了七八亩地，一亩地不好的能打两斗，好的上豆饼的地，最多100多斤。种点棒子、麦子、谷子跟高粱，见得就更少。棉花种得少，产量也低，一亩地有30斤棉籽，来纺线、织布、穿衣，当时都没有卖的。

我结婚的时候21岁，她19岁，她带了一个柜当嫁妆，也不兴男的给女的送彩礼，也就给几双袜子。有人给介绍，没谈恋爱的，结婚前也不见面，有的时候，结婚的那个人跟见面的那个不一样，见面也不兴说话，就让介绍人给指指看。结婚以后也有感情不合的，又不兴离婚。结婚时让村里有文化的人写帖子，那帖子就是结婚证。还坐轿，有钱的坐花轿，没钱的就雇轿子，四个人抬，两边就八个人，一般都自已人抬，就拿点轿钱，管顿饭吃。

当时吃盐都是小盐，有自个做的，往堂邑推盐过来。十个鸡蛋换一斤盐，大盐都过不来，都是私贩的。当时也有借钱跟粮食的，管合适的人借。一般没有利钱，也有放高利贷的，过一个月加20%左右，没有贷一年的，还不了。当时村里没有地主，有几个富裕的中农，以个人合四五亩地，村里没有很大的户。在王万段有个大地主，大万善的马新发有100多亩地，小时候见他赶集就买两个馍馍，吃两毛钱的丸子，他也雇人干活，得给钱，不劳而食，成分就划成地主，有剥削行为，也没享多少福。

那时候吃不上麦子跟油，个人种几分棉花，打成油吃，要不就榨点花生油。平常熬萝卜，菜再放点油吃，一年就吃上二三斤。一般把麦子换成高粱，吃麦子太费粮食，一斗麦子换一斗高粱，高粱难吃也没办法。日本人用的是“金票”，那时候是准币，国民党有中央票，共产党没有票，还有军阀用的“马拉犁”“冀南票”。钞票发得都乱套了，一拨一拨的，待几天这个票管事，待不了几天就不管事了，货币动荡得厉害。当时交公粮，一年交两季。一亩地交10来斤粮食，交完银糙米，交到北馆陶县，不要钱。日本人来了也要粮食。共产党是暗的，群众都支持共产党，也得给共产党，他们都带个袋子，装上20来斤粮食，到百姓家吃饭，走的时候把粮食留下。

日本人来的时候，都穿着大黄衣裳，在村里逮住鸡就烧着吃。到这儿的时候是1938年，他们好抢东西，到院子里堆的花生也抢，皇协军也抢东西，抢棉被什么的。大万善的徐亮舒的父亲，就是让日本人用刺刀挑死的，段辛庄也被挑了七八个，咱庄上没有。一个县里就40来个真鬼子，其余的都是皇协军，住到县城里边，一到村里来，人都跑，到地里去。

在南馆陶、冠县、北馆陶，每两个县之间离着差不多45里，每隔五里就建一个炮楼，相互掩护，炮楼是三层的，圆的，不到三丈高，每一层里有32张床，还有向四外的机枪眼。炮楼的周围还有铁蒺藜，挖的壕沟有五米深、六七米宽，想打炮楼的话，只能游过去把铁蒺藜破坏了才行。日本人抓苦力给他们挖壕沟、修炮楼，向他控制的村里要人，自己带着吃的，被抓去的人可能管饭吃，但揍得狠，干完就回来。俺村有一个杨梦舒，在王庄炮楼干了几个月，后来就当了皇协军，也叫黄衣军，不干，活不下去。日本人在贾村烧了不少房子，也有好多皇协军反戈，代屯的代登元救了不少八路军跟共产党。

咱村也有土匪，都枪毙了。有个叫童玉兰，吸白面，是北馆陶伪军司令吴作修的徒弟，管好的户敲诈勒索要钱。他在官、私两道上都有交情，经常在户上贴个条，写上“你明天往某某地送多少钱”，看这个户能拿多少钱来要，俺都管这个叫“糊帖子”。那时候，国民党、共产党、日本人都不管他。

八路军在1943年后在这儿活动才明显点，也不光明正大，穿得跟平民的衣服一样，穿棉袄，枪都是三八式，把枪藏到棉袄里。八路军的一分队住在这里，炮楼上住着二鬼子，有杨召的陈思亮、宫曹的宣怀章。他们跟一分队联系好，要把炮楼给炸了，两边联合起来说好几点打，结果那天晚上，八路军的一分队有紧急命令给调走了。到了晚上，等人都睡了以后，那两个人把炮楼里的枪跟手榴弹都收起来了，一点火，外边没有枪响，让下面的二鬼子给发现了，他们就往下扔手榴弹，后来住在这的八路军七分队听到枪响，带着十几个人就过去了，跟里面的两个人里应外合，把炮楼给打下来了，那两个人都给吓着了，叫干共产党也不干了，伤心得也不出门了。

当时参加的人不少，都是穷人，也有投日本人的，有投中央的，穷人都跟着八路军，当时搞“国共合作”，光喊着打日本，“共产党、国民党站到一条线上”。那时候，国民党要真打日本人也能打过，蒋介石有800万军队，日本人来的时候，国民党都往南撤了。日本人来的时候，看着过有火车、汽车、飞机，飞机没往下扔过东西，就在冠县扔过炸弹。他们都住到大城市里，到村里有自己来的时候，也有中国人带着来的时候。有一天晚上，是北馆陶东边王官庄的一个皇协军领着来的，日本人从村里牵了11头牛，八路军的一分队一打抢，打到炮楼的时候都散开了。牛都跑了，有10头牛跑回去了，一头跟着皇协军跑了，他把牛卖了得了钱。当时，要是哪一家死了一头牛，就相当于穷了。

民国32年闹灾荒，民国31年的时候，麦子都没耩上，民国32年春天又大旱，村里饿死的人抬都抬不动，都用木头的小推车推着埋到自家地里。当时村上有400多口子人，还剩下300口子，都逃荒步行往东北黑龙江去了，边要饭边走，那边地多，到那里随便开荒种地。俺村里走了有二三十户，后来都又回来了，搞生产队的一九六几年、一九七几年回来的人多。那时候这里也经常上水，最厉害的是1963年那一回，咱这儿都淹不着。

民国32年前后，七八月份，闹过蝗虫，灾荒前后都有，从地一边挖坑，从另一边把蚂蚱都撵进去，再埋上，飞的蚂蚱两天就把庄稼都吃完了，当时烧香的、磕头的都有。一般是秋季闹蚂蚱。

那时候病不断，有一回赶集去，看到一个年轻的小伙子，疼得在地上打滚，疼了一身汗，出大汗珠子，等汗一散不成珠了，人就死了。我父亲是扎针的，扎身上的穴道，有的病一扎就好，有的病就扎不好。也有来看霍乱的，胳膊上的筋又黑又粗，往胳膊上扎针，出黑血，然后压着不动，有的过一会就好了。哪个村得病都不少，不知道这个病传不传染，得病的还抽筋，上吐下泻。俺母亲就是得霍乱死的，抽筋抽得连嘴都张不开了。

得病死的人就埋在自家的坟地里，大伙帮帮忙，吃点饭埋了。当时吃水，一个村里就吃一口砖井里的水，水好吃，也不知道得病跟水有没有关系，现在考虑可能跟水有关系，那时不知道。这个病在村里，在民国32年前后，持续了有10年，往后就很少了。当时也有人说跟吃不饱有关系，多数人觉着是邪气。在1949年建国以后才讲细菌战这个事，那时都不知道。

采访时间：2006年10月5日
采访地点：冠县万善乡前万善村
采 访 人：张培培　高　伟　张晓冉
被采访人：童玉书（男　78岁　属蛇）

从小就在这儿住，上过学，两回加起来也就一年半，当时家里有四口人，种了30来亩地，地不少，种麦子、棒子、高粱、谷子。一亩地能打几十斤粮食，都根据天气来看种什么，雨水多的时候就多种点，雨水少就少种点，地里就上点粪、烧的灰。也得交公粮，一年有交一回的时候，也有交两回的时候，麦子没收的时候要交也没有，有时刚出点苗，一刮风把麦子全刮死了，交什么。当时交多少也没真事，一亩地得交十斤、二十斤的粮食，交钱的时候不大多。也有借钱、借粮食的，比方咱俩关系不错就借点，也借不多，没有利钱。没有放高利贷的，很大的户才放，一般的户都放不了，利钱怎么算，咱闹不清。渠北有个地主，很大，有势力就放高利贷，不记得叫什么名了。

过完麦，收得好，一亩地有六七十斤，才能吃上几天。一般掺着高粱、棒子，能吃三四十天。吃油是自个拿钱买，一斤油一个银圆用不了，也就是一两毛钱的。盐也一般买着吃，喂点鸡，用鸡蛋换，十个鸡蛋能换一斤盐，换不着大盐，小盐便宜，都是私贩，不敢露面，公家不让卖。

我十几岁就结婚了，她有十六七（岁）了，是有人介绍的，结婚前也没见过面，父母说了算，家长一般也不见面，方圆几十里都知道叫什么。

不兴送彩礼，一张桌子、两把椅子、一个柜头、几件衣裳就当嫁妆，这还是好户，一般的户连这个都没有。接的时候坐轿子，四个人抬的，前边两个，后边两个，轿是赁的别人的，也不准多少钱一天，那时往外赁轿的有老些。

日本人来的时候是一九三几年，那时我十五六岁，咱这个村两边都是公路，日本人在馆陶、冠县天天来回走，日本人都坐车，皇协军跟着跑。他们都住在县城里，也往村里来抢东西。一来人就都跑了，在路上挖一米多深的沟，两边放上土，人就在沟里跑。日本人没在这儿杀过人，大万善的后地里有个炮楼，一般隔七八里地有一个炮楼，一个炮楼里真日本人少，卖国的皇协军多。他们没有在村上抓人去修，都是雇人去修。挖沟的时候，在村里抓人、要人，在炮楼周围有三米多深、三四米宽。西贾村后地里有一个，北边召村铺也有一个。见过日本人的飞机，没有扔过炸弹。

日本人来之前是国民党管的，后来国民党都往南边跑了。庄稼人都变成一伙一伙的土匪，混抢混砸的，在村里抢点东西，抢点吃头。庄稼人没人管，都挨饿，开始没抓过人，末了抓人，要钱，找有钱的户抓，看你能值两个钱就抓。也说不准土匪往哪住，他们也是被迫的，家里也挨饿。

八路军比日本人来得晚一点，我那时也就是十六七岁，不知道是什么部队，有个叫肖永志的，埋到冠县东南角张坝的陵园里，现在归莘县了，后来又起到了邯郸。当时村里也有几个参加八路军的，日本人在路上走，八路就在后面打几枪就跑，晚上就横在公路上挖沟，让他们不能跑车，白天日本人就找皇协军找村里的人，把沟平起来。

灾荒年是民国31年、32年、33年，连着三年大旱，下的雨少，春天的时候种不上庄稼，过麦不下雨也种不上棒子。民国31年收了点麦子，秋季连棒子也没种上，当时吃的是树都没叶啦，实在不行就卖点家具，往河南买点粮食。有逃到南边河南，也有往东北去的，有回来的，也有没回来的。这里年景好了点，就回来了。

闹蚂蚱，也闹过三四回，灾荒前闹过，后边也闹过，在五六月份，蚂蚱从别的地方飞过来的，把庄稼全都吃完了。一地的蚂蚱，说不吃就不吃，一吃哗哗的，一会庄稼就没了。村民都打蚂蚱，用棍子、扫帚打，也不管用，闹了有八九天。

记不清是哪一年有霍乱了，不记得有什么症状了，反正得了以后死得快，跟心脏病差不多。村里有得过人，不是很多，反正有这回事。那时村里没有医生，会扎针的也不多，当先生的才敢扎，也有把人扎死的，也有草药、拔罐子，不知道这病传不传染。村里有一口井，吃水从里边挑水吃，不知道是不是水有问题。得病死的人都自个埋自个坟地里，庄乡也帮帮忙，以后就没发生过这种病。

过了1963年，才慢慢好起来。这里上过水，不大厉害，就1963年有回厉害的。

宋 村

采访时间： 2006年10月5日

采访地点： 冠县万善乡宋村

采 访 人： 张培培　高　伟　张晓冉

被采访人： 郭　氏（女　91岁　属龙）

6岁的时候母亲死了，跟着妗子和舅过，家里种了二三亩地，种棒子、高粱、麦子，那时都不交公粮，一亩地也就是打几十斤。那时候特难过，吃高粱面子都不孬，父亲在关外，有娘的时候就走了。原来的时候，过年太穷，分了四两面，给了二两油，都是村里给的（放声大哭）。盐也吃点，买的盐，从万山乡中买，小盐不贵，几毛钱一斤，大盐也不太贵，稍微多不点。

我17岁嫁过来的，老伴那时10岁，公公那时60（岁）多点，还有老婆婆，分家后分了六七亩地，地里见的东西少，风刮得沙老深了，沙地多。

那时候没有彩礼，不兴送，结婚时卖了一亩地买了两件嫁妆，一橱一柜。结婚坐轿过去的，两个人抬轿，轿子是赁的，一天几毛钱，吃的没吃的，喝的也没喝的，也不知道当时摆没摆席。

那时候不叫出门，也没见着过土匪。那时候这个村穷，村上没有地主，全是贫农，村子不大，好户也就30多亩地，别的屯里的好过，地多。那时在家织布，纺麻线，织成布，卖出去，织一块布20尺，卖几块钱。

不记得日本是哪年来的了，见过日本人，他们一来，我们就跑了。那时候皇协军多，皇协军就是咱这的人，没有咱这村的，都是冠县、馆陶那边的。鬼子在北馆陶住，具体不知道有多少人，皇协军闹得厉害，把吴爷爷打死了。万善后地有个炮楼。日本人没要这的人修炮楼，他们自己找的，炮楼上尽是皇协军，没有鬼子。见过日本的飞机，没见过他们扔东西。

八路军是二十九军来的，来了老多兵，不知道住哪，八路军在这没和鬼子打过架。

灾荒年时连旱三年，地里没井，还刮大风。那时候太难过了，也不知道几月旱的，一点雨也没下，粮食没有，都吃树皮、南瓜秸。东躺一个，西躺一个，饿死了不少，有不少逃的，有往东北、河南逃的，宋明山当时逃到东北，媳妇死在临清，小孩不知道谁抱走了。后来跑出去的好多都没回来。

民国32年有霍乱，那时也有没有走的。我在家纺布也不知道外面的事，霍乱病传染，不知道有多少人得病，有死的，但不多，其他村都有。得病的死得快，埋在坟地里，谁也不管谁，都穷，将死人的碗筷也都埋了。村里就跟要饭的一样，死了人，找我舅给做菜，给一斤馍馍吃。我经常回屯里住，舅给点菜。

这闹过蚂蚱，在灾荒年后闹的，不知道从哪来的，噌噌的飞，说来就来。地里种的高粱谷子都给吃了，越穷越吃。开始闹的时候是七八月份，后来就都走了，吃完了就走，没有人去打。

上大水的时候也不记得了，也没听说过。

斜 店 乡

班 庄

采访时间： 2008 年 9 月 30 日

采访地点： 冠县斜店乡班庄

采 访 人： 牟剑锋　刘付庆生　王品品

被采访人： 班丙安（男　74 岁　属猪）

班丙安

民国 31 年，从一开始种麦子没种上，秋后大旱，有旱死的，头春时下了一点雨，谷子活了点。

地少，穷，去地主家拾庄稼，拾了点谷子，被日本兵抢走了。

没记得发过水，之前淹过，大堤挫了。没听说有传染病死的，900 多人剩下 600 多人，饿死的。逃荒河南、石家庄一带。那时没水，靠砖井。

民国 32 年左右有得霍乱的，家人没得过，看见扎胳膊的，没见过症状，人都不在乎，有懂的人就给扎。得这个病的死的不多，有得的扎过来了，咱村得这个病的不多。

民国 33 年都收了。生蚂蚱，大，盖过天，打西南生的，往这边过的。自共产党后，打蚂蚱，生小蚂蚱一开始，钉鞋片打大黑翅。

民国 33 年，共产党来了，日本人走了。抗日八年。

采访时间：2008年9月30日

采访地点：冠县斜店乡班庄

采 访 人：牟剑锋　刘付庆生　王品品

被采访人：班丙生（男　77岁　属猴）

班丙生

民国32年，六七岁时，皇协军抢粮食，收成不好，民国32年大灾荒，饿死很多人，大旱，记得有大灾，旱了一年，庄稼都旱死了，几分地没井。得病的少，饿死得多。民国31年不收，民国32年收谷子了，未熟先吃，撑死很多。蚂蚱吃了一年，黑蚂蚱。

上过洪水，西头有个卫河，记不准，水大约有一米多深，能跑小孩。逃荒，卖东西，有逃荒河南、陕西等，顾生活。

发过水，涝庄稼，民国32年以前淹的，日本人来之前。

采访时间：2008年9月30日

采访地点：冠县斜店乡班庄

采 访 人：牟剑锋　刘付庆生　王品品

被采访人：班西山（男　72岁　属牛）

班西山

民国32年旱了一个秋季和一个春季，麦子没种上，秋季没收好。民国32年没收秋，民国33年没收麦。有逃荒的，逃河南的，黄河南。

村里死了有四分之一左右，有饿死的，有霍乱死的，有撑死的，吃新粮食吃死的。得霍乱死的少，村里没医生，老土医生给扎，凭经验。我也不知道得的是霍乱，河西来了个土医生，说是痧子，也是霍乱，他以前帮别人扎过。

我得过霍乱，年景好了之后得的霍乱，不记得疼，浑身难受，非常厉害，呕吐，有个老头往胳膊上放了一针，老太婆做活的针，放了点血，紫色的，一天就好了，不知道怎么得的。我长大以后，弟弟十七八岁得的，不记得跑茅子，有的说是痧子，有的叫霍乱。我现在身体可以，没后遗症。

民国 32 年没上水，河西上水那是过了民国 32 年，没解放，日本被打走了，卫河河西上水了，没下过雨。

闹蝗虫是解放后，八路军领着打蚂蚱，民国 34 年、35 年、36 年左右有蚂蚱，解放战争刚结束。

采访时间： 2008 年 9 月 30 日

采访地点： 冠县斜店乡班庄

采 访 人： 牟剑锋　刘付庆生　王品品

被采访人： 班药楣（男　77 岁　属猴）

班药楣

民国 32 年，挨饿，没地。有地主，南北户，拾庄稼吃。我那时候没大人了，没粮食，拾庄稼，要饭吃。

旱了，没井，没法浇地，饿死逃荒很多人，没绪忽（方言：关心）得病死的，不知道有病的。逃荒的去河南、石家庄、山西。在家没过头，比我大的都逃走了，小的逃不动。

日本走了，解放了，再穷了也有一地了。

民国 32 年上过一次水，西头的河水来的，很大，能兜船，于良河。

东张史村

采访时间：2008 年 10 月 1 日

采访地点：冠县斜店乡东张史村

采 访 人：牟剑锋　刘付庆生　王品品

被采访人：张存力（男　82 岁　属兔）

张存力

11 岁上的河水，上河水，河水下去了，老杂来了，老杂走了之后，日本来了。白地搭了个台子，是俺这一伙的，光看着日本来了，赶忙着叫跑。

接着民国 32 年灾荒，70 来年了，民国 32 年吃糠都没有，树叶都吃光了。日本在这儿，少吃没穿的。

天旱，后面的路挖水，浇地，都是孬年景。下雨闹不很清楚，死人很多，上河南要饭去啦，死半路的。逃荒去的河南，去要饭人家不给，一个萝卜切三节。看病也不看，找不着关系。

灾荒年后，我逃荒去了，老杂才走了，天晚了，俺娘说别去了，拾了杏核，锅里焙焙（谐音），推磨，吃得上哕下泻，没死。

有一年霍乱抽筋，也小，前面死了好几个，不知道名字。

我十二三（岁）那年也生过蚂蚱、蜻蜓盖天，向东南飞。起河西过来时它不会飞，它过河滚成蛋，摞着过来。

采访时间：2008 年 10 月 1 日

采访地点：冠县斜店乡东张史村

采 访 人：牟剑锋　刘付庆生　王品品

被采访人：张存印（男　74 岁　属猪）

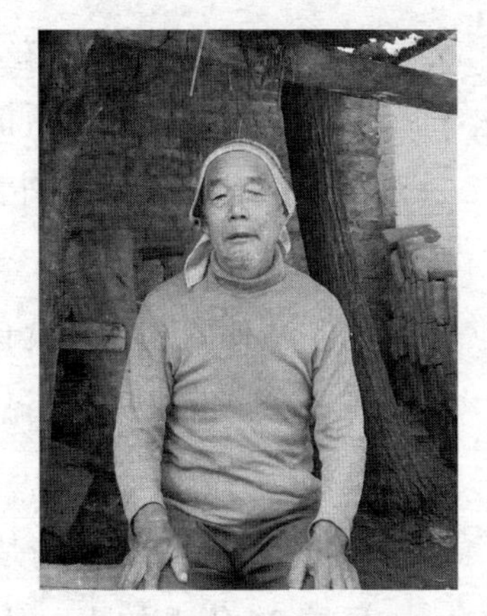
张存印

大约是1943到1944年的事，霍乱过的灾荒年，这儿有得的，扎好了的，死了俩。我将记事，十二三岁，得的不多，人家也不让进家门，说是用旱针扎。西庄的医生，光会扎针，不清楚扎哪儿。就没几天时间里得的，俺亲大娘得的，治过来了。俺姐姐来看她，然后得上了，没回去就死了。俺大娘姓刘，名忘了，张刘氏，姐姐叫张淑琴，死了。其他有个姓刘的，俺街上的，她病了，侄女看她得了，俩都死了，传染病。那几年死的人不少，灾荒年刚一过来，咋死的不记得了。

日本人来后，村里都没人，逃荒去河南，当时俺也逃荒了，也回来了。

大约民国32年，共产党到咱这儿了，鬼子没放弃，打游击。共产党青苗贷款，种子给你，收了还种子。

没出过河水，闹过蚂蚱，和抽筋霍乱病差不多一个时候。蚂蚱多得满天飞，能把太阳遮住了，起卫河西边飞过来的。那时雨不大记得了，民国32年前后旱了一两年大概。

樊　楼

采访时间： 2008年9月30日

采访地点： 冠县斜店乡樊楼

采 访 人： 牟剑锋　刘付庆生　王品品

被采访人： 樊明方（男　83岁　属兔）

民国32年，没结麦子，地干，耩不上，没水浇，下雨就种点，不下雨就没种上，就弄了一斗麦子。

樊明方

那年死的人不少，饿死的，一见进粮食都猛吃，七月底时见的新粮食，撑死的。有逃荒的，逃北京，逃关外的，我一直在家，没去。

有霍乱死的，咱村没有，外村不少，在十屯那一带。我没见过霍乱死的人，知不道怎么治的。

生过一回蚂蚱，不清楚啦。

民国26年上的水，从西边河上的，民国32年没上水。民国36年河西淹过，咱村没淹过。

采访时间： 2008年9月30日
采访地点： 冠县斜店乡樊楼
采 访 人： 牟剑锋　刘付庆生　王品品
被采访人： 樊书林（男　73岁　属鼠）

樊书林

民国32年寸草没长，大旱，那一年是连两季旱，种的小麦没收，接着旱，秋没种得上。没下过大雨，不知道有病死的，饿死的有二三个。

在旧社会，日本刚刚投降，国家也没救灾，一个村100多口的人逃荒，逃荒北京南，六里河，六里河能找着活。这个村死的不甚多。我们这个村饿死300多个人，大多人都没在家。我也下北京，在北京维持生活四个多月都回来了。到了晚秋棒子啥都没收成。地瓜、谷子、吃糠，按个好户说。麦子没收，五月都去啦，十月就回来了。

听说过霍乱，老人家都说过，不好治。大部分人都得，是有共产党建国以后打预防针，就少了。咱村人都没在家，大部分去六里河了、山西。外村得霍乱普遍，差不多每个村都有。抽筋、肚子疼，上吐下泻，传染病，特别厉害。针灸治得快点，维持现状，先生给开药，死的伤亡的都很快，一到两天就不中了。

民国 34 年日本投降，得霍乱转筋时，日本没走，就那几年的事。家中有老中医，先生扎过来的，有会的，现在都没了。我的祖父当过扎针的，大小个经过一扎，好的就多了，肚子疼的都给扎过来了。给得霍乱的，别的村的也扎过，也不要钱，听说他会扎的，都找他。老人家说是传染，不是一个人得，一得就是一片。

有蚂蚱，解放后的，记不清。民国 32 年之前上过一次水，民国 26 年没下过大雨。

采访时间：2008 年 9 月 30 日
采访地点：冠县斜店乡樊楼
采 访 人：牟剑锋　刘付庆生　王品品
被采访人：樊占元（男　85 岁　属鼠）

樊占元

14 岁那年差一点没上学，14（岁）就发水了，西边的河里发口子了，一下子到聊城都是水，卫河开的口子，水大。

民国 32 年旱，灾荒年不下雨，庄稼不长，麦子不收，长了一扎高，抽不出穗来。后来记不清了，死了多少人不记得了。有老些去逃荒的，北京的，鲁村的，人少得没啥人。记不住霍乱有死的。邻村有得过的，不记得名字，班庄、辛庄、门台，东边有史村。

民国 33 年收成不好。

郭店村

采访时间： 2008年9月30日

采访地点： 冠县斜店乡郭店村

采 访 人： 王占奎 张吉星 陈 艳

被采访人： 郭银铎（男 86岁 属猪）

郭银铎

我民国32年结的婚。曲州、邱县那灾荒，咱这也灾荒。日本人在这了，我当兵了，在七分区，司令赵建民，聊城、莘县、冠县、临清都是七分区。

灾荒年不下雨，旱，没收成。一年没下雨，民国33年下了，也不大。不能浇地，没井，沙河里没水。那时抢水吃，去晚了没水。那会死的人不少，都饿死了。那会庄上七八百人，过了灾荒还有500多。

有逃荒的，上西北的，我有个姐姐卖到山西了，还有上南的，黄河南。这村逃出去的人比较不多，曲州、邱县那一带多。有回来的，有没回来的，饿死外面的人很多。留下的人，民国33年下雨，下得不大，种点地，慢慢的就过来了。民国32年没下雨，麦子收不了，种秋粮食时下了点雨。

上过洪水，解放前上过，我7岁。下了回大雨，我在街里住着呢。以后也上过水，那解放了。

霍乱抽筋，那还早，民国32年以前，扎好好多人，死的人也不少。医生扎，扎了放血。咱庄上死了二三百人，死的可多了。一扎就活，扎了放血，放了血就好了。我见过霍乱抽筋，光抽筋，下面放血就好了。霍乱抽筋那一年，我十二三岁，天疫了，咱这一片都得，哪个村都得，那厉害了。扎不好就死，扎晚了就不中了，可急了，三四天就死，传染，这一片都得的。热天得的这病，霍乱抽筋，秋粮食种上没记不清了，没几个月就过去了，冷了就好了。以后也没有了。得霍乱还小，我那会十四五（岁），没当兵，当兵时没霍乱抽筋的，发疟子是当兵的时候。发疟子，一冷一热，冷冷热热，那会我当兵了，发疟子的才多呢。

蚂蚱闹过，过蚂蚱是灾荒年前，那时我十二三岁了，蚂蚱多了，棒子叶、谷子叶都给你吃个光杆，从西北过来的，往东南飞，月亮都看不见了。七月底过来的，啥都吃光了，它过去了，很短过去了。以后没有了。

下雨下了好几天，下得房倒屋塌，灾荒年以前，那会儿没霍乱，灾荒年没下大雨。

日本人灾荒年还在这，我见过，冠县也有，莘县也有，日本人一来我们就跑。我当了七年游击队，日本投降以后，我在医院住院，没挂彩，病了，精兵简政。

日本医生解剖了不少中国人，把人带冠县、莘县，把人挑开。医生解剖的，在她（老伴）那个县，广中县。

日本人抓过人，多了，给他干活，放回来。我的战友都叫日本人抓了，抓到日本国去了，他叫许昌强，日本投降了，他从日本回来，他不在了，死了，他比我小。俺这一村还有一个叫日本带走的，他比我大，也死了，他叫郭增安。

采访时间： 2008年9月30日
采访地点： 冠县斜店乡郭店村
采 访 人： 王占奎　张吉星　陈　艳
被采访人： 赵银相（男　78岁　属羊）
赵书芳（男　78岁　属羊）

赵银相

赵银相、赵书芳：民国32年，记得，大灾荒，饿死老些人。旱，不下雨，没井，光吃水井。老天爷不下雨，连着两年，民国

32 年开始，大灾荒，麦子大风刮死了，没下雨，到第二年还是没下雨，到了第二年秋里才下雨，地里都没收的了。村里都没人，都逃荒了，死的死亡的亡，都跑走了。有那地主不走，家里没人，第二年下雨，谷子耩上了，不大。

赵书芳

赵书芳：饿死的人多了，死的死，都逃荒了。

赵银相：那会儿庄上不到 600 人，过了灾荒剩 270 多口，都逃荒了。上河南、关外、山西，说不准上哪里去，饿死了的不少。西边好几家都饿死了，逃荒的都民国 32 年秋后，大秋没有耩上麦子走的。说不准哪时候回来了，咱这没发洪水，发洪水也淹不到这，聊城还没咱这地高。河北那边发过，解放前河北发过水，解放前河北事变的那一年发过，日本进中国那一年。

咱这没发过，别的乡发过，运河离这八里地，再往西二里就是大沙河。这会还有，这会沙河栽树，灾荒年也饿死的。

赵书芳：就日本进中国那一年淹的。过了灾荒年，闹了一阵霍乱抽筋，民国 33 年秋后，霍乱抽筋死的不少，咱庄上也死一部分。那会人知不道，得那病就是手指头弯，抽筋，抽筋一会就抽死了。某人的妹妹一扎就扎过来了，知道了，一扎就过来了。一烘上（方言：晚上）就病了，六个死了四个，得病了三两个钟头就死了。我有个兄弟，那病院里一个闺女，一个老妈妈，那边院里一个男的，一共死了四个。我一个兄弟也得这病死了，他叫赵宝聚，他比我小两岁，他那年 11 岁，在这住的时候，过了秋，谷子下来了的时候，得了病不知道，光是渴，我给他水喝，水没烧呢，他就不中了。得这病一扎就过来。

赵银相、赵书芳：那会没先生，没医院。农村里有会扎的，有得这的，一扎就过来。那会我年纪不大，十几岁。

赵书芳：扎哪咱不知道，治好的记不住是谁了。这事记得点，这病就两个多月就过去了，那会日本人在这，咱这农村没有，城里有。那会他跟咱要东西。那会有游击战，日本、八路军在这，要，两边要，人要粮，八路军也要，两边都要。见到啥，给你牵走，你不给他不准，他要啥你给他，他不来了，那是皇协军。都没真日本，就住一两个真日本，尽咱皇协军，尽咱的人。

蚂蚱过过，灾荒年没有，过了灾荒年以后。过蚂蚱的时候我不在家，到金乡去了，民国33年上金乡去的。回来听他们说打蚂蚱，打蚂蚱的。过蚂蚱至少过了灾荒年三年。

南史村

采访时间： 2008年10月1日

采访地点： 冠县斜店乡南史村

采 访 人： 牟剑锋　刘付庆生　王品品

被采访人： 徐文全（男　80岁　属马）

徐文全

那一年日本进中国，上河水淹过了年，上河水时叽里呱啦下了一阵子。以后日本进的中国，可能日本占东三省了，没来冠县来。占乡，打游击。

民国32年天不下雨，旱了一到两年咪，种不上庄稼，要是下就有吃的了，都逃荒去了，东跑西颠要饭，有去河南的，山西的，人家里都没啥人了都。我12（岁）跟着去要饭了，河南，头麦子去的，过麦子回来的。民国32年的草长，玉米长叶不长棒子，死了很多人，饿死的，老死的，顾不准。

女的有跟别人过的，孩子给人家的，也有病死的，见到搐筋的，闹不清咋治的。那时候挺乱的，南边那儿见得，长痂子，痒痒，都抓烂了。劲过去了都好了，一来劲还难受。地潮，灾荒头来后来闹不清，头来长痂子，兴种地，拉犁拉耙，没牲畜。

慢慢缓过劲了，过了灾，闹过蚂蚱，遮天映地，一层，从西北过来的，黄蚂蚱，带翅，听着呜呜，听着蚂蚱哒哒打翅响，两蚂蚱一个布朗叶都吃完了。我十二三（岁），共产党来了，组织人打蚂蚱，哪年闹不清了。

采访时间：2008年10月1日

采访地点：冠县斜店乡南史村

采 访 人：牟剑锋　刘付庆生　王品品

被采访人：徐文仁（男　80岁　属蛇）

徐文仁

民国32年不能浇地，不下雨，庄稼旱死了。雨下的不及时，该下的时候不下，民国32年麦子没耩上。蒋介石，黑政府，不兴打药，毛主席过来才好啦。棒子种上了，不下雨不长啦，不收，旱得麦子没耩上，饿死的、逃荒的、要饭的，死很多人。逃河南，2000多里地，来河（音）那边收了。我在家啦，没逃远，跑到莘县，又回来啦，待了没多长时间，有一个来月，民国32年的事。

饿得东倒西歪的，生了一年转筋的，没先生看，有得病死的。不兴看，没医院，没医生，没公家。下汤药，吃草药，光听说过，没西药，得病死了两人，没见过。说是转筋死的，一天就完了，我10来岁，他是个男的，不知道症状。民国32年前后的事。

日本一进中国，蒋退南边走了，毛泽东一进来打走了日本。民国32年以后共产党过来了，开始查检了。

闹蚂蚱时共产党过来了，解放了，成了共产党了。一个不下雨，不见粮食，谷子叫虫子给吃啦。谁知道从哪里来的，打北边往南飞，是本地的蚂蚱，吃庄稼苗，吃叶，连着好几年。入秋时吃的，收了谷。地简直种不上。

民国32年前上过水，最厉害的河水一年。连淹过，连虫子吃，四五年没收，运粮河（音）上的水，河盛不下，淤了，到膝盖深，谷子从水里捞，上了大水之后，日本进的中国，县长都跑了，日本占东北。

采访时间：2008年10月1日

采访地点：冠县斜店乡南史村

采 访 人：牟剑锋　刘付庆生　王品品

被采访人：赵初梅（女　90岁　属马）

赵初梅

民国32年连旱三年，灾荒，三年没收，饿死好些人。俺家，婆家，饿死了九口人，俺二婶家，爷，婆子娘，一个18（岁），一个26（岁），婶子头上都招绿豆蝇。秋天吃饭，棒子吐红缨子，都旱死了。

民国32年灾荒年我26（岁），吃树叶，逃荒逃到河南县，待了一年，27（岁）都拐回来了。那时候死得多啦，闺女五六岁也饿死了。

抽筋说一抽就死，九月冷了，抽筋死的不少，得病的都死。婆母娘27（岁），一黑上（方言：一夜），尿了大半盆血，都死了，啥病都有。

十里铺

采访时间：2006年10月6日

采访地点：冠县东古城镇张查

采 访 人：吴肖肖　王　凯　徐　波

被采访人：杨学妮（女　74岁　属鸡）

杨学妮，74岁，属鸡，娘家十里铺。

民国32年，那年不下雨，春天没下雨，一季没收，春天没收，饿得没东西吃，吃糠、吃糠蛋蛋，新粮食下来，吃谷子、吃高粱，撑死了不少人。

那时日本人经常过来，东西不敢搁家。

村里有人得病，是霍乱搐筋。有一人，60岁，老母亲得病死了。霍乱搐筋具体什么样子，那时候小，不记得什么样子。

王史村

采访时间： 2008年10月1日
采访地点： 冠县斜店乡王史村
采 访 人： 牟剑锋　刘付庆生　王品品
被采访人： 王学智（男　79岁　属马）

王学智

民国32年，没吃的，我还要饭去了。天旱，水不行，跟不上，地干涸啦，种不上苗子。

那年棒子没种上。大旱，水也不行，麦子也没收好，旱到秋季就支援了。犁地下雨了，秋季种麦子。也有聊城的，外省的，后来灾荒劲小了，多半年种麦子时又下了点雨，抢种，慢慢往后就好了，饿死了12户，死的也有二十六七户。有饿改嫁的，饿散的，夫子离散的，有糠解不下来的，大便下不来。

当时有600死的，和迁的递补，灾荒年不生小孩，饿得往嘴里倒点凉水，就睁眼吃糠、棉籽，有支援的。

民国32年大灾荒，那时19（岁），饿得东倒西歪，我到河南要饭，河南的孙口，百十里地，去了三来月，过年二十三（腊月），推磨没粮食粒，民国 33 年三月底回来的。民国 33 年就好点了。

霍乱抽筋没大发生，都是饿出的病。听说过霍乱转筋，说死就死，听说筋抽抽，眼睁不开，上厕所，说死跟急症一样，一天过不去就死了。那时没人民医院，没先生，也没土医生，得病就是死。

那几年没上过水，没淹过，也没下过大雨。

蚂蚱闹得满天飞，民国 32 年之前没闹过，解放后闹过。

西张史村

采访时间： 2008 年 10 月 1 日

采访地点： 冠县斜店乡西张史村

采 访 人： 牟剑锋　刘付庆生　王品品

被采访人： 宋大兰（女　82 岁　属兔）

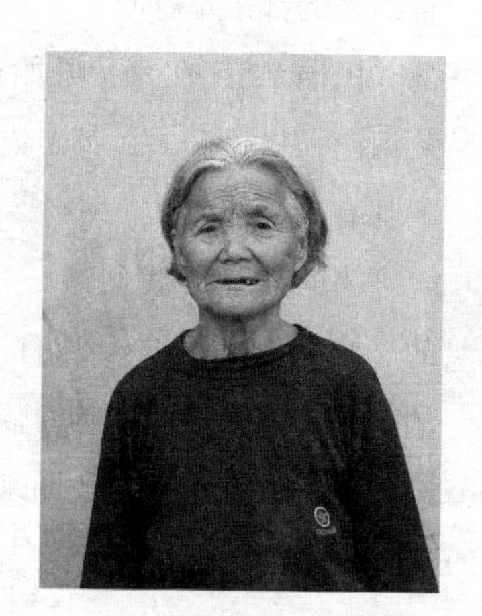

宋大兰

那时候旱，不浇水，那一年没收麦子，不记得旱了多长时间。逃荒去啦，去西边啦，15 岁年下初三逃到曲周，又回来啦。

有霍乱抽筋死的，一出两口棺材，一个瞎子，一个不瞎。

俺哥当兵，吃人家粮食。

采访时间： 2008 年 10 月 1 日

采访地点： 冠县斜店乡西张史村

采 访 人： 牟剑锋　刘付庆生　王品品

被采访人： 宋书臣（男　76 岁　属马）

灾荒年民国32年大旱，头一年旱得没种上庄稼，春庄稼种上，谷子没长成，起那儿就遭灾。刮大风，春天刮得，向南刮，民国32年那会儿，地里刮得平地都刮得恁深的土，麦子都刮死了。从那以后，那一年日本有点粮食就抢。咱这村是解放区，北边那村就不是啦，牛、衣物都抢啦。

宋书臣

那年秋天都暖和了，有八路军起南边没灾的地儿弄来的粮，把谷子种上了。从那一年开始，多少收点谷子。草都长一人深，逃荒回来的都采草籽吃。

民国32年在家，开始逃荒走，当时10岁。民国32年春走的，逃到黄河南，村里没人，都走光了，有去黑龙江、山西的。逃的很多，四里五下都有。

当时饿死了我父亲、我舅。我父亲因灾荒病的，舅舅也是那一年死的。父亲跑肚，要饭要的，闹肚子吃了就拉，好几个月就死了。有撑死的。瞎子那家抽筋死的时候我11岁，到现在65年了。我逃荒走了，他死的时候我逃荒走了，我回来时日本都走了。我15岁，在黄河南待了四年。

采访时间： 2008年10月1日

采访地点： 冠县斜店乡西张史村

采 访 人： 牟剑锋　刘付庆生　王品品

被采访人： 王金柱（男　86岁　属猪）

1942年在家没吃的，不收，国家没人管，生蚂蚱。那个小蚂蚱弄出来一堆，1943年的事，榆树蚂蚱一缀缀两节子。

1943年，参加八路，西头招新兵。民国32年，人都饿得失色了，饿得都不成人了，没人管，有鬼子，没吃的。

王金柱

民国 32 年旱，有一两年多没下雨，这院里都这高的草，光长草不长庄稼，光勒地里草籽吃，一两布袋。光吃豆粒，打敌人手中夺过米来，煮豆粒吃。小南瓜、瓜花、耗（音）秧子，回来煮着喝。这都是 1943 年的事，小米摸不着，部队也吃不好。在西边河沿上活动，拐来拐去在打仗。家家黑家走，怕敌人见了，光黑家走。

民国 32 年，除了跑了的都是死的。一个村的剩三人，死跑。搁那个村，比这个村大，住了三天，没东西还得走，一个跑到河南，一个女的，一个男的，一个女的跟人家过了，给了二十几斤高粱。咱村死的人不少，共百十个人，死绝了四家。我家爷们儿都饿跑了。

咱村有得霍乱抽筋的，西边这家死完了，两老人，两年轻的。老人是个瞎子，女的不瞎。那男的叫张道生，女的闹不准。1943 年没得霍乱的，自那两个人死了之后。抽筋霍乱，没见过，说死都死，那时候没人治，治不起。比 1942 年早点，我还在家的。辈子高的有发病的。擦灾荒边了。1941 年时死的一家人，没落啥人，不多，就咱村死了几个。

1943 年跟部队在管沙陶（音）给这些村打仗，上了一年雨，河水是一九四几年上水，都这街里弄得檩条子抽啦。灾荒年以前上的水，街上外街都冲啦，小个到腰深。

采访时间： 2008 年 10 月 1 日

采访地点： 冠县斜店乡西张史村

采 访 人： 牟剑锋　刘付庆生　王品品

被采访人： 王玉兰（男　81 岁　属龙）

王玉兰

民国32年都下关外啦，逃荒要饭去啦，有去黄河南的，往新疆西的，四五百下的跑。那年饿死的人没人埋，以前200多口，后来剩下70多口，人都走了，逃荒的、要饭的、撑死的，饿得肠子细了，一没吃饱，过了民国32年年景一好，蒸的黏窝窝，饿迷糊了，自己吃，不给别人吃，一吃肠子撑断了。年景数这时好，叫街的、算卦的，啥人都有。

民国32年饿死的、逃的、死外面家里的都很多，有水肿，咱村有得霍乱搐筋的，闹灾荒。日本来了还闹灾荒，霍乱转筋有那病，见过，浑身肿，吃药吃不起。弄点黄豆水喝喝，偏方，村里没土医生。

过了民国32年，大灾荒，又下雨，不小，地都荒了，家里人都走了，都长草，荒草，都吃草籽。过民国32年种上麦子了，刮大风刮死啦，将麦根刮老深的坑，沙土掘的一堆。秋天又没种上麦子了。没雨，种不上。地干，刮死了一年麦子，又没种上，这是过了灾荒。

生过蚂蚱，一开始是外边飞过来的，落在地上，将庄稼吃了，放籽，一坨，又出来了小蚂蚱，黑的，多的跟牛粪似的。沿北边飞过来的，往南飞，小沟里。灾荒年以后都有庄稼了，蚂蚱过来以后吃庄稼。有个老河，卫河开口子了，淹过来了。淹那一年我也不大，灾荒年以后的。

上过水，淹到聊城，能冲船。记来事，南边我的地，高粱也能掐谷子。拾棉花，下面淹毁了，上面的没事。民国32年以前上的水，我有10啦岁，我还能干活嘞。

斜店村

采访时间： 2008年9月30日

采访地点： 冠县斜店乡斜店村

采 访 人： 王占奎　陈　艳　张吉星

被采访人： 郭爱成（男　80岁　属龙）

郭爱成

我没上过学，上了二年就事变了，民国26年事变。老蒋的二十九军完了。水大那一年，东北、沈阳，一腰深的水，都成河了。

民国32年灾荒，二年没下雨。没吃井，啥也没有，刮大风，黑风、黄风，地里都刮了尺把深，连二年，民国31年、32年，民国32年饿死的人不少，民国31年高粱没收，民国33年下了。一会雨没下，地没收，地里没井，啥也没有，吃水，街里有吃的井，用筲箕一筲箕两筲箕的提。

灾荒年天不下雨，靠天吃饭，二年都没下，一滴雨也没下。庄稼种不上，没吃的。北边一场风，南边一场风，打开门，不是黑风就是黄风，看不见人。民国32年大灾荒，村里饿死400多口，灾荒以前500多口。没啥吃了，吃树叶都没有，土都挖着吃。灾荒年，往外逃荒，有啥都卖了糊口。灾荒那年，咱家没饿死的，其他有饿死的，一家都饿死了，一亩地收30斤。卫河离这八里地，这会叫共产党控制着不让放。

逃荒的往南，黄河南，逃荒的都上黄河南，河南年景好，衣裳都换点粮食了。连曲周、邱县，800多人都死在外界，没吃的，身上都饿得发抖。曲周、邱县饿死的人更多，那年景跟咱一样，那人吃人的年景。

灾荒年日本人还没过去，咱村有日本人，我给他遛马，他给我冰糖吃，我那会9岁。日本人不进民宅，在外街睡觉。

民国26年事变，二十九军退却，这反了，尽老杂，范专员把老杂收了，王令先投奔范专员了，12个支队，一个支队1000多人。后来死日本人手里了。日本人看你不顺眼，就一枪把你弄了，放洋狗咬你，逮着共产党就活埋了。小日本那机枪嘎嘎的，那家伙厉害。一听来了，我们就往地里跑，日本人逮谁摔谁，把房子点着了，烧杀奸淫。咱这村没炮楼，离这12里地河北有，那尽日本人修的。

咱庄上抗日战争，共产党不多，河西多，二十二团，游击战争，二十三团是山东，二十二团是河北。咱山东省马景关是县长，赵建民是山东省的省长，老共产党。傅作义投奔共产党了。

灾荒年过过蚂蚱，过卫河，还没长翅膀呢，滚着蛋蛋，一个蛋蛋一个蛋蛋过来，打河过来，那是阴历七月份，谷子才见，一块地一会就吃光了，真多，不分个。差不多一个月过去的，上东南飞，打蚂蚱，黑了，点着灯打蚂蚱。

咱村有先生，生个病就抓个草药。那会没西药，那会得病少，也没得脑血栓的。那会扎旱针，扣个罐，哪难受就给你扎两针，扣个罐。现在不中了，开刀，那会开啥？有得的，少。霍乱转筋，谁知道啥时候。霍乱转筋，头疼，转筋。头疼得受不了。扎腿，医生扎。那会得这病的少，那是阴历七月份，民国33年，民国34年，没多少天就过去了。有一个多月，我没得过。啥样子，抽筋，转筋，不扎就死。一会就死了。

下了七七四十九天，民国二十三四年。王宗元比我小几岁，王宗元他爹得的霍乱。

民国32年过了，死的人不少，都过了民国32年了。民国32年以后，看见新粮食了，那有新粮食了。肠子细了，一吃新粮食了，撑死了，人饿得，吃了还饿，再吃就撑死了。

1956年有水，大水，卫河开了，到河南。民国32年这没有，上西淹了，河水都到房了，这没有，往这八里地就是卫河，那水大。

采访时间： 2008 年 9 月 30 日

采访地点： 冠县斜店乡斜店村

采 访 人： 王占奎　张吉星　陈　艳

被采访人： 郭洪斌（男　80 岁　属龙）

郭洪斌

灾荒年我在家，逃荒的多，头年到曲周，第二年曲周到咱这来，咱这年景好了。灾荒年没耩上东西，没吃的，饿死只剩了 600 多口，饿死多少不知道，那会有多少咱不知道。灾荒，老天不下雨，地里不收，第二年收了，又撑死了，人饿得发昏，一收了，谁不吃？第二年撑死了老些人。旱了两年，哪两年记不住，我又不识字，反正有民国 32 年，头一年没收，第二年收了。一过灾荒剩了两三百口人。

那会五年一小灾，十年一大灾，老天爷不下雨。这有井，毛主席民国 33 年打井，冬天打井，年年冬天打井。

灾荒年他逃荒的不少，往河南，黄河边上，有上关外的，有走北的。俺这几个都上过关外，俺没去，在这做买卖，在米店卖米，多了不敢卖，两毛钱一升，不敢多要，三两斤不卖给你。一有新粮食了，又撑死老些人。肠子细了，下来粮食吃了撑死老些人，胃里消化不下去，你不死啊？

过了灾荒年，第二年以后，俺父亲的得这病，霍乱抽筋。得这病死了老些人，这村有，旁的村也有，多少天咱不知道，啥时有的那咋知道，谁记那个？我不识字哪记得。得这病扎，洪明先老先生扎，扎我父亲，我守着。霍乱抽筋，光抽筋。

得霍乱是在下雨前。下七天七夜雨，哪一年记不清了。我那会有十七八，谁知道几月份，天热，不是冬天，地里没水，水都到洼地里去了。

灾荒年过了过的蚂蚱，我还打过蚂蚱，蚂蚱过了没多大会，正秋的时候过来的，上面都盖严天了，都往东飞，都打死了。上头组织打蚂蚱，过蚂蚱是在下雨后，过蚂蚱解放了，要不解放，上头组织打蚂蚱?

咱这村没发过水，淹到聊城也淹不到咱这，咱这地高。往河西淹了，1956年淹了。

采访时间：2008年9月30日
采访地点：冠县斜店乡斜店村
采 访 人：王占奎　张吉星　陈　艳
被采访人：郭铭右（男　82岁　属兔）

郭铭右

我15岁参军，我没上过学，在部队学的。20（岁）回来，灾荒年我在冠县六十八区活动，那会有灾荒，又是日本活动最疯狂的时候。

灾荒年旱灾，1942年旱灾，1943年水灾，还有一个虫灾。旱，离家近，我没有回家，1942年一年没下雨，1943年我记得是水灾，还有虫灾。

山洪下来了，运河水出来了，淹了，都到聊城，咱家都是洪水，冠县都是洪水。运河下来的水，下雨下得院里一尺多的水，下了庄稼没种上，就秋后，过了麦开始下的。

俺村灾荒年剩了600多人，原来1000多，咱村上七八十的都知道灾荒年。曲周逃荒的都饿死半路了，那边不好，全是灾荒，都往这儿逃，咱这上梁山，河南，上梁山的不少。那收麦子了，抢麦子。逃荒的十户逃了八户，我家里也有人逃，我奶奶。人吃人的年景。

第二年回来了，第二年年景好一点，国家救济点，政府抽点资金救救，解放军的政府，游击队，都是暗地里，东边是根据地，国家千方百计救济，向地主借粮，向地主黄世仁借粮。

闹过霍乱，1944年，日本细菌战，这是党说的，日本的细菌。霍乱患者有扎过来的，扎不过来就死了，死得才快了。得霍乱哪一年我记不清了，可能是阴历七八月，有这回事，下雨前还是后弄不大清了，反正有这回事。霍乱抽筋，上吐下泻，抽筋我见过，不扎就完。霍乱扎扎过来，扎的黑血，扎的哪记不清了，扎的腿肚子还是哪，记不清了，扎的手腕。得的不少，传染，咋不传染？不知道咋回事得的。她（妻子杜兰芳）82岁，记不住几岁得的霍乱，就在这村里。1945年没有了，1945年我从石家庄到山西收日本枪支，跟国民党抢，谁抢着归谁的，咱抢着就是咱的，日本人投降了。

过洪水那几年是1942年还是一九四几年，那一年下雨下得大。下雨淹了，再出来洪水，灾荒年过了。得霍乱是在洪水后，部队上都说是细菌战，日本人用细菌，部队上没得这病的。

灾荒年蚂蚱满地转。从河西过来的，河里老些水，滚成蛋蛋，呼呼过来了。是1943年还是一九四几年记不清了，吃棒子的时候，七月份，有七八天才过去的。那一年虫灾棒子没收，都吃光了。旱灾，虫灾，水灾连三灾，过蚂蚱水灾过去了。

日本人经常来，抢东西。有啥抢啥。“三光”政策，抓共产党才狠呢。

辛 集 乡

丁刘八寨

采访时间： 2008 年 10 月 3 日

采访地点： 冠县辛集乡丁刘八寨

采 访 人： 王占奎　张吉星　陈　艳

被采访人： 崔树才

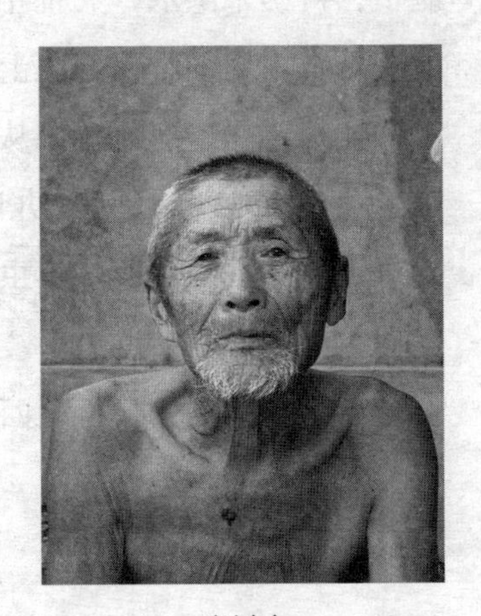

崔树才

灾荒年，人受苦了，1943 年有日本。一个是大旱，1942 年一个旱年，高粱有秸无粒，1943 年阴历四月十八下的雨，这都没种上麦子，还尽闹乱，南跑北颠，妻离子散，卖儿卖女，人吃人的年景。为什么说人吃人的年景呢？蒋介石的二十九军从东北下来，杂牌兵，齐子修，吴连杰，各霸一方，抢吃抢喝，国共两党闹内乱，那时日本也在这了。

逃荒，1942 年走的多，秋季以后，一看高粱没收，就走了，黄河南，河南那边，过了河往西还好点，上西，外三省的，本省，郓城、梁山那一带。没逃的，饿死的多了，你在河南买点粮食都不敢带回来，路上尽抢的。俺这村连饿死带撑死的没 800 人，饿死的不少，还有撑死的，饿得够劲了，逮住一顿吃的，就撑死了。

传染病，一个是抽筋，一个是发疟子，蚊子咬你身上，你也发。抽筋死的人不少，咱村也得，这病身上难受。就灾荒年，阴历来说九月份，有些得病的都死亡了。我见过，就是吃不下饭去，卧床不起，也是霍乱病，光抽筋。那时没大夫，没医生，生活条件不行。得了霍乱心慌，都是饿的，树叶子都吃光了。霍乱抽筋，可能霍乱还急性点，过灾荒年我才11（岁）。当时就是乱的，这尽杂牌兵。

蚂蚱，过了灾荒后，将解放了，光蹦的，不是飞的，刨个沟，人在后面轰，轰下去，一层。谷子，高粱叶都吃光了。灾荒前后没闹蚂蚱。

下七天雨，就灾荒年，秋后，大水。那是民国26年，日本进中国。

采访时间： 2008年10月3日

采访地点： 冠县辛集乡丁刘八寨

采 访 人： 王占奎　张吉星　陈　艳

被采访人： 丁明义（男　79岁　属马）

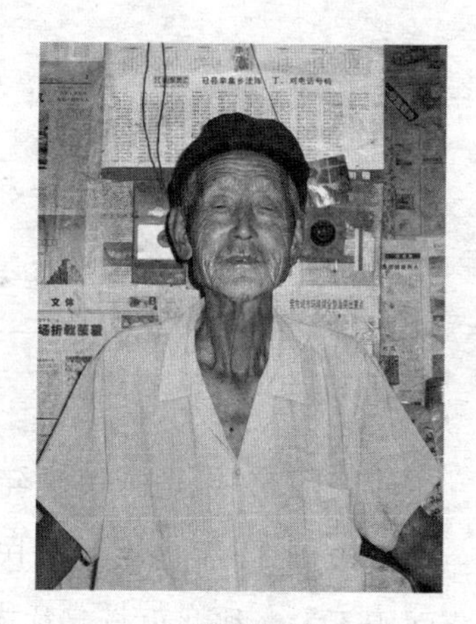

丁明义

灾荒年能记得大部分，是民国32年，我当时14（岁），天旱，不下雨，种不上。一直到第二年五六月份，庄稼也有秸无粒。没种上小麦，民国33年秋下了，没种上庄稼。饿死的人，咱村剩了700多，原来1200，饿死三分之一，三个饿死一个。

逃荒的有，能力大的跑得远点，能力小的跑得近点。往北的多，上关外，都不好过，但比这好过。我也出去了，出去了一大段，又回来了，我还讨过几天饭呢。出去五六个月，半年，阴历三四月份走的，就灾荒年。

得病，发疟子的多，冷起来冷，热起来热。听说过抽筋，没经历过，村里没有。灾荒年前后，当时我14（岁），不懂，霍乱常见，那会常有，叫霍乱病。人休克，人事不懂，找个会扎的老妈妈扎扎，用锥子扎，冒冒黑血，扎过来，说来就来，过不来就死。

也叫蒙头疔（音），也说叫霍乱。我还救过一个，1950年，灾荒年后了，我去地里，看见一个人摔倒了，离老远的，我赶紧跑过去，走那去，吐了一大片，人事不懂，光出气，浑身冰凉，我抬回家来，叫老中医扎扎，慢慢过来了，吐了一大片，我不救就完了。

下七八天，灾荒年第二年，民国33年，七天七夜，没停，地渗一部分，洼地淹了一部分，房子都漏了。

蚂蚱，过过，像飞机一样。灾荒年前闹了一回，灾荒年没有。一二十亩高粱，一会就给你吃光了。

闹过大水，那在我七八岁，以后没上过多大的水，大的厉害的没有。

采访时间： 2008年10月3日
采访地点： 冠县辛集乡丁刘八寨
采 访 人： 王占奎　张吉星　陈　艳
被采访人： 丁文成（男　77岁　属猴）

丁文成

民国32年是国民党年号，二三年不下雨，民国31年也不下，民国32年大灾荒，面积不大。往北也行，往南也行，就咱这不行。灾荒旱了两三年，以民国32年为主，没收庄稼。二年当中，人都上15里地口外，扫灰灰菜籽维持生活，菜籽轧成面，吃那东西。逃荒的多上河南、山西、东北三省。我当时上河南了，民国32年走的。有老些不回来的，有慢慢回来的，不一块回来。

原来500多口，后来南跑北颠，逃了300多口，饿死200多口。第三年收了一部分粮食，有雨了。

没听说有什么传染病，抽筋有个别的，死了两个。东北角姓崔的死了两人，过了灾荒年了，可能过了一两年，死的时候一个是十四五（岁），一个是二十（岁）。他们在东边住，我光知道他俩。

发疟子还要晚，过了四五年了。发疟子，我还发过，浑身冷，光觉得冷，回家盖着被，吃药。唐食医，医生的人名，在本上写着，那有小药铺，还有药，也治这病，买点。

过蚂蚱，共产党都来了，机干团在这住，那团长姓杨还是姓啥，跟地里打蚂蚱，过了灾荒年了。

上水，民国26年上大水，西南，黑岩山的水，从这上西北了，都那年上水，日本进攻咱中国。1958年也有，下雨下的，平地里一尺来深。下了几天闹不清。七天七夜雨也有一回，可能过贱年以后不多长时间。

采访时间： 2008年10月3日
采访地点： 冠县辛集乡丁刘八寨
采 访 人： 王占奎　张吉星　陈　艳
被采访人： 王家木（男　86岁　属猪）

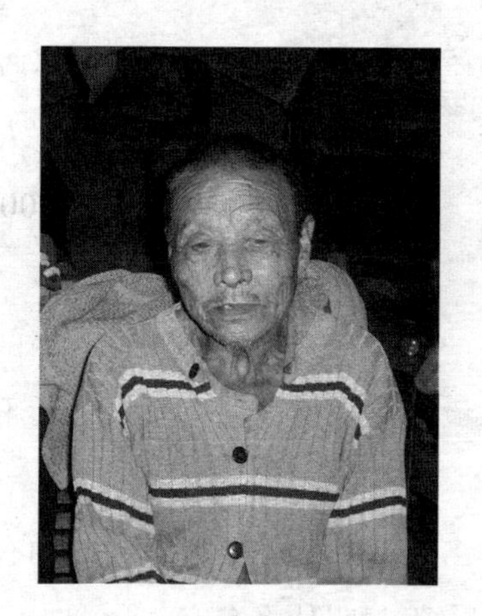
王家木

66年了，那年旱没种上，头年种高粱，那年没耩上麦子，饿死的，哪庄没有？有多少闹不清。

逃荒，家里没人，饿死的饿死，逃荒的逃荒，上关外的，下河南的。我没跑，我在家。

传染病？啥病没有，那会不跟现在一样，尽得快病，那会光说是霍乱，发疟子。霍乱，头疼，脑热，得霍乱，上哕下泻，没医院，尽扎针。得霍乱是灾荒年以前，哪年记不清了，日本人没在这。扎针，扎头，扎胳膊、腿，放血，家里人扎针。咱村有得的，哪年都有得的。

下七天雨，下过。哪年忘了，那会是灾荒年前，忘了哪一年了。

以前闹过蚂蚱，地里都没粒了，闹了一回。

发大水，灾荒年以前过来的水，外来的水，黑岩山的水，黑岩山在哪不知道，淹到地了，咱这没淹。

东骆驼山

采访时间： 2006 年 10 月 2 日

采访地点： 冠县辛集乡东骆驼山

采 访 人： 王 伟　王燕杰　李玉杰

被采访人： 李以德（男　76 岁　属羊）

鬼子来之前，地里不收庄稼，土里水一刮，太阳一晒，吃盐。小时候给地主扛活，给人种地，人家给多少东西，租地的不多，给人种。那时不论斤，论担，一担粮食 300 来斤。那会儿咱小时候，要饭，拿着棍儿，喊大爷大娘的要饭。

10 岁时，民国 26 年的冬天时候，见鬼子来的冠县，住在金海（人名）那里，住在俺村上，不是常住，就一二天。大牛在火上烧，拿刺刀割着吃。

那会不要税，河北的有势力，有百把十枪，管这一盘儿。有土匪，想不起叫什么名字，十个人，三五支枪。到了后边，齐子修、吴连杰都是土匪，搁这儿闹了五六年，家里都没人了，都跑了。有十个汉奸，鬼子来之前就有，白天藏在地主家，保着地主，鬼子晚上出来抢东西，三四家合买的小牛叫抢走了。将记事的时候，记得土匪杀过人，名记不住了，杀了两个人，不干正事。谁有钱就随便买枪，河南的枪，不干正事的人买枪，不给钱，晚上就被打死了。

民国 32 年，村里统共剩下三个人。那会饿死的人不少，生生饿死 127 口，都死在炕上。饿的，能活动的都出去了，逃荒的都往东去，剩下的都是老人。俺那会民国 31 年出去讨饭的，民国 33 年春天回来的，到了博平、高唐、胶东，去的那几年看到了鬼子，在茌平讨饭，讨饭时被炮弹炸了。俺这是无人区，民国32年没听说过啥事。

有瘟疫，浑身脱皮，头发都掉了，汗毛也掉了，不能吃饭，这都是听说的。

村里吃水，东北有井，盐碱地，别的水都不能吃。

村里一直没有改过名。18岁时村里稳定了，土地能买能卖了。

齐　庄

采访时间：2008年10月4日

采访地点：冠县辛集乡齐庄

采 访 人：王占奎　张吉星　陈　艳

被采访人：樊炳德（男　85岁　属鼠）

樊炳德

灾荒年我不是17（岁）就是18（岁），那年颗粒不收，光收点高粱，别的不收。高粱不是个味，难吃，那也得吃。我捡了高粱，捡得不少。

灾荒旱，不下雨，那一年都下得小，从那一年就开始闹，麦子没耩上，都逃了，街里尽草。我走得早，八月走的。我父亲一辈子说一不二，山西、河南给人扛活。灾荒以前，在河南那给人扛了几年活，在那有熟人，他一看不行，就再上那家去。就是那年旱，上一年起码没闹灾荒。待了一年二年回来的，家里没人了，村里家家锅都没有。俺村上那年1100多口，闹了灾荒回来，大队总人数400人，不是完全饿死，也有嫁到那边的，就没回来。逃荒的四面八方，东北、黑龙江、山西、河南。

那会发疟子的多，主要是冷。有霍乱抽筋，恐怕是灾荒年前，我那会小。那会受的罪，别提了。霍乱抽筋，反正我听说过，反正那会医道差。

闹蚂蚱不是那年，蚂蚱可能灾荒以前，把它赶地头里去了。这年份多了，俺也想不起来。七天七夜雨不记得，有这回事，可能是灾荒以前。

上大水，那上过，那会把我东屋都淹到这了，那是民国26年上大水，灾荒前了。

采访时间： 2008年10月4日

采访地点： 冠县辛集乡齐庄

采 访 人： 王占奎　张吉星　陈　艳

被采访人： 樊以龙（男　85岁　属鼠）

樊以龙

灾荒年，天旱，没雨，种不出庄稼来，一年半没雨，民国32年就没下了，民国31年人都逃荒了。灾荒年是民国三十一二年，数民国32年厉害。民国32年秋下雨了，旱了一年半，头年高粱出穗，都旱死了，棒子也干了。没种上麦子。民国32年秋里下雨，出了一些野庄稼，救了些人。

雨下得大，下了六七天，房子都下漏了，秋里七八月吧。灾荒到后来，饿死了，一有坏人，抢砸，杂牌军，家里吃的饭都抢了。

有逃的，家里吃不上都逃了，民国31年下半年开始逃，上南面，河南，走得远，上徐州，哪都有去的，四下，下关外。

没听说得啥病的，得啥病闹不清。发疟子听过，这些年没有，原来有，灾荒年可能有。霍乱抽筋，我年轻时闹过，得那病，都不会看，死了些人，我那会10来岁，灾荒年以前，过灾荒年我19、20（岁）了。灾荒年没有得霍乱的。我年轻的时候有，传到这来，先生都不知道啥病，没见过，村里有两个死的，日本人来以前。

上大水，民国26年，西边来水，我十三四（岁）吧，霍乱是在上大水以前。

没闹蚂蚱，以前年轻闹过，10来岁，灾荒年以前，过灾荒年没闹过。

采访时间： 2008年10月4日

采访地点： 冠县辛集乡齐庄

采 访 人： 王占奎　张吉星　陈　艳

被采访人： 樊以明（男　82岁　属兔）

樊以明

灾荒年死的人，土匪抢吃抢喝，好人都逃难走了，那是民国32年，民国31年就过贱年了，人饿得都逃荒走了。种上庄稼也收不起来，民国31年逃荒就走了没人。俺这齐庄200来家人，俺这一家死了就剩了仨。十户就只剩了一户，死一家一家的不少，上山西、关外、河南，没听说上北的。我没逃，我那年17（岁），我在家。到后边南边割麦，我跟俺娘，两个小妹妹，留家里几斤粮食，我爹在家种地。种上点地，那会麦子还不熟，到那麦子还没割呢，那是民国32年。

俺去拾麦子，带的菜窝窝，到那没了，走到哪，就要了吃，跟要饭一样。俺没吃的，撸麦头，人家都打骂。人饿极了，情愿打骂。俺和妹妹缝个小布袋，拾麦条。俺说俺给俺爹送去吧，俺娘说正割麦的时候，你送去就得耽误割麦，叫别送了。

拾了一个麦，割完麦，拾了一布袋麦子，在那有一个熟人，借了辆小平车，推家里来了，不敢进家，进家叫人给抢了。上地里去看地里，去看谷子长得咋样？谷子跟草一般高，我心里难受，掉泪了，说我爹咋不弄一下呢？我说走吧，将推车，将走，来了两个人，拿了五尺长的棒，叫站住。一看，老大个，俺庄上的。他叫我大叔，叫我爹二爷。他说，你快走吧，二爷快不行了，回到家，麦子先收好了，粮食不敢叫人见，见了就抢。我跟我爹拉呱，我说：爹，这地你咋不弄一下呢？我爹说，别提了，家里留的粮食都叫人给抢了。也有明抢的，也有偷的。

半夜，来人了，俺不认识。他说粮食上哪了。俺说不知道，他就打我，我也不说。到后来，他使啥呢？那手榴弹你们见过吗？拿那手榴弹打我爹，打骨头架子上，胳膊都流血了。打我，我顾不得我爹，跑了。等天明，我上家，我娘守着我爹，我爹说，你去药铺看看能不能要点蚂蟥，我快不行了。回来我爹就不行了，就完了。

下过雨，过了贱年下的，不少房子都下漏了，民国33年、34年下的。几月份记不清了，那会都摘绿豆角去了，那到秋天了，说不清几月。

传染病闹过，尽发疟子的，水肿病，谁得病谁死了，也没人看。我那会有病，发疟子，隔一天发。

霍乱有，我那时候小，不懂。上大水，我也知道，民国26年，就是1937年。

那年没蚂蚱，蚂蚱灾荒年没有，蚂蚱闹的时候，八路军过来了，没解放，我那会有20来岁了吧。

采访时间： 2008年10月4日

采访地点： 冠县辛集乡齐庄

采 访 人： 王占奎　张吉星　陈　艳

被采访人： 樊以原（男　76岁　属鸡）

樊以原

那年正乱，国家没领导人，尽一伙一伙的，招兵，谁愿招谁招，谁招的多，谁吃这一片。咱庄上狠，没人了，都逃荒走了。一伙一伙的，纳公粮，一天要两三回，这一伙走了，那一伙又来了。

那年旱，头年（民国31年）没耩上麦子，到第一年没收，高粱没粒，不能吃，没下雨，地里不能种，地里尽草。就高粱收那一年没下雨，第二年下雨了，那年是民国 32 年往后一年，民国 32 年没下雨，民国 33 年下雨了。下的大了，下了七天，那会土房，村里没有能住的房，都漏，尽水，下得大了。我那会有 10 岁，反正就是那一年，下了大雨，那草长起来了，都指望吃草籽。地里没庄稼，野谷子，灰灰菜，尽吃草子。

死得多了，那家伙死的，老些死了，也不知道上哪去了，出去了，死了，半路死了，也不知死哪了。病，那会都是饿的，看不出有病没病。

逃荒多了，上东北，上南，江苏、黄河南。那时兵闹得没法过了，都逃了。灾荒年那年，七月份都走光了，为主的是兵闹的。我逃了，上河南，河南那收得好，拾麦子去了，割麦的时候，四月份去的，割完麦回来，没多长时间。

那会没蚂蚱，后来将解放，闹蚂蚱，挨着那几年（灾荒那几年），咱这带解放没解放，日本人还没走，八路军过来了，八路军组织打蚂蚱。

上大水，上过，那还早，以后没再上大水，那还没闹灾荒呢，那会收得早的庄稼都收了，收得晚的还没收。西河开口来的水，庄上也是这么深的水。

史　庄

采访时间： 2008 年 10 月 4 日

采访地点： 冠县辛集乡史庄

采 访 人： 牟剑锋　刘付庆生　王品品

被采访人： 张玉珂（男　85 岁　属鼠）

张玉珂

那时候三年没有下雨了。有个姓黄的妇女，40 多岁，为了逃往河南，把三个孩子关在屋子里活活饿死了。

民国 32 年是灾荒年，那时候日本人占

了堂邑县，这里是日占区。这地方不平静啊，杂牌部队来搜集粮食。史庄一带是无人区。没有饭吃，都扫菜籽吃。民国32年为日占区，向北十几里地占据了。

日本占领，杂牌也来扰乱，天气旱，这三个原因导致民国32年灾荒。民国30年、31年、32年，一共三年旱。民国32年麦子没有种上，逃荒的人很多，这里是无人区。我的父亲为中医，背药箱去河南看病，都不在家。母亲老了，也没有出去，在家。搬在一个单元和婶子一起住。她吃树叶子，吃糠。我把门和蚊帐都拉到河南去卖了。

逃荒的人，下河南的多，梁山一带。那一年饿死了三分之一，逃走了的又有回来的，也有的直接嫁到河南的了，都是十四五岁啊。"南跑北走东西奔，不知何处是他乡"，"南下鸿雁断肠地，枪林弹雨，冰天雪地。"那时候我也跑了。在外五六年，我是民国32年走的，流浪啊。

民国32年不知道有霍乱。那会儿霍乱很难分辨的，又没有防疫。一到夏天，那时破瓜烂梨乱吃的，上吐下泻的人也有，说是霍乱的。但是我不这样认为，霍乱大便排出的，得有霍乱杆菌，上吐下泻。但是那时候不好说。那时没有检查的，也没有化验。闹肚子死了的人，也不能断定是霍乱，它是个传染病。一过了灾荒，日本一来，东奔西跑的。我才19岁，拉车卖东西去了。

那时人不知道那个病是霍乱。那时候混杂，不好说。当时的疫情很难说，"大兵之后，大荒之后，必有大疫。"都是饿死的。都说是饿死病。我知道疫情，但那时都是饿死的了。那一年霍乱不多。在一九七几年的时候，汇报疫情封闭。我这管疫情，我有证书，山东省中医师证书。

我干这些年防疫，咱这里流行湿瘟病，1964年是潮热病，中医叫做湿瘟，光小孩就有两三百。荡热病（音），中药用青莲汤治。同样，湿瘟根据人们体质变化的不一样，症状，辨证施治。同样，湿瘟大体一样，但也有不一样的，因人而异，体质不同，中医治疗各异。

闹蝗虫就是在民国32年，旱，也有蝗虫。一九五几年又闹了一次，这会儿有打药的了，我背过药箱子。解放后还有一次蝗虫，很快就下去了。用扫帚、棍子打死了很多。在民国32年前后闹过蚂蚱，详细的也闹不清楚了。

民国26年上过大水。日本人来了，那年。河南黑岩山山啸，淹了，水拦腰深。水不是黑色的。山裂缝了，山啸能听见啸声。从西南面过来的，大水持续了一个月。从冠县撑船去聊城，人都撑着木筏。我亲身经历过的，那年我虚岁才14岁，日本人来了那年。

注：老人为老中医，身体健康，对霍乱和其他一些流行病有治疗经验，有自传。

采访时间：2008年10月4日

采访地点：冠县辛集乡史庄

采 访 人：牟剑锋　刘付庆生　王品品

被采访人：赵春田（男　75岁　属虎）

赵春田

灾荒年是民国32年。一年不下雨。记不得从啥时候，反正是民国三十一二年。有粮食不能吃，都给抢去了。老缺经常来抢东西，蒸的面子给拿去了，都是民国32年、33年那几年的事。

人都走了，没有人了，只剩下三家，都是劳力。有很多逃荒的，有下东北的、黄河南的、山西的。我逃到黄河南的大鞍山、小鞍山了，记不清时间，快到冷的时候了，待了两三年就回来了。

街上的人都是饿死的，老家伙不出门，都饿死了，病的都不知道。我听说过霍乱，但那年我还小，记不清了。有年纪的都听说过，可能在以前有过霍乱，不知道症状。

当时雨下不定时，民国32年也下过，咱小孩记不清。

过了灾荒年闹过虫子，解放后，蚂蚱飞。灾荒年以前的就不记得了。

民国 26 年上过大水，据老人说。从小滩开的口子，没有淹死人。

采访时间：2008 年 10 月 4 日

采访地点：冠县辛集乡史庄

采 访 人：牟剑锋　刘付庆生　王品品

被采访人：赵登广（男　86 岁　属猪）

赵登广

民国 32 年，兵荒马乱。栾胜山（音），土匪，招一起人，民兵都有抢东西，他都收了，闹好几千人。那时的收成不好，民国 32 年，遭大雾了，玉米棒子都旱死了，不收。

民国 32 年这里成无人区了，都逃走。剩下的没有 20 个人。我逃到梁山去了，待了两年，1943 年走的，走的是最晚的了。一看都不管了，饿得俺妮，光招绿豆蝇。俺母亲跟俺兄弟都走啦，就剩下俺三个。我才 20 岁，是三月份走的，1943 年那年。叫土匪吊着打了一回。卖了地，没有东西了，就走了。四下都有走的，向南走的多。

那年死的人就不少。老妈妈走不动的，都饿死了。饿都饿得有病了，饿死的多，没有霍乱病，那时不知道什么病，没有医生。医生都饿死了啊。霍乱以前有，但是民国 32 年没有。

过了麦下雨，下雨回来种地，逃荒回来还逮人，闹不清。我在梁山给人打活，我是农历七月二十九上的工，扛到年底才够三担粮食。那时要顾家，顾母亲啊，都是没有办法的事。咱们也没有亲戚。

闹蝗虫的时候我不在家。我就听说过。后来共产党过来了，发东西，逮兔子。遍地的净是草，没有旁的，咱们这里，自民国 32 年就变成无人区了。

民国 32 年，没有记得上过水，1964 年才上过水。

王胡同村

采访时间： 2008 年 10 月 4 日

采访地点： 冠县辛集乡王胡同村

采 访 人： 王占奎　张吉星　陈　艳

被采访人： 任德才（男　78 岁　属羊）

任德才

灾荒年，杂牌闹得没法过，菜都没吃的，人都上东北、上河南了，闹了几年灾荒。灾荒年没下雨，等过了灾荒年了，有雨了，也没人了，都出去了。后来人回来了，拾野庄稼。灾荒年没下雨，庄稼种上都旱死了，哪一年也闹不清了，日本人在这了。

饿死的人多了，那会有七八十口，一过灾荒，剩了 30 口，都逃荒了，不逃吃么？下东北、下河南，四下跑，上西的、上东的，几月份走的闹不清，那会也不凉快，跟现在差不多。

下七天雨，下过，下得房倒屋塌，灾荒以后，地里都收庄稼了，棒子、绿豆。过了灾荒，人都能吃上饭了。

蚂蚱也闹过，谷子出来，一黑就给你吃光了，就秋天，过了灾荒年了，杂牌过去了。下的卵河里都盖了一层，到地里赶，赶了老些，那会共产党还不实行呢。

那会没病，没听说过。霍乱抽筋没听说过。再早听说闹了一阵，那会可能是灾荒年后了，我没见过，我小，没听大人说过。

上大水，上过，那是民国 26 年，灾荒年以前，过了几年闹的大灾荒。

采访时间： 2008 年 10 月 4 日

采访地点： 冠县辛集乡王胡同村

采 访 人： 王占奎　张吉星　陈　艳

被采访人： 王树生（男　76 岁　属鸡）

王树生

灾荒年民国 32 年，日本鬼子在这，乱，人不能生活，都跑了。

那年没下雨，灾荒年一年没雨，要不没收？都逃南了，民国 32 年下半年下了，也没籽。

我那会 11（岁），知道啥？我要饭去了，上南去了。家里没人了，上黄河南了，过了二年回来。十月份走的，上河南拾麦子去。

村里饿死的人多了去了，多少闹不清，原来 200 来口人，过了灾荒，一个村剩十个八个的。七天七夜雨，下过。灾荒年后，哪年记不清了。

得病的尽饿的，没传染病。当年没人抽筋，过后也没有。霍乱病咱闹不清，没听说过，我那会小，记不清。

闹过一回蚂蚱，灾荒年前后闹不清，遍地一层，挖个沟，下沟里去了。

闹过水，那是鬼子进中国，灾荒年以前。

王刘八寨

采访时间： 2008 年 10 月 3 日

采访地点： 冠县王刘八寨

采 访 人： 王占奎　张吉星　陈　艳

被采访人： 孙玉莲（女　78 岁　属羊）

灾荒民国32年，靠天吃饭，麦子耩不上，庄稼不长粒。民国32年旱，不下雨，秋庄稼没种上，几月份记不清了，高粱不出，没粒，反正秋庄稼没收。

孙玉莲

天热没雨，人都逃荒，家里没人了。路上饿死的多少人。俺村里，先人多，后来逃荒逃了没人了。往河南、河北，什么地方都有。我们民国32年逃了，走的时候天不热，后来慢慢热了。俺父亲饿得没法，那年逃北边去了，不愿走远，怕回不来，在那卖韭菜，热得不行了，人家说你咋尽出虚汗，人家看他不行，叫他躺一下，就死了，换的两个鸡蛋也被人掏了，一个大褂说卖了换点吃的，也没了。

俺一块去的，俺父亲不行，埋那了。我娘、我弟弟、我妹妹也死了。我娘把我送到这村来，我才14（岁）。不是灾荒年第二年就是第三年，跟童养媳似的，我也没见这个人（丈夫）。这个村里人还多，阎二庄没人了。往南更没人了，俺那会炒草籽吃。

俺母亲和兄弟上河南了，七月走的，要了一冬天的饭。到了第二年春天，俺家里一个叔叔把房子拆了卖了，俺娘和俺弟弟在沟里抱着哭了一天。俺娘到家里就病了，也看不起，就死了。俺弟弟叫房东给人家了，混口饭吃。他这么小，才11（岁），给人挑水，挑不动，人家不愿意。

那时不是病，就是饿，抽筋不知道，发疟子的有，灾荒年有，发疟子的不少。那会没法提，我一个舅舅回来了，我拿的钱叫他把俺兄弟接回来，把我母亲取了来。

蚂蚱，灾荒年以后，不记得哪一年了，没解放，那会八路军还没来，记不大清了。

下七天雨下过，记不清了。

水淹过，那都晚，小孩都好几个了，解放后了，那可能是一九六几年。

王明皇

采访时间：2008 年 10 月 3 日

采访地点：冠县辛集乡王刘八寨

采 访 人：王占奎　张吉星　陈　艳

被采访人：王明皇（男　90 岁　属羊）

民国 32 年没有下雨，没耩上麦子，有粮食买上也不敢吃，杂牌军抢。过贱年，俺姐家七口人顾不住生活，就到张刘寨，一个庙，就饿死那儿了，饿死人多了去了。王羡（谐音）八区，那儿会老杂，鬼子护着，抢砸，饿死老些人。家里埋了七口子人。逃荒哩，除了好户都逃了。上南到寿章，东北，临清。听说哪里好，都上那儿去。别说山西，哪儿都比这儿好。

兄弟俩，上外面逃荒，上河南（黄河以南），饿了几天，还没吃点啥，拿东西换了二斤米，熬着吃。地主孬，一个老头儿来了，说："你在我这地方做饭。"一脚给踢翻了，兄弟俩恼了，走了，说："饿死也不上河南去了。"后来当上兵了，住在王村，吃了饭没事干，除了埋人就是埋人。后来路过那个庄，锅被踢的那个庄，就跟上级说："某年某月，我们在这儿，弄了两斤米，熬着吃，叫老头踢了。"就找这老头，问："你认识我不?"老头说："你北方人要饭哩，我咋认识。"兄弟俩说："那一年，在这做饭哩就是我。"

那会儿啊，死了有人埋啊?! 路上都是死人。人饿呀，一吃粮食，撑死了。

蚂蚱呀，那都到了民国 33 年啦，它飞哩，有翅，遮起天。那地里有灰灰菜，灰灰菜种子，人都扫菜籽，菜籽比现在哩粮食都贵。

下雨那都到了民国 34 年了，农历七月儿，下了七天，不是呼呼哩下，下哩慢。

那还没上过水呀！民国 26 年上水了，都那一回，周围柳林都上咱这儿了。平地一人多深哩水，水还没完哩，日本人来了。县城监狱犯人孬，都放啦，这些人到乡里都成了老缺了。

采访时间：2008 年 10 月 3 日
采访地点：冠县辛集乡王刘八寨
采 访 人：王占奎　张吉星　陈　艳
被采访人：王树成（男　76 岁　属鸡）

王树成

灾荒那会土匪闹乱，抢家当。1941 年没耩上麦子，头年种高粱，高粱没粒，麦子也没耩上。第一年就闹灾荒，土匪一抢一砸得，1942 年、1943 年。1943 年下半年下雨，1942 年下雨也白下，不解渴。那会都人心惶惶的，没种上地。逃荒的寿张、东北，哪都有，咱村老些人，有饿死的。1942 年麦口逃荒，正灾荒，到外边拾麦子要饭。上东北的，上南的。

到了 1943 年下半年共产党过来了，那会叫抗联了，以清算为名，清算国民党干部，开始春耘了。我上阳谷寿张了，我的兄弟都饿死那了。我麦口去的，到收大秋回来的。下七天大雨，那是 1943 年，我记得回来过什么节来着，正过灾荒，六七月份，我记得那时候都收谷子了。东南角洼地都淹了，哪洼就在哪囤着。

那时人死了也不知道是病灾，人肚里没饭。旱是 1941 年正种高粱的时候，高粱出穗了，旱得都成捂霉（音）了，没粒，全是灰包。麦子没种上，我记得好户家种上 20 亩麦子，豆角兔子吃光了，他也没收，都不种，兔子多，1942 年没收成。接着就是灾荒，反正 1942 年走的人多了，1942 年麦子没种上，1941 年高粱没收，1941 年庄稼没种上。

饿死的咱这村大，还好点，东面那几个村死的人多。咱村那时有 600

多，过了灾荒两个村，王、刘两个八寨合起来还有700多，可能死了百把口人吧。

抽筋，没听说过。那年发疟子，我都发了个把月的疟子，到12点冻的，冷、热。那会也没医院，找个偏方喝喝。闹啥病，人死了也不知道咋死的。没听说抽筋。

闹蚂蚱那会共产党都过来了，解放了，灾荒年没有。

来河水很晚了，西南开口子，解放以后，1957年合作化以后，水库开的口子。

辛集村

采访时间：2008年10月3日

采访地点：冠县辛集乡辛集村

采 访 人：牟剑锋　刘付庆生　王品品

被采访人：戴玉贵（男　85岁　属龙）

戴玉贵

民国32年，那一年老缺抢砸，那时候净那个。那年收成没有，老草长一人深，都没人拉，都逃荒，都逃西南边，要饭干活。我那会倒没去，我在人民政府待着，小，干通讯员。死的不少，有年纪的，走不动的，饿死在家里。他们逃到河南，三四百里，人家那没老缺。

那时候都有饿死的，闹不清啥病，俺这齐子修，吴连杰多，都是3000人。也下雨，就是没人干活，解放后就有人回来啦，八路军一个人给八斤小米。

民国32年闹灾荒，民国33年，八路军都来啦，那一年外面来的水，老黑水。

郭振芳

采访时间： 2008 年 10 月 3 日
采访地点： 冠县辛集乡辛集村
采 访 人： 牟剑锋　刘付庆生　王品品
被采访人： 郭振芳（女　82 岁　属兔）

民国 32 年灾荒年，民国 31 年没下雨，没下一点，棒子都旱死了，光剩一点高粱。民国 31 年或 32 年，我 16 岁走的，八月走的，人都饿死了，有逃往河南的。我 18（岁）回来的，过了麦，六七月的，能收点，不饿着了。没听说过霍乱抽筋，霍乱病在灾荒年之前听过。

齐汝成

采访时间： 2008 年 10 月 3 日
采访地点： 冠县辛集乡辛集村
采 访 人： 牟剑锋　刘付庆生　王品品
被采访人： 齐汝成（男　79 岁　属马）

灾荒年是民国 32 年，从民国 31 年开始就没收成，民国 30 年闹兵，杂牌净抢。1941 年阴历的五月，埋了 36 口子群众。五月三十辛集，打开白古屯（音），抓来 22 个群众，用铡刀铡了四五个，又开枪打死了人。1941 年开始闹兵，不好种地。记得那年，高粱没结粒，生虫子了，群众舆论说生天应虫了。

1942 年以后，地里一片荒野，灾荒年这没人啦，逃荒走啦，大部分没出去的都饿死啦，灾荒年此地方圆 20 里地没人。逃荒有逃到山西、河南、天津、关外的，饿死的不少。我民国 32 年回来的，饿死的没人埋。

到八月，我14岁从邯郸要饭回来啦，民国32年，第二年就下雨，下了八天八夜，那年庄稼没种上，没粮食种，后来雨水好，到了冬季，咱地下共产党就来了，在这活动，运来粮食、种子。1943年春开种，收成好点了，逃荒的大部分都回来了。

也是1943年闹的蚂蚱，夏天闹的，谷子抽穗，蚂蚱一来遮天盖地的，从南往北飞。那年收成还不错，大部分是二十二团、二十四团种上的，分给群众吃。

霍乱是在上大水之前，得的不少。一般来说，俺村有个中医高成功，霍乱、羊毛疹子、发疟子、痢疾，还有抽筋，他都给治好啦。我那时候小，大人告诉的，没大死人。抽筋就腿抻不开，手置不开。霍乱是上吐下泻，死得快。疟疾是浑身冷，哆嗦，再浑身淌汗，我得过。成功他爷爷会中药针灸，霍乱用针扎，不知道扎哪儿。1944年我得疟疾。

民国26年上的水，从西南来的，淹啦咱村，黑色的水，那年8岁，等水下去之后还能蹚到腰深。

采访时间：2008年10月3日
采访地点：冠县辛集乡辛集村
采 访 人：牟剑锋　刘付庆生　王品品
被采访人：王振江（男　84岁　属牛）

王振江

灾荒年民国32年，叫杂牌的闹的，抢，砸，也旱，旱了两年，民国31、32年旱，庄稼没收，饿死的不少，这村没人啦，都逃荒去了。他们上西南啦，我上东北啦，待了二三年，我是民国31年回来的，没收成。没有得病的，没有霍乱，这是无人区，没下雨，想不起来了。

打过日本鬼子，1941 年当的兵，打的仗多了，我是八路军，1943 年在这打过仗。

采访时间： 2008 年 10 月 3 日
采访地点： 冠县辛集乡辛集村
采 访 人： 牟剑锋　刘付庆生　王品品
被采访人： 于城池（男　75 岁　属狗）

于城池

民国 32 年灾荒年，不下雨，闹老齐，一年多没下雨。民国 33 年谷子时，下得勤，雨大，下了七天七夜。村子没人，都走了，我民国 32 年七八月走了，到王刘埠寨（音）。

那时候饿死很多人，咱村有 3000 人，饿死了一半。病死的也有，也不清楚病。

民国 34 年后闹的蚂蚱，从南往北飞。

民国 32 年以前上过水，六七月的记不准拉。

采访时间： 2008 年 10 月 3 日
采访地点： 冠县辛集乡辛集村
采 访 人： 牟剑锋　刘付庆生　王品品
被采访人： 于启魁（男　95 岁　属虎）

于启魁

上过水，日本来那年上的，民国 26 年，七月的才来水，从黑岩山过来的，往这平地存水。从那就乱起来啦，杂牌编二十九军一走，监狱放出来啦，齐子修、吴连杰，杂牌多了去了。

那会遭过蚂蚱，一群群的，灾荒年以前，打蚂蚱是上水以后。

民国32年，那年没么，旱灾两年。没人啦，逃荒逃到西边八区。死的人多，净饿死的，一饿死，病死的就少啦。没有霍乱，我逃到新疆，那时30来岁。一有了共产党才敢回来。

后来才下雨，过了民国32年了，下了七天七夜，在六七月下的，灾荒年以后。

采访时间： 2008年10月3日
采访地点： 冠县辛集乡辛集村
采 访 人： 牟剑锋　刘付庆生　王品品
被采访人： 于思成（男　83岁　属虎）

于思成

灾荒年是1943年，没吃的了。棒子苗长出来跟桌子恁高后，一直没下雨，麦子就没耩上。我也跑东北沈阳了，过了三年，1946年回来的。逃荒的，咱这村统共有1000来人，有三分之二去逃荒了，当时饿死的不少。那时没下过大雨，也没淹过。

霍乱这个病听说过，民国32年以前，早啦。霍乱这个病听说浑身疼、抽筋，扎针，扎腿弯、嘴两边，是个传染病，我看见过。我家没得的，村里有，因这病死的不少，是在灾荒年前的事，之后就没了。

过灾荒时闹蚂蚱，1943年的事，遭虫灾是六七月的事。1944年一次大雨，五天五夜，家里都没人了。

我也走了，1943年没下，回来看时家里房子都漏啦，那时候霍乱病过去了。

兴太集村

采访时间： 2006 年 10 月 3 日

采访地点： 冠县辛集乡兴太集村

采 访 人： 王　伟　王燕杰　李玉杰

被采访人： 靳秀梅（女　71 岁　属鼠）

当时俺家统共四口人，自家 10 亩地。交税挺多，交给谁不知道，交给村长，交粮多少咱不知道，那时我将记事。

鬼子来的时候都逃荒了，推着小平车，背孩子，背着被子。奶奶在家里，我也在家里，三个叔叔、三个婶婶都逃走了。鬼子不抢东西，抢人，糟蹋你，小孩都不敢在家。

杂牌兵、鬼子、老栾抢东西，抢吃的东西。俺婶子见过日本人。俺这村里有七八百人，日本鬼子挑人，年轻的抓着走了，当他的兵，抓走的没回来，咱村里没有被抓走的。

俺爹被日本人抓住了，上了聊城那里了，让俺爹送着去聊城，牵着马，跟着他一块去的。人爬着、弄着都回来了。俺爹的腿说是日本人放的毒，没少抹药，别人的腿有没有事，不知道。跑路跑得胀，火一烧，沥沥水，就成了跟牛皮癣一样的了，逃回来不敢在家里待着。

后来在民国 32 年，俺爹就逃荒去了，俺爹推着独轮车，一边装着我，一边装着麦子。逃荒的人多了，人家给个小萝卜，还有的把窝窝切成片，来了就给一片。

民国 32 年，我 7 岁，鬼子一来，老栾的兵，老缺抢东西，八路不敢来，还没来到这里呢。民国 32 年最困难，寸草不见。家里没人，都上河南要饭，俺上阳谷那里了，去了多半年，全家都去了。走不动的留下，年轻的找到吃的再送回来，再走。

民国 32 年，死了老多人，一个月没过，姥姥家死了 10 来口，跑着跑着就死了。饿死的，有没生病，不知道，没听说过霍乱、抽筋。

这里的水愣咸，村外南头打了口井，水源一直没有变过。

岳胡庄

采访时间： 2008 年 10 月 4 日

采访地点： 冠县辛集乡岳胡庄

采 访 人： 牟剑锋　刘付庆生　王品品

被采访人： 王家法（男　78 岁　属羊）

王家法

灾荒年，民国 31 年开始了，民国 32 年厉害，那一年上大水，之后高粱，在打枣子的时候，就淹了，从西南马颊河开口子啦，淹了。

我民国 31 年七八月回来了，那年庄稼没有收，接着又来日本人。没有收庄稼的时候，下霜啦，高粱没有穗来，棒子没法结，都冻死了。

民国 32 年我们都要饭去了，搁在家里的都饿死了。我逃去黄河南了，是民国 32 年走的。冬天走的。待了好几年。到后来家里能种地了，那时家里一冒烟，老齐、老吴都来家里抢东西吃，这些杂牌军。

这些都是民国 32 年的事情了，有东西也吃不到肚子里，都抢走了，有断路的，病死也不知道。没有医生。在以前有过霍乱，以前叫中暑，发烧死了。看不了，就死了。霍乱弄个偏方也有好的。现在的藿香正气水都能治。

下了七天七夜的大雨，房子都漏了。灾荒年之后，八路军来了。灾荒年连续四五年，到民国 32 年，雨水又行了。但是没有种庄稼，都吃灰灰菜，兔子都跑进屋子里了，没有人。从河南借的网，后来一天逮了几十只。

闹过蚂蚱，小蚂蚱，不是大黑翅，真厉害，谷子都吃得剩下秆子了，是1935年、1936年、1937年那会。日本人还没有走啦，到后来一九四几年打开，已经过了灾荒年。

下过大雨，那时，日本都走了，民工去担架去了。

采访时间：2008年10月4日

采访地点：冠县辛集乡岳胡庄

采 访 人：牟剑锋　刘付庆生　王品品

被采访人：王金福（男　74岁　属猪）

王金福

灾荒年是民国31年，过灾荒，没有收成。皇协军闹乱子。那时候不算多旱，也没有收获多少东西，东西都被皇协军抢走了。饿死的也不少，村子里三分之一以上的人都饿死了，将近一半。都逃荒去了，一个村庄就剩下几十个人。有本事的都逃荒去了。我逃到黄河以南了，梁山县，7岁那年。待了到18岁才回家。

民国31年也已经记事了。那年是灾荒年，闹不清楚是几月份了，可能是春天，在家里的人都没有馍吃，饿得有点病就死了。

1942年没有得过霍乱。那年也下雨，反正没有收好，高粱都淹死了。

1963年上过大水。

采访时间：2008年10月4日

采访地点：冠县辛集乡岳胡庄

采 访 人：牟剑锋　刘付庆生　王品品

被采访人：岳庆彩（男　74岁　属猪）

岳庆彩

1943年是灾荒年，是民国32年，咱这个地区靠天吃饭，那年天旱，从民国31年开始，秋庄稼基本没有收。高粱地洼，靠了马颊河也旱，后期雾啦，没有结粒。

当时都是人心惶惶，不是光国民党，那边日本人进中国，有皇协军、有杂牌、有老缺。在俺北边20到30里地，老吴拉在一起，称司令，三个营，几个团，人员多。他那一杆在俺西南丁远寨（音），栾胜山领了一杆，也叫司令。梁水镇齐子修，从北京过来的。他们称三杆，又有两旅，总共七八杆。有几十亩地的人也吃不上饭，都给抢去了。有个村长姓吕，也是应付不过来，有点威望的，也是管不了。

那时候人从民国31年，逐户逐户的走啦，带着老婆孩子走，也有带不出去的，顾不了了，妻离子散。也有的换了两钱，当童养媳了。我那时候八岁，1942年腊月二十三，俺这边有五六户人家带着孩子上山西啦，原来俺村有个在山西住的，步行投奔他。经石门子（石家庄）上河南的，上河北的，最后村子里仅剩下两三家，就是民国32年的时候。那一年俺村人口伤亡、离散有一半，原来400来人的村子只剩下200来人。

我走得比较晚，俺父母亲就逃到堂邑（音）县城，住了一年多，没有亲戚。我是1943年春天走的，1944年春天回来了，收成不好，回来好荒的，杂草拾掇拾掇，刚好维持生计。光耩谷子，种的绿豆、种棒子。1944年，有一部分人已经回来了。

那时候病死的人不多，都是饿死的。听说过霍乱。这里没有。之前可能是在贾庄，附近的一个村子，好像是灾荒年以后，他们可能闹过，听说的。有个先生给治病，听说先生不在了。

闹蝗灾，估计是1944年，记不准。棒子冒红缨，谷子刚出穗，飞的蝗虫吃。蝗虫从北往南飞，四五点多，刮风似的，呜呜一会儿，谷子就没有了，蚂蚱蝻连叶子都吃了。挖壕，不让外面的蚂蚱蝻去这地里去，撵到壕里，用棍子打死它。

再往后，到了 1945 年，还没有解放，日本败了。聊城没有解放，济南也还没有解放。日本鬼子飞机轰炸。这边解放后，还是比较早。

灾荒年下雨很少。民国 31 年没有下，民国 32 年下不下雨不知道，我没有在家啊。到 1944 年，就是民国 33 年，日本没有走，下了七天七夜的大雨，我回来了，在村里。下的各户都是秫秸房，在庙里住着，都漏水。

1963 年上过水，灾荒年也上过。民国 26 年上过大水，都说是黑岩山山啸，实际上是在小滩龙王庙那地方，卫运河，馆陶东边那河。

烟 庄 乡

梁辛庄

采访时间： 2006 年 10 月 6 日

采访地点： 冠县市区防疫站家属院

采 访 人： 刁英月　黄永美　姚一村

被采访人： 梁明魁（男　80 岁　属兔）

梁明魁

家是烟庄梁辛庄。在村里住。

霍乱抽筋，人得那病死得快。村里人死的不少。小，不记得，没见过。病死的多，多数跟鬼子有关系，听说日本人撒药了，在家里听说的，就那时候。以后才知道。马颊河往西到运河，死的挺多。当时不知道日本撒的，差不多哪村都有。知道死老多人，不知道咋死的，村里都说是病死的，老百姓叫抽筋、伤寒。

民国 32 年上大水，村里也上过，不很大。也有下雨下的，也有河里来的。下了，下得不小，连续下七八天。卫运河跟南边，河南通着哩，是卫河来的。记不清哪个季节，发大水时收棒子，上水把棒子淹了。

采访时间：2006年10月3日

采访地点：聊城市冠县烟庄乡梁辛庄

采 访 人：徐 畅 冯会华 蔺小强

被采访人：梁银汉（男 81岁 属虎）

小时候读过小学，语文、算术，白话文课本。

家里有七八口人，母亲、哥嫂、侄。家里有两亩地，种高粱、玉米、小麦，一亩地小麦100多斤，200斤，棒子100多斤，谷子百十斤。不够吃的打工呗，给地主、富农打工，有时长工，有时短工，长工一天一块钱，一年给200来斤棒子，管吃，吃的玉米居多。跟地主的关系好不了。短工是农忙的时候，干一个月干两个月，一天两块多钱，算成粮食的话不好算，因为粮食的价钱忽涨忽落，大概能买三四斤棒子。

春天借高粱，借一斗翻半斗，借细粮，还得多点。亲戚家借也借不了，因为他们也没有，问地多的借，地主、富农、富裕中农。借钱不容易，还得有保人，连年借还不清，就得卖地。保人就是中人，抽1%—2%的利，借钱的人出，一般三四分的利，卖地卖不了，就得要饭了。跟哥哥上过河南要饭，现在的济宁地区。给一口给一块地，还有不给的，十六七岁出去的，是日本人来了之后。22岁结的婚。

国民党收税，那重哎，没地的收得少，有地的收得多，三四十亩地，打十几石粮食，就得交五石粮食。有组织收，村里有乡长、地方收。政府给他点，收得快、齐，就多给点，收不上来就少给他点。

日本人来什么时候记不清。冠县就有，经常过来，这里是敌占区，日本打西来，就向东南跑，进过村老些次。见过日本人，一次有1000多鬼子，打东北过来的，一来就画好路线，住在这个村，住老百姓家里，地主家那个院里。搭的枪架，外头有人看着，外面有机枪，进院里把枪放架上，光带着刺刀。在村里强奸，没跑的有几户。对小孩不要紧，一点点的不理他，对大人不行了，让干活。有个小井，给他打水、搬缸，他洗光腚，光后面缸就没了10多个，哪有井，没哪的。杀人倒是没杀，害怕得不得了，都跑了。这次没有皇协军，光鬼子。

小时候土匪多，土匪头是韩春河。韩春河是伪军头，抗战前当过土匪，不发展的时候就几个人，发展后拉了老缺，拉了两队，一对四五百人。投降过范专员，日子不好过，又投敌了。后边往北烟庄就一个钉子，皇协军有炮楼，经常来，抢、砸，拿东西。

日本人有抓劳工，看见老百姓就抓，给他修路，通济南的路。抓去日本的有，但不多，在那给做劳工，到煤矿，修路都有，去啥地方也说不上。去煤窑的有死里边的，在那生活吃黑窝窝，棒子面、高粱面的。1945年这一块，放了一部分。

我1941年参军，当地程村区部，16岁整，入冠县大队，后来上了公安局。日本人还在这，那时候打游击，围着冠县附近，莘县附近，北边不敢去，八区是他日本人老窝。在部队有时吃不饱，有时吃饱了，吃棒子面。公安局跟现在的公安局一样，我在公安局手枪队，一直干到底，到1950年，战斗一般都参加了。

东边有个汤阴县，参加解放汤阴的战役。跟日本人就是在莘县打游击，解放莘县。俺这个队，赵建民教俺，哪有钉子去哪，伪军跟八路军真打是不真打。一次，八路军军分区向北出发，4000来人。1941年，军分区来电话，要马上撤出二区这个围，老些当官的都累得不得了，就没走。到露明的时候，鬼子进村了，几个计划都没实现，后来说上北，他抽掉人成空城了，擦边往东。后来听见西南这枪打的相当高，伪军多，到1万人，光西南占了2000多，八路军往西南跑，跑了百十里路。鬼子发现追八路军，走到大堤上，占着堤扫射，伪军把八路军放跑了，他顶不住，撤出了。八路军自己带着小米面袋子，八路军跟老百姓关系挺好，一战斗，老百姓帮着抬担架，组织去的，没组织不行。皇协军跟日本也不好，日本看不顺了就打伪军，伪军也不敢哼。

1942年、1943年、1944年年成不好，歉收，天不下雨。1941年、1942年、1943年一点雨都不下，旱得草都一人多高。雨下晚了，种不上地，地都荒了，没吃的吃菜，要饭。这个村那时候有900来口人，逃荒有600来人，听人说的。我在部队上没回来，家里没人了，母亲早死了，哥嫂分家了。

民国32年下雨下得晚，秋后，下得不小，村里进了一点水，河开口子，开一点，从小滩开的，这里也进水了。这个村地本来高，连年起土，洼了进水了。

霍乱病不但这个村有，别的村也有，不敢说下雨时有，不一定下雨时有。1942年、1943年有，我在这个县，跑这跑那，所以晓得，得了霍乱抽筋，家里人没有得，村里有10来个，医生治，治不及，得扎旱针。手抽搐，哪儿抽搐扎哪，没扎完，那个又犯了。这两年都有，不知道为什么得这个病，从前有没有不知道，后来没有。人跑肚跑得挺狠，就是霍乱病来，刚开始不知道，一传就知道了，10来人死了有一半。

见过飞机，不过不是日本飞机，是国民党的。日本人在时，河开过口子。

庞辛庄

采访时间： 2006年10月3日

采访地点： 冠县烟庄乡庞辛庄

采 访 人： 徐　畅　冯会华　蔺小强

被采访人： 梁以尚（男　85岁　属狗）

小时候家里有父母、哥哥，姐姐，嫂子，五六口人。家里有三四十亩地，种高粱、谷子、棒子、小麦，见粮食稀松，见麦子一亩100斤，能凑合着够吃，不种别人的地，是中农。地是碱地，从地里刮盐土，油吃得很少，吃棉油，买个三斤二斤能吃好些日子。不过年不过节不吃肉，平时吃粗粮，过了麦吃点麦子，大部分时候吃三顿。家里没做买卖，没种别人的地。

别的庄也很少租别人的地的，地都不是很多。借粮食，春上借一斗粗粮，过了麦还一斗细粮，春上不借细粮。借钱一般是三分利，亲家不要利，三分十个大行市，高的是个别的。有急事，做买卖，那时利息就不一定了，临时谈。

日本人来过，1937年进中国，过了一年到咱庄上来。第一次从北边这个公路来，以前我们已经把这个公路破坏了，平了种地，只留了点小路。日本人从东边来，看见庄稼人，叫修路，是日本人让修，还没有皇协军。修路我也去了，修路不给吃的，村后有个松树林，在那休息，饿了，瞅他看不见，就回家了。也来了村里一小伙子，家里人都跑了，我回来看见街上院子里有他的脚印，家里也没个人，我就往南跑了。

日本人在梁辛庄住过，十里铺也有，在这个村没有做过大恶。皇协军也来，因为这里离公路近，他们从西来，村里人一看见就跑，跑到陈辛庄，跑到那就不害怕了，那里离公路远，皇协就不敢去了。那时八路很少，没有大的抵抗力，枪支很少。

民国31年，那一年年景就不好了，没有种上麦子。逃荒去了，民国31年冬天走的，逃荒的时候，从冠县坐汽车，那都是日本人拉盐的车，从冠县到临清，从临清到济南，从济南上了火车。我一个人先去的，过了年，全家都去了，到吉林省九台县，全村差不多都去那。我在窑上干活，砖瓦窑，中国人开的，干活给钱。那生活不困难，挣钱不多，但是粮食贱，一大斗粮食50斤才几块钱，回来的时候带钱不多。

逃荒往别的地方去的少，往河南去的不行，拐回来又往东北去。大部分都从东北回来了，留下的很少。回来后赎地。走的时候把地卖了，卖给富农，一个为了吃饭，一个为了上东北的路费，这样的占多数。地的价钱好赖不均。没搁家的时候，家里闹蚂蚱，1944年过年的时候回来的。

采访时间： 2006年10月3日

采访地点： 冠县烟庄乡庞辛庄

采 访 人： 徐　畅　冯会华　蔺小强

被采访人： 梁宗鲁（男　87岁　属猴）

一直住在这，小时候读过书，是私塾。家里弟兄四个，一大家人住在一起，共有 24 口，爷爷、奶奶、姑姑、姐姐、妹妹，侄子，四代人住在一起。家里有 80 多亩地，种谷子、高粱。一亩 240 步长，一步宽，迈一下子算一叉子，两叉子算一步，五尺宽。好麦子六七十斤，棒子也差不多，一斤 16 两的。

一个锅吃饭，家里人轮着做饭，好年景够吃，孬年景不够。做点买卖，倒粮食，从河南往这倒。没种别人的地，借东西借亲家的，不要利息。吃盐吃的是小盐，咱这是碱地，刮点碱土，使锅滴点水，加土熬，盐不好吃，跟现在比不行，那时候咸就行了。炒菜放啥油啊，腌咸萝卜吃。过了麦以后，小白菜下来，也是腌两缸。买油只能买个一斤半斤，过八月节、过冬至过年，吃个三回肉，买个一斤两斤，包个包子。

奉军搁这站没站稳，走了以后南军过来了，税要得少了。奉军是军队要，奉军败了以后，换了南军，就是蒋介石的军队，他要得少。银子糙米，都折成钱了，一亩地交两毛，也有铜子，也有毛票，两毛钱的中央票。

家里有八栋房，一栋七八间，都自己种地。村里有土地庙，过年的时候，烧个香，土地庙是一大间。

结婚那年我 18 岁，日本人那个时候还没来。那年闹老缺，老缺头是韩春河，东边王村人，离这不远，六里地。一杆有 1000 多人，他们抢东西，谁家都抢，啥东西都抢。后来叫范筑先给收了，抗日了，赵建民还当过他的兵。结婚那时候那边不要彩礼，什么也不要，她比我大 6 岁。那会兴男的小，女的大，我 18（岁）她 24（岁），是兰沃乡贾曲的人，离这 18 里地。我 22 岁时分的家，分成四家，一家 20 来亩地，两栋房，按股份。

日本人十里铺有，马玉有，马玉驻的是皇协军，日本人驻冠县，贾镇没有，兰沃没有，这些都是钉子。俺后地就是炮楼，在村的东北，一里多地就有皇协军，这里少，有 20 来个，十里铺 200 人，马玉有 500 人。范司令死了后，韩春河又投降了日本。鬼子有来过，哪一年闹不准，不一定什么时候来，打这过，鬼子不抢。鬼子来，就跑了，咱不见他，向东南跑陈村去。

小日本抓人修路，进村光逮鸡不杀牛，牛牵跑了。鬼子不大进村，都是皇协军。韩春河是一部分，但他上这不多，他一出就带一个县大队，皇协军当地人多，抢东西，抢粮食。

白天皇协军抓人修路，晚上咱这人给截了，挖的一个沟沟的，白天他就叫人给平，并且再一边挖沟，从冠县通到聊城。沟有两丈多宽，一丈来深，让老百姓给挖的。他们问老百姓要粮食，咱这边不拿，谁敢给他送去？他来了就抢，连粮食带东西。没有劳工抓到日本。

范专员死了后，八路军来了，张维汉代理冠县县长，他是共产党，他在这发展，那时候不称共产党，他成立农会，稳当后才成共产党。八路军偷偷的来，他对老百姓可好了，来了先挑水，大缸小缸挑满，地先扫一遍，他来了老百姓不害怕，他来了怕啥？吃饭带着小米，他们不太来这吃饭，来个人开个会就走了。八路军怕皇协军，也怕日本人。八路军乍来不要粮，后来要粮，要得不重，在这没打过仗，打十里铺，打马玉。

灾荒年天旱，民国31年，天不下雨，棒子旱死了，也没耩上麦子。第二年一直到四月没下雨，我四月走的，那高粱、谷子，叫日本人抢走了。村里有300来口人，走的剩了60来口，上河南、关外去。走到德州，打德州上山海关，还得照相，那是日本人的地。上吉林省九台县，上那干活，给庄稼人铲地，是中国人当地人，他给粮食吃，像个要饭的，吃高粱米，干着活能吃饱。我民国33年回来的，回来时五月份了，收过麦子了。俺父亲、四兄弟搁家里，家里还剩七口人。都上东北去了，去了十七八口人。灾荒年时有人当皇协军了。

没听说抽筋的，有生病的，吃糠吃菜，一见新粮食受不了，上吐下泻，多数是这样，死的不少。民国32年俺村饿死的不少，饿死好几家，有死绝的，民国33年也有死的。

烟　庄

采访时间：2006 年 10 月 3 日

采访地点：冠县烟庄乡烟庄

采 访 人：徐　畅　冯会华　蔺小强

被采访人：魏芳岐（男　75 岁　属猴）

一直住在咱村，上完小学为农。小时候家里有五口人，父母、奶奶、弟弟。家里有 20 亩地，种麦子、棒子、高粱、棉花。一亩六七十斤，240 步一亩，16 两的秤。棉花带籽 80 斤，种棉花卖钱比较多，在市场上卖给小商小贩。

12 岁时，母亲、奶奶饿死了，自己一个人过，弟弟饿跑了，跑到阳谷去了，我饿得头发都脱了，没人管。我一天半斤粮食掺糠吃，叔叔婶子家好大一囤糠。夜里没被子盖，盖个大袍子。

风调雨顺的时候够吃，风不调雨不顺不够吃，不够吃借。春天借高粱借 12 斤，还麦子 15 斤，跟地主借。借钱的事不懂。就靠地，没买卖做，一直种自己的地。吃盐刮盐土，墙根上的土，沥盐，吃那小盐。吃油，吃棉油，花生油不经常吃，稀少。过八月十五、过年，别的节都不大吃肉，过了麦能吃半月十天麦子，之后都换成高粱了。

见过飞机，见两架飞机，一大一小，在集上转了三遭走了。鬼子来，打这上二十里铺走，从冠县出发打这过。鬼子没打人，不打仗不打人。皇协军有来，日本人一来，我们就跑，他们来抢东西，上家里弄点东西。

民国 32 年有八路军，来回转悠，有截路的，把替日本人办事的，捉着打死。八路军跟老百姓关系好，穷的不要粮食。

土匪不大多。日本进攻冠县时，到处都是土匪，那时没人管了。韩春河是头，石家村的石民成是另一杆。在后边开个会，腰里掖个枪。他不抢，俺这个村大，他一般不搁这抢。

1942年天旱，高粱都是瘪子，玉米一点大，麦子没耩上，老百姓吃树叶子，榆树叶、柳树叶、白毛杨，枣树叶不吃，槐树不吃，不好吃。第二年，民国32年，还是旱，更苦，那人逃荒往河南，村里有700来人，逃到梁山。我没逃过，搁家里划地，每亩划15斤粮食，家里八亩地卖了120斤粮食。豆子、绿豆掺糠吃。买地的是北边的，人家弟兄们多，家里也没地，壮劳力，做买卖的。

秋天下雨了，八月，下了好几天，七天七夜，屋子大部分都漏了，一阵大一阵小，住在不漏的地方。村里没多少水，逃荒打外边回来种地，麦子都耩上了。饿的有病，有拉痢的，光说有抽筋的，大雨之后，也不知是谁，不多，扎旱针，村里有扎旱针的先生，不知道扎哪。那时扎针，搬罐子，从前也有，阴天下雨抽筋，民国32年后咱不知道了。

那时候饿死的饿死，俺父亲上东北了，民国32年春去的，干劳工，1945年回来了。当时逃到东北的也不少，有给皇协军干活的，叫治安军，给修院墙，挖四方的壳（壕沟）。

1951年入伍，五月份，上张家口看药库去了，1952年初就回到北京了。

采访时间：2006年10月3日

采访地点：冠县烟庄乡烟庄

采 访 人：徐 畅 冯会华 蔺小强

被采访人：杨云台（男 78岁 属龙）

小时候家里有五口人，母亲、父亲、妹妹、弟弟。有九亩地，240步一亩，种麦子、玉米、高粱，也种地瓜、棉花。麦子一亩50来斤，一颗穗三个粒、两个粒的。棒子差不多。棉花60来斤。不够吃，吃糠菜。家里做个小买卖，卖汤水饭。没种别人的地。借粮食是青黄不接时，麦前借，借玉米、高粱，收起了还。借高粱还麦子，得增加个三七，30%。借钱记不清。

收税会有衙役跟你要东西，来了，有就要走，没有到饭店吃点饭。过年给衙役个买鞋钱，推迟再交，交的钱多。土匪有小股土匪，在村里签名，给你要多少钱，送到哪里去。一个街上有24户被要钱，不送去，把你的笼子挂了（房子烧了）。村里有自卫的组织，全村按年龄，每天晚上轮班，10来个人打更。

马玉驻有皇协军，冠县有鬼子，有皇协军。这里有个集，鬼子、皇协军到集上抢东西，后来就把集搬到东宋村去，后来又挪过来。有一天，鬼子从东边来，就往东北跑，街上挖交通沟，从沟里跑，跟着杨仙瑞（大人），从早上7点一直到10来点。街上听不到狗咬了，他叫我，你看鬼子过去了吗，要过去了，没事了喊我，要有就别喊。我从沟里出来，向南拐，鬼子向北拐，跟鬼子走对头了。鬼子问我八路军，我摆手，东洋刀搁到脖子上，我指向西北。鬼子拿望远镜，上土堆，我一看撒腿就跑回家了。那时我十一二（岁），1940年左右。没做什么大事。

一年左右，又一回从东来，我上地里拿镰割草，我看南边公路上有穿黄衣裳的，我还没走到家，看见他们端着枪，带着刺刀，问我：小八路干活，拿着刺刀挑我的衣服，吓唬吓唬我，那时我还小啊，看见他们拉网，十来步一个，十来步一个，往冠县路过着，有两个人说他是八路，叫他们跪下要枪毙，包着头，用刀挑了，是秃子。鬼子不断来，三五天、五六天来一趟。皇协军抢粮食、抢衣裳。八路军白天不敢来，黑天来，有几个人给几个人开会。

1942年就开始旱，这一年没种麦子，没水浇，到第二年就都逃荒。没吃的撸榆树叶子，我家有这么粗的榆树，卖一部分换成豆面，掺着吃。还吃杨树叶子，地里的野菜，有灰灰菜、苋蒿。1943年春天，还是旱，地里没长什么，逃荒，我父亲逃到阳谷以南，1944年回来的。我跟母亲、弟弟、妹妹都搁家里。

阴历六月左右下的雨，把地下透了，能种上庄稼。外边下雨，房子漏，高粱秸的。把席搭在锅台上好做饭，晚上不下了，还是搬炕上。村里没水，天旱的时候，求过雨，抬着关公位转街，柳树条子编个圆环套在头上，找12个寡妇拿着笤帚扫村。

雨后河没开口子。1937年来过水，从小滩，地里有水，村里也是水。

下雨后，饿得人吃人，在集上吃饭，小孩抢你的馍。有个姓夏的瞎子，把地卖了，弄了两布袋绿豆，五斗（15斤每斗），他姐姐嫁到东边张家庄，叫瞎子过去，一布袋吃完的时候，姐姐逃荒走了。他说好人还饿死了，何况我这没眼的。找侯振海的母亲说，你给我一个糠窝窝，我吃了，也不能做一个饿死鬼。张庄和烟庄中间有个玉皇庙，他拿刀子刺自己，说死快点，干净利索。正这个时候，有个卖菜的经过，看见了，跟别人说，你们快去吧，去晚了就死了。村里人过去看，已经刺了，骨头已经露出来，食道断了，气嗓没断。村里人把他抬回来，抬到老坟上埋，埋的时候又乌拉拉说话，"我没死，别埋了"，又把他抬到关帝庙，七天后死了，又抬到原先坟地里埋了。到半夜被人扒走了，把他拉了（锯了），把他按到锅里煮。到天明鬼子汉奸来了，一进门说有肉味，一掀锅，净是肉，这一家人也吃，鬼子汉奸也吃，到白天一看是人肉，看见大腿汗毛，就往外吐。据说以后两个月没敢进街，"把咱逮着，也按到锅里去了"。

民国32年，村里500人左右，得逃走200口，主要逃到河南。下关东的也有，不多，有10来户，1944年秋回来的。1943年新粮食下来之后，有饿死的，实际上是撑死的。

下雨后，霍乱病不记得，没见过，个别也有抽筋的，都是叫抽筋，夏天，以前没有。这村顶多10来人，泻哕，有扎旱针的，死了四五个。

鬼子又一来过，跟之前也没什么区别，脸上没带东西。

1942年、1943年有蚂蚱。

采访时间： 2006年10月3日

采访地点： 冠县烟庄乡烟庄

采 访 人： 徐 畅 冯会华 蔺小强

被采访人： 赵怀元（男 97岁 属鼠）

家里有八口人，往河南，买了东西卖东西，卖了东西再买东西。在家光挨饿，来回跑，从家拿布、衣裳卖了，再买麦子回来。

民国 32 年旱，抽筋，得病不知道是哪种病，到后来得的多了，是夏天五六月的事。抽筋筋都搐进去了。得病半点看不出来，吃饭走了，去王村，结果死在王村了。后来说是抽筋，村里死了十个八个，挺快的。

不出这年景不出这病，没吃过一顿实在饭，树叶都没了，吃地里那苜蓿叶子，肚里没面，穷得那个劲。光穷人，村里断不了有几个，以前没得这病，往后也没了。

下雨，一阵雨下得，门里的地上都是水了。张庄不让流水，还为这打架。

下大雨，当街都老深，铁道垫这么高，围的水大，车也不能走。河没开口子，日本人没来。

没见过飞机。

冠县桑阿镇南油坊村调查报告

一、村庄概况

南油坊村位于莘县、东昌府、冠县三地交界处的桑阿镇。属冠县东南，马颊河西，南邻莘县，距县城22.8公里，距马颊河仅2公里，北、西、南面分别与掖庄村、大张庄村、信庄村相邻。

村庄整体聚落呈长方形，由西向东，有主要的三条道路，南北穿插的是12条便道，坐落着成排的房屋。

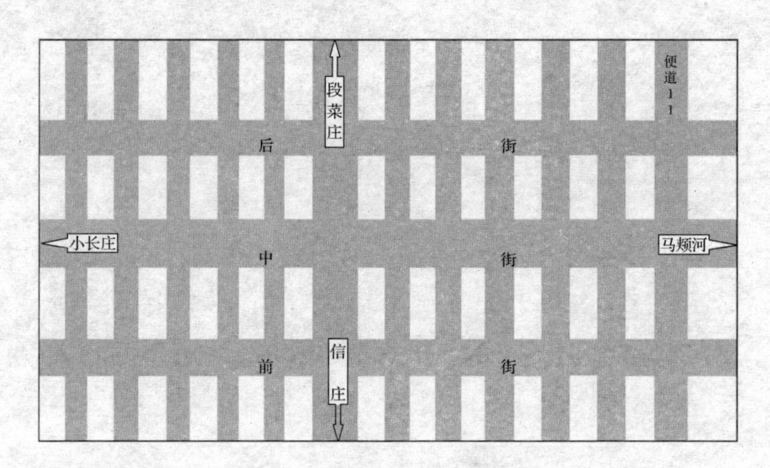

2010年南油坊村布局图

2010年，南油坊村有耕地1800亩，人口838人，户数202户。常住居民以老人和小孩为主，老人在家务农，小孩在附近的学校上学，年轻人很少，多数都外出打工，或者在县城的厂里谋生，单纯依靠生活的村民很少。对于务农的农民，小麦育种基地是该村的主要经济来源，2010年农民人均纯收入3800元，主要产业是养猪场、养鸡场、蔬菜大棚、蘑菇棚。

二、调查时间

1．时间：2010年7月16日—22日，总计7天。

2．行程：

2010年7月15日：

下午，调查队员乘车前往聊城市冠县。

晚上，在旅馆开会分发调查设备，简单分组，培训会。

2010年7月16日：

上午集体入村，拜访油坊村党支部，向党支部书记张景云了解村里老人基本情况。书记指派了村会计找来张怀申、张景印、候喜云、张延鼎四位老人召开了第一次座谈会。下午展开个人采访。晚上集体讨论，交流情况，确定了需要采访的名单。

2010年7月18日—20日，常晓龙负责同张怀申、张景印、候喜云、张延鼎四位老人回忆1943年当年全村住户人员名单和各家死亡情况，以及死亡时具体情形，其他队员进行个别访谈；并查看了候喜云老人家屋后，以及壕沟遗迹；每天晚上整理当天记录。

2010年7月21日，从冠县返回济南，对剩下没有解决的任务进行了安排，确定了资料上交时间。

三、调查成员

共六名调查成员，如下表：

姓　名	年　级	学　院
常晓龙	2006	哲学与社会发展学院
谢学说	2007	数学院
戴龙飞	2008	医学院
邹志进	2008	医学院
沈业隆	2008	医学院
江　昌	2008	医学院

四、采访对象

第一次座谈会，明确对采访对象的要求：1. 记忆力等身体情况；2. 1943年是否在本村；3. 是否愿意接受采访。确定了15名老人为采访对象，其中，80—89岁4人，75—79岁7人，70—74岁3人，70岁以下1名。

姓　名	性别	年龄	属相
张怀申	男	73岁	属牛
杜宝祥	男	71岁	属龙
张春阁	男	80岁	属羊
张得玉	男	76岁	属猪
张广耀	男	72岁	属兔
张金元	男	77岁	属狗
张书明	男	76岁	属猪
张腾桥	男	83岁	属龙
张腾文	男	73岁	属牛
张喜印	男	81岁	属羊
张彦鼎	男	79岁	属猴
张景印	男	83岁	属龙
张振华	男	77岁	属狗
候喜云	男	79岁	属猴
张景云	男	69岁	属鸡

五、各项情况总结

1．1943年南油坊村人口情况

南油坊村的张氏一族是该村的第一大族，还有候、杜、武、潘四个姓氏。根据多位老人回忆1943年住户名单，当年住户共428名，其中，张氏族人390人，候姓20人，杜姓7人，武姓6人，潘姓5人。

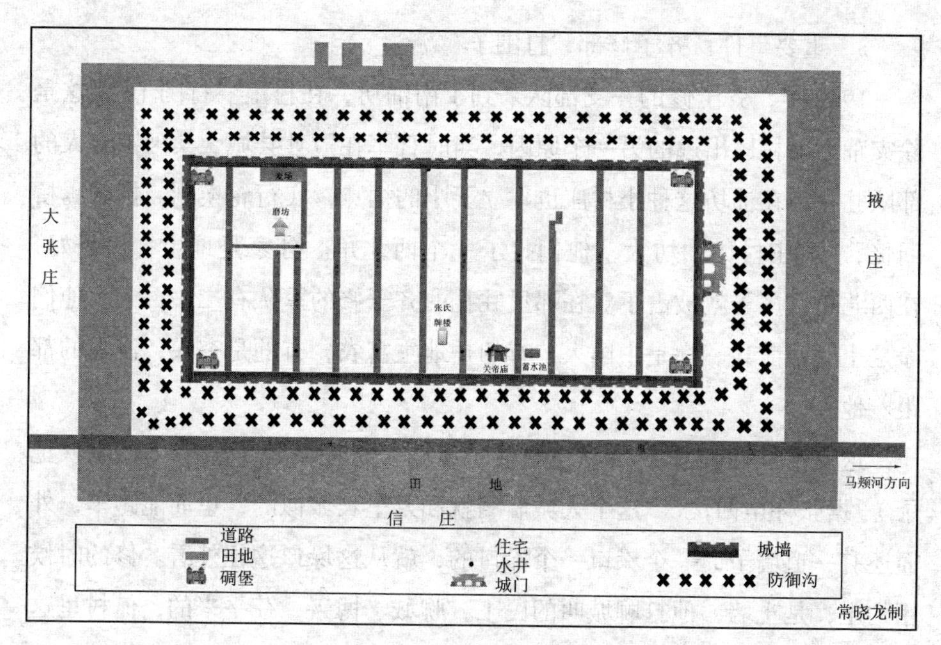

南油坊村 1943 年居住情况复原图

如以户数统计，全村有 79 户人家，张腾起、张宝臣、张怀申家都是 10 人以上同住的大户，候、杜、武、潘四个外姓几户人家人数都相对较少。

我们同几位老人一起，绘制了本调查报告附件“南油坊村 1943 年居住情况复原图”，基本再现了当时村庄内村民的居住情况，需要说明的是，道路与房屋都是后来新修建的，那时有的只是些羊肠小路，3 条主路和 12 条便道（村名称为“胡同”）都是人踩出来的。原来的道路曲折复杂，不如图中那样规矩。

2. 旱灾情况

1943 年冠县大旱，旱了有 1 年多，下雨下得晚，没收，玉米不出穗儿，高粱不结粒儿。如张腾文回忆“树叶都扒光了，吃树叶，地里的荠菜、草，咱都吃。旱，没种上庄稼，饿死的不少”，有多位老人也提到有蝗。

3．重要事件：齐子修部“打围子”

1942年，齐子修的一支部队来到了南油坊，在村里“打围子”，这是除灾荒之外村民出逃的另一个原因，当时日军在冠县县城、桑阿镇有大的部队驻扎，在油坊这种小村庄也建立了小的据点，实行轮换制。据张腾桥回忆，“凤庄村比油坊大，他们打了一个西北角。孙家是地主，房子好，在西北角，房子就被占了。在那里驻扎的齐子修的军队有二三百人。他们净是土匪和散兵。净是中国人，有的是地主富农，有的是穷人，没吃的都跟着他”。

这支部队在村里开始修建炮楼，又围绕村庄修建了城墙（见座谈记录）。据张怀申回忆，“这个大城墙啊就和万里长城似的，里面能跑车，外面还有一道墙子，一个垛口一个垛口的，就从这垛口这往外看。修的时候用的土，是土墙，他打聊城叫的民工，聊城、博兴、茌平来的，俺村里这些民工都是他抓的民工。修了得有半年吧，这个民工管饭他吃不饱吧，还老些死里边的唻，我见过，见过死里面的，都不知道是哪里的，死了就埋掉啊。我看过埋民工，他不叫小孩看，看死的民工”。

为了防止进攻，他们还在城墙四周修建了两道壕沟，现在依然可以看到。据候喜云回忆，城墙正门当时还修了一个“扭头门”：“这个壕子插了一圈圪针，只有这个中间的大门能进去，是个扭头门，只能从中间过来扭过来再下正中”。

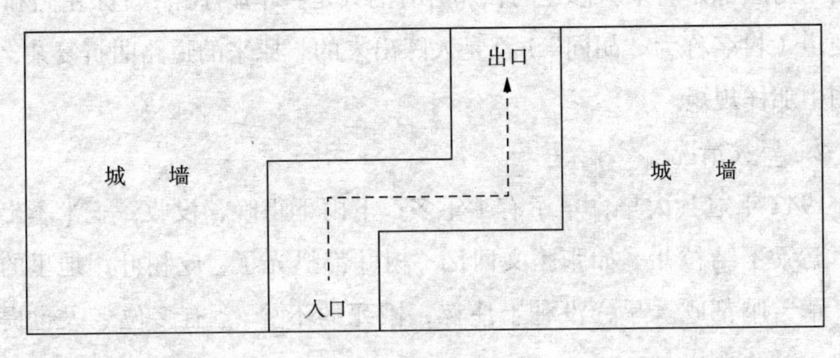

扭头门示意图

4．村民出逃

长时间的旱灾，粮食歉收，加上齐子修部在村里抢粮食，日本人也来，村民开始四散出逃，逃往山西、东北、河南等地。据张怀申口述，“全村只剩下3个老妈妈，等汉奸部队走了，村民才都慢慢回来了。”又据杜宝祥回忆，“那时候村里有300人，饿、死了有200人，连外逃的，剩下不到100人。我出去逃荒到河南，民国32年回来，春天出去的，秋天回来的”，确切的出逃人数不得而知。

我们整理了张氏家族第十世人员（“腾”字辈，不完全）1943年当年情况，24人中，10人留在了村里，5人逃荒，7人死亡，2人参加革命。

张氏家族第十世人员（部分）1943年当年情况

序号	姓名	当年情况	序号	姓名	当年情况
1	张腾松	逃荒沈阳并死于沈阳	13	张腾阁	在家务农
2	张腾岚	参加八路军	14	张腾岭	死亡
3	张腾仑	在家务农	15	张腾颖	在家务农
4	张腾月	死亡	16	张腾宵	死亡
5	张腾峰	在家务农	17	张腾朝	死亡
6	张腾水	逃荒沈阳	18	张腾皆	死亡
7	张腾河	逃荒沈阳	19	张腾魁	在家务农
8	张腾龙	逃荒沈阳	20	张腾香	死亡
9	张腾桥	参加八路军	21	张腾海	逃荒济南
10	张腾山	在家务农	22	张腾来	在家务农
11	张腾甲	在家务农	23	张腾云	死亡
12	张腾江	在家务农	24	张腾起	在家务农

注：本表根据南油坊村张氏家谱图及老人回忆整理。

5．霍乱病的蔓延

经过了灾荒年，村里的人口由原来的400多人减少到了100多人，其中许多人是得霍乱死的。

据张振华回忆，“得霍乱，上吐下泻就完了，很快就完了，没人治病，等死。得霍乱死了没人埋，父子不相顾，亲戚朋友不相顾”。在当时的条件和环境下，得霍乱后的治疗情况十分糟糕，只有中医，可以扎针和开草药房方，效果很差，也只有少数有钱人才能看得起医生。

2002年，油坊村几位老人将染霍乱身亡的村民姓名回忆出了一个名单，2010年，在对候喜云老人在2002年座谈会记录的基础上，经过与张怀申、张彦鼎、张景印、候喜云几位老人的讨论、再辨认，我们整理出了当年身染霍乱死亡的村民名单（见附件），其中，男性死者61名，女性死者43名，共计104名，武五、张西珍、张文祥、潘留柱4户全家都染病死亡，成为了村民口中“绝户”的人，算是断了香火。

在这些人中，许多人都是在逃荒的村子里染上的霍乱，例如张怀申家人是逃到信庄后患病的。附近的村庄，也有很多霍乱发生。

六、存在的问题与经验

1. 油坊村调查难度比较大，年代久远，老人记忆力模糊的原因外，符合调查条件的老人太少。

2. 一个星期的时间对于本项调查来说时间太少，调查小组成员在此期间基本没有休息。

3. 调查组与几位主要的被采访老人通过座谈，一起整理了1943年当年居民的居住情况和具体的每户人口，但是因为时间紧迫，其中有一些是重复的，还有一些在家庭关系上出现混乱，本调查报告没有收入，以后应当结合村里各户家谱进行进一步的梳理。

七、心得体会

南油坊村是我们在鲁西地区采访的许多村庄的一个缩影，他们所经历的，也代表着许多老人的经历，在当时的环境下，普通老百姓在混乱的社会中求生存，战争、饥荒、瘟疫的共同作用使得他们妻离子散、家破人亡，霍乱流行，却缺医少药不能得到治疗，只能眼看亲人死去。

患霍乱身亡的死者占到全村1943年当年总人口的1/4，他们中的绝大多数人都是在逃荒过程中得的，有许多人客死他乡，我们可以从中看到鲁西大地霍乱流行的一面。

在2002年王选老师等进行采访的时候，在场的张德顺老人在发言的时候谈到他看见有飞机从天空中扔东西下来，到我们去油坊采访的2010年，老人已经去世，成为遗憾。

我们调查时正值酷暑，油坊村支书张景云先生、张怀申爷爷、候喜云爷爷、张彦鼎爷爷等热情接待了我们，他们连续几天同我们一起整理了村民名单和死亡者名单，才使得那些去世村民的名单留在了我们的记录中。

张怀申爷爷与他妹妹一起在父母去世后吃百家饭长大，后来成为村长，2005年，他与村里一些老人集资修建了村里的主干道。调查中他数次落泪，说自己“不愿意说起过去的事，心里很痛苦”，调查结束时，我们提出去拍摄他父母的坟，带我们去的路上，他停在半路，说现在草长得很高，去了也看不到，我们于是作罢。

感谢各位队友在调查中的相互支持与理解，本次调查，包含了所有调查小组成员的辛勤劳动。

南油坊村调查小组

常晓龙执笔

2010年7月

附1 1943年南油坊村患霍乱及疑似感染死亡人员登记表

序号	户　主	死者姓名	性别	死者与户主关系	备注
1	张腾文	张代林	男	父亲	
2		不详	女	母亲	
3		张书平	男	四儿子	
4		张书年	男	六儿子	
5	张腾松	不详	女	母亲	
6		张腾松	男	大儿子	
7		不详	女	大女儿	
8	张腾海	不详	女	妻子	
9		不详	女	大儿媳	
10		张书贵	男	二儿子	
11	张代清	张腾甲	男	大儿子	
12		不详	女	妻子	
13	张书身	不详	女	母亲	
14		不详	女	妻子	
15	张腾来	小名二横	男	二儿子	
16		张书林（又名张书修）	男	三儿子	
17	张玉良（又名张叔文）	张登高	男	大儿子	
18	张腾营	张代举	男	父亲	
19		不详	女	母亲	
20		张书让	男	三儿子	
21	张腾水	不详	女	妻子	
22	张腾齐	不详	女	妻子	
23		张代祥	男	父亲	

续表

序号	户　主	死者姓名	性别	死者与户主关系	备注
24	张书本	不详	女	嫂子	
25		张丙昌	男	侄子	
26	张腾岭	不详	男	六弟	
27		不详	女	六弟媳	
28		二瞎子	男	二儿子	
29	候喜云	康氏	女	奶奶	
30	候环行	候代兴	男	父亲	
31		候环诚	男	大儿子	
32	候喜龙	候代朝	男	爷爷	
33		候怀林	男	五伯	
34		候五	男	五大伯	
35		候六	男	六大伯	
36	武行树	武行树	男	本人	
37		不详	女	母亲	
38	武五	武五	男	本人	绝户
39		不详	女	母亲	
40	武春林	不详	女	妻子	
41	候代生	不详	女	妻子	
42	张凌方	不详	男	大伯	
43		不详	男	三伯	
44	张得顺	张希福	男	父亲	
45	张中云	张春秋	男	太爷爷	
46		二憨蛋	男	二爷爷	
47	三疯子	三疯子	男	本人	
48		不详	女	妻子	
49	张兰住	张兰住	男	本人	
50	张希军	张希军（神二）	男	本人	
51		不详	女	妻子	
52	张培显	不详	女	母亲	

续表

序号	户　主	死者姓名	性别	死者与户主关系	备注
53	张西珍	张希珍	男	本人	绝户
54		不详	女	大老婆	
55		不详	女	小老婆	
56	张得河	张希林（神三）	男	父亲	
57	张西路	张西路	男	本人	
58		不详	女	妻子	
59		张明其	男	大儿子	
60		张得水	男	三儿子	
61	张佃元	张腾发	男	父亲	
62	张佃英	张佃英	男	本人	
63	张西艮	张西艮	男	本人	
64	张得文	未知	男	父亲	
65		不详	女	母亲	
66	张得俊	张培文	男	爷爷	
67	张玉誊	不详	女	母亲	
68	杜宝祥	不详	女	奶奶	
69		杜宝安	男	哥哥	
70	张佃荣	二干活	男	父亲	
71		不详	女	妻子	
72	张彦玲	不详	男	爷爷	
73	张广耀	不详	女	奶奶	
74		不详	女	大姑	
75	张玉亭	张向臣	男	父亲	
76	张海阁	张玉冬	男	父亲	
77		不详	女	母亲	
78		不详	男	弟弟	
79	张文平	周氏	女	妻子	
80	张文太	张玉群	男	儿子	
81	张敬斋	张敬斋	男	本人	

续表

序号	户　主	死者姓名	性别	死者与户主关系	备注
82	张文祥	张文祥	男	本人	绝户
83		不详	女	妻子	
84		张玉桥	男	儿子	
85	张宝得	不详	女	大儿媳	
86		不详	女	二儿媳	
87		不详	女	三儿媳	
88		奎儿	男	孙子	
89	张玉梁	张文选	男	父亲	
90		不详	女	五女儿	
91	张玉谐	不详	女	妻子	
92		张文兆	男	父亲	
93		不详	女	母亲	
94	张应林	张应林	男	本人	
95		不详	女	妻子	
96	张端海	张端三	男	三弟	
97	张继思	不详	女	小老婆	
98	潘留柱	潘留柱	男	本人	绝户
99		不详	女	妻子	
100		潘金荣	男	父亲	
101		潘凤臣	男	儿子	
102		潘凤女	女	女儿	
103	张占山	六猴子	男	父亲	
104	张仁臣	张俊兰	男	弟弟	
总　计		死亡人员总计	104		

注："三疯子""二憨蛋"等为绰号，具体姓名不详。

提供人：张怀申、张景印、张彦鼎、候喜云、张景云

调查人：常晓龙、沈业隆、邹志敬、戴龙飞、谢学说、王延波

2010 年 7 月 21 日

附2：南油坊村座谈会

时　　间：2010年7月16日

地　　点：南油坊村张景云书记家中

采 访 人：常晓龙

记 录 人：江　昌

被采访人：张怀申　张景印　候喜云　张延鼎

张怀申：你们提前几天来了个电话，叫我们准备。现在呢人员都不在家，人不大全，就我们几个人。应该早来个电话叫他们准备下。待好几天啊。你说这一个把75岁以上的老人集合起来，一个是他们耳背，另一个他们没有事先准备，不知道怎么说法。细菌战，细菌他们都不知道怎么回事。

张景印：光知道是旱瘟疫。

张怀申：知道这个人吗？傅强，他怎么没来呢？

常晓龙：哦，他有事，没来。

候喜云：哎，104人，那个时候他（指张怀申）、他（指张景印）、他（指张延鼎）、我，张绍生死了，张代仁死了，张贵顺死了，原来在县里那个叫张腾桥，现在身体不太健康。七个人就剩俺仨了。这不那一次他（指张延鼎）没参加。（104人）有名单。

张怀申：这个死了的多数他的后代都在，可是这个死绝了的七户就不一定在了，他都死绝了，你找谁啊。

张景印：那时候我们也不知道是细菌战，光知道有得病死的，上吐下泻，俺这几个人都是亲眼见的，亲身经历过的，我那时候才八九岁。那时候也不知道是日本人干的。刚才他们谈的那个问题也很重要，俺村100多岁的老太太也有，你问她咋回事她不知道了。

张怀申：她都犯迷糊了，还有个102岁的来。你叫她说也说不上来。75岁以上没多少人，现在呢，你问她，她耳背，她听都听不见，很难采访那个人。

张景印：75岁以上的就剩十来个人。

张怀申：就俺这几个人呢，耳不聋眼不花，还能听见，还能知道。还可以把这个基本情况详细的说一下。耳又背眼又花，他这个现在这个情况呢，不知道应该咋说法。

常晓龙：不是说年纪大的挺多的吗？

张景云：没有没有，没有那些。

张景印：70岁以上的还有。

张怀申：70岁以上的白搭，3岁5岁的还能记么啊？

张景印：他那都是听传说，像俺这几个人都是亲身经历过的。

候喜云：你（指村支书张景云）给我列的那个表，70岁以上的多少人，我那有，我得回家找找。刚才听他介绍，河北、河南还有咱这个几个重点村，通过老人座谈，再深入到每家每户，人证、物证、时间、地点，一件件的都弄清楚它了，是吧，就这个意思。这个材料，你那天来，一个于新志他是在咱冠县。一个大前提，咱是中国人，为中国人争气。你们大学生，有文凭，有水平，中国的命运就在你们手上了。这是现任支书（指向张景云），这是前任支书（指向张怀申），你今年多大岁数了（问张景印）。

张景印：76（岁）。

候喜云：80（岁）的俺四个，79（岁）的他四个，再往下他一打听，你同年龄的多少个。

张景印：同年龄的现在剩三四个。

候喜云：这些人名俺庄上都有，男的女的，多大年龄，我那儿都有，我给你找出来。就是那一次，俺这几人挨家挨户的，人咋死的，都座谈了。记录材料都在我那儿了，那我得回去找找啊。

张怀申：这一户死了多少人，死的是谁，他的名字叫什么，男的女的，他的年龄多大，那上面写的很清楚。原来座谈这个你家几口人都很清楚。你只要叫他把那个材料拿出来，你就不用再采访了，相当的全。

候喜云：这得做的很细，时间、地点、人物、经过，事实都摆在眼前了，你说这个人咋死的，咱说咋死的，他要跟人家属座谈咋死的，把这个事铁证如山，用本地的说法更有本钱，就这个意思。

张怀申：你们这算取个证词。你说的不假，你再过三年又不一定了。你看他（指候喜云）80（岁）了，他（指张延鼎）79（岁）了，我79（岁）了，再过几年这几个人不一定再见。你反正是把那个名单找出来后，整齐了，按那个名单采访就行。

时　　间：2010年7月20日
地　　点：城墙旧址
采 访 人：常晓龙
记 录 人：江　昌
被采访人：张怀申

张怀申：这个大城墙啊就和万里长城似的，里面能跑车，外面还有一道墙，一个垛口一个垛口的，就从这垛口这往外看。用土造的土墙。他打聊城叫的民工，聊城、博兴、茌平，俺村里这些民工都是他抓的民工。修了得有半年吧，这个民工管饭他吃不饱吧，还老些死里边的咪。

常晓龙：你见过吗?

张怀申：见过，见过死里面的，都不知道是哪里的，埋掉啊。我去过，我看埋民工呀，他不管小孩看，看死的民工，我害怕啥，小孩不大关心。城墙现在都成宅基地了。

张怀申：西北那个晚，西南的晚，西北的没晚。东南角的那个炮楼没晚，东北角的那个没晚，就是西南角的炮楼，那个平的早点。炮楼的旧址，那没什么东西。什么都没了，盖了房子都。东南角的那个是张自刚，他家坐在炮楼上。他是东南角的那个炮楼。东北角是张安林。他（候喜云）的家就是在城墙地上盖的。看咱村很小吧。

时　　间：2010年7月20日
地　　点：南油坊村书记张景云家中
采 访 人：常晓龙
记 录 人：江　昌
被采访人：张怀申　张彦鼎　张景印　候喜云

常晓龙：我们昨天回去，把村里的复原图根据采访大概画了一条路，我给大家讲一下这个是怎么回事儿。这条是一条大马路，这边是大张庄，这边是马颊河，北边是段菜庄，南边是信庄。

张怀申：马颊河东边还有地，大多数都在那儿，原来多，现在就不多了，按理说那边还有三十来亩地得有。

常晓龙：就是说四面都有地。

张怀申：都有地，往北也有往南也有。一直到马颊河的东岸都是我们的地。那时候的地都特别多。

常晓龙：那地我们清楚了。大道有这么一条道，小道有11条。过道。第一条跟第二条中间还有个半截道。

张怀申：反正原来俺村的老样式你是画不出来，那是相当复杂。

常晓龙：主要的道就是11条，那些小道我们也不管它了。

张怀申：有个道非常复杂，拐来拐去。×××住的地方有四个弯，看来也相当复杂，现在就是个大致上。

常晓龙：那就是说其实按道理我们村的麦场很多，张彦鼎也说他们家这有个麦场。

张景印：我的那块有个大闲院子。

常晓龙：嗯，大体上就是这样，然后这有个关帝庙还有个碑楼。还有什么？

张怀申：就是一个庙楼。

张彦鼎：西边那里有个磨面的，近西边的。

张景印：就是个磨面的，加工面粉的。在近西头。在最西头的那个井那。对对对。

常晓龙：这儿相当于有个磨坊是吧，大家都去这里磨面呀？还有什么？说来说去就是没别的东西了呗？

张怀申：那时候这边还有个大坑。储水的，村里淌水，一来水就进去了。

张景印：在关帝庙的左边。应该，就是在东边，就是在路东有个大坑，修庙的时候挖的。村里的水一来就往里走。那时候叫大坑。

常晓龙：还有什么？

张怀申：我们这个村当时有个大围子，一个角一个大炮楼，对，围子，军事炮楼。

张景印：原来那是杂牌军，齐子修在这。

常晓龙：什么时候修的？

张怀申：民国31年修的。

常晓龙：这些炮楼，每个炮楼大约有多少人呀？

张怀申：他那边不住人，是轮流制的，都是站岗的，每天晚上都是三五个人在上面值班。怕打他的炮楼呀！四边都有围墙。东边都是一个门。这个围子就是一个中门往外出，就是一个门。当然有人守，一班的人守，大约都是十来个人。有看门的，都是杂牌军，齐子修的兵。

侯喜云：齐子修就是国民党二十九军宋哲元的下属，在咱这个地方，蒋团长在咱这驻扎。

常晓龙：他们在这待了几年？哪一年来的？

张怀申：二年，民国31年来的。民国32年秋天走的。

常晓龙：那除了四边围墙，四边的炮楼，还有什么呀？

张怀申：他的意思就是呢，围墙外边，他为了防止往外攻，就挖了一道防、两道防两个壕子。就是3米左右深。

常晓龙：我没听懂，他这个战壕在什么地方？

候喜云：他在这块住着吧，他怕共产党打他，外边这个壕插了一圈圪针，里面这个壕子插了一圈圪针，只有这个中间的大门，扭头门，只能从中间过来扭过来再下正中。

张怀申：这个扭头门，你像这个门出去后再扭头。

常晓龙：它这有什么好？

张怀申：他打不进来呀。我说的你就是原来的就是你没有的，原来有围墙，外边两个壕子，四个角上四个大炮楼。

常晓龙：那大体这个样子就对了。我看村里也没有几个人么。

张怀申：那是走了之后回来的。村里也有上东北的，也有上河南的，还有在周围四个村住的。他们这个军队，一败了，走了，谁不回家呀，是不是。

常晓龙：你的意思就是说他们被打败走了之后就回来了？那我们就说当时住的人家吧。

时　　间：2010年7月21日

地　　点：南油坊村书记张景云家中

采 访 人：常晓龙

记 录 人：江　昌

被采访人：张怀申　张彦鼎　张景印

常晓龙：这个村啊现在叫南油坊村，属于桑阿镇的，原来是属于哪的，1943年？

张怀申：原来就是桑阿镇区，再往上冠县，那不到300口人。

常晓龙：咱村原来都是种地的？

张景印：都是种地的。

常晓龙：一般都种什么？

张怀申：一般种高粱谷子，五谷杂粮。

常晓龙：那时候每家每户地多吗？

张怀申：那时候地还不少，从解放前，我跟你说了，这个村里地比较多一点。

常晓龙：那时候每户人家大概有几亩啊？

张怀申：咱村里那时候，当时，1943年以前，咱村平均一个人七亩地，这都不一样了，全村平均，大户他地多一点，一般的户就二三亩的，四五亩的，有十亩地以上的不匀。

常晓龙：有没有地主啊？

张怀申：没地主，有富农。

常晓龙：谁家是富农啊？

张怀申：没几户富农，那时候张景臣、张虎臣、张炳臣、张介臣他这算是富农，西头张兰才他划富农了，张计臣划富农了。大致上就这几户吧。

张彦鼎：别的有二户属于富中农了。

常晓龙：富农家一般多少地啊？

张怀申：管十亩地以上的，雇长工。

常晓龙：富农跟地主是不是一个概念？

张怀申：不是，地主是另一个阶层。

张彦鼎：地主有佃户。

张景印：四外八乡尽他的地。

张怀申：有租他地的，他租出去了，年年收租。再一个呢，本户不参加劳动，完全是靠收地租，雇长工，叫地主。

常晓龙：1943年的时候有没有向人交租啊，向你们收钱啊？

张怀申：当时有几户记不清楚了。

常晓龙：给政府收租啊什么的？

张怀申：给政府交公粮啊，交租子往国家交，那叫交皇粮国税，那时候都交，那时候兴区，不兴乡镇。区里通知你，你这个村里该交多少，派下去了。

张彦鼎：还有谷子在当地存起来了。

张景印：存起来那个时候是八路军时候了。

张怀申：共产党军队都分下来了，一个人一袋子。

常晓龙：你们家当时有多少亩地啊？

张怀申：我家当时三十来亩地。中农，俺不是人多啊。种玉米、高粱、花生、棉花、大豆，都种。

常晓龙：一年要交多少？

张怀申：那时候，1943 年刚记事，俺村没交粮食，国家还给粮食，代耕粮。1943 年国家富裕了，回了家才交粮食。你种一亩地，给你多少粮食。咱说的都是 1943 年左右。

张景印：国家以后给你种子，那时候日本人没投降。

张彦鼎：那时候咱这里国民党在的时候咱都不知道。他来了以后，咱知道赵建民、赵建营，打游击。

张景印：那时候八路军来了根本不要咱这粮食。

常晓龙：你们不是被围起来了吗？我问之前的事情。

张怀申：那时候地没人种，都跑出去了，他要粮食也没人。

常晓龙：那时候我们这里归谁管啊？

张景印：归国民党。

张怀申：那时候是国民党管事，那时候打了围子以后，村里人都跑光了。

常晓龙：冠县民国 32 年有共产党吗？

张怀申：有，1942 年，1940 年以前就有。

张景印：民国 31 年入党都有。

张怀申：俺村里最早登高、张三（注：张姓）。

常晓龙：有没有什么军队啊，土匪啊什么的？

张景印：齐子修就是土匪。

张怀申：他是国民党二十九军下面的一个分支。

常晓龙：1942年打围墙那会是他们国民党占着了？

张景印：到后来才收编的，开始是杂牌军。

张彦鼎：那时候乱了，国民党他也没法。

张怀申：那时候国家四分五裂，各霸一方。

常晓龙：日本人有没有来这里啊？

张怀申、张景印：来了。

常晓龙：日本人是什么时候来村里的？

张怀申：日本人春天，1942年、1943年都来了，那时候经常往外跑你不知道啊，日本带着尽些杂牌军。俺村里叫他皇协军。

张彦鼎：那时候不交公粮。

常晓龙：就是说把你们围起来的是谁嘛？

张景印：齐子修。

常晓龙：齐子修那时候跟谁是一伙的？

张怀申：他反正是杂牌军，老缺。

张彦鼎：那时候齐子修、吴连杰很多杂牌军，范筑先，老缺头子。

常晓龙：日本人来过你们村子，来过几次啊？

张怀申：来的次数多了，把齐子修收编了后，日本人来了好多次。

张景印：没收编之前也来过。

张怀申：那时候，有时候打西边来，有时候打东边来。经常来抢砸。

张景印：头一次日本人来，我都不记得。我还是听老人讲，我还不记事来，才三四岁。

常晓龙：日本人来他都干吗？

张怀申：来，他就来抢，羊也牵去了，牛也牵去了。

常晓龙：他有没有给小孩发过什么东西，吃过什么东西啊？

张怀申：没有，他一来都跑了。

常晓龙：王老师采访你们的时候，张代仁说看到飞机撒东西，他说。

张景印：那是德顺。

张怀申：他说细菌战的时候，看见飞机上撒乌烟瘴气的细菌了，实际上那时候俺都还小，不记得。

常晓龙：1943 年那年整个的天气怎么样啊？

张怀申：光旱，没收成，没种地，再一个呢，人都死了，没人种。刚解放，给你粮食叫你种地，发代耕粮。

常晓龙：我们村东边不是一条马颊河嘛，马颊河那年有水吗？

张彦鼎：没水。

张景印：地里没人，草都这么深（齐腰深）。

常晓龙：那年大旱之后没有蝗虫吗？

张景印：1943 年以后。

张怀申：山西的，周围村庄的。

常晓龙：你们家逃哪去了？

张景印：牛王庄。

常晓龙：你们家逃哪去了？

张彦鼎：莘县。

常晓龙：你们为什么逃那里去啊？

张彦鼎：俺村里根本没人了，哪里有亲戚上哪里去啊。把牛牵走了。

常晓龙：那么多人得霍乱病的话，逃出去之前就已经有了吗？

张彦鼎：没有，回来以后。

张怀申：来到家，啥也不吃。得了这个病呢没钱治。

张景印：到后来吃点野草籽。

常晓龙：死在外面的多啊，还是死在村里的多啊？

张怀申：死在外面的多。

常晓龙：那年水那么干的话，井里有水吗？

张景印：有，井里水很少。

张怀申：井里还有水吃。

常晓龙：那水干净吗？

张怀申：干净不干净咱现在不好说了。

常晓龙：那你们回来，井水都变成死水了呗。

张景印：死水也得吃啊。

张怀申：还是由病菌的感染。

常晓龙：记不记得谁家先得的？

张怀申：记不清楚了。

张彦鼎：那时候谁管谁啊。

张景印：谁先得的记不清了。

常晓龙：昨天不是还说有动物得病的吗？

张怀申：那是解放以后，人吃的还没有，啥动物啊。

张景印：八路军来了以后，发放的牛，多少户给你一个牛，给你代耕粮。

常晓龙：那你们村这么多人得病怎么办啊？

张怀申：谁管谁啊，哪个村里有医生啊。

张彦鼎：你没钱啊，得了病硬等着死。

张景印：没地方买药，也没医生。

张怀申：得了疟疾，吃了野兔粪说是管用。

张景印：我亲自吃过，又发烧又发冷。

张怀申：都得过，那时候村里得疟疾的相当多，都得过。那个虐疾病，共产党把它消灭了。

张彦鼎：吃金鸡纳霜把它治好了。

张怀申：有个歌咪。

常晓龙：那歌怎么说的。

张景印：记不清楚了，顺口溜。

常晓龙：你们那时候做饭是喝生水啊还是喝热水啊？

张怀申：那时候生水热水都喝，他上地里干活，渴得狠了，有个水洼也喝。那时候又不讲卫生，吃饭喝热水。

张彦鼎：井水那时候是干净的。

常晓龙：水的颜色正常吗？

张怀申：你反正他经常吃，也适应了，不大得病了。

附3：个人采访

采访时间：2010年7月21日

采访地点：聊城市冠县桑阿镇南油坊村

采 访 人：常晓龙　邹志进　戴龙飞　沈业隆

被采访人：张怀申（男　73岁　属牛）

我们家，我给你说说呗，写啥吧，写我的祖父、祖母。张富合（张怀申祖父），祖母姓王，叫张王氏。俺奶奶我就不知道叫啥了，那时候不兴这个（女的都没名）。我的父母，张振林（张怀申的父亲），母亲叫张刘氏。我的大姑、二姑，那时候因为上这里（油坊）来，我爷爷奶奶病了以后，她来了一是伺候俺爷爷，俺奶奶。她两个也都（死了），别看她都出嫁了，但是呢，也都死了这了。大姑叫张春女，这个我到知道。二姑叫忙女，就是农活忙的那个忙啊，就这六口人。

说实在哩，这个话我就不想说，我一说，说起来挺痛苦，因为那时候我很小，俺爹娘死的时候我才十来岁，俺妹妹才六七岁，死了以后没人埋，没人埋身上都生蛆了。那时候他上唠下泻，病……病……病得都……（哽咽中）。我……我这个不愿意说这个事，你反正因为这个，因为死了以后，上唠下泻，得了霍乱了，没人管，没人问。俺两个叔叔都在东北了，剩了我跟俺妹妹俺两个，（哭泣中……）因为这死了好几天没人埋，所以我不愿意说这个事，说起来以后我很伤心，我不愿意说，别再往下提了。你像张玉梅那个也是，她娘死了以后，她还趴了身上喝包包哩，说实在哩现在是，我一想，一提起来这个事，我心里我控制不住。俺爷爷奶奶死的时候还有人埋呢，俺父亲找人埋得。俺父亲母亲那一代没人埋，找人家，村里没人。

死在信庄了，不是这个村里。逃到信庄去了，逃出去了，俺两个叔叔都下东北了。因为这在这个时间上我不愿意，不愿意再说这个事，我不想说。

俺父亲是初五死的，俺母亲是初六死的，十月，阴历十月初五和初六。初五、初六。就剩了俺跟俺妹妹俺两个。找不到人，找人家，给人家磕头赔礼才给埋了。俺爷爷奶奶，那时候有俺父亲的时候，也早点，他是八月里，这是总共两个来月死了六口人。（祖父）八月二十一，祖母是八月十五。

都是那时候上哕下泻，他这个上哕下泻，那屋里尽苍蝇。弄得满身上都生了蛆了。两姑姑是几月死的，我也弄不清楚了，那时候俺父亲母亲还在的，死了，就把她们送了走了，人家都埋了各村里去了……

就是逃到那村里后，连饿加啥的，又得病，他得的是上哕下泻的，这个泻的身上都脱水了，没什么了。那个时候光顾自己个的老人了，咱不知道人家死多少人，（信庄）也有（得病的）。

采访时间： 2010年7月17日
采访地点： 聊城市冠县桑阿镇南油坊村
采 访 人： 戴龙飞　邹志进　沈业隆
被采访人： 杜宝祥（男　71岁　属龙）

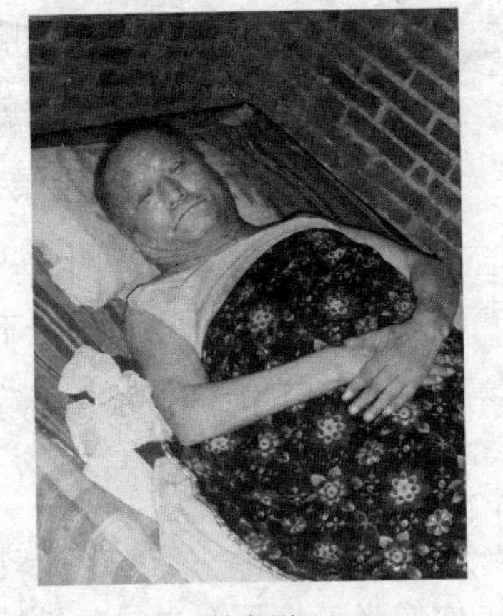
杜宝祥

我一直住在这个村子。民国32年也就是1943年，那个时候，俺村饿死100多人，那年天气没事，天旱，没下雨。那时候还属于清末时期，那时候掌权的是国民党。

下雨后收的谷子，下的中雨。饿死的一部分，撑死了一部分，病死的最多了，没吃没喝，当时得病就是霍乱痢疾。我听大爷说的，那时候三四岁，还小。大爷饿死了。

那时候村里有300人，饿死剩了200人，连外逃的，剩下不到100人。我出去逃荒到河南，民国32年回来，春天出去的，秋天回来的。得病的带病走了。就是这病。没人治，没有，没人管。俺大娘就是得这病死的，叫杜陈氏，俺一个奶奶叫杜候氏，都是得这个病死的。

六七天就完了，没吃没喝，饿死的。

都喝井里的水，那年旱得没有水，小日本来闹，来敲诈勒索，把鸡都给你吃了，那时候俺这一个庄也没个鸡。

日本人知道，就是演电影那黄色的衣服，没有穿白大褂的。闹过，1943年1944年，就是这个时候（七月份），1942年腊月到1943年四五月份旱。

采访时间：2010年7月17日

采访地点：聊城市冠县桑阿镇油坊村

采 访 人：沈业隆　邹志进　戴龙飞

被采访人：张春阁（男　80岁　属羊）

张春阁

我叫张春阁，今年80岁，属羊的。上过中学，一直住在这里。

民国32年，我们家里有七口人，有奶奶、父母、哥哥、嫂子、侄女和我。

当时天气大旱，鲁西北大旱。死了一半。很多人逃荒了，逃到河南和关外的都有，我也逃荒去了，我是去吉林省了，通辽县。

当时老齐和皇协军都来了，老齐是七路军，皇协军叫九路军。

日本人，尤其多的是皇协军在这儿祸害我们，名义上是爱护我们，其实是来搜刮东西。我见过皇协军，是和日本人一堆的，他们在城镇的多，一起打围子。

民国32年饿死的人很多，越往北越多，饿的就有的又加上别的病就死了。有瘟疫，我就得过的，眼上有白点儿，当时是发烧的，都是我很小的时候的事不记得了。

听说有得霍乱的，上吐下泻，当时是叫瘟疫的。

当时是喝井里的水，当时很旱，庄稼几乎都不收。那时候是在灾荒年之前，村里也闹过蚂蚱，蚂蚱吃叶子和庄稼，还有的人煮蚂蚱吃。

听说过霍乱，村子里有得霍乱的，当时我还小，不是十分记得了，村里有医生治这病的。当时没药吃，有扎旱针的，但还是喝药的多。

采访时间： 2010年7月18日

采访地点： 聊城市冠县桑阿镇南油坊村

采　访　人： 沈业隆　邹志进　戴龙飞

被采访人： 张得玉（男　76岁　属猪）

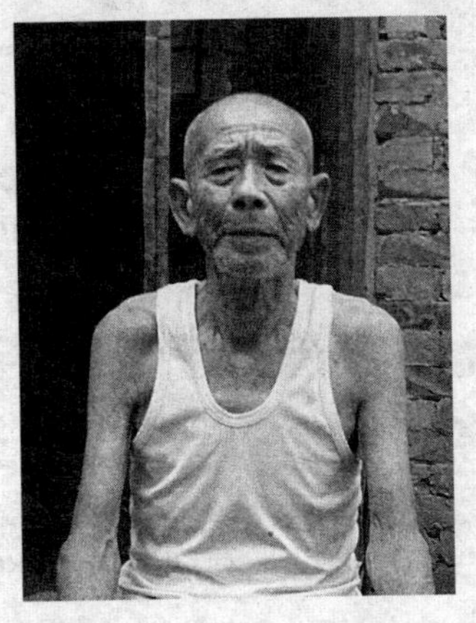

张得玉

那时我还小，我兄弟四个，一个母亲，我父亲去世了。

日本人上掖庄，后边那个村。日本人从南边回国的时候，路过北边这个掖庄，在那闹得不清，枪毙了好几个人。

灾荒年知道，那时候上了东北了不是。

那时候齐子修在这，俺村里打围子，都饿跑了。齐子修听日本人的，住这抢庄稼啊。

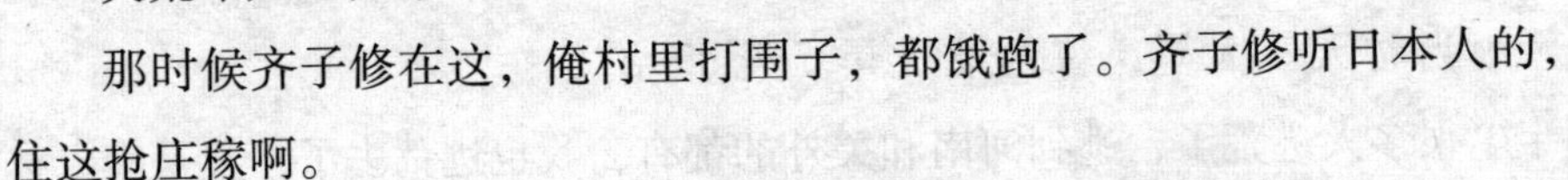

那一年大旱年，不知道，蝗虫还晚呢，哪一年还记不清，解放后。饿死的不少，下东北后，我父亲病那了，回来太旱，正旱呢，又下河南了，讨饭去了。闹不清，估计死人不少那回，死多少我闹不清。下关外，下河南我都不大记事。

采访时间：2010 年 7 月 18 日

采访地点：聊城市冠县桑阿镇南油坊村

采 访 人：沈业隆　邹志进　戴龙飞

被采访人：张广耀（男　72 岁　属兔）

张广耀

我叫张广耀，今年周岁 72（岁），1939 年阴历正月二十八日出生，一直住在这里，小时候上了几年学，那时候家里有父母、祖父、我和弟弟五口人，我属兔。

民国 32 年很多人去东北和河南逃荒了。1943 年，那时是灾荒年，也旱，旱了有一年多了。那时候社会也很乱。日本鬼子进中国祸害我们。

我 5 岁出去逃荒，8 岁回来的。1946 年回来的，走的时候没下雨，有蝗虫，还有土匪和汉奸，没有粮食吃。我还记得我是旧历二到三月份走的。

就是得病了也看不起。得病的人不多，很多都是饿死的。

治疗霍乱有的人用针灸，中医我也懂得。因为我的祖父是中医，我也看过四年医书。霍乱是急症，当时没听说过有什么霍乱。

当时日本人看村里人手上有没有什么老茧，要是没有就认为是八路军，就抓起来杀了。

当时日本人会抓农民去打围子，去修炮楼，那些人中外乡人比较多。

日本人穿的是军装。就像电视上的一样，当时没有什么传染病。

村里有个叫张腾华的，今年 86 岁了，他去武汉了，他可能知道得多。

采访时间：2010 年 7 月 17 日

采访地点：聊城市冠县桑阿镇油坊村

采 访 人：沈业隆　邹志进　戴龙飞

被采访人：张金元（男　77 岁　属狗）

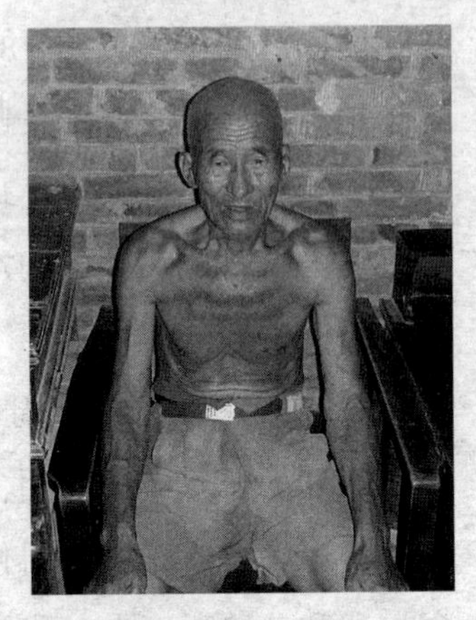
张金元

我叫张金元，77岁，属狗。一直住在这里。以前很穷，没有上过学，小的时候就没有母亲了，小时候，家里有三口人，有父亲、我、弟弟。

民国32年有灾荒，我们就要饭吃。老齐来了，闹得我们不敢在家里，日本人也到了，那时候很饿，没饭吃。

老齐来打围子。没人敢在家，我去要饭吃了，上北边去了，哪里过得好就去哪里。

那年天气旱，记不清旱了多长时间了，不敢在家。之后下过大雨，那年下了七天七夜。不记得是哪一年了。八月份下的雨。我母亲不在，连淋加饿的。那时我小，下雨时，我就待在家里。下雨时我没出去。老人在哪我就跟到哪，饿的都走不动了。

当时没上过水，都是喝砖井里的水，因为这里也没有河水，往地下挖两米就能挖到水。水并不难喝，下大雨的那一次往下挖一米就有水。没有听说过得病的，村子里饿死的不少。说不清多少个了。当时就是没有吃的。

不知道有传染病的。饿得迷迷糊糊的，什么都不知道了那会儿。没有听说过霍乱。以前我不好过，以后也没有什么灾了。没听说过有闹蚂蚱的。到后来就好过点了。

当时日本人不干好事，他们在这也没几年。他们的食物是运来的。记不得有医生了（日本的）。

当时村里听老人说有400来人，灾荒年之后就不知道有多少了。

采访时间：2010年7月17日

采访地点：聊城市冠县桑阿镇油坊村

采 访 人：沈业隆　邹志进　戴龙飞

被采访人：张书明（男　76岁　属猪）

张书明

我叫张书明，今年76岁，属猪。一直住在这里。上过小学，农村小学，上了4年，共产党来才上的，种地的。现在都分开了，那时候六口人，父亲、母亲、奶奶、叔叔、婶子。

日本人咱没见过，没大有印象。灾荒年都逃到河南去了，俺这六口人，都逃到黄河南边，哪个省咱知不道。（逃荒）很多，那会多少人不清楚，俺这个村里没有（一起逃），一家人逃。咱全村都逃了。

那会老齐的兵听说过么？齐子修，老齐的兵来占，打了围子，人都逃出去了，他是国民党的一个遗留军队，在这抢吃的。

那会俺逃到北庄，种地，他收东西。都逃到外村去了，这村上基本上没有几个人，那会日本人没来那不是。老齐的兵占了老些村。在桑阿镇打了围子，在风庄也打了围子，好几个地儿都让他占去了。

他们来了还没到灾荒年，灾荒年鬼子都来了。鬼子在后面庄（掖庄）杀了十几口人，没杀俺村的人，俺这个村有个张得路跟皇协军议事儿，没进俺村，上那个村了。那天东北的人向这儿跑，西边也向这儿来了，南边也来这，推着车子的，拿着行李的，都上凤庄去了，杀了十几个人。他看你手上干活有老茧没有，没老茧的就杀了。从莘县、冠县、堂邑，都往这攻。都把人，都逃跑呀，赶到这个屯了。

那会也有鬼子，掖庄有个叫马公贤的，他这个在后面这个村往东头小柏树林里，那人村里村外都满了，他挑，他那会上学，也都是20多岁，挑着了，刚挑着那一个，另一个人让刺刀挑着的就挑死了。又挑着他了，他一个学生，看他不像干活的啊，北边有鬼子一喇叭，这个鬼子就噔噔的往那去了，他跳墙呢，一个小墙头，西边都有人家院子，他跳那边去了，刚跳那边去，二鬼子，就是皇协军啥的，就叫他烧火去了，叫他炸丸子，这才没死了，这是后面庄上的事。咱这有皇协军也有鬼子，鬼子忒缺

（坏），鬼子和皇协军都连成一堆了上这来包围，一天都攻来了。

那会是下一场冷子，冰雹，那记不准，种的玉米不出穗儿，种的高粱不结粒儿。后期闹蝗灾。

那时候俺村叫老齐的兵都占住了，人都出去逃荒要饭，干啥的都有。饿死的也不少，俺家没饿死的。其他家里，张定成饿死，他爹、娘、奶奶（都死了），姐姐寻去河南了，就剩一个定成。村里也没人了，有几户也不多。

那会咱是小孩，咱逃到外边去，没在家住，回来了张定成家死的剩一个，饿的，生活困难。得病的，听说张怀申，他家他说瘟疫，咱也知不道。咱不懂啥叫霍乱不霍乱，反正死了就死了。那会一个小孩谁管这一套。

俺这个逃到东江店住了一段，那会要饭的要饭，吃树叶，扒树皮，都是糊弄点吃的，俺给人扛活，给人家干活，挣两个钱，俺父亲做点小买卖，没饿死。回来时候几几年咱也记不清，反正住了两三年，那就算民国32年去，两三年回来，老齐的兵叫八路军打跑了。回来个人就能种地，能吃饭了，屋子也叫人拆走了。

老齐在这住着，他是一星期换一次班，他咋换法呢？这个围子的兵上那个围子，搬家，那个围子的上这，一轮流，他走的这天，前后庄上住的人，他回家抢点东西吃点啥，他走了不是，就那会没来这个节骨眼弄点吃的，也不管是谁的，屋子拆走就都拆走了，知不道是谁拆的，又没人管，当兵的一换防都把咱老百姓吃穷苦了，逃难也是牵着个牛就逃。

采访时间：2010年7月21日

采访地点：山东省聊城市冠县防疫站家属院

采 访 人：常晓龙　沈业隆　戴龙飞　谢学说　王延波

被采访人：张腾桥（男　83岁　属龙）

是张得顺看见（飞机上撒东西）的，我没有看见。在座谈会上他说的。他就说当时日本人来的时候，他们的飞机飞过之后撒了东西。

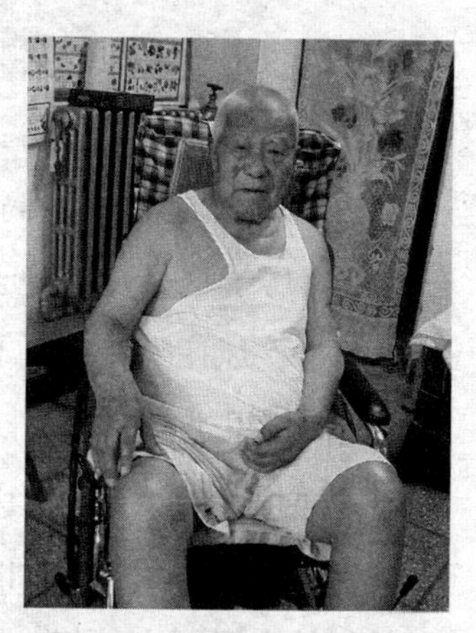
张腾桥

哎呀，张得顺，张得仁都死了。别的闹不清了。只有老崔来做过调查，别人没有。

我今年 83（岁）了，1928 年出生，属大龙。我们家那时五口人，我父母、我、哥哥、弟弟。我们三兄弟叫张腾松、张腾桥、张腾怀。我们家那个时候就是住在油坊村。

我们家那个时候都是农民种地，家里有二十来亩地，种棒子、玉米、麦子等跟现在差不多的庄稼。1943 年又旱又没有收成，当时都逃荒去了，我当时当八路军去了。我是 1940 年当的八路军，就是民国 28 年就去当八路了。

我一个姐夫，他是老党员，姐夫叫朱慧然。他已经死了，他是湖南省文联主席，是他介绍我参加八路的，我们家两个人参军，我和老三。

（一起参军的）一共四个。有张书修、张丙昌、我和我弟弟。

那时候全国都打仗，上南打。上安阳、大别山，打了十年。我参军左胳臂就是打仗时弄残的。回来的时候是 1950 年，中间没有回过家。我回来的时候，日本都投降了。1945 年 8 月 15 日日本投降。

我转业回来就在防疫站工作，我又是党员又是贫农，我又是八路军。我在部队我是军医的。我在凤庄待过，我弟弟就还在那里，我在凤庄待过五年。当兵后回家的时候，房子都给拆了，就没房子住，回来就上凤庄了，凤庄是我姥娘家，她饿死了，她那个房子就没人了，我就去那里住去了。

我那时候就在冠县防疫站工作。凤庄也有齐子修的炮楼和城墙，也把村子围起来了，凤庄村比油坊大，他们打了一个西北角。孙家是地主，房子好，在西北角，房子就被占了。在那里驻扎的齐子修的军队有二三百人，他们净是土匪和散兵。净是中国人，有的是地主富农，有的是穷人，没吃的都跟着他。

（围墙）就是土的，高有五六米七八米，也有十来米的，算是十米左右吧，有房子这么宽。晚上我有时候也去油坊，一个角一个的修着炮楼，一共四个，凤庄有南门、西门和东门。他要出去抢东西，所以开那么多门，他们哪里进往哪里去。

（我们家当时）都逃到河南要饭去了，我当兵去了，民国32年之后齐子修走了之后我们也回来了，那时候回来时是春天三四月份吧。就是1944年的春天回来的。

我两个舅母和一个舅就是那时候死的。还有我一个姐姐，他们是得霍乱死的。我舅舅叫什么名字我忘了，我姐姐叫秀儿。大人说是抽筋，得霍乱死的。都记不清了，就说是得霍乱抽筋死的。凤庄村子里的得死了100多口。原来五六百口人，凤庄也逃荒去了。

（周围）哪个村都得了。是因为霍乱菌传病。就是喝水传染的。它就把水源污染了，污染后一喝水就得了。就是那个桶打水的时候污染的。就是干粮啊，菜啊都污染了。人吃了就病了。

采访时间： 2010年7月18日
采访地点： 聊城市冠县桑阿镇油坊村
采 访 人： 邹志进　戴龙飞　沈业隆
被采访人： 张腾文（男　73岁　属牛）

张腾文

张腾文，虚岁74（岁），属牛。上过几天学，不识字，老忘。那会儿三口人，母亲、姐姐。

那会逃荒时出去，打鬼子时，八路军、中央军打鬼子，哪一年不记事儿。

旱，一年了，天气旱。没种上庄稼，接着呢咱村打上围子了，那会是蒋介石的兵住这儿了，就逃走了。

一旱也没种上庄稼，就灾荒了，这家伙树叶都扒光了，吃树叶，地里的荠菜、草，咱都吃。没上水，旱，没种上庄稼。饿死的不少。

得病的不知道，是饿死的？死人不少。

（蚂蚱）来过一次，过了灾荒，南下走了以后都种地了。我不记事儿，我不记得多少年。南下打蒋介石，日本投降以后。看不见天，那蚂蚱多的，我在家看瓜，都落在东边个地里，哗哗吃，一会，我那会9岁，哗哗哗，吃一会儿就走了，看不见了就飞了。那会还没解放。

日本人来过，记得，他来了以后，不道干啥，在叶庄杀过，在掖庄打合围。莘县一个部队，冠县来个部队，聊城来部队，那会来了就跑呀，这边来了往这跑，死了10来个人。

东洋皇军装，没有白大褂，见啥要啥，抢东西。不是干活，报仇是啥回事儿，八路军打他了是咋回事，反正是集中打了一回。打围子不是鬼子打的，是皇协军，凤庄。庄稼人抓人去，一个村挖两个大壕子，住老高了。都喝井里的水那会，井里有水。

采访时间： 2010年7月18日

采访地点： 聊城市冠县桑阿镇油坊村

采 访 人： 沈业隆　戴龙飞　邹志进

被采访人： 张喜印（男　81岁　属羊）

张喜印

我在前面住，从小在这住，没上过学。家里我自个儿，灾荒年那会，俺爹不在了，死得早，母亲死得早。

灾荒年还记得，民国32年灾荒年，那一年，吃喝不行。那时候俺爹带我逃关外了，才11岁，牡丹江，不记得啥名。待了有二三年。那会河南，黄河里有水，发大水，不记得。

那会里，小，那年旱，没收成。旱的时间不短，下雨下得晚，没收。我跟那住了四五年，家来种了粮食吃了。回来的时候小，都没了，父亲母亲都不在了，死那里了。

采访时间： 2010年7月18日
采访地点： 聊城市冠县桑阿镇油坊村
采 访 人： 沈业隆　邹志进　戴龙飞
被采访人： 张彦鼎（男　79岁　属猴）

张彦鼎

我叫张彦鼎，今年79岁了，属猴。我是阴历四月四日出生。上过学，上到四年级。当时家里七口人，有父母、祖母、三个姐姐和我，我一直住在这里。

1943年这里都没人了，老齐来打围子了，他们走了我才回来的，三月前后吧，当时天气旱。

只有砖井，谁都是烧开了喝的，当然也有喝凉水的，到坡里去就只能喝凉水了，因为那时候没有暖壶。

1943年有洪水，冠县西边的馆陶御河发的洪水，水很大，但是村里没有怎么淹。

民国32年有很多得霍乱的，个人顾个人的，我的祖母和母亲就得瘟疫了。上吐下泻的，吐得厉害，当时也不知道是细菌战。

得了病的人也吃不大下东西，当时没钱也没医生的，所以就没怎么治。当时死的人很多，人都快死光了，成无人村了，饿死和得病死的人都很多，这些年倒是没有什么霍乱了。八路军来了，天花什么的病就都没有了。

我见过日本人，他们穿黄衣服的。当时见他们用马拉大炮，在这里待了有几天吧，那时他们一来我们就跑了。一个门上插个小白旗，上面写着欢迎大日本，中国人都成亡国奴了，日本人来以前村里有400人左右，死了有100多人。

日本人抓我们这里的人去干活，抓去挖煤。张腾松就被抓走了，他没死。就住在那里（沈阳）了。张腾桥是他弟弟，其他人很多人也被抓去了，但是都死了。

采访时间：2010年7月16日
采访地点：聊城市冠县桑阿镇南油坊村
采 访 人：常晓龙　张伟　戴龙飞　邹志进
被采访人：张延鼎（男　79岁　属猴）
张景印（男　83岁　属龙）

张景印

张延鼎：那时候七口人，我的祖母，父亲、母亲、三个姐姐还有我。一直都住在这，那时候也叫油坊。那时候人少。

张景印：400来人，450来人。

张延鼎：我们村有姓武的。

张景印：武松的武。

张延鼎：姓张的、姓杜的、姓潘的，那会都没了，都死掉了。那时候没死，过了贱年，民国32年以后就死绝了。姓潘的死绝了，姓王的死绝了，王全。别的不知道了。

张景印：姓潘的，就一家，五口人，跟我在一起呀，在一起住呀，他的两个小孩都死了，那一年。叫潘凤臣、潘凤女。姓潘的就一户，叫潘留柱，他的爹叫潘金荣，他们家5口人，都死绝了，都是民国32年死的，当时不知道是霍乱，都是那一年死绝的。姓王的他都走了，娘们俩。姓潘的都是得瘟疫死的，他家也没进人，也没人照管，一个病了接着病，病了就死了。那时候叫瘟疫，我才七八岁。他那两个小孩是比我大一岁。上吐下泻，他那个死的小孩和我差不多，一个叫潘凤臣，一个叫潘凤女，那年就死绝了。我跟他是邻居，我是亲眼见知道的这个。现在我住的那个地方就是他的地方。

张景印：我叫张景印，哎，邻居。原来是这个村，原来据说是清河潘家人，挪到这个村来的。那我记事儿的时候就和他一起玩，都是邻居，他什么时候来的就不记得了。原来不是这个村的，就是潘凤女的爷爷挪到这个村来，潘金荣。我就是亲眼眼见，都是邻居，知道他死，他病的时候我就上他家去。当时说，是发烧，不吃东西，到后来就上吐下泻的，到后来大人都不叫上他家去了。

我那个妹妹也是那年死的，比我小两岁，挺小的时候，我的五妹也是那大岁数，也是那个病死的，还小，都不大那时候。几月？麦前，麦后，具体日子不太记得了，反正是过麦子的时候，具体日子不记得。我爷爷也是那年死的，那一年，几几年不知道了，我妹妹先死，我爷爷后死。我爷爷是过了好几个月，大致到秋天的时候才死的，哎，同样的症状。那没钱，吃的都没有，还看病呀，治的办法，又是喝的药汤呀，又是怎么治的，那时候没医生，有的时候找土医生扎扎针。找过是找过，我的叔叔是个医生，他来扎针。我说我也不知道他扎哪里，扎针的时候不敢看呀。他们的坟呀，哎呀，现在都没了。现在是东庄的村头那，都是埋到那个东南庄上了，我妹妹那个坟早没了，早都没了，那时候找个地方就给埋了，她当时已经会跑了。

张延鼎：我家是祖母和母亲得瘟疫，我祖母是李菜庄人，母亲南阳村人。嗯，死的时候三月了，我 11（岁）。

张景印：他那时候不大，不记事了。

张延鼎：那年我 11（岁）。她俩没差一个月死了，我祖母先死的，母亲就去世了，三月的，清明节前后，我母亲都是那时候去世的。啥病咱也不知道，反正叫瘟疫，你问她也知不道，也不吃也不喝的，然后，那时候都小，又没吃又没喝的，反正病了就等着，你上哪看去啊？吃的也没有。母亲也是一样的病，然后去世了。那时候没医院，那时候又没药，又没钱，又没吃的。我那时 11 岁，都到地里挖野菜，那时候摘点树叶，有啥吃的？那时候老齐把粮食都抢光了。她不吃，她不吃饭，也吃一点，树叶、野菜吃点。

张景印：四口井，村里吃的就三口井。那大坑一个，你二叔那块一个，他西南那个都不大吃，那个都不吃那水，常吃的就是三口井。这几个井都没了现在。

张延鼎：现在都没了，都填死了，他也没水了呀。

张景印：都没有了，都成了胡同了都，盖上屋子了，地方能找到。

张延鼎：那时候一条路，大街一条路。后面家后那没路。

张景印：一个十字路，一个南北路。原路现在找不着了，南北路现在已经改了。

张延鼎：那要画图，根据这村子画，你找那人都不在。最严重的就是张腾云，三闺女，三儿子，老两口，还有大爷爷，八九口都死绝了，一个人都没了。

张景印：张腾怀家也死的不少。腾云他儿一个人上东北了，现在你得到黑龙江宁安县石头连（找他），是铁路工人。

张延鼎：他儿有俩孩子，一个叫龙一个叫凤，一个叫祥龙一个叫祥凤。大名叫啥不知道，在东北，黑龙江，找不到。张腾怀和张腾桥是一个大爷。武家的没老人了，不知道情况了。

采访时间：2010 年 7 月 17 日

采访地点：聊城市冠县桑阿镇油坊村

采 访 人：邹志进　戴龙飞　沈业隆

被采访人：张振华（男　77 岁　属狗）

张振华

我当兵，当了几年兵，去过朝鲜，上过高小，当时家里七口人。我小的时候，父母、自个儿、姐姐，4口。

民国32年，咱这鲁西北大灾荒，虫灾很厉害，还有旱灾，虫灾旱灾都有，先有虫灾，旱了三年，1943年以后旱。

没吃的，就逃荒，逃到了河南、东北。我去了，逃到了河南，那时我才9岁，要了两年饭回来。

当时日本人来，打围子，打城墙，招民工修城墙。找的东边的人，俺村都逃了，也饿死了不少。

原来有400人，饿死了得有一二百人，俺家没饿死的，人都逃了。下过七天七夜雨，在1943年以后下的，1947年。发了一回水，那是一九五几年。得病那多了，得霍乱。实际上是饿死的，得了点毛病，饿死了。得霍乱，上吐下泻就完了，很快就完了。没吃的，挨饿，吃的不讲究，吃树叶草根，村里没树，都吃了。喝井水，砖井，烧开，也有生喝的。

井水没什么奇怪的。得病死的也有一二百吧，怀申他爹他娘。俺家没有，都出去了。我记不清了。霍乱，也传染，他饿，没吃没喝，加上病死了。没吃的了，走走不了了，俺爹娘一看不好，都走了。咱村里得过一次，那几年不断，那时候我刚记事，不光是单纯饿死，也有毛病，1943年下半年。

没有大雨大水，旱灾多，虫子多，蝗虫。虫子飞过来，到了1947年，来日本人了，没有穿白大褂的，来枪杀老百姓，咱这也过兵，连过好几天。也说不清啥兵。得霍乱（时）日本人不在，日本人来打围子，咱村都没人了。没人治病，等死，知道土方，喝这水那水，谁也不看，得霍乱死了没人埋，父子不相顾，亲戚朋友不相顾。没吃的。

1943 年冠县雨、洪水、霍乱调查结果

冠县乡镇总数：17 个；调查乡镇总数：17 个

村庄总数：755 个；调查村庄总数：157 个

乡　镇	雨				洪水				霍乱				采访村庄总数
	有	无	记不清	未提及	有	无	记不清	未提及	有	无	记不清	未提及	
北馆陶镇	5	2	1	8	7	2	0	7	8	3	1	4	16
店子乡	0	2	0	4	0	1	1	4	4	1	0	1	6
定远寨乡	3	3	0	3	0	5	0	4	1	5	0	3	9
东古城镇	14	2	0	1	5	7	0	5	14	1	0	2	17
范寨乡	2	1	0	1	0	4	0	0	2	2	0	0	4
甘官屯乡	1	2	1	0	0	3	0	1	4	0	0	0	4
冠城镇	2	1	0	6	0	0	0	9	6	1	0	2	9
贾　镇	6	5	1	3	0	3	2	10	5	4	0	6	15
兰沃乡	7	1	0	3	1	6	1	3	7	1	0	3	11
梁堂乡	3	1	0	2	0	2	0	4	3	2	0	1	6
柳林镇	6	1	0	1	0	3	0	5	4	4	0	0	8
清水镇	2	1	0	0	1	1	0	1	2	1	0	0	3
桑阿镇	9	13	0	3	7	9	0	9	11	8	0	6	25
万善乡	1	2	0	0	1	0	1	1	3	0	0	0	3
斜店乡	2	5	1	1	1	6	0	2	8	0	1	0	9
辛集乡	6	1	0	2	0	5	0	4	1	7	0	1	9
烟庄乡	2	0	0	1	1	1	0	1	2	1	0	0	3
合　计	71	43	4	39	24	58	5	70	85	41	2	29	157

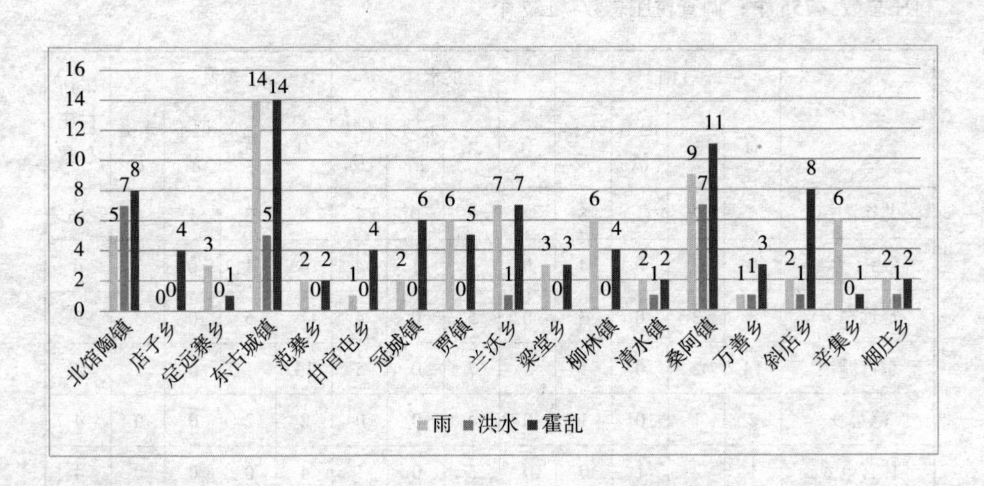
16
14
12
10
8
6
4
2
0
北馆陶镇
店子乡
定远寨乡
东古城镇
范寨乡
甘官屯乡
冠城镇
贾镇
兰沃乡
梁堂乡
柳林镇
清水镇
桑阿镇
万善乡
斜店乡
辛集乡
烟庄乡
雨
洪水
霍乱

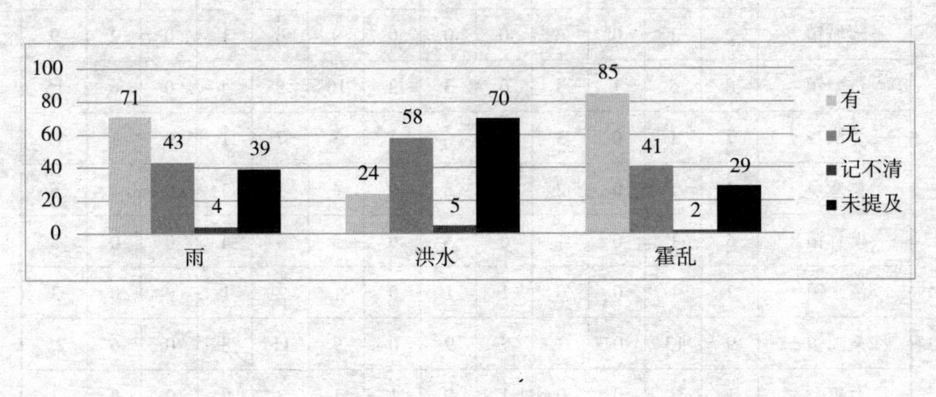
100
80
60
40
20
0
71
43
4
39
24
58
5
70
85
41
2
29
雨
洪水
霍乱
有
无
记不清
未提及

山东省冠县1943年霍乱流行示意图

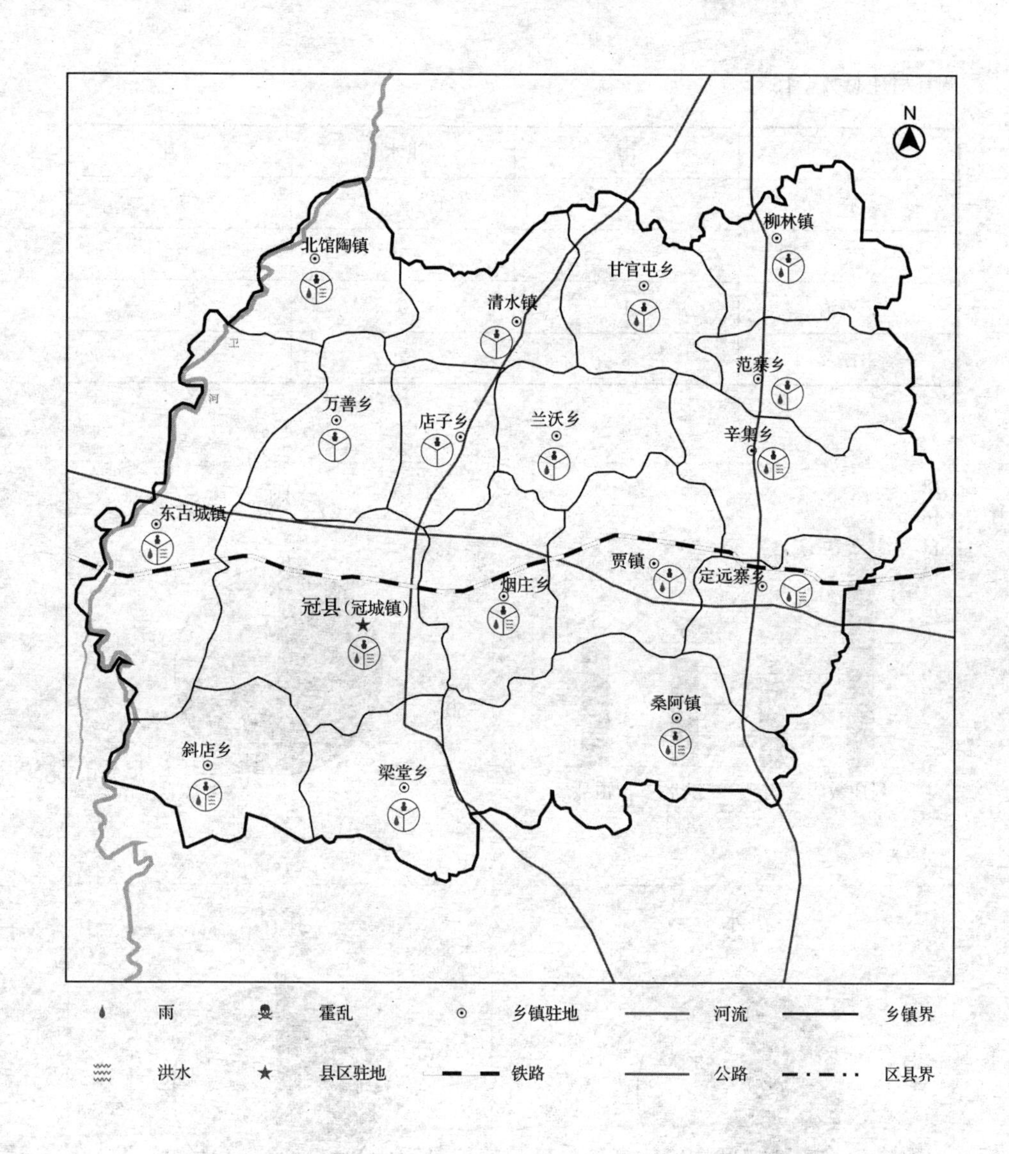

山东大学鲁西细菌战历史真相调查会制

调查时间：2006—2010年

1943 年冠县北馆陶镇雨、洪水、霍乱调查结果

调查村庄总数：16

	雨	洪水	霍乱
有	5	7	8
无	2	2	3
记不清	1	0	1
未提及	8	7	4

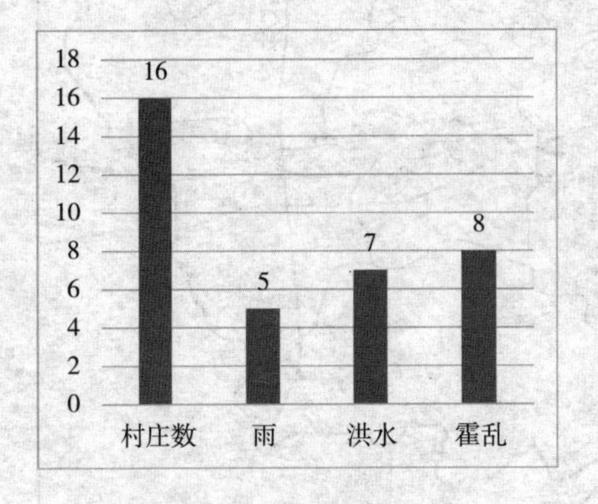

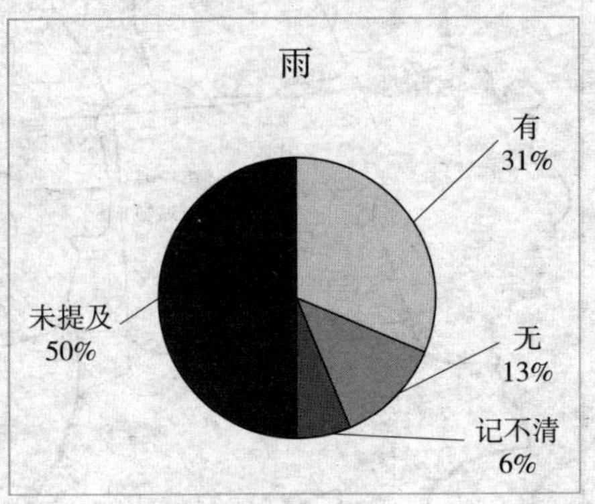

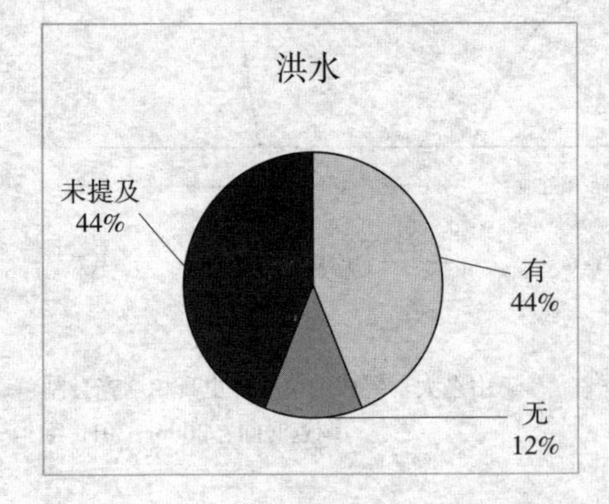

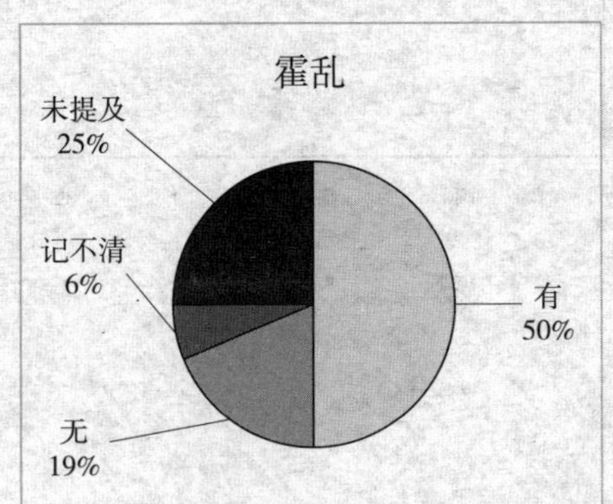

1943年冠县店子乡雨、洪水、霍乱调查结果

调查村庄总数：6

	雨	洪水	霍乱
有	0	0	4
无	2	1	1
记不清	0	1	0
未提及	4	4	1

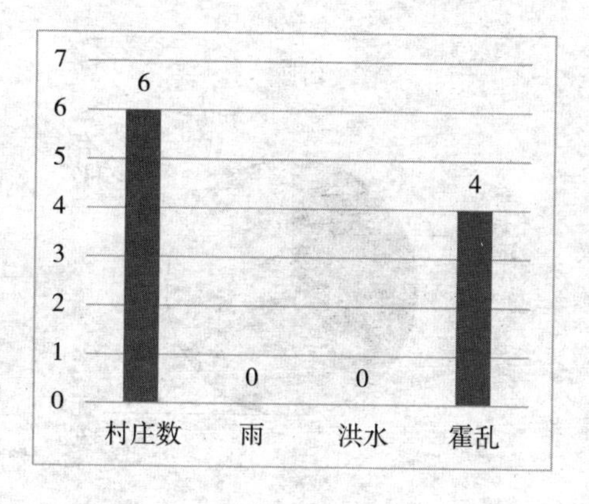

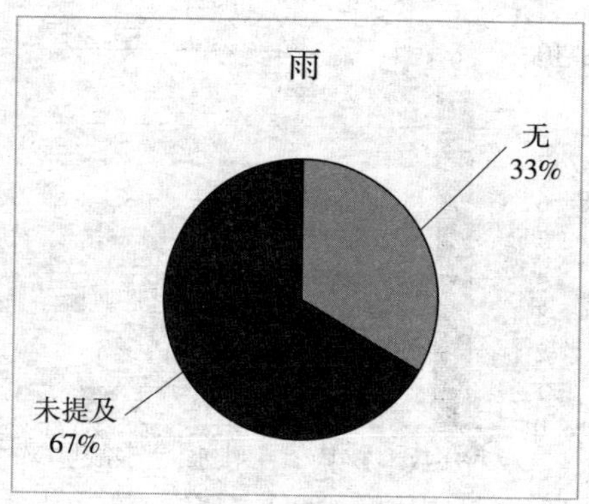

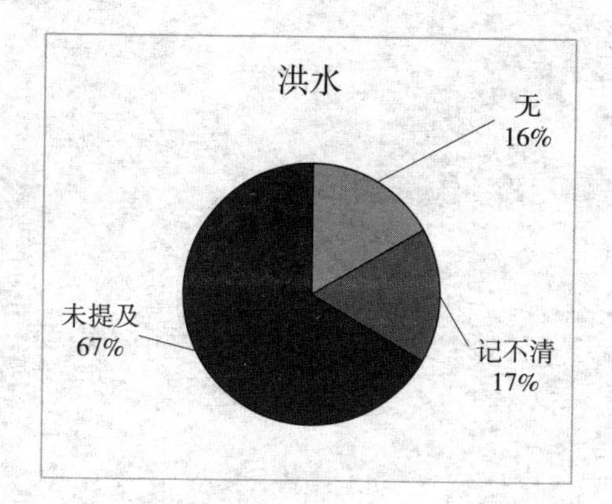

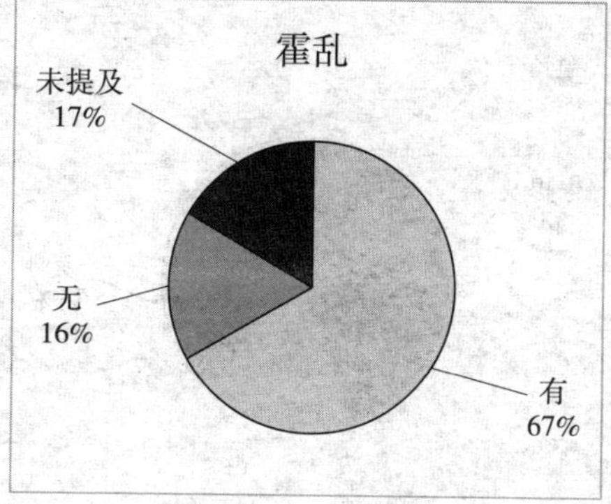

1943年冠县定远寨乡雨、洪水、霍乱调查结果

调查村庄总数：9

	雨	洪水	霍乱
有	3	0	1
无	3	5	5
记不清	0	0	0
未提及	3	4	3

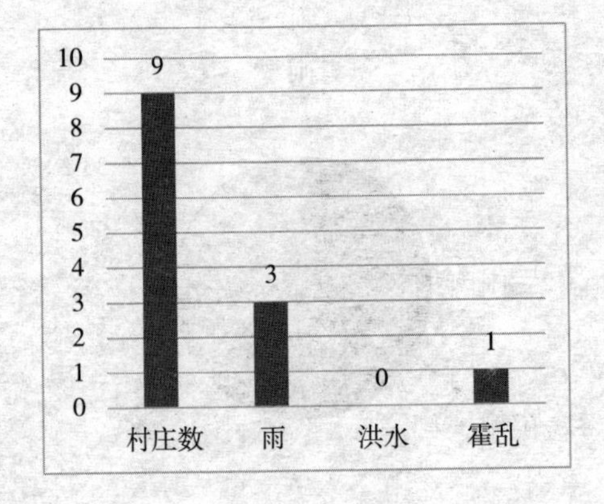

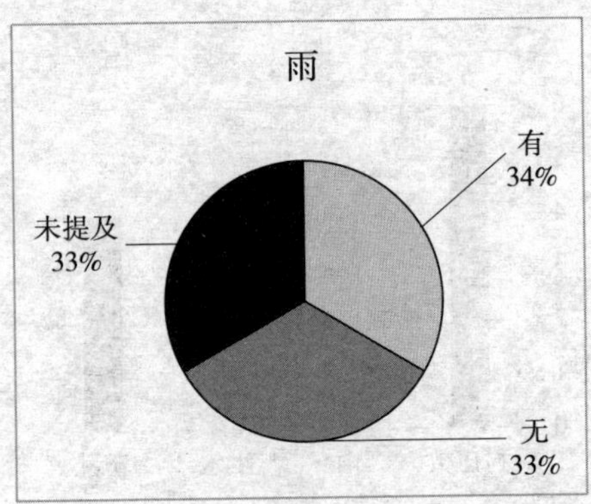

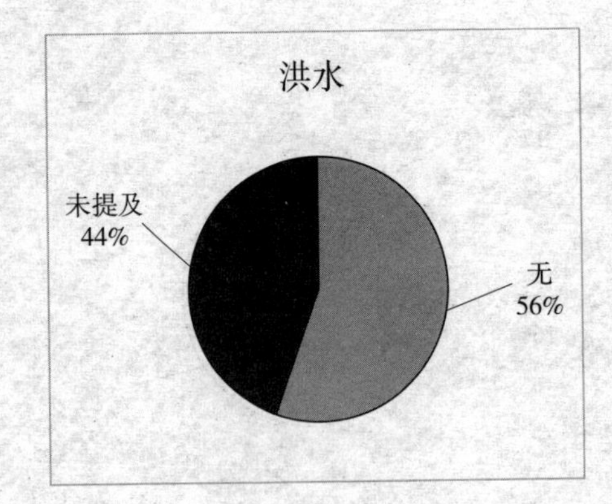

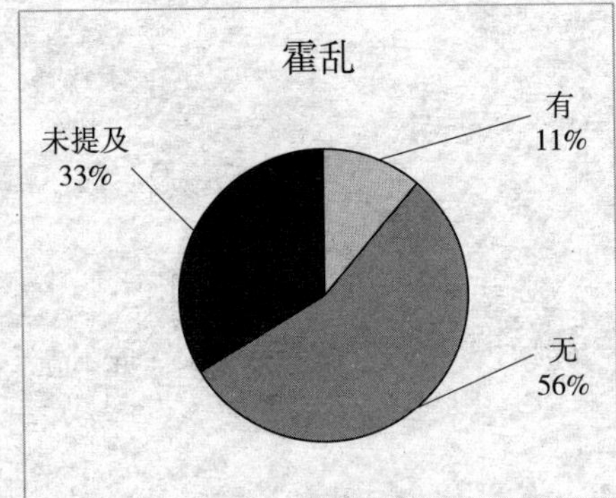

1943年冠县东古城镇雨、洪水、霍乱调查结果

调查村庄总数：17

	雨	洪水	霍乱
有	14	5	14
无	2	7	1
记不清	0	0	0
未提及	1	5	2

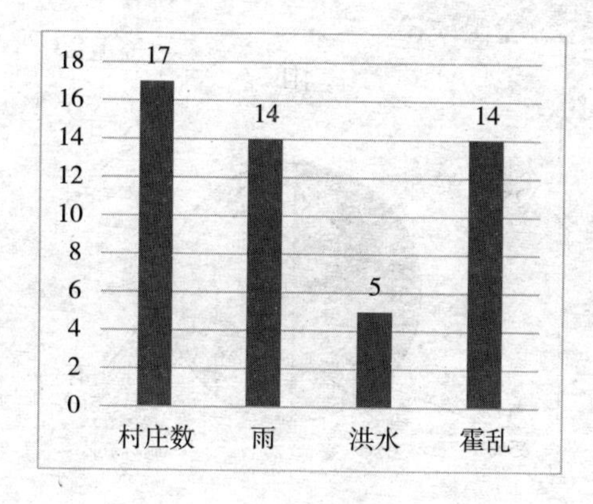

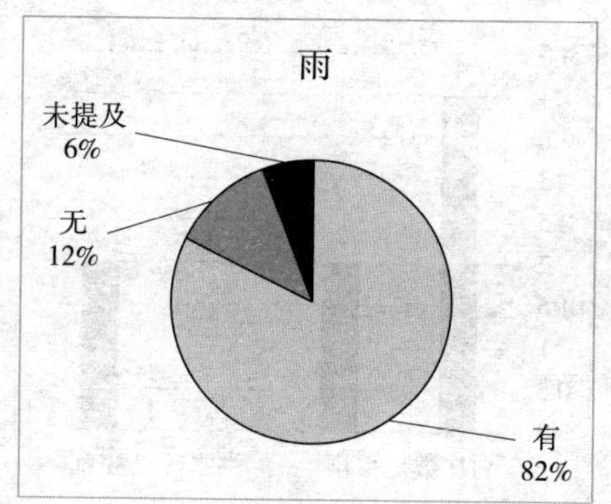

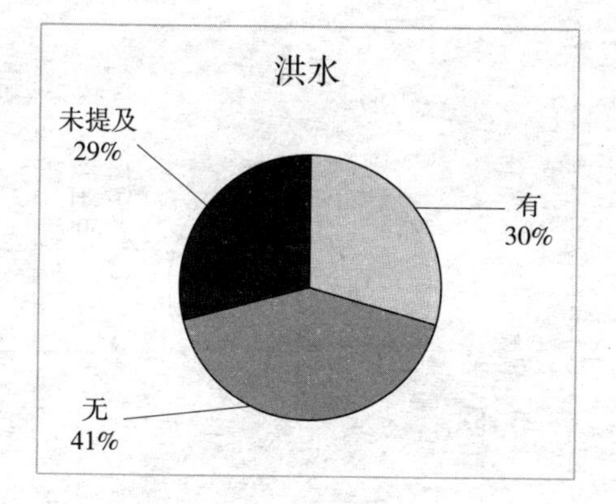

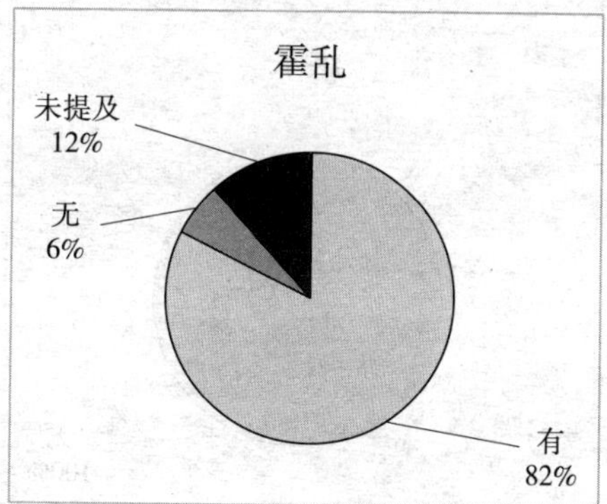

1943 年冠县范寨乡雨、洪水、霍乱调查结果

调查村庄总数：4

	雨	洪水	霍乱
有	2	0	2
无	1	4	2
记不清	0	0	0
未提及	1	0	0

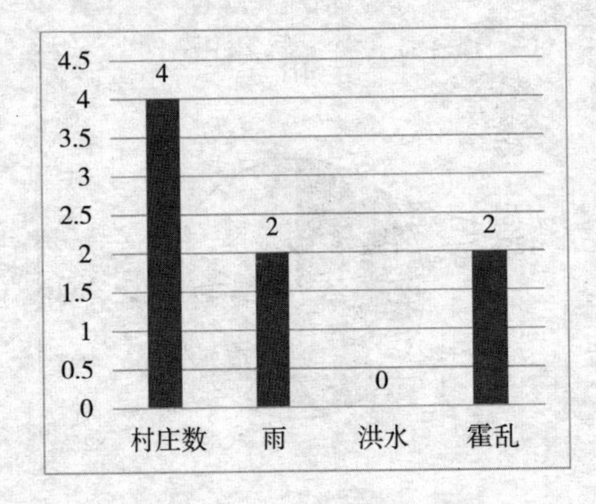

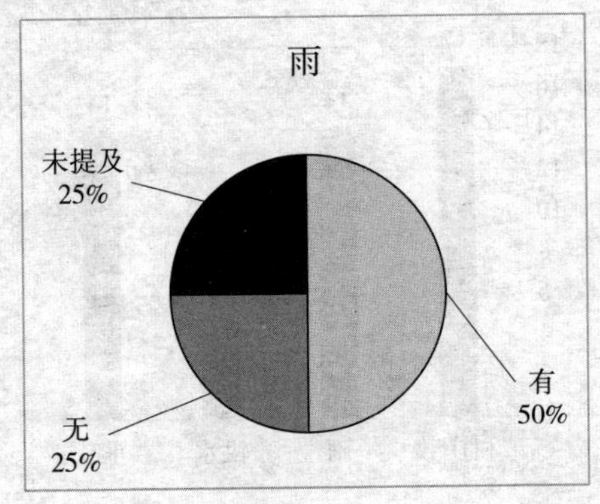

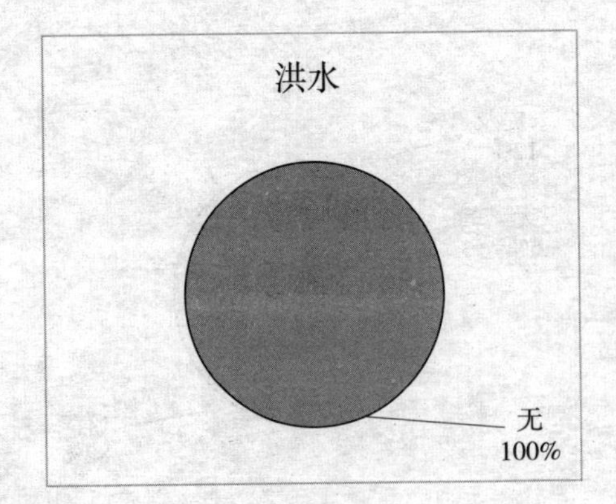

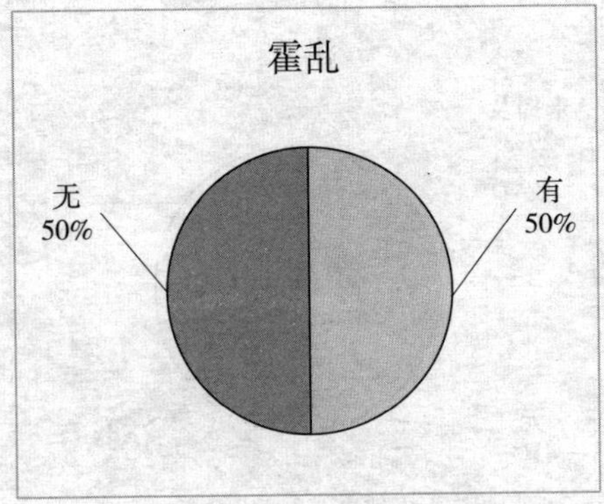

1943年冠县甘官屯乡雨、洪水、霍乱调查结果

调查村庄总数：4

	雨	洪水	霍乱
有	1	0	4
无	2	3	0
记不清	1	0	0
未提及	0	1	0

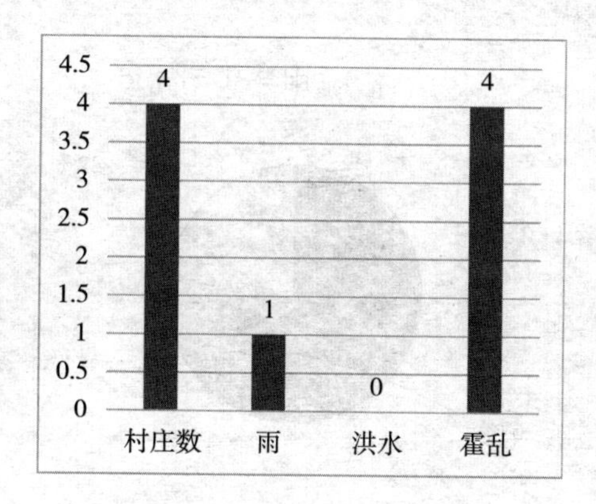

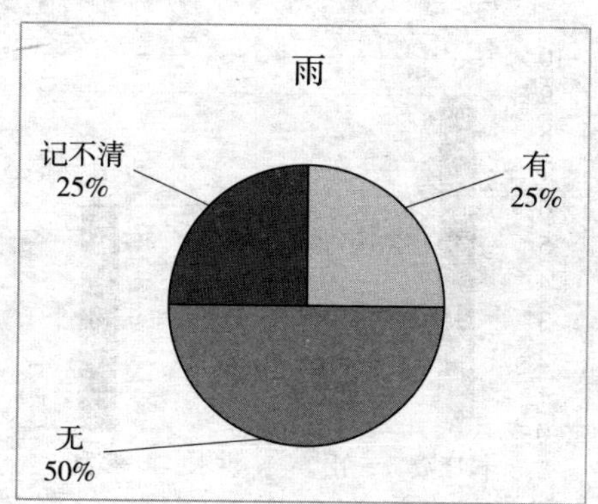

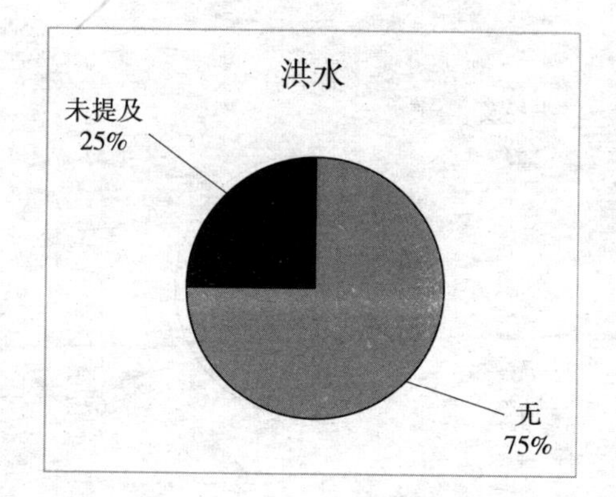

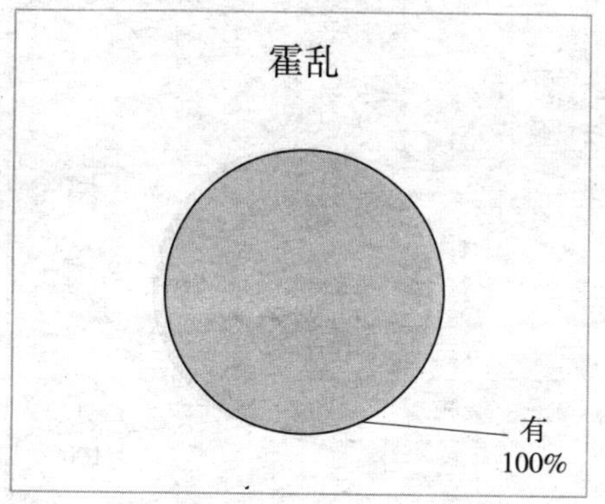

1943年冠县冠城镇雨、洪水、霍乱调查结果

调查村庄总数：9

	雨	洪水	霍乱
有	2	0	6
无	1	0	1
记不清	0	0	0
未提及	6	9	2

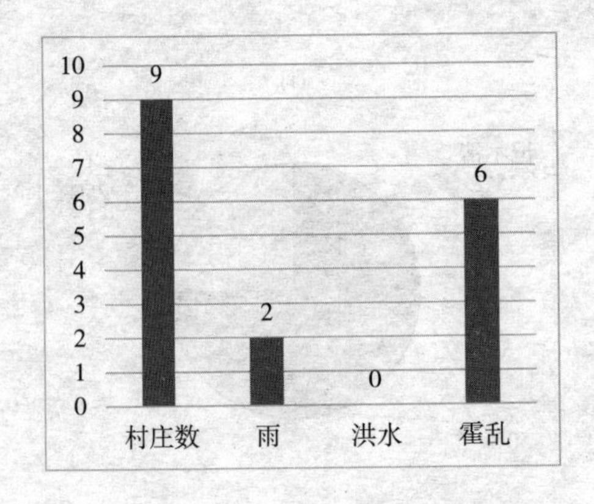

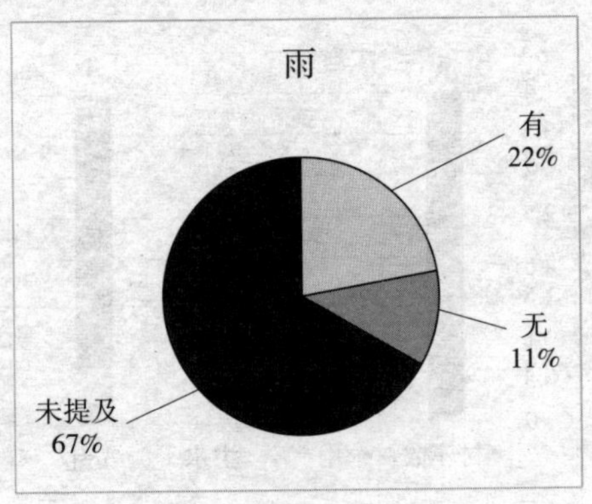

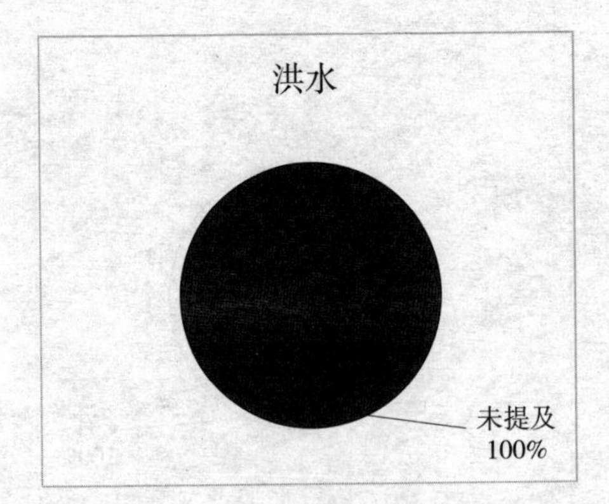

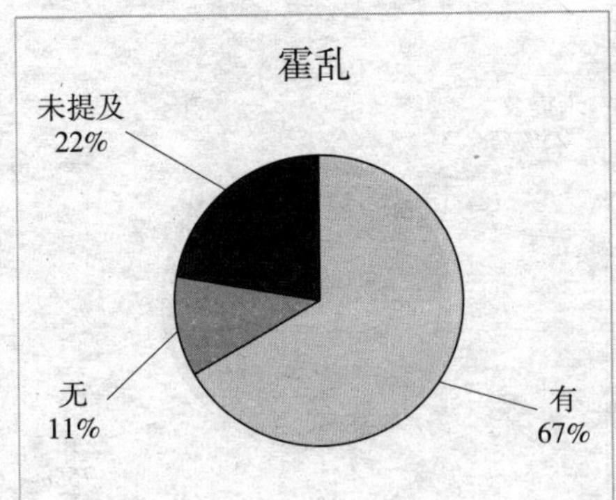

1943年冠县贾镇雨、洪水、霍乱调查结果

调查村庄总数：15

	雨	洪水	霍乱
有	6	0	5
无	5	3	4
记不清	1	2	0
未提及	3	10	6

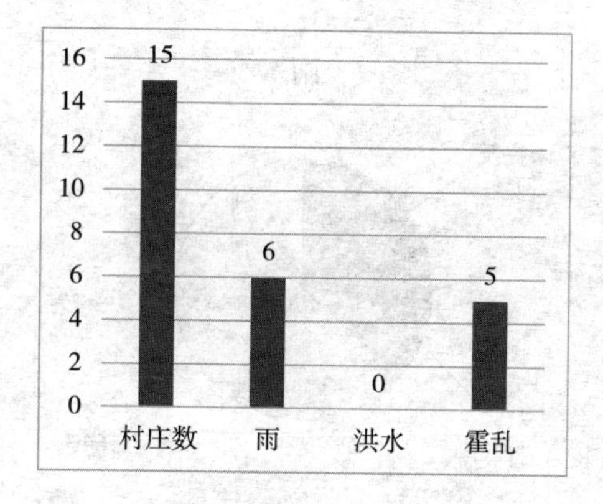

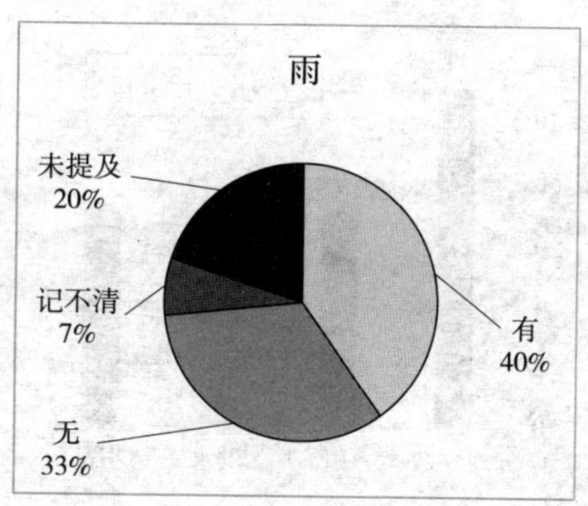

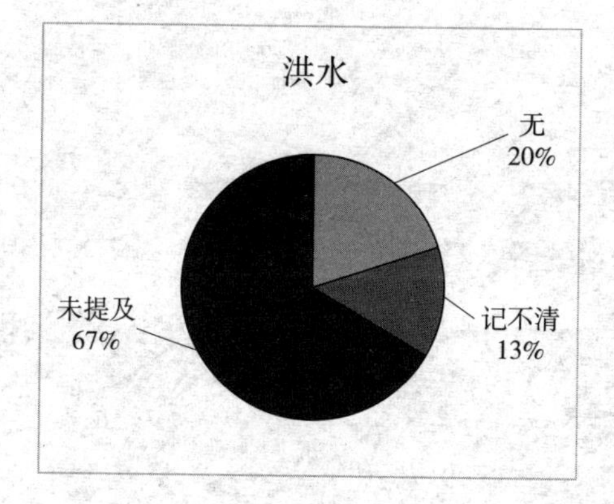

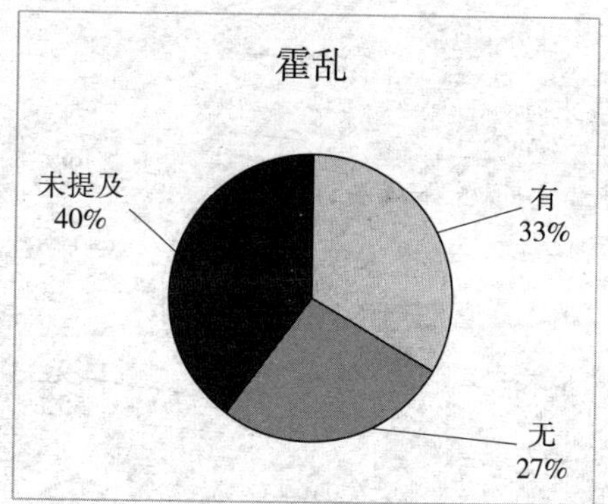

1943年冠县兰沃乡雨、洪水、霍乱调查结果

调查村庄总数：11

	雨	洪水	霍乱
有	7	1	7
无	1	6	1
记不清	0	1	0
未提及	3	3	3

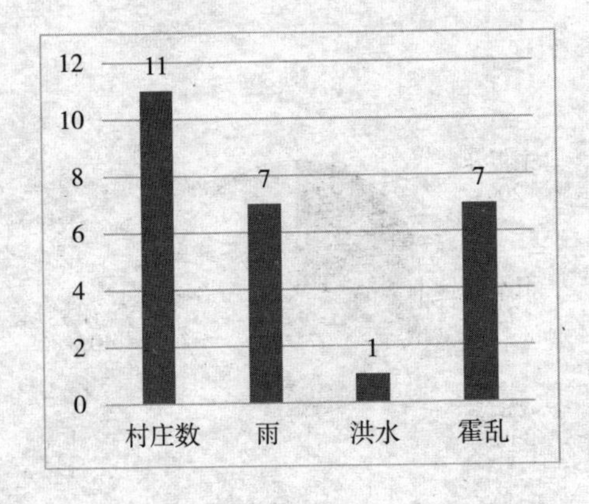

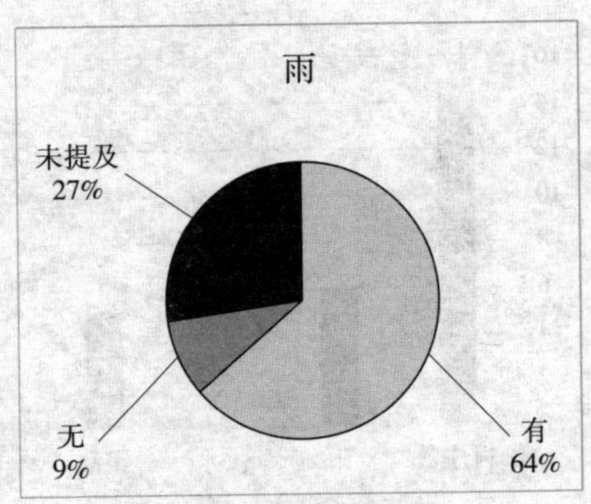

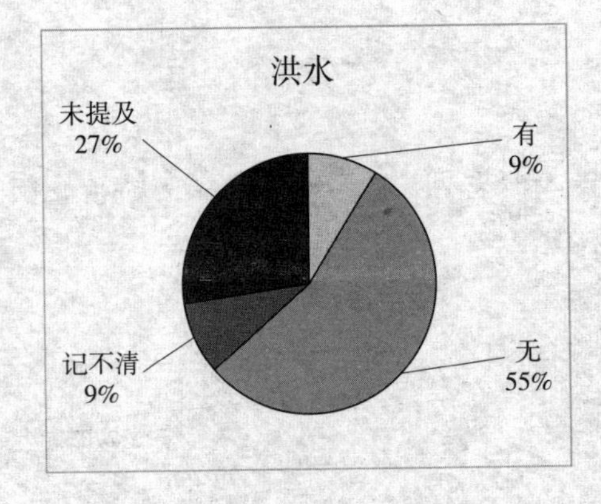

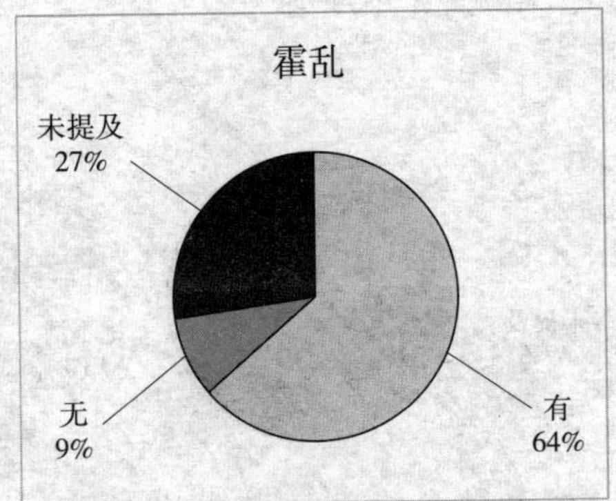

1943年冠县梁堂乡雨、洪水、霍乱调查结果

调查村庄总数：6

	雨	洪水	霍乱
有	3	0	3
无	1	2	2
记不清	0	0	0
未提及	2	4	1

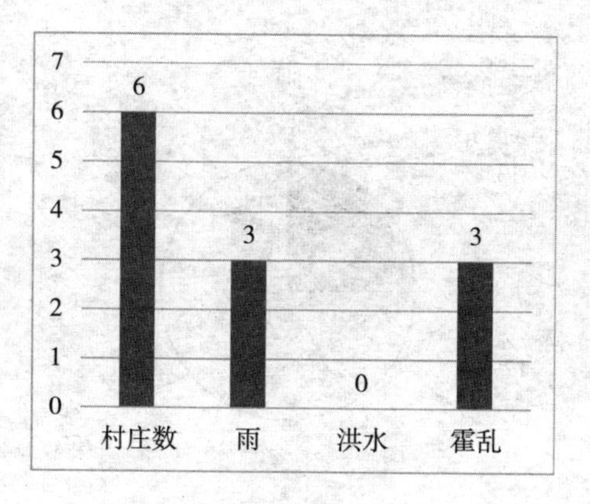

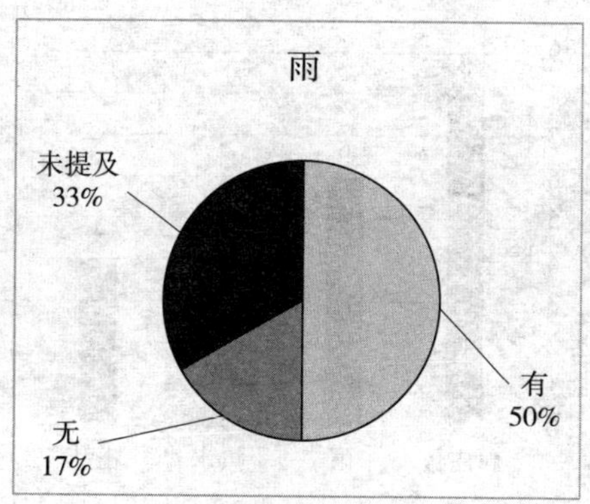

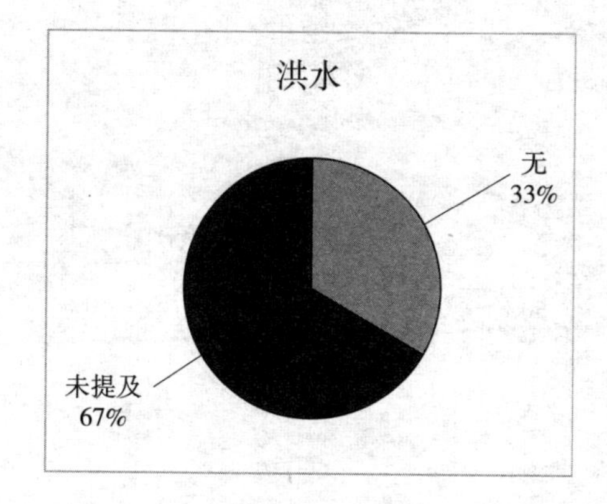

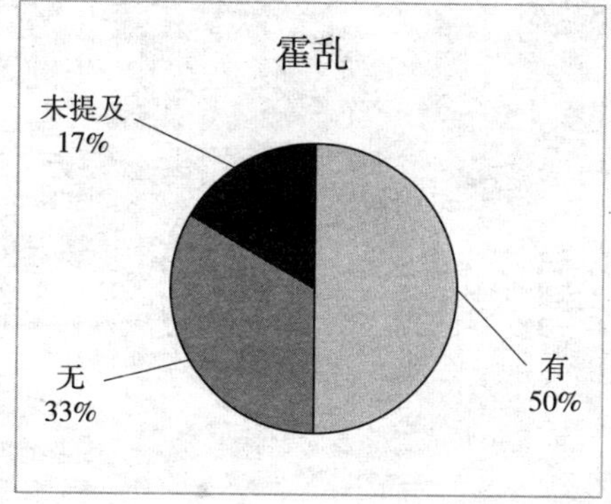

1943年冠县柳林镇雨、洪水、霍乱调查结果

调查村庄总数：8

	雨	洪水	霍乱
有	6	0	4
无	1	3	4
记不清	0	0	0
未提及	1	5	0

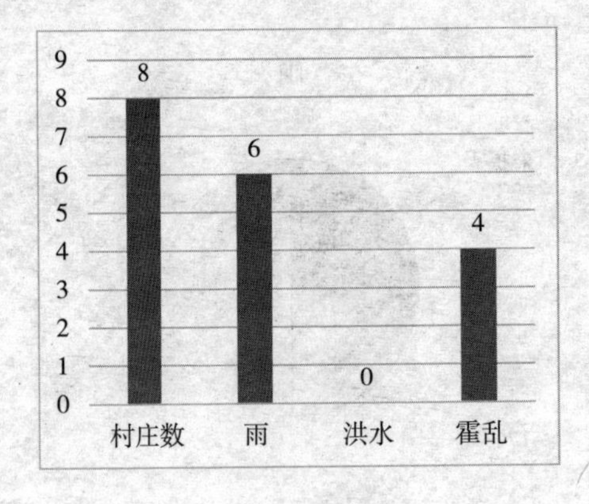

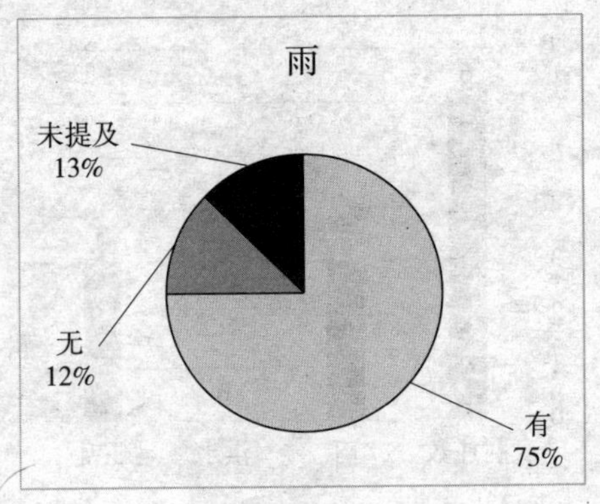

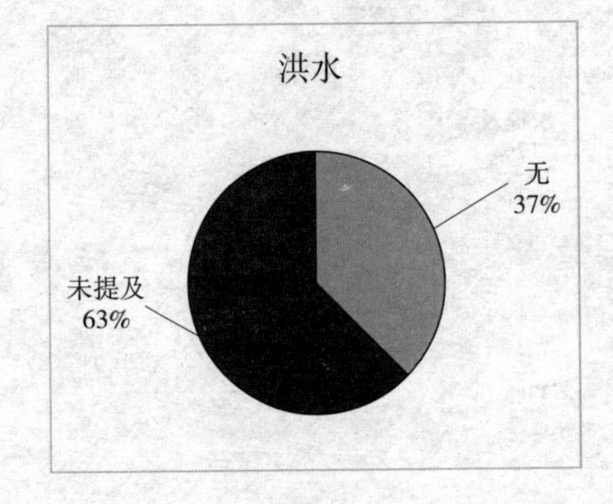

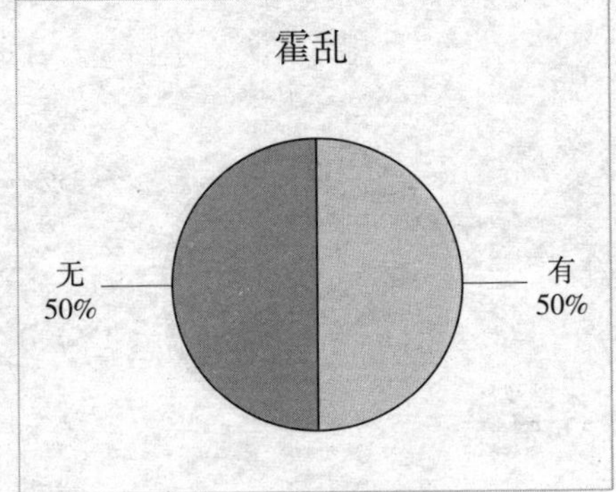

1943年冠县清水镇雨、洪水、霍乱调查结果

调查村庄总数：3

	雨	洪水	霍乱
有	2	1	2
无	1	1	1
记不清	0	0	0
未提及	0	1	0

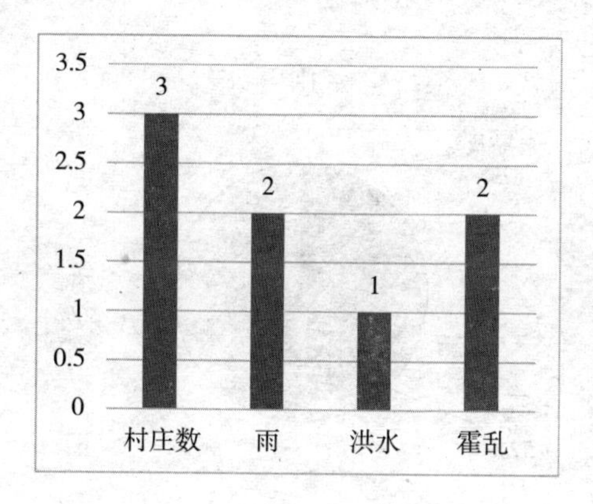

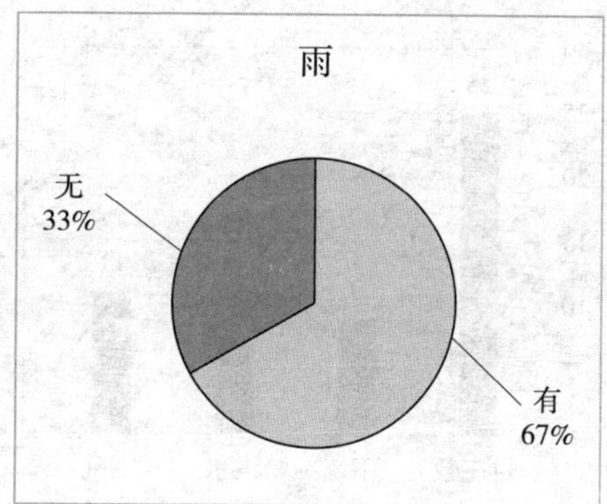

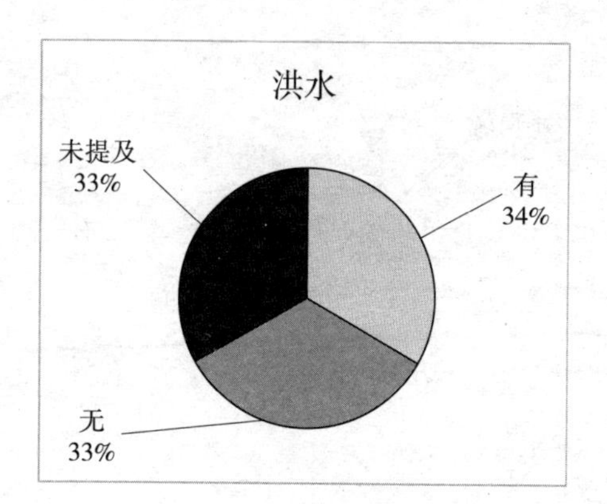

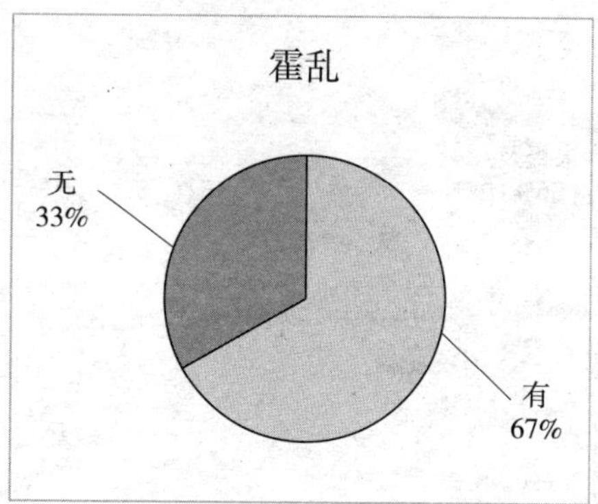

1943年冠县桑阿镇雨、洪水、霍乱调查结果

调查村庄总数：25

	雨	洪水	霍乱
有	9	7	11
无	13	9	8
记不清	0	0	0
未提及	3	9	6

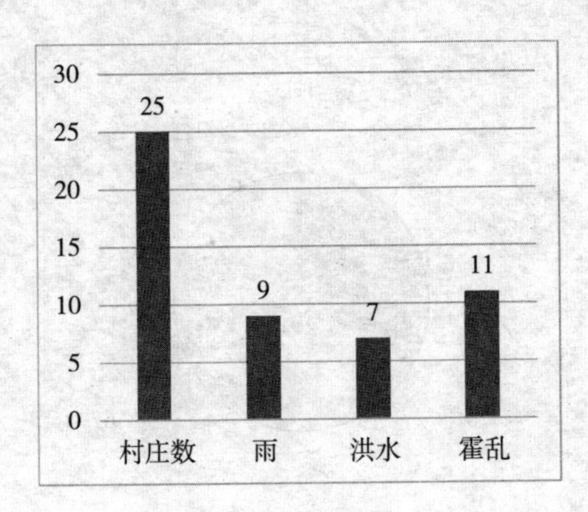

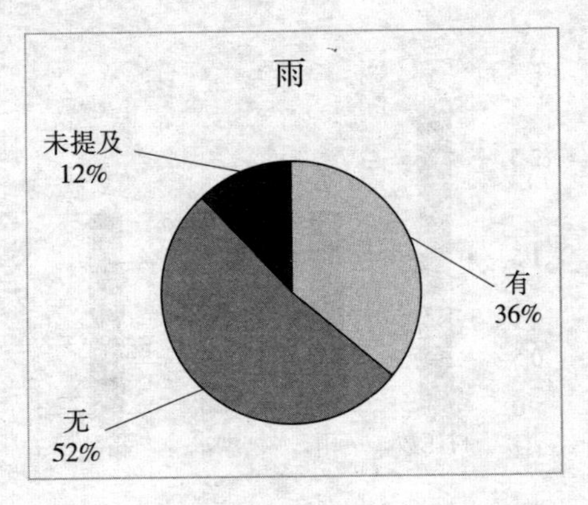

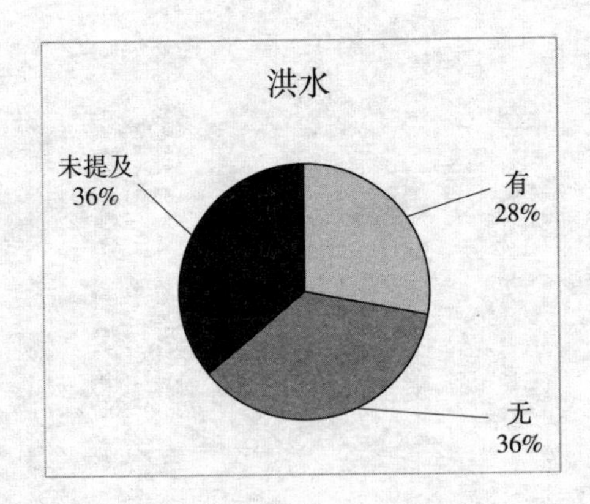

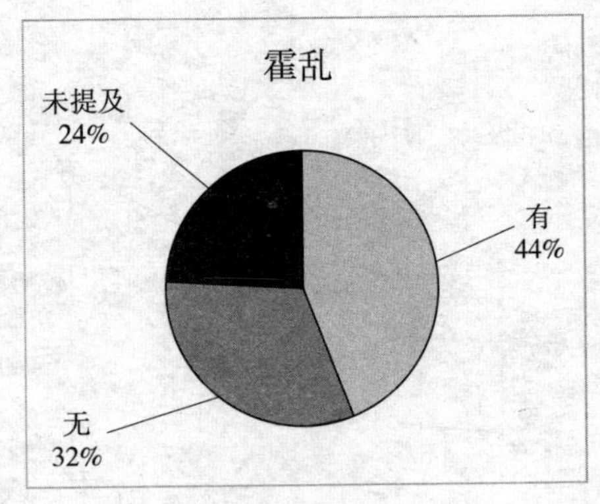

1943 年冠县万善乡雨、洪水、霍乱调查结果

调查村庄总数：3

	雨	洪水	霍乱
有	1	1	3
无	2	0	0
记不清	0	1	0
未提及	0	1	0

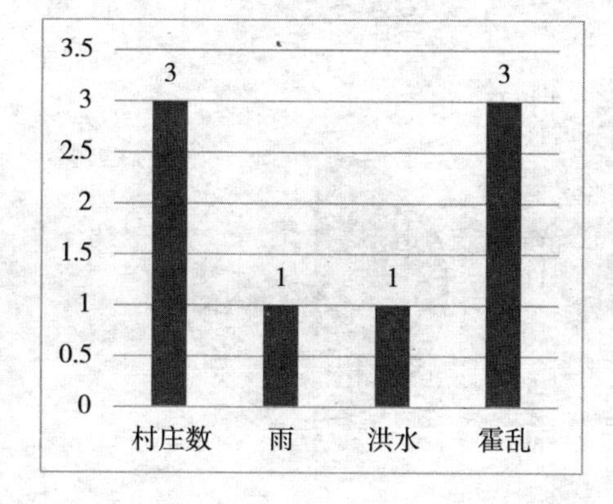

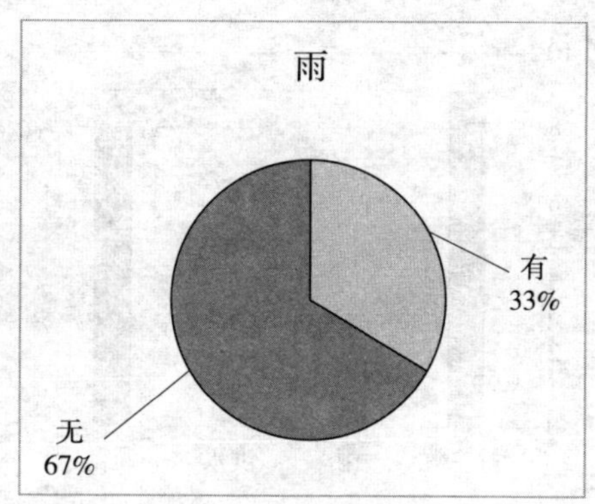

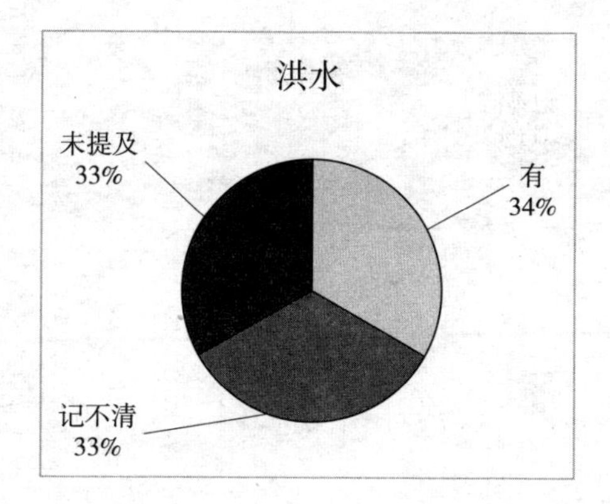

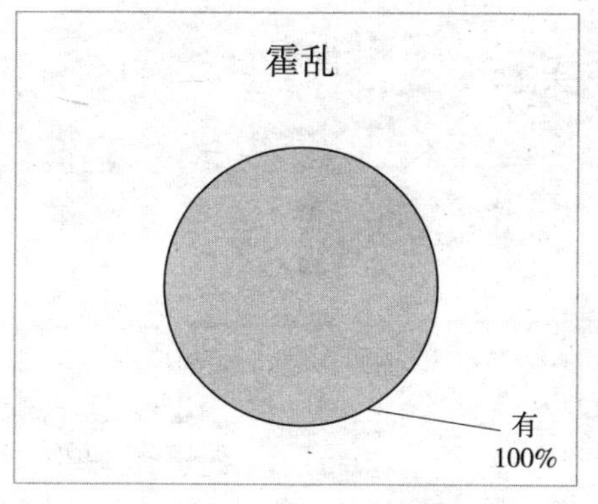

1943年冠县斜店乡雨、洪水、霍乱调查结果

调查村庄总数：9

	雨	洪水	霍乱
有	2	1	8
无	5	6	0
记不清	1	0	1
未提及	1	2	0

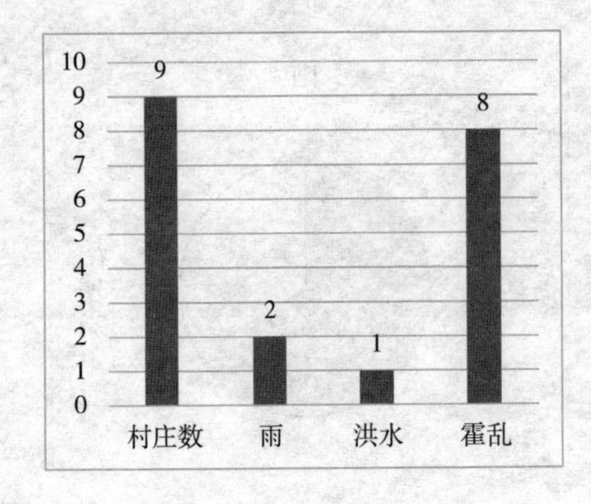

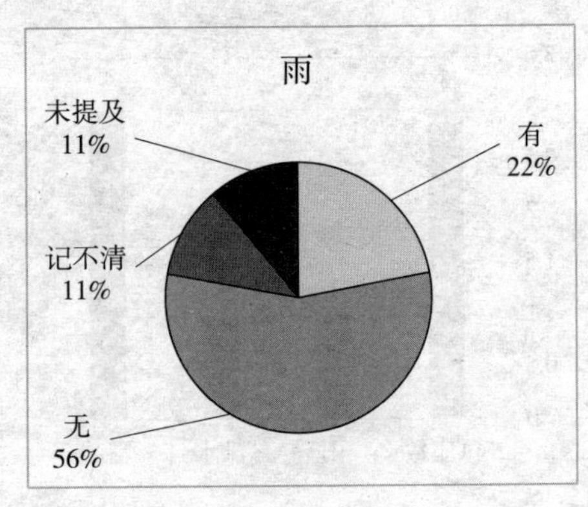

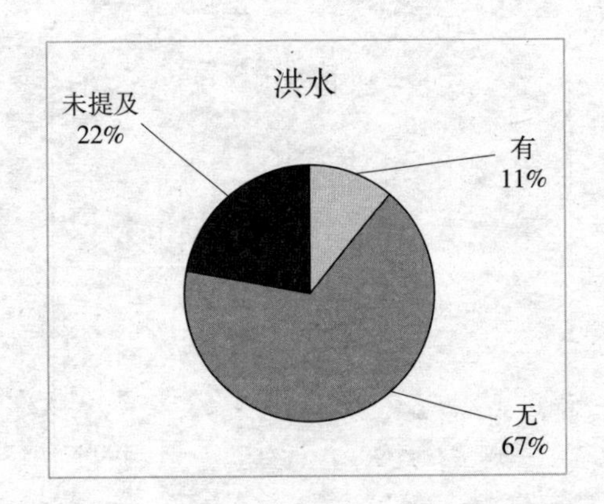

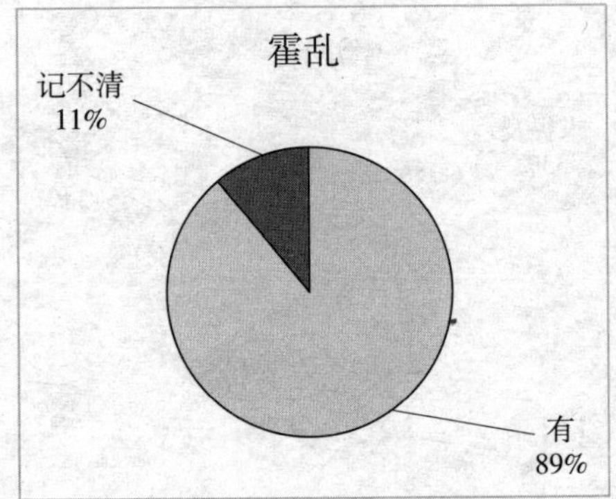

1943年冠县辛集乡雨、洪水、霍乱调查结果

调查村庄总数：9

	雨	洪水	霍乱
有	6	0	1
无	1	5	7
记不清	0	0	0
未提及	2	4	1

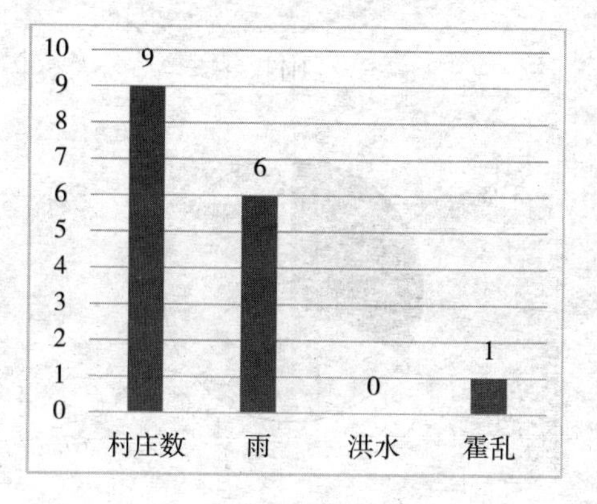

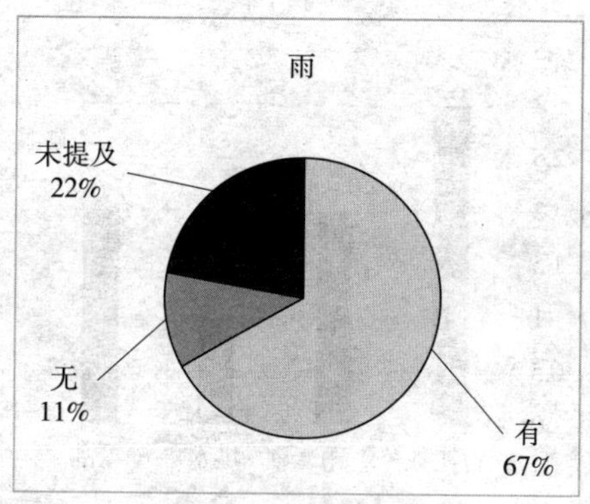

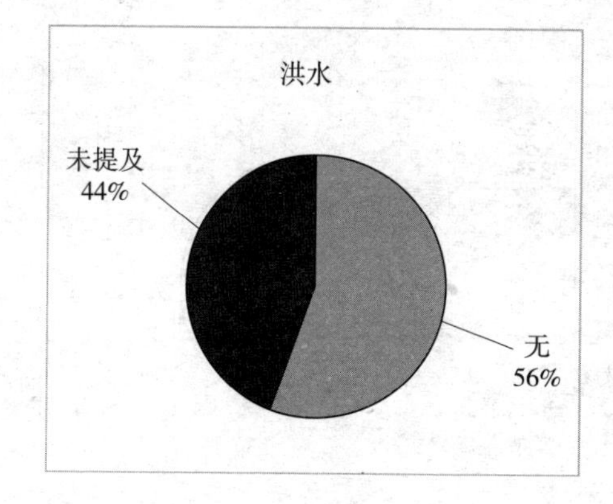

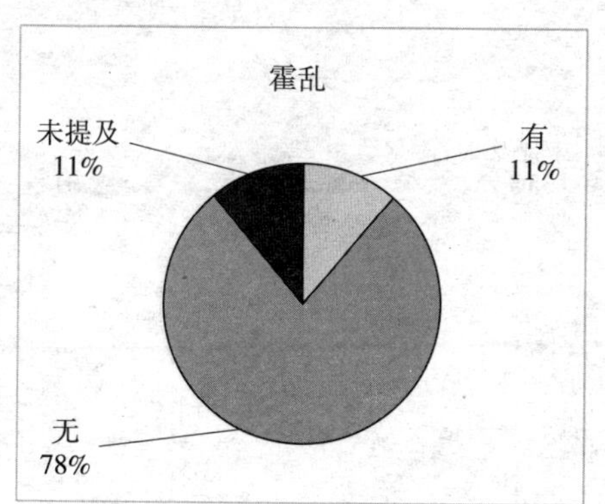

1943年冠县烟庄乡雨、洪水、霍乱调查结果

调查村庄总数：3

	雨	洪水	霍乱
有	2	1	2
无	0	1	1
记不清	0	0	0
未提及	1	1	0

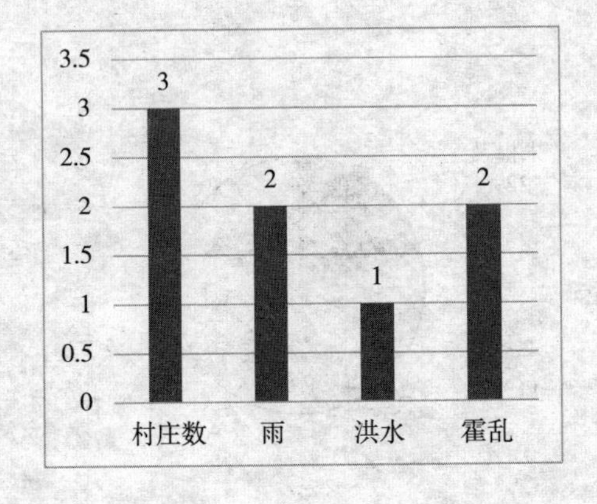

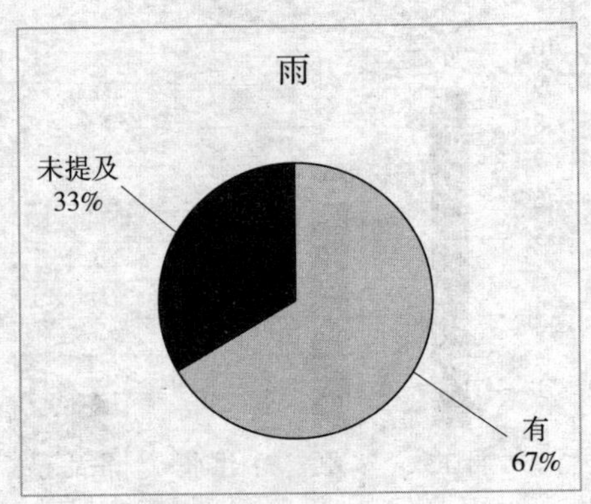

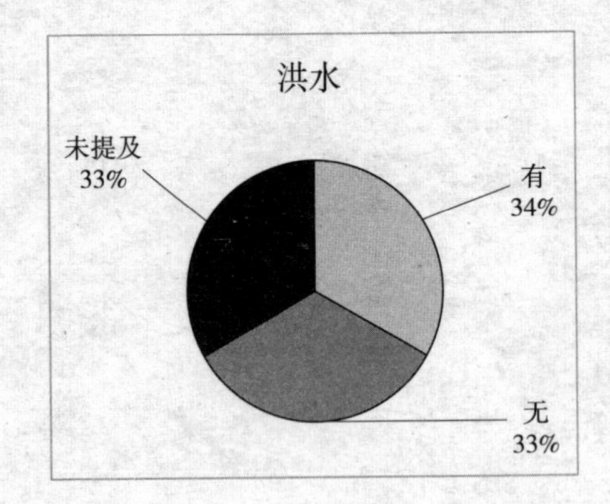

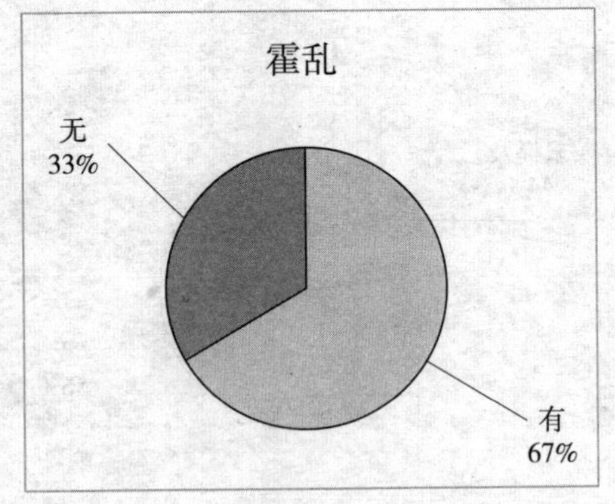